航天科技图书出版基金资助出版

运载火箭动力学与控制

张卫东　等　编著

中国宇航出版社
·北京·

图书在版编目(CIP)数据

运载火箭动力学与控制 / 张卫东等编著. -- 北京：中国宇航出版社，2015.4

ISBN 978-7-5159-0908-0

Ⅰ.①运… Ⅱ.①张… Ⅲ.①运载火箭-动力学-研究 ②运载火箭-控制系统-研究 Ⅳ.①V475.1

中国版本图书馆 CIP 数据核字(2015)第 064219 号

责任编辑　曹晓勇

责任校对　祝延萍　　　**封面设计**　文道思

出版发行　中国宇航出版社

社　址　北京市阜成路 8 号　**邮　编**　100830

(010)68768548

网　址　www.caphbook.com

经　销　新华书店

发行部　(010)68371900　(010)88530478(传真)

(010)68768541　(010)68767294(传真)

零售店　读者服务部　北京宇航文苑

(010)68371105　(010)62529336

承　印　北京画中画印刷有限公司

版　次　2015 年 4 月第 1 版

2015 年 4 月第 1 次印刷

规　格　787×1092

开　本　1/16

印　张　16.75

字　数　400 千字

书　号　ISBN 978-7-5159-0908-0

定　价　128.00 元

航天科技图书出版基金简介

航天科技图书出版基金是由中国航天科技集团公司于2007年设立的，旨在鼓励航天科技人员著书立说，不断积累和传承航天科技知识，为航天事业提供知识储备和技术支持，繁荣航天科技图书出版工作，促进航天事业又好又快地发展。基金资助项目由航天科技图书出版基金评审委员会审定，由中国宇航出版社出版。

申请出版基金资助的项目包括航天基础理论著作，航天工程技术著作，航天科技工具书，航天型号管理经验与管理思想集萃，世界航天各学科前沿技术发展译著以及有代表性的科研生产、经营管理译著，向社会公众普及航天知识、宣传航天文化的优秀读物等。出版基金每年评审1～2次，资助10～20项。

欢迎广大作者积极申请航天科技图书出版基金。可以登录中国宇航出版社网站，点击“出版基金”专栏查询详情并下载基金申请表；也可以通过电话、信函索取申报指南和基金申请表。

网址：http：//www.caphbook.com

电话：(010) 68767205，68768904

序

20世纪中期以来，航天技术快速发展并日趋成熟，提升进入空间与开发利用空间的能力已成为各航天大国的国家战略。运载火箭将各类飞行器送入空间轨道，代表了进入空间的能力，决定了空间活动的规模，是实现国家空间战略的基础和保障。我国运载火箭的发展源于弹道导弹技术，依靠自己的力量，研制了十几型运载火箭，形成了型谱系列，保障了我国卫星、载人航天与月球探测等重大工程的实施，并进入国际商业发射服务市场。目前，我国新一代运载火箭研制进展顺利，即将实现首次飞行并投入使用。

现役长征系列运载火箭使用有毒有污染的推进剂，具有可靠性高、性价比高等特点，已实施近200次发射。新一代运载火箭使用无毒无污染推进剂，动力系统和控制系统全面改进，运载能力和可靠性都得到提升。

运载火箭一般由总体、结构、动力、控制、测量及发射支持等系统组成，其中控制系统是核心系统之一，通过控制系统保证运载火箭飞行中姿态稳定，并能够精确进入预定轨道。运载火箭作为其控制对象，有着自身显著特点。运载火箭为了达到较高速度，一般设计为两级或三级，具有较大的长细比，是复杂、随时间变化的“弹性”体，同时火箭穿越大气层时还会遇到复杂的气动载荷，此外还有贮箱内推进剂晃动、发动机推力摆动带来的影响等，这些复杂的动力学特性必须在控制系统设计中统筹考虑。我国早期导弹研制中发生的起飞数秒出现超出预定的较大姿态而失败的主要原因，就是未合理考虑弹体飞行弹性振动对控制系统的影响。新一代运载火箭采用液氧煤油发动机，尤其是捆绑固体或液体助推器后，全箭的结构动力学特性变得复杂，同时新型发动机摆动特性、伺服特性等对火箭的控制影响较大，对火箭导航、制导与控制的设计方法提出了新的要求，因此，方法要创新，技术要进步，才能研制出新一代运载火箭。

为了进一步总结运载火箭研制成果，尤其是新一代运载火箭研制经验以及突破的关键技术、建立和应用的设计方法等，有必要开展相关书籍的编写和出版，指导后续运载火箭的研制工作。目前运载火箭动力学与控制方面的书籍主要基于现役运载火箭研制基础，最近的一些关于动力学与控制方面的书籍则侧重于理论研究。本书的特点是理论与工程实践结合比较紧密，既有较为严密的理论体系，又能将动力学与控制的理论应用于我国新一代运载火箭工程研制实践，并给出了运载火箭技术的最新发展与趋势。

《2011年中国的航天》白皮书中明确提出要加强航天运输系统建设，不断完善运载火箭型谱，提升进入空间的能力。近年来，载人航天与月球探测工程、二代导航工程、高分辨率对地观测系统等一批国家重大专项顺利实施，深入发展；空间基础设施、深空探测等支持我国航天未来发展的重大项目也列入日程。这对我国运载火箭的运载能力和可靠性等都提出了新的需求。《运载火箭动力学与控制》这部著作正是在航天事业蓬勃发展、对新一代运载火箭新需求旺盛的背景下编写的。本书凝练了新一代运载火箭研制过程中的创新成果和实践经验，为运载火箭动力学与控制的后续发展提供了支持。同时也希望随着我国新一代运载火箭研制的推进，有更多的著作编写、出版。

王礼恒

2014年9月

前　言

自 1957 年 10 月第一枚运载火箭升空至今，运载火箭经历了半个多世纪的发展，各主要航天强国均建立了完备的航天运输体系，通过捆绑不同数量的助推器和搭配不同上面级，形成了通用化和模块化的运载火箭系列。运载火箭的动力学建模和控制技术作为火箭技术的重要组成部分，在火箭诞生之初就得到了广泛研究。为适应复杂的火箭结构，满足多元化航天任务的需求，运载火箭控制系统也同样向着高精度、小型化、模块化和通用化方向发展。

目前世界上主流运载火箭包括美国的宇宙神系列、德尔它系列和欧洲的阿里安系列等，其共同特点是采用了冗余的捷联导航系统、最优线路自适应制导和适应不同捆绑模块及上面级模块的通用控制技术。我国现役运载火箭也正由平台—计算机制导向双捷联复合制导发展，同时开展了无毒无污染新一代运载火箭的研制，大量新方法和新技术正在被研究与应用，包括固体捆绑火箭的动力学建模和控制、最优制导和姿态控制方法等。

控制系统是运载火箭的“神经中枢”，是火箭稳定飞行和准确到达目标点的保障。火箭动力学研究火箭在各种力作用下的质心运动和绕质心运动的规律及特点，正确有效的动力学建模是开展控制系统设计的必要条件。本书在新一代运载火箭研制的背景下，结合编写人员长期的工程实践经验，系统而详尽地描述了具有一定通用性的运载火箭质心运动和绕质心运动的动力学建模过程，并介绍了相关工程控制方法。

全书共 7 章。第 1 章为概论，介绍了运载火箭动力学与控制的一般概念、组成及功能，并简述了其发展历程和发展趋势，由张卫东编写；第 2 章为常用坐标系及转换，介绍了本书中用到的基本坐标系及其转换关系，由刘玉玺、邱伟和陈韦贤编写；第 3 章为飞行动力学，描述火箭在飞行过程中的受力情况，并在此基础上介绍了火箭的质心动力学方程和轨道动力学方程，由丁秀峰、毛承元和林剑锋编写；第 4 章为运载火箭姿态动力学建模，论述了运载火箭姿态动力学建模过程，包括捆绑与非捆绑火箭的受力分析、液体晃动方程、质心动力学方程、绕质心动力学方程和发动机振动方程等，由刘玉玺、张开宝和梁建国编写；第 5 章为箭体动力学特性与控制，详细论述了运载火箭结构动力学特性、液体晃动特性、气动特性、纵向耦合振动特性及其对姿态控制的影响等，由张卫东、刘玉玺、狄文斌、陈雪巍、刘锦凡等编写；第 6 章为导航与制导控制，主要介绍运载火箭导航、制导和初始对准的原理与方法，其中导航包括平台导航、捷联导航和组合导航，制导包括摄动制导、迭代制导和动力显式制导，初始对准包括基于平台和捷联的两种初始对准方法，由毛承元、司成和邱伟编写；第7章为运载火箭姿态控制，包括捆绑、非捆绑火箭和上面级的姿态控制原理与方法，以及火箭姿控对制导的适应性分析等，由刘玉玺和杨赧编写。

本书可作为从事运载火箭总体和控制设计工作的工程技术人员和研究人员的参考书，也可作为控制相关专业研究生和本科生的教材。

本书涉及专业面广、涵盖内容多，由于编者水平和经验有限，不足和错误之处在所难免，敬请读者批评指正。

作　者

2014年6月

符　　号

a ——加速度；轨道半长轴
a_3 ——视加速引起的惯性力矩系数
a_4 ——姿态角加速引起的惯性力矩系数
$a_{5i}, a''_{5i}, d_{31}, d''_{31}$，
$D_{1i}, D''_{3i}, D_{2i}, D_{3i}$ ——弹性交连系数
a_a ——相对加速度
a_e ——牵连加速度
a_c ——哥氏加速度
A ——横截面积
A_{nm}，B_{nm} ——地球形状及密度有关的引力系数
A_0 ——火箭发射方位角
b_1 ——气动阻尼力矩系数
b_2 ——气动力矩系数
b_3 ——控制力矩系数
b_{30} ——发动机惯性力矩系数
b_{4p} ——晃动交连力矩系数
b_{5p} ——晃动质心交连系数
b_{1i}，b_{2i} ——附加气动力矩系数
B_0 ——发射点地理纬度
C_1，c_{1i}，c_{2i} ——附加气动力系数
$C_{yy}^{\alpha}, C_{zz}^{\beta}, C_{Vxx}$ ——单位长度升力、侧向力、阻力系数
$C_{nn}^{\alpha}, C_{z_1z_1}^{\beta}, C_{xx}$ ——单位长度法向、横向、轴向力系数
C_1，C_2（$\widetilde{C}_2$），C_3 ——攻角影响、重力、控制力系数
C_{30} ——发动机惯性力系数
C_{10} ——风干扰气动力系数
C_{4p} ——晃动力交连系数
C_x ——气动力阻力系数
C_y^{α} ——气动升力系数
C_z^{β} ——气动侧向力系数
C_n^{α} ——气动法向力系数
C ——阻尼矩阵
d_3 ——滚动控制力矩系数
d_1 ——滚动阻尼力矩系数
e ——偏心率
E ——弹性模量
E_{ip}，$E_{(i+n)p}$ ——弹性晃动交连系数
E_1 ——晃动交连系数
F_c ——控制力
F'_{rel} ——附加相对力
F'_k ——附加哥氏力
$\bar{F}_{yc}$，$\bar{F}_{zc}$ ——量化合成干扰力系数
f ——推力脉动频率
g ——引力加速度
G ——万有引力常数
GM ——地球引力常数
h ——飞行高度；动量矩
h_{Ty}，h_{Tz} ——质心横移
I ——惯量张量
i ——轨道倾角
J ——惯性矩 R
J_2，J_4 ——地球引力模型系数
J_R ——发动机摆动质量绕铰链轴的转动惯量
K ——刚度
K_{ip}，$K_{(i+n)p}$ ——晃动弹性交连系数
L_K ——气动参考长度
l_R ——发动机质心到铰链轴的距离
m ——质量
$\dot{m}$ ——推进剂秒耗量
m_j ——弹性振动质量
m_R ——发动机摇摆质量
m_p ——晃动质量
M_{CT} ——推力产生的控制力矩和干扰力矩
M_C ——哥氏力矩

Ma ——马赫数

n ——卫星沿轨道运行的平均速率

p_0 ——海平面大气压强

p ——大气压强；压力

P ——发动机推力；压力

q ——广义坐标；动压

Q ——液体流量

Q_x, Q_y, Q_z ——速度系上的气动力

$\bar{Q}_{iy}$，$\bar{Q}_{iz}$ ——横向振动 i 阶广义干扰力系数

R ——液路阻力；气动力

$R_x(x), R_y(x), R_z(x)$ ——绕辅助箭体系转角

r ——地心距

r_e ——质心到发动机喷口中心的矢量

r_A，r_P ——远地点、近地点地心距

S_M ——气动参考面积

T ——卫星轨道周期；温度

u，v，w——流体中 x，y，z 向的速度

u_e，V_{ex} ——发动机喷口截面平均排气速度

$u_x(x)$，$u_y(x)$，$u_z(x)$ ——辅助箭体系 x，y，z 方向 X 处弹性变形

U ——导引信号

V ——速度；贮箱体积

V_e ——地球自转引起的牵连运动速度

$W'(X_T)$ ——姿态角测量元件安装处的振型斜率

$W_{yi}(x)$，$W_{zi}(x)$ ——横向振动 i 阶 Y、Z 处振型

$\dot{W}_{x1}$ ——视加速度

$\bar{X}_y$ ——压心系数

X_z，X_y ——火箭质心、压心位置至理论尖端距离

X_{zp} ——晃动质量质心至火箭质心距离

X, Y, Z ——阻力、升力和侧向力（气动力在速度系的分量）

y_p, z_p ——晃动位移

α ——攻角

α_e ——地球扁率

α_W，β_W ——风引起的附加攻角和附加侧滑角

$\alpha_{\omega 1}$，$\beta_{\omega 1}$ ——箭体旋转角速度引起的附加攻角和附加侧滑角

α_ξ，β_ξ ——弹性变形引起的附加攻角和附加侧滑角

β ——侧滑角

γ ——滚动角

γ_V ——速度倾角

δ ——发动机摆角

δ_φ，δ_ψ，δ_γ ——俯仰、偏航、滚动通道等效摆角

ζ ——模态阻尼比

θ ——弹道倾角

λ ——经度

μ ——泊松比

$\varphi\xi$ ——阻尼比

ρ ——密度

σ ——弹道偏角

τ ——切应力

φ_e ——地心纬度

φ ——俯仰角

ψ ——偏航角

ω_e ——地球旋转角速度

ω ——绕质心的转动角速度

Ω ——升交点赤经

ω ——近地点幅角

ω_s ——自振频率

ω ——频率

Ω_{pj}，ζ_{pj} ——贮箱等效晃动质量圆频率、阻尼系数

Θ ——当地弹道倾角

下标

v ——速度坐标系

1，b——箭体坐标系

g——发射坐标系

a——地心发射惯性系

目 录

第 1 章 概 论 …… 1

1.1 一般概念 …… 1

1.1.1 运载火箭 …… 1

1.1.2 运载火箭控制 …… 3

1.1.3 运载火箭动力学 …… 3

1.2 运载火箭飞行控制系统组成与功能 …… 4

1.2.1 运载火箭飞行控制系统组成 …… 4

1.2.2 运载火箭飞行控制系统功能及实现 …… 5

1.2.3 运载火箭飞行控制系统的性能要求 …… 8

1.3 运载火箭飞行控制系统的发展历程 …… 9

1.3.1 动力学发展概述 …… 9

1.3.2 国外运载火箭飞行控制系统发展历程 …… 10

1.3.3 我国运载火箭飞行控制系统发展历程 …… 12

1.4 运载火箭的发展趋势及对飞行控制系统的需求 …… 14

1.4.1 运载火箭的发展趋势 …… 14

1.4.2 飞行控制系统的发展方向与前景展望 …… 17

第 2 章 常用坐标系及转换 …… 20

2.1 常用坐标系 …… 20

2.2 坐标系间的转换关系 …… 23

第 3 章 飞行动力学 …… 29

3.1 作用在火箭上的力和力矩 …… 29

3.1.1 地球引力 …… 29

3.1.2 气动力与气动力矩 …… 32

3.1.3 发动机推力与力矩 …… 34

3.2 火箭飞行动力学方程 …… 37

3.2.1 质心动力学方程 …… 37

3.2.2 绕质心动力学方程 …… 38

3.3 轨道动力学方程 …… 39

3.3.1　开普勒轨道方程 …… 41
3.3.2　飞行轨道的确定 …… 42

第4章　运载火箭姿态动力学建模 …… 44
4.1　非捆绑运载火箭姿态动力学模型 …… 44
4.1.1　火箭飞行中受到的力和力矩 …… 51
4.1.2　液体晃动方程 …… 59
4.1.3　弹性振动方程 …… 60
4.1.4　质心动力学方程 …… 61
4.1.5　绕质心动力学方程 …… 62
4.1.6　非捆绑运载火箭姿态动力学方程 …… 62
4.2　捆绑运载火箭姿态动力学模型 …… 63
4.2.1　火箭飞行中受到的力和力矩 …… 63
4.2.2　液体晃动方程 …… 68
4.2.3　弹性振动方程 …… 69
4.2.4　质心动力学方程 …… 73
4.2.5　绕质心动力学方程 …… 73
4.2.6　捆绑运载火箭姿态动力学方程 …… 74
4.3　运载火箭姿态动力学模型特点 …… 75

第5章　箭体动力学特性与控制 …… 84
5.1　运载火箭结构动力学特性 …… 84
5.1.1　非捆绑运载火箭结构动力学特性 …… 84
5.1.2　捆绑运载火箭结构动力学特性 …… 94
5.1.3　运载火箭结构动力学特性对姿态控制的影响 …… 96
5.2　运载火箭液体晃动特性 …… 103
5.2.1　运载火箭液体晃动的一般理论分析方法 …… 103
5.2.2　贮箱液体晃动试验及防晃设计 …… 114
5.2.3　液体晃动对姿态控制的影响 …… 119
5.3　运载火箭气动特性 …… 128
5.3.1　运载火箭气动外形设计与优化 …… 128
5.3.2　运载火箭气动参数的理论计算与风洞试验 …… 130
5.3.3　运载火箭气动外形对姿态控制的影响 …… 135
5.4　运载火箭纵向耦合振动特性 …… 141
5.4.1　运载火箭纵向耦合振动的机理 …… 143
5.4.2　液氧煤油发动机运载火箭的POGO抑制难点 …… 144
5.4.3　液路系统的频率特性 …… 145
5.4.4　POGO稳定性分析 …… 151

5.4.5 POGO的抑制措施 …… 157
5.4.6 蓄压器对POGO的影响分析及其设计方法 …… 159
5.4.7 运载火箭纵向耦合振动对姿态控制的影响 …… 162
第6章 导航与制导控制 …… 164
6.1 运载火箭的导航技术 …… 164
6.1.1 概述 …… 164
6.1.2 平台式惯性导航技术 …… 164
6.1.3 捷联式惯性导航技术 …… 166
6.1.4 组合导航技术 …… 168
6.2 运载火箭的制导技术 …… 171
6.2.1 概述 …… 171
6.2.2 导引方法 …… 172
6.2.3 关机控制 …… 190
6.2.4 制导精度分析 …… 192
6.3 运载火箭的初始对准 …… 197
6.3.1 概述 …… 197
6.3.2 平台式惯导的初始对准 …… 198
6.3.3 捷联式惯导的初始对准 …… 203
6.4 运载火箭导航制导技术发展趋势 …… 208
6.4.1 高精度冗余惯组技术 …… 208
6.4.2 最优自适应制导技术 …… 209
6.4.3 全自主初始对准技术 …… 209
第7章 运载火箭姿态控制 …… 211
7.1 非捆绑运载火箭的姿态控制原理与方法 …… 211
7.1.1 非捆绑运载火箭的控制原理 …… 211
7.1.2 非捆绑运载火箭姿态控制典型方法 …… 215
7.2 捆绑运载火箭的姿态控制原理与方法 …… 217
7.2.1 助推布局对姿控的影响 …… 217
7.2.2 捆绑运载火箭的控制原理 …… 218
7.2.3 捆绑运载火箭姿态控制典型方法 …… 219
7.3 运载火箭姿态控制能力分析 …… 221
7.3.1 俯仰、偏航通道的控制能力分析 …… 221
7.3.2 滚动通道的控制能力分析 …… 222
7.4 运载火箭发动机摆动力矩计算方法 …… 225
7.4.1 与发动机摆角无关的力矩 …… 225
7.4.2 与发动机摆角有关的力矩 …… 226

7.4.3 与发动机摇摆角速度有关的阻尼力矩 …… 226
7.4.4 其他力矩项 …… 226
7.5 运载火箭姿态控制对制导的适应性研究 …… 227
7.5.1 迭代制导方法 …… 227
7.5.2 姿态动力学全量模型 …… 228
7.5.3 迭代制导与姿态控制的相互作用关系 …… 229
7.5.4 姿态控制对迭代制导适应性仿真分析 …… 230
7.6 大质心偏移上面级的姿态控制原理与方法 …… 231
7.6.1 大质心偏移上面级的特点 …… 231
7.6.2 大质心偏移上面级的控制原理 …… 233
7.6.3 大质心偏移上面级姿态控制典型方法 …… 234
7.7 运载火箭姿态控制方法的应用 …… 241
7.7.1 运载火箭的减载控制 …… 241
7.7.2 运载火箭的弹性自适应控制 …… 242
7.7.3 运载火箭的解耦控制 …… 245
7.8 运载火箭姿态控制技术发展趋势 …… 248
参考文献 …… 251

第1章　概　论

本章简要介绍运载火箭控制的基本概念，控制系统组成和功能，发展历程和发展趋势。控制系统是运载火箭的“神经中枢”，是火箭稳定飞行和准确到达目标点的保障，而动力学则是控制的基础，正确有效的动力学建模是开展控制系统设计的必要条件。

1.1　一般概念

1.1.1　运载火箭

运载火箭是指自身携带全部推进剂，依靠火箭发动机喷射工质产生推力，克服地球引力，将人造卫星、飞船及其他飞行器送入地球轨道或其他轨道的运载工具。火箭与飞机的最大差别是可不依赖空气在大气层外飞行。

现代火箭的基础是二战时期德国人冯·布劳恩设计的 V－2 火箭。二次世界大战后火箭技术迅速发展，1957 年 10 月苏联用卫星号运载火箭成功发射了第一颗人造地球卫星，1961 年 4 月用东方号运载火箭成功将首位航天员加加林送入太空。美国则在 1969 年 7 月用土星 5 号运载火箭发射了阿波罗 11 号飞船，实现了载人登月飞行。运载火箭及航天事业的迅猛发展，为人类的国防、科技和生产生活带来了很多便利，特别是在通信、气象预报、导航等方面。

以美国的宇宙神 5 火箭为例，运载火箭的各部分组成如图 1－1 所示，运载火箭一般为两级或三级构型，可捆绑或不捆绑助推器。火箭各级之间串联，下一级工作结束并分离后上一级开始工作，助推器则与捆绑芯级并联同时工作，助推器工作结束后与芯级分离。

按系统划分，运载火箭箭上系统可分为结构系统、动力系统、控制系统和测量系统四大系统。

结构系统是火箭各个受力和支承结构件的总成，包括推进剂贮箱、箱间段、级间段、尾段和仪器舱等。结构系统的功能是保证各部段有效连接、按要求贮存推进剂、保持良好气动外形、承受地面和飞行中的载荷，以及保护仪器设备、有效载荷等在可接受的环境范围内工作。

动力系统的功能是产生推力，使火箭产生运动。液体火箭的动力系统一般包括液体火箭发动机和推进剂增压及输送系统。液体火箭发动机将推进剂的化学能转换为动能，通过喷管喷射高温高压燃气产生反作用力，发动机喷管一般可摆动以便进行全箭姿态控制。增压和输送系统对推进剂贮箱进行增压，满足发动机泵的入口压力要求，将推进剂从贮箱输送至发动机。

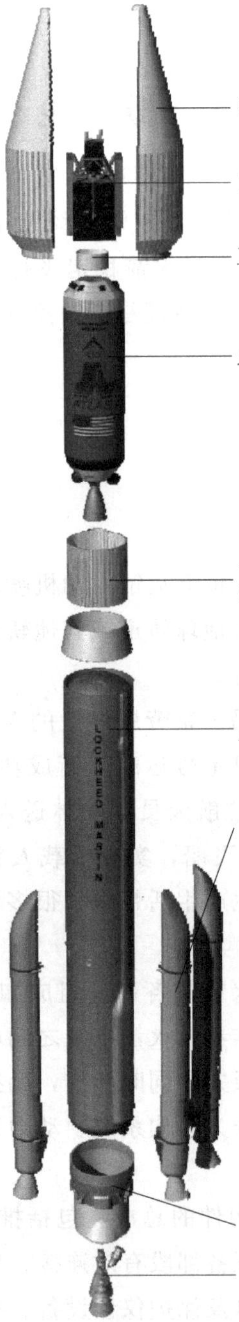

图 1-1　美国宇宙神 5 运载火箭主要组成部段

控制系统是对火箭所有控制的总成，其作用是控制火箭姿态稳定，使其按所要求的弹道飞行，并控制发动机的关机，达到精确入轨的目标，控制系统包括导航、制导、姿态控制和时序指令四部分功能。导航系统实时获取火箭的飞行状态，包括速度、位置和姿态等，制导系统根据导航系统提供的实时状态及射前装订的目标状态，计算当前的弹道修正量或最优推力矢量方向，姿态控制则根据制导系统的要求进行姿态定向控制，并克服飞行中的各种干扰保持火箭稳定，时序指令主要根据制导的点火关机特征点完成相应的箭上时间指令动作。

测量系统包括火箭的遥测系统、外弹道测量系统和安全控制系统。遥测系统的作用是把火箭飞行中的各项参数通过无线传输发送至地面站，为分析故障和分析飞行结果提供依据。外弹道测量则是通过地面对火箭的跟踪测量其飞行运动参数，目前主要有光学、无线电和卫星导航接收机三种类型。安全控制系统的作用是在火箭飞行过程中出现故障并可能危及地面安全时，能终止火箭的动力飞行并将其炸毁。

1.1.2　运载火箭控制

运载火箭的任务是将有效载荷送入预定轨道，并满足相应的入轨精度要求。由于目标轨道参数事先装订，而火箭在飞行过程中不可避免会受到各种内外干扰的影响，如高空风、火箭发动机推力偏差等，因此需要对火箭进行控制，保证火箭稳定飞行并尽量减小火箭的入轨精度偏差。

为达到精确控制的目的，首先需要精确获得火箭的实时状态信息，即进行导航。运载火箭的导航一般以惯性导航为主，其他如卫星导航、天文导航等为辅助。惯性导航的特点是全自主、高动态、信息齐全、短时间内精度高，缺点是误差随时间累积，长时间工作精度差，因此需要有其他导航方式补充。另外惯性导航还需要进行初始对准，也是导航系统功能的重要组成部分。

火箭的飞行是一个动态过程，而大部分运载火箭是静不稳定的，如同一个倒立摆，如不进行控制，稍有扰动就可能会姿态失稳，因此控制系统中一个重要的组成部分是姿态控制系统，一方面保持火箭的姿态稳定，另一方面将火箭的姿态快速准确调整到需要的姿态方向，满足制导控制的要求。姿态控制是基于绕质心动力学的力矩控制，一般通过火箭发动机的摇摆实现。

制导的作用是解决出现干扰时火箭偏离预定的轨迹后，如何保证精确入轨的问题。制导系统通过算法比较当前状态和目标状态或预定轨迹的差别，选取合适的路径，给出姿态控制要求，通过姿态控制系统控制火箭姿态，最终实现火箭的质心运动控制。

1.1.3　运载火箭动力学

动力学（Dynamics）是经典力学的一门分支，主要研究作用于物体的力与物体运动的关系，是研究对象运动特性并对其运动进行控制的基础。运载火箭的控制，主要包括导航、制导与姿态控制，与火箭相关的运动主要包括质心运动和绕质心运动。

质心运动动力学研究火箭在各种力的作用下的质心运动，主要关注火箭的速度和位置特性，是运载火箭弹道和制导设计的基础；绕质心运动动力学是姿态控制的基础，主要关注火箭的姿态角及其变化，而由于火箭是结构组成复杂的细长体，其箭体弹性也是动力学的重要组成部分，同样还有火箭的气动特性和贮箱推进剂的晃动特性等。

一般将火箭质心运动动力学称为飞行动力学，其中又包含了空气动力学、轨道动力学及与发动机、地球引力相关的力学等。绕质心运动动力学称为姿态动力学，主要包括空气动力学、结构动力学及液体晃动和耦合振动等。

飞行动力学主要研究飞行器的质心运动规律。研究飞行动力学的目的在于为飞行器的研制和使用从基本原理和性能分析技巧方面提供理论基础。飞行动力学是建立在刚体力学、弹性结构力学、空气动力学、流体力学、多体系统动力学、振动理论、运动稳定性等力学基础之上的，又依赖于现代控制论和计算技术的发展，并与测量技术密切相关。

姿态动力学研究飞行器的姿态运动，采用常微分或偏微分方程对姿态运动进行描述，通过欧拉角或姿态四元数表述飞行器的姿态状态。现代大型运载火箭一般都是充液的弹性体，因此在姿态动力学中要考虑箭体的结构动力学和推进剂晃动力学。

空气动力学则是流体力学的一个分支，主要研究物体在大气中运动时的力学特性。结构动力学是结构力学的一个分支，主要研究结构对于动载荷的响应（如位移、应力等的时间历程），以便确定结构的承载能力和动力学特性，或为改善结构的性能提供依据。

1.2 运载火箭飞行控制系统组成与功能

1.2.1 运载火箭飞行控制系统组成

运载火箭控制系统包括箭上的飞行控制系统和地面测试发射控制系统，如图 1－2 所示，本书重点论述箭上控制系统。

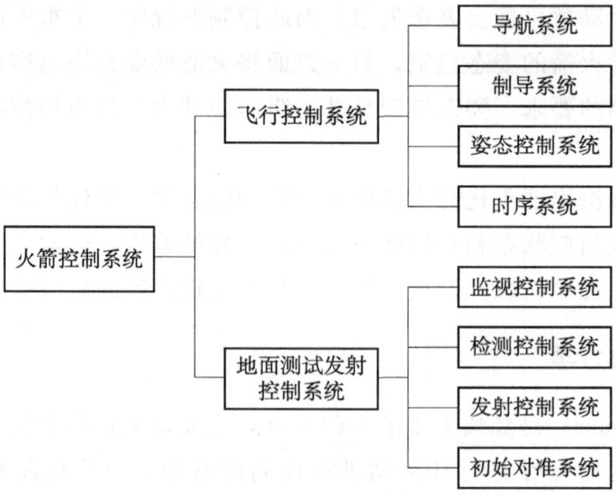

图 1－2 运载火箭控制系统组成框图

飞行控制系统按功能可分为导航系统、制导系统、姿态控制系统和时序系统四个子系统。

根据器件的不同，飞行控制系统包含了三类器件：第一类是敏感器件，如惯性器件、速率陀螺、导航接收机等；第二类是传输计算器件，包括箭上计算机、通信线路等；最后一类是执行器件，如伺服机构、控制发动机开关的电磁阀等。

1.2.2 运载火箭飞行控制系统功能及实现

飞行控制系统通过导航敏感器件及导航算法解算获得火箭的实时飞行状态参数，根据当前状态参数与目标轨道参数的对比计算，得到飞行中每一时刻的推力矢量方向，并控制火箭姿态使其达到期望的推力矢量方向，并在满足终端约束时控制关闭火箭发动机，以及发出相关的分离、点火等时序指令。飞行控制系统的功能组成如图 1-3 所示。

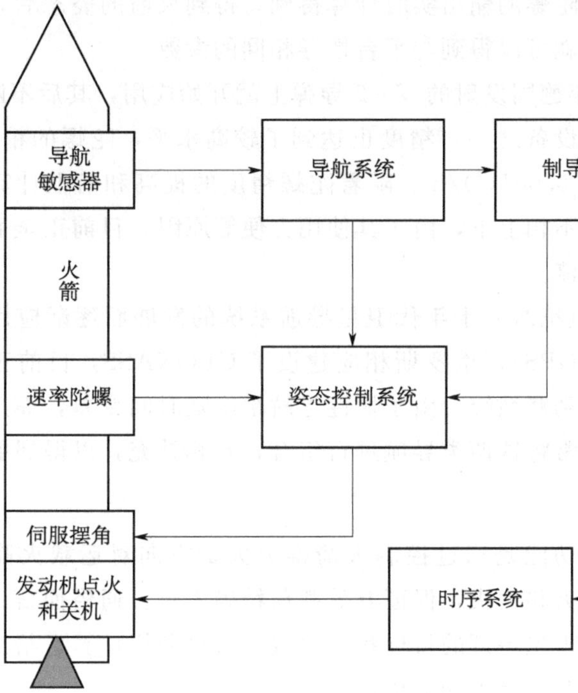

图 1-3 控制系统功能框图

1.2.2.1 导航系统

导航是一个广义通用的概念，是指能实时提供载体的速度、位置、姿态等状态信息的系统。

运载火箭的导航系统提供了制导系统和姿态控制系统所需的输入信息，主要包括无线电导航、惯性导航和卫星导航三类。

无线电导航是早期和中期运载火箭常用的导航方式，地面雷达根据箭上应答机发送的无线电信号，测出火箭每一时刻的距离和方位角，地面计算机根据这些数据计算出火箭的实时位置和速度矢量。无线电导航的优点是箭上设备简单，箭上计算机计算量很小。缺点是依赖地面测控站，另外实时性和动态性相对较差。目前无线电导航已很少采用。

惯性导航一般为使用惯性器件的导航系统的统称。惯性器件是指采用了根据力学中惯性原理所构成的仪表而组成的惯性测量装置。惯性仪表主要包括陀螺仪和加速度计，惯性器件一般称为惯性测量组合，可分为平台式惯性测量组合和捷联式惯性测量组合两类。

平台式惯性测量组合由平台台体、陀螺仪和加速度计、框架系统和伺服稳定回路组成，陀螺仪和加速度计安装在惯性空间保持不变的台体上，框架系统和伺服稳定回路保证了平台台体的稳定性。加速度计的输出为载体相对于惯性坐标系的视加速度（除引力外其他力作用下的加速度之和），导航计算机再加入引力加速度并进行积分可得到速度量和位置量。

捷联式惯性测量组合取消了平台的框架系统和伺服稳定回路，因而更加可靠，其惯性空间依靠导航计算机根据陀螺的输出实时计算得到。得到火箭的姿态后，再将加速度计的输出转换到惯性坐标系，就可以得到与平台惯导相同的参数。

惯性器件早在 1942 年德国发射的 V－2 导弹上就开始应用，其后不断发展，目前成为运载火箭几乎必备的导航设备之一，精度也达到了较高水平，陀螺的精度都在 0.01(°)/h 以上，精度较高的能达到 0.001(°)/h 。随着陀螺精度的提高和箭上计算机的发展，捷联惯导的精度已与平台惯导不相上下，由于其使用方便等原因，目前正全面取代平台惯导成为运载火箭惯性导航的主流。

卫星导航是随着 20 世纪八九十年代卫星导航系统的发展而逐渐应用的。最为著名的是美国的全球定位系统（GPS），俄罗斯相应建设了 GLONASS，目前正在建设的还有中国的北斗系统和欧洲的伽利略系统。由于惯性导航精度随时间变差，而卫星导航正好可以弥补这个缺点，因此目前常将这两类导航进行组合，互相补充，以得到更好的导航特性。

1.2.2.2　制导系统

运载火箭制导系统的功能是通过控制火箭推力矢量方向对运载火箭质心运动进行控制，并控制主发动机的点火和关机，保证有效载荷精确入轨。通俗而言，制导系统根据导航系统给出的当前状态和事先装订的目标状态参数，通过分析计算，给出火箭当前应该怎么飞，以及主发动机什么时候点火和关机。

火箭怎么飞，最终是通过控制推力矢量方向实现，推力矢量方向一般通过姿态角表示，因此制导系统的输入是导航系统的参数，输出的控制需要通过姿态控制系统控制姿态角实现。如果将火箭比喻成一个人的话，导航系统是眼睛和耳朵，制导系统是大脑，姿态控制系统是手和脚，而时序系统是神经传输。

运载火箭的制导方法，可分为摄动制导和最优制导两大类。在实现方式上，目前一般是箭上计算机实时计算得到，而早期的无线电制导和无线电导航一样，地面完成制导计算后通过无线电发给火箭。

摄动制导是 20 世纪 50 年代应用较多的一种制导方法，也被称为德尔它偏差（δ）制导。摄动制导基于飞行弹道的小扰动摄动假设，将制导弹道在理论弹道上展开成自变量增量的泰勒级数，取一阶量，并以关机点的参数为主要制导参数，将实际弹道控制在理论弹道附近。摄动制导对箭上计算机要求很低，但是在大干扰下制导精度差，且依赖标准弹道设计，任务适应性也差。

最优制导则通过现代控制理论，引入终端约束和最优指标函数，求解得到的一组最优方程解。最优制导将目标量和状态量作为输入参数，实时计算从当前状态到目标状态的最优（如最省能量）路径，因而在入轨精度、任务适应性方面均有较大优势，缺点是箭上计算机计算量较大，箭上软件相对复杂。

1.2.2.3 姿态控制系统

姿态控制系统的功能是控制运载火箭的姿态运动，实现制导系统提出的姿态导引要求，并克服各种干扰，保证火箭姿态角和姿态角速率误差在允许范围内。

制导系统控制的是火箭的质心运动，姿态控制系统控制的是火箭的绕质心运动。一般将火箭的质心运动称为长周期运动，绕质心运动称为短周期运动。姿态控制系统要求有更高的实时性和动态特性。

绕质心运动是由力矩控制的，运载火箭姿态控制的力矩主要来自发动机，目前一般有两种形式：一种是主推力发动机通过伺服机构驱动产生控制力矩，另一种方式是由姿控发动机通过开关的方式产生控制力矩。图 1－4（a）中发动机的伺服机构伸长，发动机往左偏摆，产生一个逆时针的控制力矩；图 1－4（b）是滚动姿控发动机的示意图，图中对称两个姿控发动机同时工作，产生一个顺时针的滚动力矩。在不考虑计算机离散采样和控制等因素下，一般将图 1－4（a）的发动机摇摆控制称为线性控制，将图 1－4（b）姿控发动机开关控制称为非线性控制。

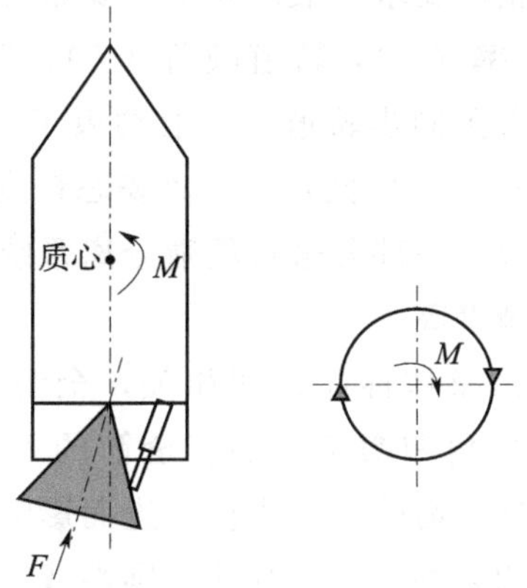

（a）线性控制　　（b）非线性控制

图 1－4　运载火箭姿态控制力矩产生方式

现代运载火箭的姿态控制均为数字式的离散控制系统，需要有 A/D 转换和 D/A 转换控制，如图 1－5 所示。控制方法上，同样有基于经典控制理论的比例、积分微分（PID）控制方法和基于现代控制理论的最优控制方法。

1.2.2.4 时序系统

运载火箭时序系统的功能是根据指令需求，按照严格的时间顺序和时间间隔发出有序的控制指令给各执行系统。指令需求一般来源于箭上计算机或预先装订的特定时间点，当

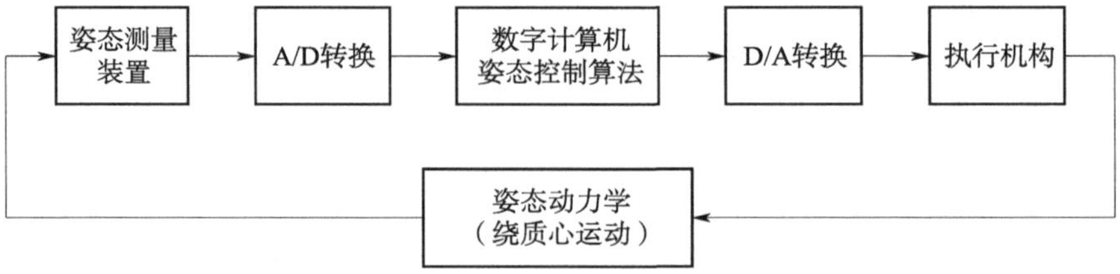

图 1-5　数字式姿态控制系统框图

收到这一特定指令后，时序系统自动完成相应的扩展指令（接通和断开相应电路）。如发动机关机对于箭上计算机来说是一条指令，但对于动力系统或者整个火箭，将有大量的动作会随着关机指令的到来而相继执行，如发动机的关机需要大量的阀门打开和关闭，随后是伺服机构的归零、级间分离时序、正反推火箭点火和下一级发动机的点火指令等。

目前火箭箭上的时序基准主要是起飞信号和制导系统发出的各级关机信号，时序系统在这些特征时间点的基础上，完成相关时序指令。时序系统的组成包括控制器和执行器件，主要实现定时、分配、开关输出等功能。

1.2.3　运载火箭飞行控制系统的性能要求

火箭总体对于运载火箭飞行控制系统的性能要求，主要体现在卫星分离时刻的轨道精度要求和姿态精度要求。入轨精度要求一般以轨道六要素的偏差形式给出，轨道六要素包括轨道半长轴（a），轨道偏心率（e），轨道倾角（i），升交点赤经（Ω），近地点幅角（ω），平近点角（M）。对于太阳同步轨道，一般约束了轨道半长轴（Δa）偏差、轨道偏心率（Δe）偏差、轨道倾角（Δi）偏差。分离姿态精度包括分离姿态角精度和姿态角速率精度，而分离姿态误差有很大一部分来自星箭分离系统，对于姿态控制系统的分离姿态精度要比卫星所要求的分离精度高。

控制系统的性能与运载火箭整体性能密切相关，全箭可控是总体方案可行的必要条件，姿态控制在飞行过程中的攻角和摆角影响着全箭的飞行载荷，特别是在飞越大风区段，而载荷的大小则直接关系到火箭的结构质量，进而影响全箭的运载能力。因此总体对控制系统除了上述的性能指标约束外，还有其他原则性或量化的要求：

1）可测试性好，测试发射简单快速；

2）初始对准对环境和外部设备依赖小，操作简便，快速性好；

3）火箭起飞后横向漂移小，满足与塔架的安全起飞要求；

4）大气飞行段攻角与摆角尽量小；

5）克服干扰能力强，克服干扰所消耗的能量小。

1.3 运载火箭飞行控制系统的发展历程

1.3.1 动力学发展概述

动力学研究由于力的作用、物理系统怎样随着时间的演进而改变。动力学的基础定律是牛顿提出的牛顿运动定律。对于任意物理系统，只要知道其作用力的性质，引用牛顿运动定律，就可以研究这些作用力对于该物理系统的影响。

动力学是揭示力与物体运动关系的学科，是人类对自然本质的认识。动力学作为一门学科是17世纪在微积分、牛顿力学等基础上产生的。

17世纪初期，意大利物理学家和天文学家伽利略用实验揭示了物质的惯性原理，用物体在光滑斜面上的加速下滑实验，揭示了等加速运动规律，并认识到地面附近的重力加速度值不因物体的质量而异，它近似一个常量，进而研究了抛射运动和质点运动的普遍规律。伽利略的研究开创了为后人所普遍使用的、从实验出发又用实验验证理论结果的治学方法。

17世纪，英国科学家牛顿和德国数学家莱布尼兹建立的微积分学，使动力学研究进入了一个崭新的时代。牛顿在1687年出版的巨著《自然哲学的数学原理》中，明确地提出了惯性定律、质点运动定律、作用和反作用定律、力的独立作用定律。他在寻找落体运动和天体运动的原因时，发现了万有引力定律，并根据它导出了开普勒定律，验证了月球绕地球转动的向心加速度同重力加速度的关系，说明了地球上的潮汐现象，建立了十分严格而完善的力学定律体系。

动力学以牛顿第二定律为核心，这个定律指出了力、加速度、质量三者间的关系。牛顿首先引入了质量的概念，而把它和物体的重力区分开来，说明物体的重力只是地球对物体的引力。作用和反作用定律建立以后，人们开展了质点动力学的研究。牛顿的力学工作和微积分工作是不可分的。从此，动力学就成为一门建立在实验、观察和数学分析之上的严密科学，从而奠定了现代力学的基础。

17世纪荷兰科学家惠更斯通过对摆的观察，得到了地球重力加速度，建立了摆的运动方程。惠更斯又在研究锥摆时确立了离心力的概念；此外，他还提出了转动惯量的概念。

牛顿定律发表100年后，法国数学家拉格朗日建立了能应用于完整系统的拉格朗日方程。这组方程式不同于牛顿第二定律的力和加速度的形式，而是用广义坐标为自变量通过拉格朗日函数来表示的。拉格朗日体系对某些类型问题（例如小振荡理论和刚体动力学）的研究比牛顿定律更为方便。

刚体的概念是由欧拉引入的。18世纪瑞士学者欧拉把牛顿第二定律推广到刚体，他应用三个欧拉角来表示刚体绕定点的角位移，又定义转动惯量，并推导了刚体定点转动的运动微分方程。这样就完整地建立了描述具有六个自由度的刚体普遍运动方程。对于刚体来说，内力所做的功之和为零。因此，刚体动力学就成为研究一般固体运动的近似理论。

1755 年，欧拉又建立了理想流体的动力学方程；1758 年，伯努利得到关于沿流线的能量积分（称为伯努利方程）；1822 年，纳维得到了不可压缩性流体的动力学方程；1855 年，法国希贡纽研究了连续介质中的激波，这样动力学就渗透到各种形态物质的领域中去了。例如，在弹性力学中，由于研究碰撞、振动、弹性波传播等问题的需要而建立了弹性动力学，它可以应用于研究地震波的传动。

19 世纪英国数学家汉密尔顿用变分原理推导出汉密尔顿正则方程，此方程是以广义坐标和广义动量为变量，用汉密尔顿函数来表示的一阶方程组，其形式是对称的。用正则方程描述运动所形成的体系，称为汉密尔顿体系或汉密尔顿动力学，它是经典统计力学的基础，又是量子力学借鉴的范例。汉密尔顿体系适用于摄动理论，例如天体力学的摄动问题，并对理解复杂力学系统运动的一般性质具有重要作用。

拉格朗日动力学和汉密尔顿动力学所依据的力学原理与牛顿的力学原理，在经典力学的范畴内是等价的，但它们研究的途径或方法则不相同。直接运用牛顿方程的力学体系有时称为矢量力学；拉格朗日和汉密尔顿的动力学则称为分析力学。

1.3.2　国外运载火箭飞行控制系统发展历程

运载火箭控制系统的研究，开始于 20 世纪 30 年代。控制技术实际用于火箭飞行控制，最早是在 1935 年美国人戈达德（R. H. Goddard）将陀螺仪用于火箭的姿态控制，利用陀螺仪作为测量元件，操纵燃气舵控制火箭飞行转弯。第二次世界大战期间，德国的 V－2火箭是第一个有完整控制系统的弹道导弹。由敏感（测量）元件、中间装置和执行机构组成的控制系统不但控制导弹的飞行姿态，也控制导弹的射程，并且追求控制落点的精度。从此火箭的控制系统被正式确定为火箭的主要系统，并得到了广泛发展。

控制导弹落点精度曾采用过无线电雷达制导、惯性制导、惯性与无线电复合制导等方式。由于无线电技术和惯性制导技术的飞速发展，惯性测量元件同无线电制导装置在很长时间内进行竞争，出现过多种形式的制导方案。因为惯性制导是自主式的，不易受干扰，而无线电系统则易被干扰、对天线场地要求严格、使用不方便，所以惯性制导一致受到人们的重视和偏爱，得到了积极发展。

第二次世界大战后，一大批德国科学家和工程师移居美国，为美国陆军的红石导弹从事元件和系统方面的研制工作。其中在惯性器件方面的一个技术突破是采用气浮支承技术，研制出气浮陀螺，精度比 V－2 的陀螺仪高一个数量级。美国利用 V－2 火箭做了 67 次飞行试验。通过试验和研究，突破了陀螺空气轴承、液浮轴承等关键技术，沿着三轴陀螺稳定平台方案发展制导系统。

美国在研发较高精度惯性器件的同时，研究设计了更高精度的制导方法。Th. Buchhold 教授决定再用类似 V－2 导弹的制导指令，将导弹约束在它的标准弹道上（后来取名为 Delta 最小制导方案，即摄动制导方法）。对于横向制导，设计成一个致零系统，用横向速度和横向位移信息作为偏航控制通道的附加输入信号，即通过偏航控制改变导弹质心运动的轨迹，将导弹导引至射面内。

随着电子计算机的发展，箭上计算机具备较高的导航和制导计算能力，因此最优制导方法也被研究和应用，美国在 20 世纪 60 年代研制的土星运载火箭就采用了迭代制导方法。

苏联的导弹制导系统，开始时使用捷联式制导方案，后面逐渐采用了三轴陀螺稳定平台制导方案。

早期弹道导弹的动力学特性比较简单，受控火箭是气动静稳定的，且可将火箭视为刚体。因此采用单回路控制方式能够完成火箭姿态控制功能，利用陀螺仪、中间装置和舵机—燃气舵组成连续式单回路姿态控制系统。

到 1940 年，为了控制回路稳定，火箭的姿态控制系统都采用舵的位置反馈，并要求有一个速率陀螺提供姿态角变化率。为了获得姿态稳定所需要的角速度，曾经利用机械装置来稳定舵的速度回路，但都没有成功。速率陀螺易引起大的振荡而曾出现过一些问题，为此，H. Hoelzer 博士利用对陀螺姿态角信号进行微分的无源电气网络得到与角速度和角加速度成比例的信号，从而使上述问题得到解决，并取消了速度陀螺的应用。所以，在较长一段时间内，连续式单回路姿态控制系统成为近程导弹的主要控制形式。两个二自由度陀螺仪测量导弹绕三个惯性主轴转动的姿态角并给出角运动信号，信号送入中间装置、经连续式校正网络形成控制律信号，然后变换成作动控制指令，控制舵机带动燃气舵偏转从而产生控制力矩。

后来，美国陆军的导弹飞行试验失败。通过分析飞行数据得知，是控制用的加速度计敏感了导弹的振动。因为没有将控制信号中的振动频率滤掉，所以使控制回路饱和而导致失控，弹体推进剂晃动造成了丘比特导弹试验失败。由于晃动没有受到充分抑制，引起晃动激励力作用而难以稳定控制。这两种影响控制稳定性的因素，都要求对控制回路的频率与振动、晃动及弯曲振型间的可能相互作用进行全面研究，并设计有可能抑制掉不希望的控制输入信号的滤波器。

采用微分网络来保证火箭刚体运动、晃动和弹性振动的控制稳定性，实际上有一定困难。所以又在土星运载火箭和其他较大型导弹上应用速率陀螺。其重要原因之一是弯曲振型的波节可能在陀螺稳定平台的安装位置上或附近，使弯曲振型的频率信息在经过微分网络时得到放大。因此将校正网络的主要微分作用由速率陀螺代替，以保证获得干净的姿态速率信号。

随着运载火箭规模的增大，其动力学特性变得越来越复杂。因而采用姿态角、姿态角速率和其他姿态运动测量信息作为控制回路输入量，形成多回路姿态控制系统。同时由于增大控制力的需要，燃气舵已不能适应要求，所以研制了喷管可摆动的发动机及相应的伺服机构，实现推力矢量控制。

数字计算机的发展及其在姿态控制系统中的应用，使姿态控制系统更加灵活，硬件组成更加简单。因此，数字式姿态控制系统的应用日益普遍，箭载计算机代替了模拟式变换放大器。

运载火箭控制系统的发展，在载人运载器特别是航天飞机上达到了一个顶峰。航天飞机的控制系统是迄今含有导航、制导和姿态控制系统的飞行器中最完善的，它在组成、完成功能和采用新技术方面远比导弹、运载火箭庞大、繁多、性能高。航天飞机控制系统研制的重点是可靠性、准确性和适应性。因此，系统采取惯性、天文和无线电组成组合导航系统，满足航天飞机的上升段、在轨段和返回再入段及机场着陆的导航要求。制导系统依靠导航系统提供的飞行状态量、时间序列信息，利用计算机生成制导律，实现推力矢量调节、推力终止控制，完成飞行轨道机动、轨道状态保持，准确交会空间站和安全飞行返场着陆。姿态控制系统对飞行器飞行中的变参数多模态及各种控制功能要求，采用自动模式和自动—手动混合模式进行姿态控制和姿态保持。

航天飞机由于其复杂度和高成本，已退出历史舞台，一次性运载火箭仍然是今后一段时间内航天运输系统的主流。主流一次性运载火箭追求高可靠、低成本和强任务适应性，在导航方面，目前普遍采用冗余捷联惯性导航为主、卫星导航为辅的组合导航方案，提高导航精度和可靠性；制导方面，基于路径自适应的最优迭代制导广泛使用，有较好的制导精度和任务适应性；姿态控制方面，依然是经典的 PID 控制为主，但动力学模型由于捆绑、大型贮箱等变得更加复杂；而数字式控制系统也成为主流，1553 总线等通信控制方式广泛应用。

1.3.3 我国运载火箭飞行控制系统发展历程

中国的运载火箭从战略导弹发展而来，中国研制的第一种液体导弹是仿制苏联的 P—2 导弹，也是德国 V-2 导弹的仿制型号，在弹上沿弹体纵轴上固联安装一只摆式加速度计，在飞行中敏感导弹纵向视加速度，经电解积分仪对视加速度积分后得到视速度。当实际飞行的导弹视速度值与事先按预定射程计算并装订的视速度值相等时，则发出关闭发动机的指令，可以达到控制射程的目的。

控制发动机关机仅能控制射程，完成纵向制导，对于保证落点精度是不够的，因而需要加横偏控制，当时采用无线电横偏校正系统与姿态控制相结合的方式实现导弹横向偏差的控制。

后面发展的导弹型号在控制系统上有了较大提高，在制导系统方面进一步发展补偿式制导方案，利用“变参数线性系统外干扰完全补偿”理论，研制了更为完善的捷联补偿制导方案。这种补偿方案采用以陀螺仪为测速器件并完成补偿量综合，时变系数由解算装置生成，整套制导装置实现制导关机量控制，提高了制导精度。

横向控制仍然采用导弹横向速度作为闭路导引信号，但是获取横向加速度的方式由装在垂直陀螺仪上的横向加速度计完成，因此不需要坐标转换的解算，系统变得简单可靠。在姿态控制系统方面，为适应弹体长细比增大产生弹性振动对姿态控制稳定性的影响，首次采用了速度陀螺仪信号参与控制的双回路姿态控制系统。

为适应两级火箭对制导、姿态控制及测试发射控制的要求，飞行控制系统进一步改进、完善方案和采取新的技术途径，扩大了控制系统功能，提高了性能。两级火箭的长细比更大，弹性振动及液体推进剂晃动的影响必须综合考虑，同时飞行时间长，干扰量增多，因而控制系统设计难度加大。补偿式制导方案进一步完善，采用捷联式全补偿，并引入横向导引和法向导引的制导系统，从而使制导方法误差更小。惯性器件采用静压气浮陀螺仪和积分陀螺加速度计，因而由此造成的制导工具误差减小。制导系统的关机方程、导引方程、制导过程量的存取及补偿量变系数的设置均由箭载计算装置实现，并发出制导指令，控制射程和横向偏差。

姿态控制系统针对两级火箭的刚体运动、弹性振动、晃动及一、二级分离干扰对二级起控稳定性等影响，采取角位置陀螺、速度陀螺并在校正网络中运用相位稳定、幅值稳定及变参数方法实现姿态控制的静、动态特性，满足了姿态控制性能要求。

采用这种控制系统的长征一号运载火箭于 1970 年 4 月成功发射了中国的首颗人造地球卫星。

为满足导弹射程及大型运载火箭发展的需要，控制系统在以前成果基础上作了大的改进并采取一些新的技术，提高了性能。制导系统采用平台—计算机惯性制导方案，它能直接建立惯性坐标系基准，不需要导航状态量坐标转换，可以减轻对箭载计算机的要求；在制导方程中不出现姿态角，因而不需要高精度姿态角传感器。陀螺稳定平台能改善加速度计和陀螺仪的动态环境，隔离箭体振动、摇摆的影响，有利于提高惯性器件使用精度。

为配合当时箭载计算机的研制水平，制导律采取常系数积分型的关机方程和导引方程，并在关机方程中引入了时间补偿项，消除关机时间变化对射程控制的影响，同时引入了反映弹道倾角偏差的法向导引和反映横向偏差的横向导引。采用这些方法后，用一个中等速度、小容量数字增量型的专用箭载计算机就能完成制导高精度复杂运算。

陀螺稳定平台是以气浮技术为基础的三轴静压气浮平台。平台台体上的三个加速度计测量量为制导提供信息，平台框架三个轴端各安装一个测量姿态的传感器，将传感器信号处理后分别输出俯仰角、偏航角和滚动角偏差，送至姿态控制系统。

姿态控制系统面对动力学特性复杂的被控对象，在沿用连续式控制体制下，采取了多回路姿态控制方案。控制回路中的变换放大器电路先后采用微膜组件、薄膜组件和集成运算放大器、无源校正网络和有源校正网络。执行机构为推力矢量控制和姿控游动发动机，分别由功率不同的伺服机构摆动主发动机推力室和摆动游动发动机，以产生较大控制力。

随着信息技术的发展和计算机的扩大应用，控制系统研制的重点在于飞行控制系统数字化，机动、快速和小型化的测试发射控制，并致力于提高控制系统可靠性、精度和飞行控制装置轻小型化。

研制了新型的平台—计算机制导系统，静压液浮陀螺稳定平台直接输出数字脉冲的加速度、姿态角信号，在计算机中实时计算出显式飞行状态量并提供给制导和姿态控制。采用显式制导和高精度陀螺稳定平台，使制导方法误差和工具误差减小，提高了制导精度。

姿态控制系统采用数字控制技术，计算机作为中间装置，实施多回路控制信号综合和校正网络计算，按姿态控制律生成的控制指令经 D/A 转换、分配送至推力矢量控制系统及姿态控制喷管组，完成多种飞行姿态的控制和稳定。

后续的改进，主要集中在导航系统的冗余、迭代制导的应用和总线的应用三个方面。导航系统在硬件方面由原来的液浮和气浮陀螺惯性平台发展为挠性陀螺平台，同时激光陀螺和光纤陀螺捷联惯组日益成熟，逐渐形成平台加捷联的冗余导航系统或多捷联的冗余导航系统。另一方面，卫星导航技术逐步进入运载火箭控制系统，与惯性导航通过滤波器形成组合导航系统。制导系统主要是以迭代制导为代表的最优制导的工程应用，提高了制导精度和任务适应性。姿态控制一方面为适应捷联惯组和迭代制导的应用，开展通道耦合及复杂模态的全量建模；另一方面进行解耦控制和姿态自适应控制，适应全向发射及其他大角度调姿等要求。在实现上，单一数字化总线取代了分散的串行通信线路，单机实现智能化，简化了系统的测试，提高了控制系统的效率。基于上述特点的新型控制系统也是我国未来运载火箭控制系统的主要特点和方向。

1.4 运载火箭的发展趋势及对飞行控制系统的需求

1.4.1 运载火箭的发展趋势

(1) 通用化、模块化的中型火箭成为主流

中型火箭并没有一个明确的定义，而国际上也没有大型火箭的说法，中型火箭后面就是重型火箭，因此广义上的中型火箭有一个很宽的能力范围，一般来说近地轨道运载能力范围在 5～15 t，同步转移轨道运载能力在 8 t 以内都可以算作中型火箭。此类火箭的应用范围最宽，包括近地载荷如向空间站补给，中低轨道的侦察卫星、遥感卫星，中高轨道的导航卫星及同步轨道的通信卫星等，均在其能力范围内，因此是各国火箭发展的重点。

正因为中型火箭的能力范围宽的特点，一个特定型号火箭无法满足所有需求，因此一般发展成一个中型系列，而要快速、有效和低成本实现一个火箭系列，通用化和模块化是必不可少的设计过程。如美国宇宙神 5 火箭系列，主要包括一个通用芯一级模块、一个通用固体助推器模块、两个通用半人马座二子级模块，即可构成总共 14 种构型，同步转移轨道的运载能力覆盖从 5 t 到 13 t。如图 1-6 所示，宇宙神 5 包括 400 系列、500 系列和通用芯级捆绑的重型，分别对应 4 m 和 5 m 直径整流罩，400 系列可以捆绑 0～3 个固体助推器，500 系列可以捆绑 0～5 个固体助推器，均可根据任务特点选用一台或两台发动机的半人马座上面级（二级）。

俄罗斯正在研制的安加拉系列火箭也完全采用模块化设计思想，根据不同的模块组合方案，安加拉系列运载火箭分为安加拉 1.1、1.2、A3、A5 和 A5/KVRB 共 5 种型号，可以执行从中、低地球轨道到地球同步转移轨道和地球同步轨道的多种发射任务。火箭采用高度标准化的通用火箭模块（CRM）。如图 1-7 所示，安加拉 1.1 和安加拉 1.2 为轻型火箭，都采用一个 CRM 作为一子级；二子级则不同，安加拉 1.1 使用微风 KM 上面级作为二子级，而安加拉 1.2 同安加拉 A3 及安加拉 A5 的二子级一样使用通用二子级。微风 KM 上面级目前正用于隆声号火箭，微风 M 上面级用于质子号 M。安加拉 A3 和安加拉

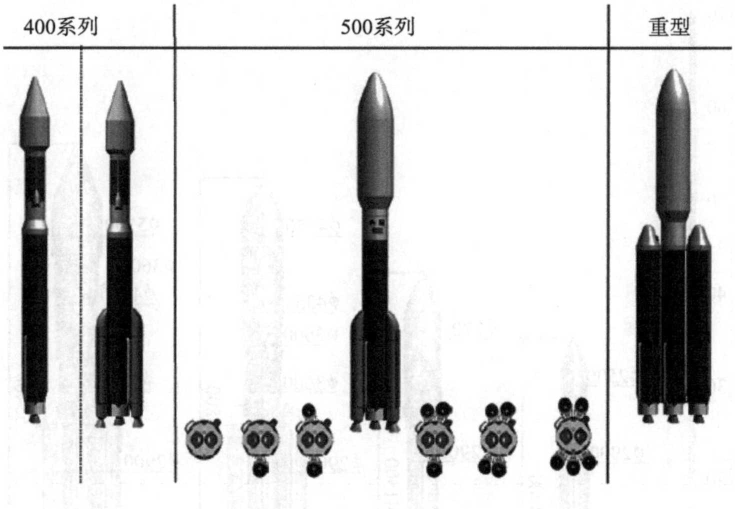

图 1-6 宇宙神 5 系列火箭

A5 火箭除采用一个 CRM 作为芯一级外，周围还捆绑两个和四个通用火箭模块作为助推器。安加拉 A5 的三子级不仅可以使用微风 M 上面级，还能使用新研制的 KVRB 上面级，采用这两种上面级时火箭的地球同步转移轨道运载能力分别达到 5.8 t 和 6.8 t。

通用化、模块化还可以将设计与生产制造分离，火箭的生产制造不必与具体任务联系，只需要改变软件模块和参数即可适应不同任务，可有效提高生产效率，减少状态变化，提高可靠性。

(2) 小型和重型火箭各有需求

在主流的中型火箭之外，小型火箭和重型火箭也各有需求。小型火箭的特点是低成本、简易和快速，这类火箭有很大一部分都是从退役的战略导弹改装而成的，如俄罗斯的隆声号、第聂伯、起跑号和美国的金牛座、米诺陶等火箭。小型运载火箭一方面可以满足小型载荷的发射需求，同时还能满足各国军方的快速部署要求，另外还可以从事相关的演示验证试验项目，因此在各国的火箭型谱中占有一席之地。

重型火箭的定义同样不明确，这里指的是如土星 5、N-1、能源号这类近地轨道运载能力 100 t 左右的超大型火箭，重型火箭的出现往往体现了一个时代的政治经济和科技等综合因素，而长远来看这部分需求依然存在。

(3) 发展多用途上面级以提高任务适应性

在通用化、模块化技术下研制的运载火箭，基础级是通用的，而多用途通用上面级是适应多种类型任务的关键。如质子号可搭配 DM 上面级和微风上面级，联盟号搭配了 Fregat 上面级，阿里安 5 也依靠不同的上面级提高运载能力和任务适应性，同样宇宙神 5 和德尔它 4 系列火箭各有两种类型的上面级（二子级）模块。

上面级的任务适应性主要由其工作时间长、比冲高、两次（多次）启动、控制能力强等特点体现，作为运载火箭能力的扩展和功能的延伸，上面级的应用范围正逐步扩大。一方面可以提高火箭的运载能力，另一方面可以在火箭基础级不改变的情况适应不同轨道任

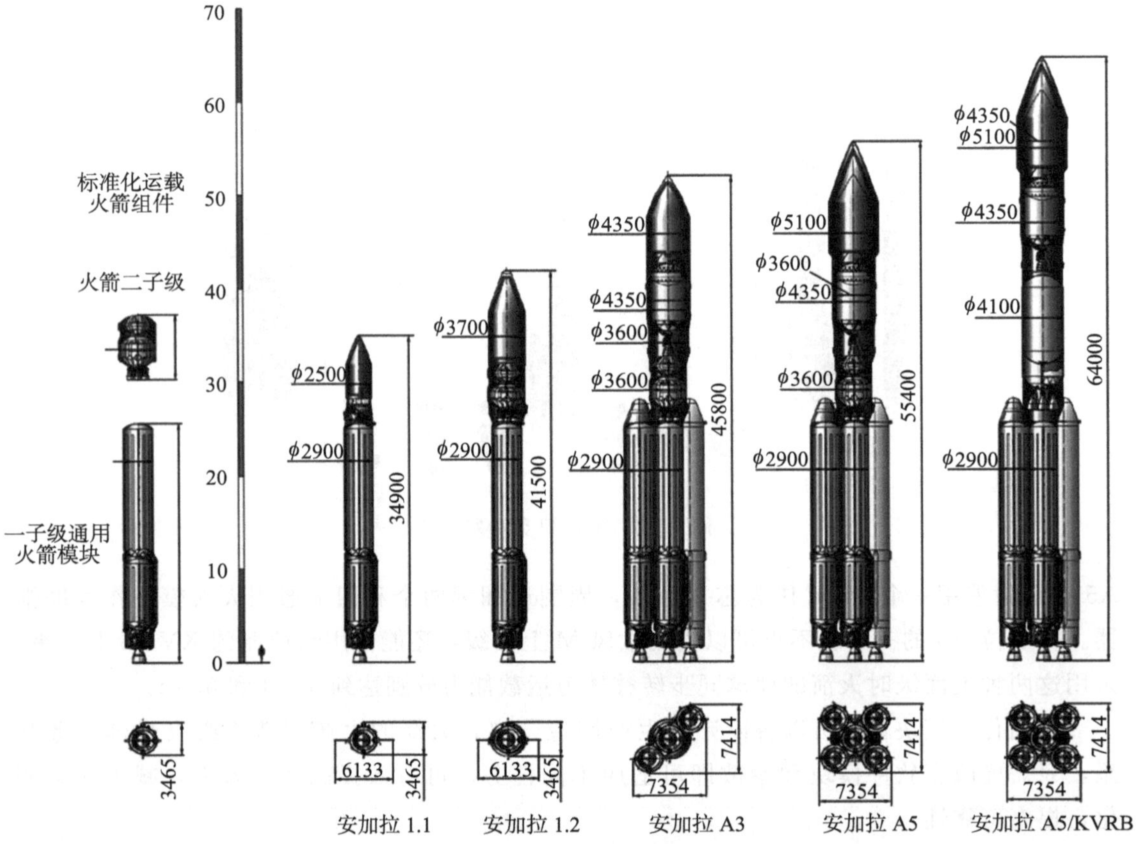

图 1－7　安加拉系列火箭图谱

务的发射需求，另外也可以完成多星快速部署、深空探测等特殊任务的需求。美国曾在 2009 年成功地用半人马座上面级对月球进行了一次撞击试验，足以证明运载火箭上面级的发展和应用还可充分拓展。半人马座上面级和德尔它的二子级见图 1－8。

图 1－8　半人马座上面级和德尔它 4 的二子级

（4）重复使用依然是探索方向

2011 年 7 月 21 日，航天飞机完成了谢幕之旅，意味着 30 年的航天飞机时代的结束，可重复使用飞行器的发展让位于一次性运载火箭。然而人类对于进入太空的目标和要求始终如一，那就是可靠、廉价和便捷，重复使用飞行器在理论上仍然具有优势。不论是垂直起降、滑翔返回还是降落伞可控回收，都在积极研究，其中 SpaceX 公司的蚱蜢演示验证垂直起降飞行器，已完成了多次悬停和起降试验（见图 1－9），验证了技术的可行性。随着科学技术的不断进步，重复使用飞行器的研制步伐也会越来越快。

图 1－9 蚱蜢演示验证试验

1.4.2 飞行控制系统的发展方向与前景展望

运载火箭飞行控制系统的发展与运载火箭的发展密不可分，同时控制系统的发展也影响着运载火箭技术的发展。运载火箭仍然是未来空间运输系统的主力，正在不停地向着高可靠、低成本和通用化的方向迈进。

控制系统是保障运载火箭任务完成和系统性能的重要组成部分，其发展水平应与运载火箭的发展水平相适应，而随着人类探索和应用太空的步伐加快，运载火箭的改进、研制和更新换代也在加速。现代控制系统是高度集成的，包括了电气、机械、液压、光学等多学科的综合性系统，系统集成有较大难度，而系统也有一定的优化空间，另外飞行控制系统是一套独立的箭上系统，但其研制也离不开地面的设计、仿真和试验系统，所有相关系统和领域都会随控制系统的进步而发展。

运载火箭的未来发展，对控制系统提出了新的需求，一方面是精度等性能上的要求继续提高，另一方面运载火箭的模块化设计及多元化发展方向，也提出了不同任务需求的适应性问题。

（1）适应高精度的需求

提高导航制导精度可以提高有效载荷的入轨精度，从而节省有效载荷为此预留的变轨推进剂，提高有效载荷质量。另一方面，较高的制导精度，意味着较为先进的最优控制方法和较强的任务适应性，也可以降低火箭自身为克服干扰而预留的弹道余量，从而提高火箭的运载能力。

运载火箭导航精度的提高主要依赖于惯性器件精度的提高，目前捷联系统正逐步取代平台惯导系统。如果捷联惯组的精度有较大提高，可以取消地面辅助瞄准系统，简化设备和流程，提高快速性。同时以卫星导航等为辅助的组合滤波算法也较为成熟，是提高入轨精度的一个重要手段。目前国内外主要惯组精度对比如表 1－1，可看出在加速度计方面国内外精度相当，但陀螺精度有明显差距。

表 1－1　国内外主要惯性器件精度对比

产品	国内主流惯组	H－2A 惯组	德尔它 4 惯组	宇宙神 5 惯组
陀螺稳定性/（°）/h	约 0.15	≤0.09	≤0.08	≤0.015
加速度计稳定性/μg	约 120	≤130	≤120	≤120

制导精度主要体现在制导算法上，随着箭载计算机计算能力的提高，复杂的优化算法可以得到实现，在提高制导精度的同时，更加关注大干扰的适应性、动力冗余策略等问题。

（2）适应通用化、模块化设计需求

运载火箭的模块化主要指模块化的结构单元，而导航制导系统的模块化则侧重系统的硬件组成及对应的软件功能模块。正如前面所论述的运载火箭朝着多用途上面级、重复使用等方向发展，一个系列的火箭要适应所有的任务可能需要一套庞大的导航制导系统，但并非所有的系统模块在每项特定的任务中都有作用。因此导航制导系统的通用化、模块化需求即为可按功能需求进行系统的增减，而不需要进行重新设计。

（3）适应高集成化需求

SoC 技术正在突飞猛进，同时总线技术的广泛使用，减少了设备的接口数量和规模，因此设备的小型化和集成化也是后续对导航制导系统的主要需求。例如德尔它 4 的 12 表冗余惯性飞行控制组件（RIFCA）就是一个高集成的冗余的现代制导系统，拥有 6 个加速度计、6 个激光陀螺和 3 个 CPU，实现自动化的发射操作、提供多重冗余的导航信息、进行冗余的数据处理、进行制导和姿态控制计算。其软件由标准飞行程序软件和飞行任务数据库构成，通过调整装订不同的数据库文件，可满足不同飞行任务要求。

（4）适应重复使用需求

以往一次性运载火箭，导航制导系统只需要工作到星箭分离或末级离轨结束，而重复使用飞行器则要求导航制导系统工作到其安全返回，工作模式等有着很大的差别。同集成化需求一样，导航制导的重复使用需求也是对相关领域提出了交叉融合的要求，而且会随着不同的返回方式有所不同。

（5）适应高轨及深空使用需求

高轨与深空任务，最大的问题是飞行时间长、卫星导航系统不可用，一方面对于导航系统的精度和可靠性提出了更高的要求，另一方面也要求制导系统有较强的误差或故障适应能力。

导航系统的精度主要在提高惯组精度的同时，也可以考虑引入天文导航等其他导航方法，或打破传统模式引入地面回路的测控，这项措施在制导上同样值得考虑。由于导航精度误差积累或需要进行多次变轨，全自主的制导系统往往到后面需要应付的轨道误差会很大，除了改进制导方法、提高自主在线规划能力外，地面的控制也是一种可行的选择。

(6) 冗余设计

冗余设计的核心目标是提高系统的可靠性，冗余只是其中重要而有效的手段，综合考虑全箭的可靠性指标要求、运载能力、经济性指标后，再根据实际需要进行导航制导系统的冗余设计。对于导航系统的冗余设计，有多套惯组和单套惯组多表两种方案，各有优缺点，应根据火箭的特点和具体需求论证确定，同时也依赖惯组单机的实现程度。导航制导系统是全箭的控制核心，其可靠性设计应置于重要地位考虑。

目前国际上冗余惯组最有代表性的是德尔它 4 火箭的冗余惯性飞行控制组件（RIFCA）和宇宙神 5 的容错惯性导航装置（FTINU），如图 1－10 所示。前者由 L－3 通信公司研制，共有 6 个激光陀螺和 6 个加速度计保证三度的故障冗余，即 12 个惯性器件中任何 3 个失效都不会对任务有影响。FTINU 由霍尼韦尔公司研制，各有 5 个激光陀螺和加速度计共 10 表设计，最多两度冗余。

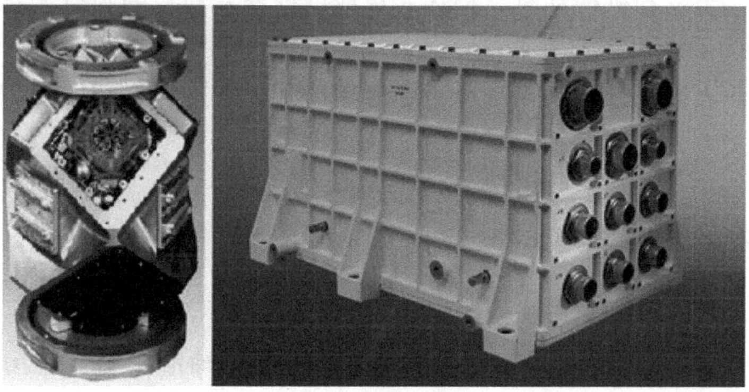

图 1－10　RIFCA 惯组和 FTINU 惯组

第2章　常用坐标系及转换

为揭示系统内在运动和动态性能，用抽象的数学方程描述系统内部物理变量之间的关系建立数学模型，是广泛运用于系统工程各研制阶段的一种重要技术。构建坐标系是研究物体运动的基础，而选取和使用合适的坐标系是数学模型建立过程中一项关键技术，尤其对复杂模型的梳理和简化有着决定性作用。

运载火箭飞行控制系统的各个子系统，包括导航、制导、姿态控制和时序系统，在数学模型的建立过程中，各自使用了大量的坐标系用来辅助分析。

导航、制导系统中，为描述火箭质心位置及运动轨迹，建立了多种坐标系，包括发射坐标系、发射点惯性坐标系、WGS84坐标系等。影响火箭运动的气动力、发动机推力等作用力更便于在速度坐标系和箭体坐标系中建立数学模型。同样，实现入轨精确控制、采用迭代制导时，制导子系统常在终端坐标系中描述火箭运动状态。

姿态控制系统建模过程中涉及到发射点惯性坐标系、箭体坐标系、速度坐标系、弹道坐标系、辅助箭体坐标系、发动机喷管坐标系。其中，描述箭体弹性变形大小时使用到了辅助箭体坐标系。当发动机摆动时，描述芯级或助推器发动机的喷管坐标系，随即跟着喷管一起运动。

本章选取运载火箭飞行控制系统分析中常用的坐标系进行介绍，并简要描述了一些坐标系之间的转换关系。

2.1　常用坐标系

（1）发射坐标系 $OX_gY_gZ_g$

如图2-1所示，发射坐标系原点 O 为发射点，OY_g 轴沿发射点重力反方向指向地表外，与地球赤道面的夹角 B_0 为发射点的地理纬度。OX_g 轴与 OY_g 轴垂直并指向发射方向，与发射点子午线切线正北方向的夹角 A_0 为发射方位角，如果 $A_0=0°$，则 OX_g 轴指北，角 A_0 向东转为正，反之为负。OZ_g 轴按右手法则确定。

发射坐标系为相对坐标系，它与地球固连，并随地球自转。该坐标系用来确定运载火箭相对地面的空间位置，便于描述运载火箭所受到的重力作用。

（2）发射点惯性坐标系 $OXYZ$

发射点惯性坐标系是在火箭起飞时刻将发射坐标系 $OX_gY_gZ_g$ 固化在惯性空间的惯性坐标系，其原点及坐标系各轴的方向在惯性空间保持不变。

此坐标系一般用于建立火箭在惯性空间的运动方程。

（3）地心发射惯性坐标系 $O_EX_aY_aZ_a$

将发射点惯性坐标系的原点平移到地心得到的地心发射惯性坐标系 $O_EX_aY_aZ_a$，其坐

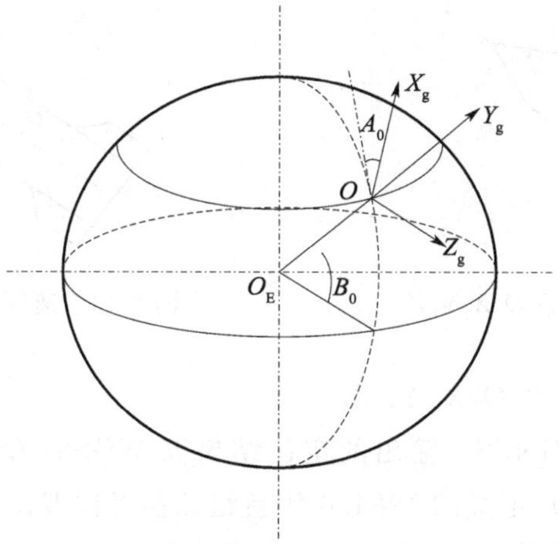

图 2-1　发射坐标系 $OX_gY_gZ_g$

标轴与发射点惯性坐标系各轴保持平行。

(4) 地心赤道惯性坐标系 $O_EX_EY_EZ_E$

如图 2-2 所示，地心赤道惯性坐标系坐标原点在地心，Z_E 轴为地球自转方向，X_E 轴在发射点所在的子午面内，与 Z_E 轴垂直，方向为发射点所在的半平面，Y_E 轴构成右手坐标系。发射瞬时确定，不随地球自转。

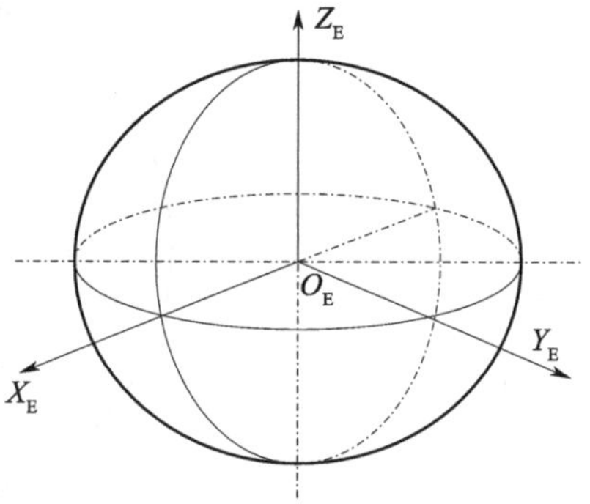

图 2-2　地心赤道惯性坐标系

(5) 箭体坐标系 $O_1X_1Y_1Z_1$

如图 2-3 所示，箭体坐标系原点为火箭的质心 O_1 ，O_1X_1 轴为箭体外壳对称轴，指向箭体头部，O_1Y_1 轴在火箭的纵向对称面内，与 O_1X_1 垂直，指向上火箭Ⅲ基准，O_1Z_1 轴由右手法则确定。

此坐标系主要用于建立火箭力和力矩模型。

(6) 速度坐标系 $O_1X_VY_VZ_V$

如图 2-4 所示，速度坐标系的原点为火箭的质心 O_1 ，O_1X_V 轴为火箭飞行速度方向，与速度同向为正，O_1Y_V 轴在火箭纵向对称面内向上，与 O_1X_V 轴垂直，O_1Z_V 轴由右手法则确定。

速度坐标系用于确定火箭质心的速度矢量，同时确定运载火箭上空气动力的方向。

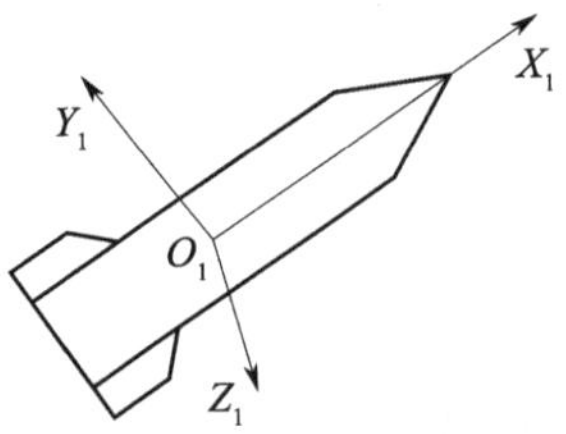

图 2-3 箭体坐标系 $O_1X_1Y_1Z_1$

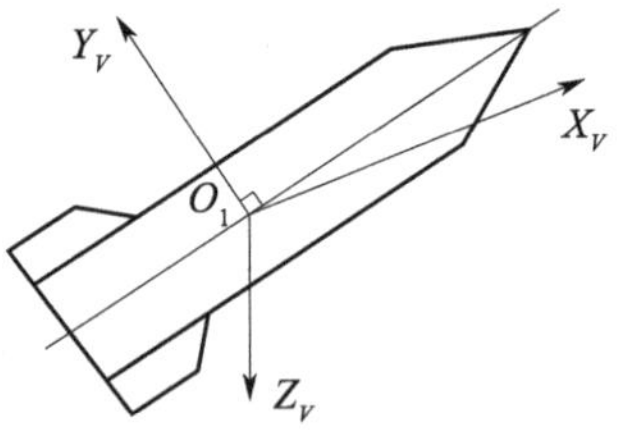

图 2-4 速度坐标系 $O_1X_VY_VZ_V$

(7) WGS84 地固坐标系 $O_EX_{84}Y_{84}Z_{84}$

全球卫星导航系统（GNSS）输出的定位结果以 WGS84 坐标系中参数表示，该坐标系属于 BIH（国际时间局）定义的 1984.0 年新纪元参考框架。如图 2-5 所示，其坐标系原点定义于地球质心，Z 轴指向 BIH1984.0 协议地极（CTP），X 轴指向 BIH1984.0 的零子午面和 CTP 相应赤道的交点，Y 轴与 X 轴、Z 轴构成右手坐标系。

(8) 目标轨道惯性坐标系 $O_EX_GY_GZ_G$

如图 2-6 所示，目标轨道惯性坐标系原点在地心，O_EX_G 在轨道面内，指向目标点方向（对于圆轨道，可任意），O_EZ_G 轴垂直轨道面，指向动量矩方向，O_EY_G 轴构成右手坐标系。

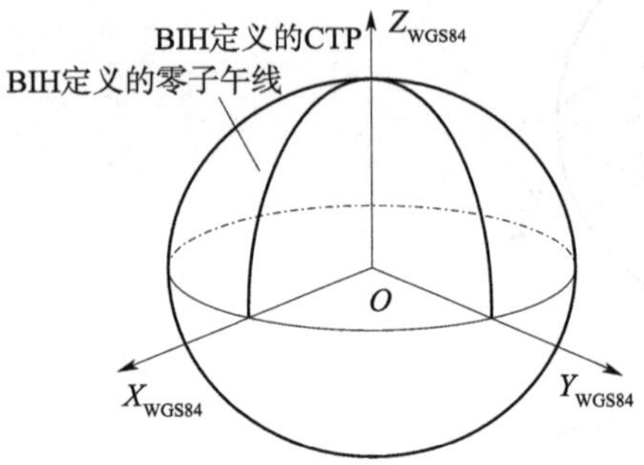

图 2-5 WGS84 坐标系

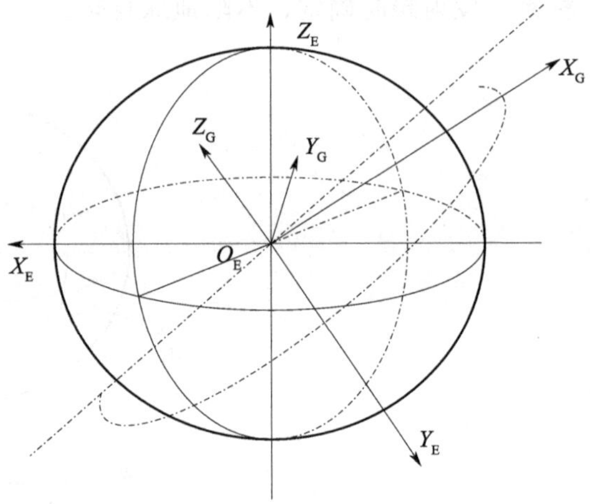

图 2-6 目标轨道惯性坐标系

(9) 终端坐标系 $OX_TY_TZ_T$

如图 2-7 所示，终端坐标系是根据迭代制导目标点计算所确定的坐标系，其中原点在地心，OY_T 轴指向目标点 k，OZ_T 轴垂直轨道平面指向轨道动量矩方向，OX_T 构成右手坐标系。

(10) 弹道坐标系 $O_1X_hY_hZ_h$

弹道坐标系的原点 O_1 为火箭的质心；O_1X_h 与 O_1X_V 重合；O_1Y_h 在 XOY 平面内垂直于 O_1X_h，O_1Z_h 与 O_1X_h 和 O_1Y_h 构成右手坐标系。弹道坐标系也常称为半速度坐标系。

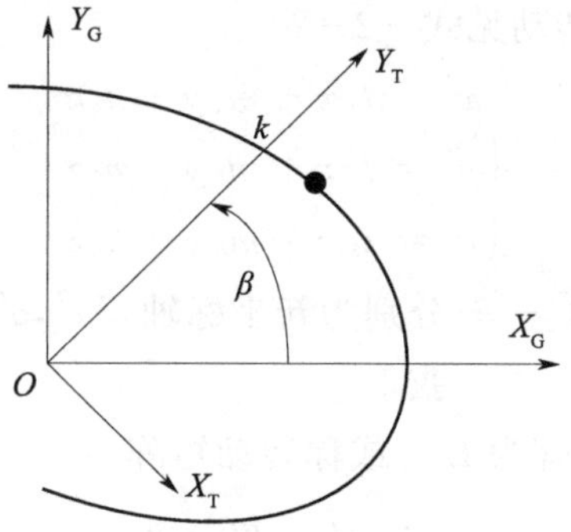

图 2-7　制导终端坐标系

（11）辅助箭体坐标系 $o_1x_1y_1z_1$

辅助箭体坐标系原点 o_1 取火箭等效刚体的理论尖端，o_1x_1 沿无变形轴指向箭体尾端，即与 O_1X_1 轴反向，o_1y_1 轴与 O_1Y_1 轴同向，o_1z_1 与 o_1x_1 和 o_1y_1 轴构成右手坐标系。

对于捆绑火箭，需定义各助推器的辅助箭体坐标系。分别定义Ⅰ～Ⅳ基准助推器的辅助箭体坐标系为 $o_{\mathrm{I}}x_{\mathrm{I}}y_{\mathrm{I}}z_{\mathrm{I}}$ 、$o_{\mathrm{II}}x_{\mathrm{II}}y_{\mathrm{II}}z_{\mathrm{II}}$ 、$o_{\mathrm{III}}x_{\mathrm{III}}y_{\mathrm{III}}z_{\mathrm{III}}$ 和 $o_{\mathrm{IV}}x_{\mathrm{IV}}y_{\mathrm{IV}}z_{\mathrm{IV}}$ 。其中，o_i（$i=\mathrm{I},\cdots,\mathrm{IV}$）为各助推器的理论尖端，$o_ix_i$ 、o_iy_i 和 o_iz_i 分别与 o_1x_1 、o_1y_1 和 o_1z_1 轴平行且指向一致。

此坐标系主要用于描述箭体发生弹性变形时，弹性变形的大小。

（12）发动机喷管坐标系 $O'_1X_1Y_1Z_1$

芯级发动机喷管坐标系的原点 O'_1 位于发动机铰链点中心位置，距离理论尖端的距离为 x_R ，O'_1X_1 轴沿喷管壳体对称轴，指向推力方向为正，O'_1Z_1 轴在箭体纵轴与 O'_1X_1 轴构成的平面内，垂直于 O'_1X_1 轴，指向远离箭体纵轴的方向；O'_1Y_1 根据右手定则确定。当发动机摆动时，喷管坐标系随着喷管一起运动。

捆绑火箭中，若捆绑四个助推器，喷管坐标系分别定义为 $O'_{\mathrm{I}}X_{\mathrm{I}}Y_{\mathrm{I}}Z_{\mathrm{I}}$ 、$O'_{\mathrm{II}}X_{\mathrm{II}}Y_{\mathrm{II}}Z_{\mathrm{II}}$ 、$O'_{\mathrm{III}}X_{\mathrm{III}}Y_{\mathrm{III}}Z_{\mathrm{III}}$ 和 $O'_{\mathrm{IV}}X_{\mathrm{IV}}Y_{\mathrm{IV}}Z_{\mathrm{IV}}$ 。其中，O'_i（$i=\mathrm{I},\cdots,\mathrm{IV}$）对应助推器摆心或铰链点位置，$O'_iX_i$ 轴沿喷管壳体对称轴，指向推力方向为正，O'_iZ_i 轴在箭体纵轴与 O'_iX_i 轴构成的平面内，垂直于 O'_iX_i 轴，指向远离箭体纵轴的方向；O'_iY_i 根据右手定则确定。

2.2　坐标系间的转换关系

坐标系转换包括坐标系的平移和转动。

1）坐标系平移。平移公式见式（2-1）

$$\begin{cases} x' = x - x_0 \\ y' = y - y_0 \\ z' = z - z_0 \end{cases} \tag{2-1}$$

式中　x ，y ，z ——分别为旧坐标；

x' ，y' ，z' ——分别为新坐标；

x_0 ，y_0 ，z_0 ——分别为新坐标原点 o' 在旧坐标系中的坐标。

2）坐标系转动。坐标系转动见式（2－2）

$$\begin{cases} x' = l_1 x + m_1 y + n_1 z \\ y' = l_2 x + m_2 y + n_2 z \\ z' = l_3 x + m_3 y + n_3 z \end{cases} \tag{2-2}$$

式中 l_i，m_i，n_i（$i=1,2,3$）——分别为新坐标轴 $o'x'$，$o'y'$，$o'z'$ 相对旧坐标系的方向余弦。

设方向余弦组成的系数矩阵为 $\boldsymbol{L}$，或称转动矩阵

$$\boldsymbol{L} = \begin{bmatrix} l_1 & m_1 & n_1 \\ l_2 & m_2 & n_2 \\ l_3 & m_3 & n_3 \end{bmatrix} \tag{2-3}$$

则新旧坐标系之间的变换公式见式（2－4）

$$\begin{bmatrix} x' \\ y' \\ z' \end{bmatrix} = \boldsymbol{L} \begin{bmatrix} x \\ y \\ z \end{bmatrix} \tag{2-4}$$

设绕坐标系第 i 坐标轴（$i=1,2,3$）按右手法则转动 α 角的转动矩阵为 $\boldsymbol{M}_i(\alpha)$，$\boldsymbol{M}_i(\alpha)$ 的表示形式见式（2－5）～式（2－7）

$$\boldsymbol{M}_1(\alpha) = \begin{bmatrix} 1 & 0 & 0 \\ 0 & \cos\alpha & \sin\alpha \\ 0 & -\sin\alpha & \cos\alpha \end{bmatrix} \tag{2-5}$$

$$\boldsymbol{M}_2(\alpha) = \begin{bmatrix} \cos\alpha & 0 & -\sin\alpha \\ 0 & 1 & 0 \\ \sin\alpha & 0 & \cos\alpha \end{bmatrix} \tag{2-6}$$

$$\boldsymbol{M}_3(\alpha) = \begin{bmatrix} \cos\alpha & \sin\alpha & 0 \\ -\sin\alpha & \cos\alpha & 0 \\ 0 & 0 & 1 \end{bmatrix} \tag{2-7}$$

一般坐标系的转动，可以用三个欧拉角的顺序旋转来表示。

下面介绍几个主要的转换关系。一般的，运载火箭按照 3－2－1 转序。在坐标系转换中，只进行角度间的转换，如果坐标系原点不重合，首先将坐标系平移，使其原点重合。

（1）箭体坐标系 $O_1X_1Y_1Z_1$ 与发射点惯性坐标系间 $OXYZ$ 的转换

箭体坐标系与发射点惯性坐标系之间的关系可以确定运载火箭的三个姿态角。三个姿态角的定义是：

俯仰角 φ：运载火箭纵轴 O_1X_1 与平面 OXZ 之间的夹角；

偏航角 ψ：运载火箭纵轴 O_1X_1 与平面 OXY 之间的夹角；

滚动角 γ：运载火箭 O_1Y_1 轴与平面 OXY 之间的夹角。

如图 2－8 所示，将惯性系 $OXYZ$ 先绕 Z 轴旋转角 φ，再绕 Y 轴的新位置旋转角 ψ，转动后的 X 轴方向即为坐标 X_1 方向；最后绕 X_1 轴旋转 γ，即得到了箭体坐标系

$O_1X_1Y_1Z_1$ 。即坐标系 $O_1X_1Y_1Z_1$ 是由 $OXYZ$ 连续转动三次生成的。

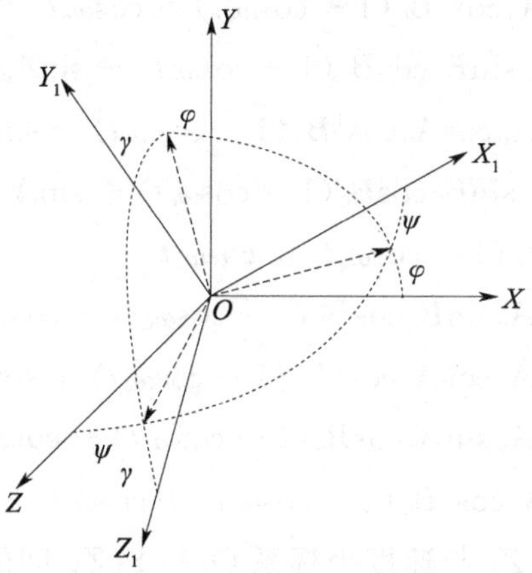

图 2-8　箭体坐标系与发射点惯性坐标系之间关系图

转换可由如下公式表示

$$\begin{bmatrix} x \\ y \\ z \end{bmatrix} = [A] \begin{bmatrix} X_1 \\ Y_1 \\ Z_1 \end{bmatrix} \tag{2-8}$$

式中

$$\begin{aligned} [A] &= \begin{bmatrix} \cos\varphi & -\sin\varphi & 0 \\ \sin\varphi & \cos\varphi & 0 \\ 0 & 0 & 1 \end{bmatrix} \times \begin{bmatrix} \cos\psi & 0 & \sin\psi \\ 0 & 1 & 0 \\ -\sin\psi & 0 & \cos\psi \end{bmatrix} \times \begin{bmatrix} 1 & 0 & 0 \\ 0 & \cos\gamma & -\sin\gamma \\ 0 & \sin\gamma & \cos\gamma \end{bmatrix} \\ &= \begin{bmatrix} \cos\varphi\cos\psi & -\sin\varphi\cos\gamma + \cos\varphi\sin\psi\sin\gamma & \sin\varphi\sin\gamma + \cos\varphi\sin\psi\cos\gamma \\ \sin\varphi\cos\psi & \cos\varphi\cos\gamma + \sin\varphi\sin\psi\sin\gamma & -\cos\varphi\sin\gamma + \sin\psi\sin\varphi\cos\gamma \\ -\sin\psi & \cos\psi\sin\gamma & \cos\psi\cos\gamma \end{bmatrix} \end{aligned} \tag{2-9}$$

(2) 发射点惯性坐标系 $OXYZ$ 与发射坐标系 $OX_gY_gZ_g$ 的转换

根据定义，发射点惯性坐标系与发射坐标系在发射瞬时是重合的，只是由于地球旋转，使得固联于地球的发射坐标系在惯性空间发生变化，记 t 为距离发射开始的时间间隔，则发射坐标系绕地轴旋转角度为 $\omega_e t$ 。

根据坐标转换旋转关系，不难得出

$$\begin{bmatrix} x_g \\ y_g \\ z_g \end{bmatrix} = [C_a^F] \cdot \begin{bmatrix} x \\ y \\ z \end{bmatrix} \tag{2-10}$$

式中　$[C_a^F]$——发射坐标惯性坐标系到发射坐标系之间的转换矩阵

$$[C_a^F] = \begin{bmatrix} a'_{11} & a'_{12} & a'_{13} \\ a'_{21} & a'_{22} & a'_{23} \\ a'_{31} & a'_{32} & a'_{33} \end{bmatrix} \tag{2-11}$$

式中

$$\begin{cases} a'_{11} = \cos^2 A_0 \cos^2 B_0 (1-\cos\omega_e t) + \cos\omega_e t \\ a'_{12} = \cos A_0 \sin B_0 \cos B_0 (1-\cos\omega_e t) - \sin A_0 \cos B_0 \sin\omega_e t \\ a'_{13} = -\sin A_0 \cos A_0 \cos^2 B_0 (1-\cos\omega_e t) - \sin B_0 \sin\omega_e t \\ a'_{21} = \cos A_0 \sin B_0 \cos B_0 (1-\cos\omega_e t) + \sin A_0 \cos B_0 \sin\omega_e t \\ a'_{22} = \sin^2 B_0 (1-\cos\omega_e t) + \cos\omega_e t \\ a'_{23} = -\sin A_0 \sin B_0 \cos B_0 (1-\cos\omega_e t) + \cos A_0 \cos B_0 \sin\omega_e t \\ a'_{31} = -\sin A_0 \cos A_0 \cos^2 B_0 (1-\cos\omega_e t) + \sin B_0 \sin\omega_e t \\ a'_{32} = -\sin A_0 \sin B_0 \cos B_0 (1-\cos\omega_e t) - \cos A_0 \cos B_0 \sin\omega_e t \\ a'_{33} = \sin^2 A_0 \cos^2 B_0 (1-\cos\omega_e t) + \cos\omega_e t \end{cases}$$

(3) 箭体坐标系 $O_1X_1Y_1Z_1$ 与速度坐标系 $O_1X_VY_VZ_V$ 间的转换

速度坐标系与箭体坐标系之间存在两个角度，分别是：

攻角 α：速度轴 O_1X_V 轴在箭体坐标系 $O_1X_1Y_1$ 平面上的投影与火箭纵轴 O_1X_1 之间的夹角；

侧滑角 β：速度轴 O_1X_V 轴与箭体坐标系 $O_1X_1Y_1$ 平面之间的夹角。

如图 2-9 所示，速度坐标系 $O_1X_VY_VZ_V$ 绕 O_1Y_V 轴旋转侧滑角 β，旋转后的 Z_V 轴与 Z_1 轴重合，再绕 O_1Z_1 轴逆时针旋转 α 角，就可得箭体坐标系 $O_1X_1Y_1Z_1$ 。

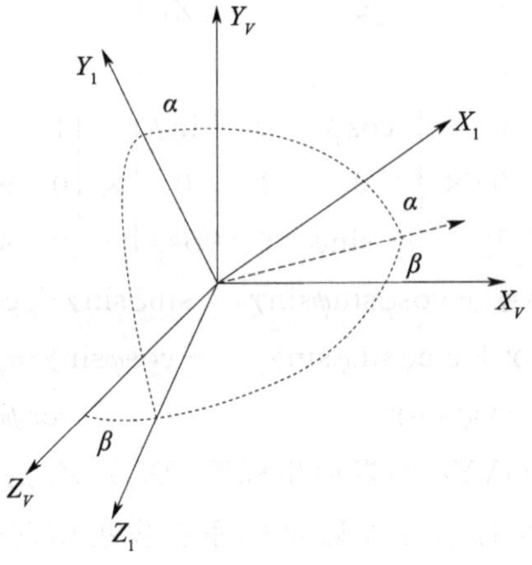

图 2-9　速度坐标系与箭体坐标系之间关系图

因此，箭体坐标系与速度坐标系的转换公式为

$$\begin{bmatrix} X_1 \\ Y_1 \\ Z_1 \end{bmatrix} = [B] \begin{bmatrix} X_V \\ Y_V \\ Z_V \end{bmatrix} \tag{2-12}$$

式中

$$[B] = \begin{bmatrix} \cos\alpha & -\sin\alpha & 0 \\ \sin\alpha & \cos\alpha & 0 \\ 0 & 0 & 1 \end{bmatrix} \times \begin{bmatrix} \cos\beta & 0 & \sin\beta \\ 0 & 1 & 0 \\ -\sin\beta & & \cos\beta \end{bmatrix} = \begin{bmatrix} \cos\alpha\cos\beta & \sin\alpha & -\cos\alpha\sin\beta \\ -\sin\alpha\cos\beta & \cos\alpha & \sin\alpha\sin\beta \\ -\sin\beta & 0 & \cos\beta \end{bmatrix} \tag{2-13}$$

(4) 地心赤道惯性系与地心发射惯性系的转换

地心赤道惯性系与地心发射惯性系都为地心坐标系，设某点在地心赤道惯性系的位置分量为：$[X_E \quad Y_E \quad Z_E]^T$，在地心发射惯性系的位置分量为：$[X_a \quad Y_a \quad Z_a]^T$，其两者有如下转换关系

$$\begin{bmatrix} X_E \\ Y_E \\ Z_E \end{bmatrix} = [C_a^E] \begin{bmatrix} x_a \\ y_a \\ z_a \end{bmatrix} \tag{2-14}$$

$$[C_a^E] = \begin{bmatrix} -\cos A_0 \sin B_0 & \cos B_0 & \sin A_0 \sin B_0 \\ \sin A_0 & 0 & \cos A_0 \\ \cos A_0 \cos B_0 & \sin B_0 & -\sin A_0 \cos B_0 \end{bmatrix} \tag{2-15}$$

式中　A_0，B_0 ——分别为发射方位角和发射点地理纬度。

(5) 地心发射惯性系与 WGS84 坐标系的转换

由于 WGS84 坐标系为非惯性坐标系，因此两坐标系的速度转换还要考虑牵连速度关系。

由 WGS84 坐标系到地心发射惯性坐标系的转换为

$$\begin{bmatrix} x_a \\ y_a \\ z_a \end{bmatrix} = [C_{84}^a] \begin{bmatrix} X_{84} \\ Y_{84} \\ Z_{84} \end{bmatrix} \tag{2-16}$$

$$\begin{bmatrix} V_x \\ V_y \\ V_z \end{bmatrix} = [C_{84}^a] \left(\begin{bmatrix} V_{84x} \\ V_{84y} \\ V_{84z} \end{bmatrix} + \omega_{e0} \begin{bmatrix} -Y_{84} \\ X_{84} \\ 0 \end{bmatrix} \right) \tag{2-17}$$

由地心发射惯性坐标系到 WGS84 坐标系的转换为

$$\begin{bmatrix} X_{84} \\ Y_{84} \\ Z_{84} \end{bmatrix} = [C_a^{84}] \begin{bmatrix} x_a \\ y_a \\ z_a \end{bmatrix} \tag{2-18}$$

$$\begin{bmatrix} V_{84x} \\ V_{84y} \\ V_{84z} \end{bmatrix} = [C_a^{84}] \begin{bmatrix} V_x \\ V_y \\ V_z \end{bmatrix} - \omega_{e0} \begin{bmatrix} -Y_{84} \\ X_{84} \\ 0 \end{bmatrix} \tag{2-19}$$

式中　ω_{e0} ——地球自转角速度。

$[V_{84x} \quad V_{84y} \quad V_{84z}]^T$，$[X_{84} \quad Y_{84} \quad Z_{84}]^T$ ——分别为 WGS84 坐标系下的速度和位置。

$[V_x \quad V_y \quad V_z]^T$，$[x_a \quad y_a \quad z_a]^T$ ——分别为地心发射惯性坐标系下的速度和位置。

$[C_{84}^a]$ ——WGS84 坐标系到地心发射惯性坐标系的转换矩阵，其计算公式为

$$[C_{84}^a] = [C_a^E]^T [\Phi] \tag{2-20}$$

$$[\Phi] = \begin{bmatrix} \cos\Phi & \sin\Phi & 0 \\ -\sin\Phi & \cos\Phi & 0 \\ 0 & 0 & 1 \end{bmatrix} \tag{2-21}$$

$$\Phi = \lambda_0 - \omega_{e0} \cdot t \tag{2-22}$$

$$[C_a^{84}] = [C_{84}^a]^{\mathrm{T}} = [\Phi]^{\mathrm{T}}[C_a^{\mathrm{E}}] \tag{2-23}$$

式中　λ_0——发射点的经度，东经为正，西经为负。

t——以起飞时刻（惯性坐标系建立的时刻）为零点的时间。

（6）箭体坐标系 $O_1X_1Y_1Z_1$ 与辅助箭体坐标系 $o_1x_1y_1z_1$ 之间的转换矩阵

根据箭体坐标系和辅助箭体坐标系的定义，两者之间的转换关系为

$$\begin{bmatrix} X_1 \\ Y_1 \\ Z_1 \end{bmatrix} = [C_{\mathrm{E}}^{B}] \begin{bmatrix} x_1 \\ y_1 \\ z_1 \end{bmatrix} = \begin{bmatrix} -1 & 0 & 0 \\ 0 & 1 & 0 \\ 0 & 0 & -1 \end{bmatrix} \begin{bmatrix} x_1 \\ y_1 \\ z_1 \end{bmatrix} + \begin{bmatrix} X_Z \\ 0 \\ 0 \end{bmatrix} \tag{2-24}$$

式中　X_Z——辅助箭体下质心的 x 轴坐标。

（7）发射惯性坐标系与速度坐标系之间的转换

如图 2-10 所示，速度坐标系与发惯坐标系之间按“3—2—1”转动顺序定义速度倾角 θ、航迹偏航角 σ 和倾侧角 ν，坐标系间方向余弦矩阵为

$$[C_a^{\mathrm{V}}] = \begin{bmatrix} \cos\theta\cos\sigma & \sin\theta\cos\sigma & -\sin\sigma \\ \cos\theta\sin\sigma\sin\nu - \sin\theta\cos\nu & \sin\theta\sin\sigma\sin\nu + \cos\theta\cos\nu & \cos\sigma\sin\nu \\ \cos\theta\sin\sigma\cos\nu + \sin\theta\sin\nu & \sin\theta\sin\sigma\cos\nu - \cos\theta\sin\nu & \cos\sigma\cos\nu \end{bmatrix} \tag{2-25}$$

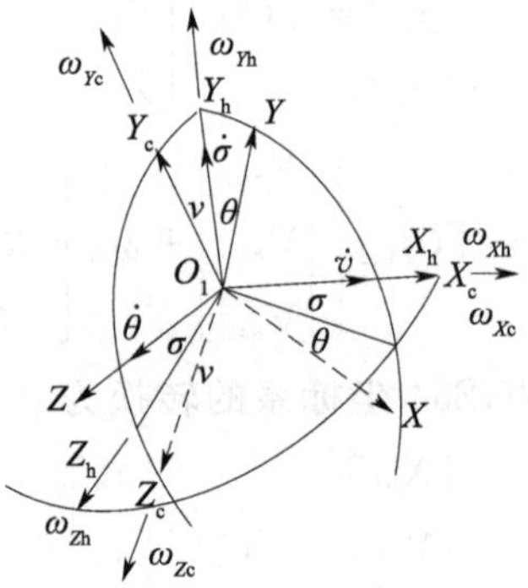

图 2-10　发射坐标系与速度、半速度坐标系关系图

（8）发射惯性坐标系与弹道坐标系之间的转换

发射惯性坐标系经过弹道倾角 θ 和弹道偏角 σ 角两次旋转到弹道坐标系。转换矩阵为

$$[C_a^{\mathrm{H}}] = \begin{bmatrix} \cos\sigma\cos\theta & \cos\sigma\sin\theta & -\sin\sigma \\ -\sin\theta & \cos\theta & 0 \\ \sin\sigma\cos\theta & \sin\sigma\sin\theta & \cos\sigma \end{bmatrix} \tag{2-26}$$

第 3 章　飞行动力学

运载火箭飞行动力学是研究运载火箭控制的基础。运载火箭飞行动力学包括火箭质心运动动力学和绕质心运动动力学，可以描述为一组确定火箭飞行运动的动力学方程。质心运动动力学是研究火箭在各种力和力矩作用下的质心运动，主要关注火箭的速度和位置变化，绕质心运动动力学是研究火箭在各种力和力矩作用下的绕质心运动，主要关注运载火箭的姿态角及其变化，在弹道和制导分析时，一般将火箭视为刚体，不考虑箭体弹性和贮箱推进剂的晃动等。

3.1　作用在火箭上的力和力矩

建立火箭的质心运动和绕质心运动动力学方程，必须描述出作用在火箭上的力和力矩的表达式。作用在火箭上的力有地球引力、气动力和发动机推力。作用在火箭上的力矩主要与气动力和发动机推力有关。

3.1.1　地球引力

根据牛顿定律，质量为 M 的质点吸引另一质量为 m 的质点的引力 F 为

$$F=\frac{GMm}{r^2} \tag{3-1}$$

式中　G——万有引力常数。

若设地球为一均质圆球，可把地球质量 M 集中于地球中心，则地球对球外距地心为 r 的一点的引力位为

$$U=\frac{GM}{r} \tag{3-2}$$

按上式精确计算地球引力位必须已知地球表面的形状和地球内部的密度分布，在目前还较难做到。但引力可由引力位函数对距离微分直接求得。地球的引力位的标准表达式可根据球函数展开式导出

$$U=\frac{GM}{r}\left[1+\sum_{n=2}^{\infty}\sum_{m=0}^{n}\left(\frac{a_e}{r}\right)^n P_{nm}(\sin\varphi_e)(A_{nm}\cos m\lambda+B_{nm}\sin m\lambda)\right] \tag{3-3}$$

式中　G——地球引力系数；

M——地球质量；

r——地球外部点距地心的距离；

φ_e——地心纬度；

λ——经度；

$P_{nm}(\sin\varphi_e)$ ——缔合勒让德函数；

A_{nm}, B_{nm} ——分别为与地球形状及密度有关的引力系数。

在 GM 、a_e 已知时，只要知道引力系数 A_{nm} 、B_{nm} ，就可描绘出地球的引力位，但事实上，该式中 n 从 2 到无穷大，要全部给出这些系数是不可能的。由于近年来测地工作不断发展，观测数据增多，所需系数的求解也日趋完善。美国戈达德航天中心发表的地球模型 GEM－10C，给出了 $n = 180$ 的 30 000 多个系数。不同的地球模型，所得的系数有所差异，目前已有研究的有圆球形模型、旋转对称体模型、克莱饶椭球模型、赫尔默特椭球模型等。

对于两轴旋转椭球体，且质量分布对于地轴及赤道面有对称，则椭球体对球外单位质点的引力位 U 为

$$U = \frac{GM}{r}\left[1 - \sum_{n=1}^{\infty} J_{2n}\left(\frac{a_e}{r}\right)^{2n} P_{2n}(\sin\varphi_e)\right] \tag{3-4}$$

在运载火箭工程设计时，总是忽略系数的高阶项而建立近似的引力模型，作为弹道的无摄运动计算使用，只取至 J_4 即可，即

$$U = \frac{GM}{r}\left[1 - \sum_{n=1}^{2} J_{2n}\left(\frac{a_e}{r}\right)^{2n} P_{2n}(\sin\varphi_e)\right] \tag{3-5}$$

取作正常引力位。

由于引力系数与地球模型有关，不同的地球模型下引力系数有差异，但 J_2 、J_4 中，前者是一致的，后者差异较小。我国采用 1975 年第十六届国际大地测量协会的推荐值（IAG－75）

地球引力常数 $GM = 3.986\ 005 \times 10^{14}\ \mathrm{m^3/s^2}$ ；

地球赤道半径 $a_e = 6\ 378\ 140\ \mathrm{m}$ ；

地球扁率 $\alpha_e = 1/298.257$ ；

二阶带谐系数 $J_2 = 1.082\ 63 \times 10^{-3}$ ；

四阶带谐系数 $J_4 = -2.370\ 91 \times 10^{-6}$ ；

地球旋转角速度 $\omega_e = 7.292\ 115 \times 10^{-5}\ \mathrm{rad/s}$ 。

勒让德函数为

$$P_2(\sin\varphi_e) = \frac{3}{2}\sin^2\varphi_e - \frac{1}{2}$$

$$P_4(\sin\varphi_e) = \frac{35}{8}\sin^4\varphi_e - \frac{15}{4}\sin^2\varphi_e + \frac{3}{8}$$

在导航制导计算中，有时为了方便和简化计算，还可将式（3－5）只取至 J_2 项，即

$$U = \frac{GM}{r}\left[1 + \frac{J_2}{2}\left(\frac{a_e}{r}\right)^2 (1 - 3\sin^2\varphi_e)\right] \tag{3-6}$$

正常引力位表示理想化的地球对球外距地心为 r 的点的引力位，它同实际地球的引力位稍有区别，这一差别称为引力位的异常。若要求高精度的弹道计算，则需顾及引力位异常的影响。

引力位的梯度表示单位质量受地球引力作用的引力加速度矢量，即 $g = \mathrm{grad}U$ ，由式

(3－6) 可见正常引力位仅与观测点的地心距 r 和地心纬度 φ_e 有关，因此，引力加速度 g 总在地球地轴与观测点构成的平面内，该平面与包含 r 在内的子午面重合，如图 3－1 所示。

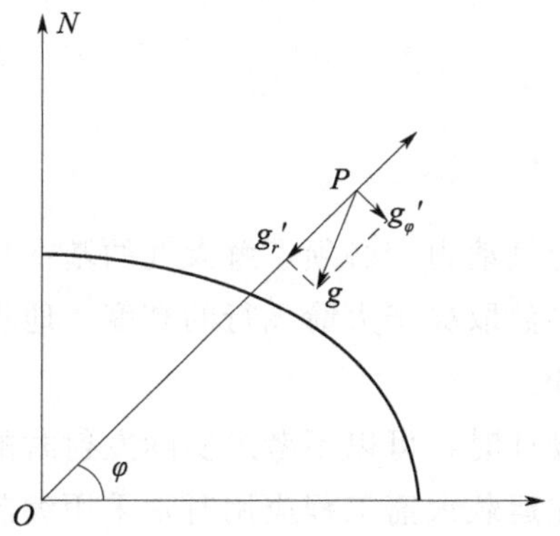

图 3－1 引力加速度的投影

引力加速度在 r 和 φ 方向上的投影为

$$\begin{cases} g_r{}' = \dfrac{\partial U}{\partial r} = -\dfrac{GM}{r^2}\left[1+\dfrac{3}{2}J_2\left(\dfrac{a_e}{r}\right)^2(1-3\sin^2\varphi_e)\right] \\ g_\varphi{}' = \dfrac{1}{r}\dfrac{\partial U}{\partial \varphi} = -\dfrac{GM}{r^2}\dfrac{3}{2}J_2\left(\dfrac{a_e}{r}\right)^2\sin 2\varphi_e \end{cases} \tag{3-7}$$

当令 $J=(3/2)J_2$，则有

$$\begin{cases} g_r{}' = \dfrac{\partial U}{\partial r} = -\dfrac{GM}{r^2}\left[1+J\left(\dfrac{a_e}{r}\right)^2(1-3\sin^2\varphi_e)\right] \\ g_\varphi{}' = \dfrac{1}{r}\dfrac{\partial U}{\partial \varphi} = -\dfrac{GM}{r^2}J\left(\dfrac{a_e}{r}\right)^2\sin 2\varphi_e \end{cases} \tag{3-8}$$

式 (3－8) 中含 J 的项即为考虑地球扁率后对引力加速度的修正，$g_\varphi{}'$ 恒指向赤道，这是由于地球赤道隆起，质量加大的原因引起的。因为 φ 方向是随着纬度变化的，因此为了计算方便，通常把引力加速度分解为 r 方向和地球旋转方向两个分量

$$\begin{cases} g_r = -\dfrac{GM}{r^2}\left[1+J\left(\dfrac{a_e}{r}\right)^2(1-5\sin^2\varphi_e)\right] \\ g_{\omega e} = -2\dfrac{GM}{r^2}J\left(\dfrac{a_e}{r}\right)^2\sin\varphi_e \end{cases} \tag{3-9}$$

考虑地球旋转后，计算质点相对于地球运动时，若无其他外力。则除质点所受的引力外，还要在质点上加离心惯性力和哥氏惯性力。对于相对于地球为静止的点，只需加上离心惯性力。空间一点的离心惯性加速度 $a_e{}'$ 是在该点与地轴组成的子午面内并与地轴垂直指向球外，将其分解到 r 和 φ 方向，可得

$$\begin{cases} a_{er}{}' = r\omega_e^2\cos^2\varphi_e \\ a_{e\varphi}{}' = -r\omega_e^2\sin\varphi_e\cos\varphi_e \end{cases} \tag{3-10}$$

因此可得空间一点的重力加速度在 r 和 φ 方向上的分量为

$$\begin{cases} g_r{}' = \dfrac{\partial U}{\partial r} = -\dfrac{G_M}{r^2}\left[1 + J\left(\dfrac{a_e}{r}\right)^2(1 - 3\sin^2\varphi_e)\right] + r\omega_e^2\cos^2\varphi_e \\ g_\varphi{}' = \dfrac{1}{r}\dfrac{\partial U}{\partial \varphi} = -\dfrac{GM}{r^2}J\left(\dfrac{a_e}{r}\right)^2\sin 2\varphi_e - r\omega_e^2\sin\varphi_e\cos\varphi_e \end{cases} \tag{3-11}$$

3.1.2　气动力与气动力矩

3.1.2.1　地球大气

为了确定作用在火箭上的气动力，必须了解大气的基本特性。大气基本特性参数主要有密度、压力和温度，这些参数取决于火箭飞行的高度、地理纬度等，同时大气还受其他许多偶然因素影响，较为复杂。

在运载火箭弹道或制导设计时，可以不考虑实际发射时的具体天气情况，只需掌握大气变化的基本规律或状态，在运载火箭工程应用时常采用编制标准大气表的方法来描述有关大气状态参数的基本规律。

标准大气表是以实际大气为特征的统计平均值为基础并结合一定的近似数值计算所形成的。1976 年美国国家海洋和大气局、美国国家航空航天局、美国空军部联合制定了新的美国国家标准大气，它是依据大量的探空火箭探测资料和人造地球卫星对一个以上完整的太阳活动周期的探测结果，把高度扩展到 1 000 km。1980 年中国国家标准总局根据航空、航天等部门的工作需要发布了以 1976 年美国国家标准大气为基础的中华人民共和国国家标准大气（GB 1920—80）。

3.1.2.2　气动力

当火箭相对大气运动时，如何确定作用在火箭上的气动力是较复杂的，很难通过理论精确计算。在运载火箭工程应用时，采用的是空气动力学理论计算与空气动力试验相结合的方法。空气动力试验是在可产生一定马赫数的均匀气流的风洞中进行，将按比例缩小了的实物模型静止放在风洞内，然后使气流按一定的马赫数吹过此模型，测量缩比模型所受的空气动力并进行适当的换算，得到实物在此马赫数下所受的气动力。

作用在火箭上，沿速度坐标系的力为

$$\begin{cases} Q_x = -C_x(1 + \Delta C_x)q \cdot S_m \\ Q_y = C_y^\alpha \alpha \cdot q \cdot S_m \\ Q_z = -C_z^\beta \beta \cdot q \cdot S_m \end{cases} \tag{3-12}$$

式中　Q_x, Q_y, Q_z ——分别为气流速度系上的气动力；

$C_x, \Delta C_x$ ——分别为气动力阻力系数和阻力系数偏差；

C_y^α ——气动升力系数；

C_z^β ——气动侧向力系数，$C_z^\beta = C_y^\alpha$；

α ——火箭纵轴相对气流方向的攻角；

β ——侧滑角；

q ——动压；

S_M ——箭体的特征横截面积。

一般气动系数是马赫数 Ma、飞行高度 h 的函数。数据值由计算和试验给定，计算中一般有三种方法获取气动系数。

1）内插法。

气动系数 C_x 为马赫数 Ma 和飞行高度 h 的二元变量，C_y^α 和 C_z^β 是马赫数 Ma、攻角及侧滑角的二元变量。

2）解析法。

把单变量的阻力系数用解析表达式拟合。

3）多项式法。

以多段一、二次曲线逼近，是一种插值的预处理方法。

在运载火箭工程设计时一般采取内插法取定即可。

在惯性坐标系的弹道方程中，相对气流速度如下

$$\tilde{\boldsymbol{V}} = \boldsymbol{V} + \boldsymbol{w} - \boldsymbol{V}_e \tag{3-13}$$

式中 $\boldsymbol{V}$ ——箭体的惯性速度；

$\boldsymbol{w}$ ——当地的风速矢量；

$\boldsymbol{V}_e$ ——地球自转引起的火箭所在空间的牵连运动速度矢量

$$\boldsymbol{V}_e = \boldsymbol{\omega}_e \times \boldsymbol{r} \tag{3-14}$$

$$\begin{bmatrix} V_{ex} \\ V_{ey} \\ V_{ez} \end{bmatrix} = \begin{bmatrix} 0 & -\omega_{ez} & \omega_{ey} \\ \omega_{ez} & 0 & -\omega_{ex} \\ -\omega_{ey} & \omega_{ex} & 0 \end{bmatrix} \begin{bmatrix} x \\ y \\ z \end{bmatrix}$$

式中 $\omega_{ex}, \omega_{ey}, \omega_{ez}$ ——分别为地球自转角速度矢量在发射点惯性坐标系内的值。

在获取相对气流速度后，可以根据下式计算马赫数 Ma

$$Ma = \frac{\tilde{V}}{a} \tag{3-15}$$

$$a = a_0 \sqrt{\frac{p/p_0}{\rho/\rho_0}} \tag{3-16}$$

式中 a_0 ——地面标准声速；

p/p_0 ——相对压强；

ρ/ρ_0 ——相对密度。

同时可由下式计算动压

$$q = 0.5 \cdot \rho[1 + \Delta\rho] \cdot \tilde{V}^2 \tag{3-17}$$

式中 ρ ——火箭高度为 h 时的大气密度；

$\Delta\rho$ ——大气密度偏差。

攻角 α 和侧滑角 β 可通过箭体纵轴与相对气流速度的夹角分量来获取。

$$\alpha = \arcsin\left(-\tilde{V}_{y1} / \sqrt{\tilde{V}_{x1}^2 + \tilde{V}_{y1}^2}\right) \qquad |\alpha| \leqslant \frac{\pi}{2} \tag{3-18}$$

$$\beta = \arcsin(\tilde{V}_{z1} / \sqrt{\tilde{V}_{x1}^2 + \tilde{V}_{y1}^2 + \tilde{V}_{z1}^2}) \qquad |\beta| \leqslant \frac{\pi}{2} \tag{3-19}$$

$$\begin{bmatrix} \tilde{V}_{x1} \\ \tilde{V}_{y1} \\ \tilde{V}_{z1} \end{bmatrix} = [\boldsymbol{C}_{\mathrm{b}}^{\mathrm{a}}]^{\mathrm{T}} \begin{bmatrix} \tilde{V}_{x} \\ \tilde{V}_{y} \\ \tilde{V}_{z} \end{bmatrix} \tag{3-20}$$

式中 $\boldsymbol{C}_{\mathrm{b}}^{\mathrm{a}}$——箭体坐标系到发射惯性坐标系的坐标转换矩阵。

根据速度坐标系与箭体坐标系之间的坐标转换，气动力在箭体坐标系的分量为

$$\begin{bmatrix} R_{\mathrm{b}x} \\ R_{\mathrm{b}y} \\ R_{\mathrm{b}z} \end{bmatrix} = [\boldsymbol{C}_{\mathrm{V}}^{\mathrm{b}}] \begin{bmatrix} Q_{x} \\ Q_{y} \\ Q_{z} \end{bmatrix} \tag{3-21}$$

式中 $\boldsymbol{C}_{\mathrm{V}}^{\mathrm{b}}$——速度坐标系到箭体坐标系的转换矩阵

$$[\boldsymbol{C}_{\mathrm{V}}^{\mathrm{b}}] = \begin{bmatrix} \cos\alpha\cos\beta & \sin\alpha & -\cos\alpha\sin\beta \\ -\sin\alpha\cos\beta & \cos\alpha & \sin\alpha\sin\beta \\ \sin\beta & 0 & \cos\beta \end{bmatrix} \tag{3-22}$$

3.1.2.3 气动力矩

火箭相对于大气运动时，由于火箭的对称性，因此作用在火箭表面的气动力合力 R 的作用点位于火箭纵轴上，该作用点称为压心。

作用于火箭的气动力矩包括静气动力矩和阻尼力矩。静气动力矩简称气动力矩。考虑气动力对于质心的力臂

$$\begin{cases} L_{Rx} = L_{\mathrm{K}} \cdot X_{\mathrm{CP}} - X_{\mathrm{CG}} \\ L_{Ry} = -Y_{\mathrm{CG}} - h_{\mathrm{T}y} \\ L_{Rz} = -Z_{\mathrm{CG}} - h_{\mathrm{T}z} \end{cases} \tag{3-23}$$

式中 L_{K}——气动参考长度；

X_{CP}——气动压心系数；

$X_{\mathrm{CG}}, Y_{\mathrm{CG}}, Z_{\mathrm{CG}}$——分别为质心位置；

$h_{\mathrm{T}y}, h_{\mathrm{T}z}$——分别为质心横移。

气动力矩为

$$\boldsymbol{M}_{ba} = \boldsymbol{L}_R \times \boldsymbol{R} \tag{3-24}$$

式中 $\boldsymbol{L}_R = [L_{Rx} \quad L_{Ry} \quad L_{Rz}]^{\mathrm{T}}$；

$\boldsymbol{R} = [R_{x1} \quad R_{y1} \quad R_{z1}]^{\mathrm{T}}$。

火箭在运动中有转动时，存在大气的阻尼，表现为阻止转动的气动力矩，这一力矩称为阻尼力矩。该力矩的方向总是与转动方向相反，对转动角速度起阻尼作用。在分析和计算火箭质心运动时，一般可以不考虑。

3.1.3 发动机推力与力矩

发动机推力与力矩是火箭主动段的主要外力和外力矩，火箭通常采用燃气舵或摆动发

动机产生控制力和控制力矩。摆动发动机是通过发动机相对箭体的角运动产生的推力分量起控制作用的。不同型号的火箭，其发动机的配置也不尽相同，而发动机的推力及力矩与其配置又有着较大的关系。

单机切向摆动时发动机推力轴线在箭体坐标系中的关系如图 3－2 所示。

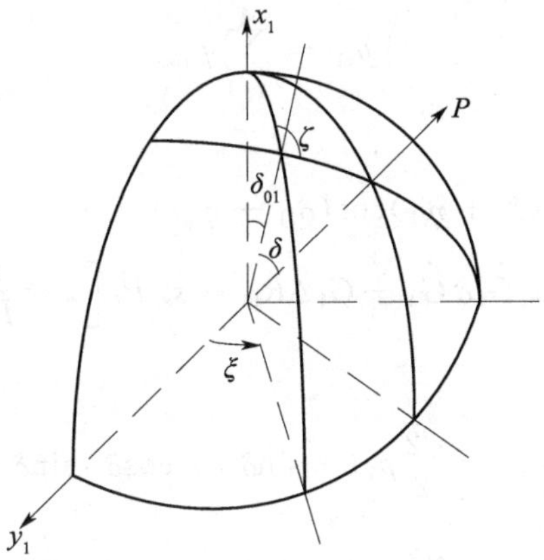

图 3－2　发动机轴线与箭体坐标系的关系（切向摆动时，$\xi = 90°$）

图 3－2 中，δ_{01} 为发动机安装角；ξ 为发动机安置的象限角，δ 为发动机摆角。

做切向摆动时，单机推力在箭体坐标系的分量为

$$\begin{cases} P_{x1i} = P_i \cos\delta_{01} \cos\delta_i \\ P_{y1i} = P_i (\sin\delta_{01} \cos\xi_i \cos\delta_i - \sin\xi_i \sin\delta_i) \\ P_{z1i} = P_i (\sin\delta_{01} \sin\xi_i \cos\delta_i + \cos\xi_i \sin\delta_i) \end{cases} \tag{3-25}$$

式中　$i = 1,2,3,4$。

发动机布局形式分为×字形和＋字形。各单机的安装象限角 ξ_i 如表 3－1 所示。

表 3－1　两种布局的安装象限角 ξ_i

分机	×字形	＋字形
Ⅰ	225°	180°
Ⅱ	315°	270°
Ⅲ	45°	0°
Ⅳ	135°	90°

在实际工程应用时，发动机安装肯定存在一定的偏差，即会产生推力线的偏移。

本书给出一种四机×字布局切向摆动配置下考虑偏差情况的推力及力矩公式，其他配置（双机双摆、单机双摆）的推导过程是类似的。

箭体坐标系下三个方向推力分量为

$$\begin{cases} p_{x1} = \sum_{i=1}^{4} p_{1ix1} \\ p_{y1} = \sum_{i=1}^{4} p_{1iy1} \\ p_{z1} = \sum_{i=1}^{4} p_{1iz1} \end{cases} \tag{3-26}$$

式中

$$\begin{aligned} p_{1ix1} &= p_1 \cos(\delta_i + \eta_{\phi1})\cos(\delta_{01} + \eta_{\psi1}) \\ p_1 &= p_{01} + R_{b1}\dot{G}_1 \delta \dot{G}_1 + \dot{G}_1 \Delta R_{b1} + s_{a1} P_0 \left[1 - \frac{P}{P_0}(1 + \Delta P)\right] \end{aligned} \tag{3-27}$$

式中

$$\begin{cases} p_{11y1} = \frac{\sqrt{2}}{2} p_1 (-\sin\delta_1 + \cos\delta_1 \sin\delta_{01}) \\ p_{12y1} = \frac{\sqrt{2}}{2} p_1 (-\sin\delta_2 - \cos\delta_2 \sin\delta_{01}) \\ p_{13y1} = \frac{\sqrt{2}}{2} p_1 (\sin\delta_3 - \cos\delta_3 \sin\delta_{01}) \\ p_{14y1} = \frac{\sqrt{2}}{2} p_1 (\sin\delta_4 + \cos\delta_4 \sin\delta_{01}) \end{cases} \tag{3-28}$$

$$\begin{cases} p_{11z1} = \frac{\sqrt{2}}{2} p_1 (\sin\delta_1 + \cos\delta_1 \sin\delta_{01}) \\ p_{12z1} = \frac{\sqrt{2}}{2} p_1 (-\sin\delta_2 + \cos\delta_2 \sin\delta_{01}) \\ p_{13z1} = \frac{\sqrt{2}}{2} p_1 (-\sin\delta_3 - \cos\delta_3 \sin\delta_{01}) \\ p_{14z1} = \frac{\sqrt{2}}{2} p_1 (\sin\delta_4 - \cos\delta_4 \sin\delta_{01}) \end{cases} \tag{3-29}$$

箭体坐标系下三个方向干扰力分量

$$\begin{cases} p_{ty1} = 2\sqrt{2} p_{11x1} \eta_{\varphi1} \\ p_{tz1} = 2\sqrt{2} p_{11x1} \eta_{\psi1} \end{cases} \tag{3-30}$$

干扰力矩分量

$$\begin{cases} M_{tx1} = p_{ty1} \cdot h_{Tz} - p_{tz1} \cdot h_{Ty} \\ M_{ty1} = p_{tz1} \cdot (l_1 - X_{CG}) - p_{x1} \cdot h_{Tz} \\ M_{tz1} = - p_{ty1} \cdot (l_1 - X_{CG}) + p_{x1} \cdot h_{Ty} \end{cases} \tag{3-31}$$

式中　l_1 ——发动机摇摆中心到火箭理论尖点的距离；

X_{CG} ——火箭质心位置；

h_{Ty} , h_{Tz} ——分别为火箭质心横移量。

3.2　火箭飞行动力学方程

火箭的飞行动力学方程由两部分组成，即质心动力学方程和绕质心动力学方程。质心动力学方程用于描述火箭质心运动轨迹。火箭质心运动轨迹与所受的外力大小及其方向有关，因此又与火箭实时飞行的姿态相关。火箭的姿态一般由绕质心动力学方程描述。对于运载火箭，其所受力矩引起的姿态运动分为绝对运动和相对运动，绝对运动对应于把火箭视为刚体时的姿态运动，相对运动描述的是火箭的弹性运动。一般来说，弹性运动的频率较高，不影响质心运动的轨迹。因此在研究制导问题时多把火箭视为刚体来考虑。

3.2.1　质心动力学方程

火箭质心动力学方程为

$$m\frac{\mathrm{d}V}{\mathrm{d}t}=P+F \tag{3-32}$$

式中　$m=m(t)$——火箭的质量；

F——外力；

P——发动机推力。

从地球观察火箭运动，必须研究火箭的相对运动，绝对加速度 a 与相对加速度 a_a 的关系为

$$a=a_a+a_e+a_c \tag{3-33}$$

式中　a_e——牵连加速度；

a_c——哥氏加速度。

对于固联于地球的相对坐标系，其坐标系下的旋转角速度等于地球旋转角速度 ω_e，$\mathrm{d}\omega_e/\mathrm{d}t=0$。因此，描述火箭相对于地球运动的质心方程如下

$$m\frac{\mathrm{d}V}{\mathrm{d}t}=P+F-m\omega_e\times(\omega_e\times r)-2m(\omega_e\times v) \tag{3-34}$$

后两项分别称为牵连惯性力和哥氏惯性力。

运载火箭制导系统工程设计时，一般将质心运动方程建立在发射惯性坐标系上，则其质心方程可以表示为

$$\begin{aligned}&f_\alpha=\frac{1}{m}(P_\alpha+R_\alpha)\qquad(\alpha=x_1,y_1,z_1)\\&m=m_0-\int_0^t(\dot{m}+\delta\dot{m})\,\mathrm{d}\tau\end{aligned} \tag{3-35}$$

式中　f_α——箭体系上的视加速度三个分量；

P_α——火箭所受的推力三个分量；

R_α——气动力三个分量；

$\dot{m}+\delta\dot{m}$——发动机组的总秒耗量。

将质心运动方程写成坐标形式如下

$$\begin{bmatrix} \dot{V}_x \\ \dot{V}_y \\ \dot{V}_z \end{bmatrix} = [C_b^a] \begin{bmatrix} f_{x1} \\ f_{y1} \\ f_{z1} \end{bmatrix} + \begin{bmatrix} g_x \\ g_y \\ g_z \end{bmatrix} \tag{3-36}$$

$$\begin{bmatrix} \dot{x} \\ \dot{y} \\ \dot{z} \end{bmatrix} = \begin{bmatrix} V_x \\ V_y \\ V_z \end{bmatrix}$$

式中 $[C_b^a]$——箭体系到发射惯性坐标系的转换矩阵，视加速度为

$$\begin{bmatrix} f_{x1} \\ f_{y1} \\ f_{z1} \end{bmatrix} = \frac{1}{m} \left(\begin{bmatrix} P_{x1} \\ P_{y1} \\ P_{z1} \end{bmatrix} + \begin{bmatrix} R_{x1} \\ R_{y1} \\ R_{z1} \end{bmatrix} \right) \tag{3-37}$$

3.2.2 绕质心动力学方程

火箭绕质心运动的运动方程可写成

$$\boldsymbol{I} \times \frac{\mathrm{d}\boldsymbol{\omega}}{\mathrm{d}t} + \boldsymbol{\omega} \times (\boldsymbol{I} \cdot \boldsymbol{\omega}) + \dot{m}\boldsymbol{r}_e \times \boldsymbol{V}_{ex} + \frac{\delta \boldsymbol{I}}{\delta t} \cdot \boldsymbol{\omega} + \dot{m}\boldsymbol{r}_e \times (\boldsymbol{\omega} \times \boldsymbol{r}_e) = \boldsymbol{M} \tag{3-38}$$

式中 $\boldsymbol{\omega}$——绕质心的转动角速度；

$\boldsymbol{r}_e$——质心到发动机喷口中心的矢量；

$\boldsymbol{V}_{ex}$——平均排气速度，当发动机确定后即已知；

$\boldsymbol{M}$——外力矩（对于火箭一般指气动力矩）。

令

$$\boldsymbol{M}_{CT} = -\dot{m}\boldsymbol{r}_e \times \boldsymbol{V}_{ex} \tag{3-39}$$

$$\boldsymbol{M}_C = -\frac{\delta \boldsymbol{I}}{\delta t} \cdot \boldsymbol{\omega} - \dot{m}\boldsymbol{r}_e \times (\boldsymbol{\omega} \times \boldsymbol{r}_e) \tag{3-40}$$

式中 $\boldsymbol{M}_{CT}$——推力产生的控制力矩和干扰力矩；

$\boldsymbol{M}_C$——哥氏力矩；

$-\boldsymbol{\omega} \cdot \delta \boldsymbol{I}/\delta t$——转动惯量变化引起的哥氏力矩；

$-\dot{m}\boldsymbol{r}_e \times (\boldsymbol{\omega} \times \boldsymbol{r}_e)$——火箭喷出质量的牵连转动动量矩，称为喷气阻尼。

$\boldsymbol{M}_C$ 对质心运动影响较小，一般在弹道设计和制导设计时可以不考虑其影响，因此绕质心运动方程可写为

$$\boldsymbol{I} \times \frac{\mathrm{d}\boldsymbol{\omega}}{\mathrm{d}t} + \boldsymbol{\omega} \times (\boldsymbol{I} \cdot \boldsymbol{\omega}) = \boldsymbol{M}_b \tag{3-41}$$

式中 $\boldsymbol{M}_b$——箭体系上的合力矩，包括推力、气动力以及干扰力引起的力矩。

绕质心运动的参考系通常选取建立在火箭质心上的箭体坐标系，由于火箭是相对纵轴对称的，则惯量张量 $\boldsymbol{I}$ 为

$$\begin{bmatrix} I_{xx} & 0 & 0 \\ 0 & I_{yy} & 0 \\ 0 & 0 & I_{zz} \end{bmatrix}$$

火箭绕质心运动方程在箭体坐标系中的形式为

$$\begin{cases} I_{xx}\dot{\omega}_{bx} + (I_{zz} - I_{yy})\omega_{by}\omega_{bz} = M_{bx} \\ I_{yy}\dot{\omega}_{by} + (I_{xx} - I_{zz})\omega_{bx}\omega_{bz} = M_{by} \\ I_{zz}\dot{\omega}_{bz} + (I_{yy} - I_{xx})\omega_{bx}\omega_{by} = M_{bz} \end{cases} \tag{3-42}$$

式中 M_{bx}, M_{by}, M_{bz} ——分别为气动力矩、推力矩和干扰力矩总和的三个分量。

3.3 轨道动力学方程

根据卫星相对地球的二体问题方程

$$\ddot{r} = -\frac{GM}{r^2} \cdot \frac{\boldsymbol{r}}{r} \tag{3-43}$$

可以得到卫星运行的轨迹满足

$$Ax + By + Cz = 0 \tag{3-44}$$

即表示二体问题中卫星绕地球运转的轨道总在一个平面内，积分常数 A，B，C 确定了卫星轨道平面在空间坐标系中的位置。

由图 3-3 可见，卫星相对于地心的动量矩 $\boldsymbol{h}$ 等于卫星地心矩矢量和速度矢量的矢积

$$\boldsymbol{h} = \boldsymbol{r} \times \boldsymbol{v} \tag{3-45}$$

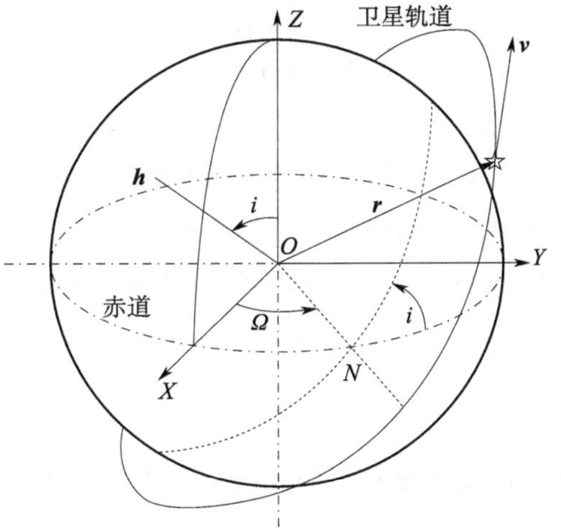

图 3-3 卫星轨道图

根据动量矩 $\boldsymbol{h}$ 的定义，$\boldsymbol{h}$ 是垂直于轨道平面的矢量，称 $\boldsymbol{h}$ 和 Z 轴的夹角为轨道倾角 i，即轨道平面与赤道平面的夹角。轨道平面和地球赤道面的交线为节线 ON，节点 N 为轨道的升交点，节线 ON 与 X 轴的夹角称为升交点赤经 Ω，这两个参数确定了轨道平面在空

间坐标中的方位。

从图 3-3 可直接得到

$$\begin{cases} A = h\sin i\sin\Omega \\ B = -h\sin i\cos\Omega \\ C = h\cos i \end{cases} \tag{3-46}$$

即有

$$\tan\Omega = \frac{-A}{B}$$

$$\left.\begin{aligned} \sin\Omega &= \frac{A}{\sqrt{A^2+B^2}} \\ \cos\Omega &= \frac{-B}{\sqrt{A^2+B^2}} \end{aligned}\right\} (0 \leqslant \Omega \leqslant 360^\circ)$$

$$\cos i = \frac{C}{h}$$

$$\tan i = \frac{\sqrt{A^2+B^2}}{C} (0 \leqslant i \leqslant \pi)$$

$$h = A^2 + B^2 + C^2$$

如果 $A^2+B^2=0$，则 $\Omega=0$，$i=0$。

至此，确定了与轨道特性有关的轨道三个要素 i，Ω，h，前两个决定轨道平面的方位，第三个决定轨道的周期。

描述轨道面内的运动在二维空间，通过对运动方程求解可得

$$r = \frac{P}{1+e\cos(\theta_s-\omega)} \tag{3-47}$$

式中　$P = h^2/GM$——轨道通径；

ω——近地点幅角，其决定了椭圆轨道长轴在轨道平面上的方向；

f——卫星相对于椭圆长轴的极角，称为真近点角，$f=\theta-\omega$。

卫星近地点和远地点的地心距 r_P，r_A 与半长轴和偏心率之间关系为

$$r_P = a(1-e)\text{，}r_A = a(1+e)$$

$$e = \frac{r_A - r_P}{r_A + r_P} \tag{3-48}$$

半长轴决定了轨道的大小，反映卫星轨道的总能量，决定了轨道的周期，卫星轨道周期为

$$T = 2\pi\sqrt{\frac{a^3}{GM}} \tag{3-49}$$

即卫星轨道周期的平方和椭圆轨道的半长轴的三次方成正比

$$n = \sqrt{\frac{GM}{a^3}} \tag{3-50}$$

式中　n——卫星沿轨道的运行平均速率。

3.3.1　开普勒轨道方程

在椭圆轨道时

$$\dot{r}^2 + r^2(\dot{\theta}_s)^2 = GM\left(\frac{2}{r} - \frac{1}{a}\right) \tag{3-51}$$

$$(\dot{\theta}_s)^2 = \frac{GM \cdot a(1-e^2)}{r^4} \tag{3-52}$$

可以推导出开普勒方程

$$E - e\sin E = n(t-\tau) \tag{3-53}$$

式中　$m = n(t-\tau)$ ——平近点角，表示从近地点开始按平动速度 n 转过的角度。

对已知轨道的卫星，欲求某时刻 $t(M)$ 其在轨道上的位置，则需解开普勒方程。椭圆方程为超越方程，一般只有用逐步近似法来解，可以采用普通迭代法和微分改正法，本文只将微分改正法的分式列出如下。

对于椭圆轨道（$e<1$）

$$E - e\sin E = M \tag{3-54}$$

已知 E 的初值为 E_1，由式（3-54）得到其对应的 M_1，由 $M-M_1$ 求出 E_1 的微分改正量为 $(\mathrm{d}E/\mathrm{d}M)(M-M_1)$，可得 E 的第二次近似值 E_2。反复迭代，其迭代公式如下

$$\begin{aligned} M_i &= E_i - e\sin E_i \\ E_{i+1} &= E_i + \frac{M-M_i}{1-e\cos E_i} \end{aligned} \tag{3-55}$$

当 $M-M_i$ 差值达到允许精度时，即为所求解。

上述迭代法收敛的快慢决定于初值 E_1 选取。对于偏心率 e 较小的，可选 $E_1 = M$，对于偏心率 e 较大的，可采用勃朗法选取。

对于椭圆轨道（$e<1$），令 $x = e\sin E$，即 $E = x + M$，则开普勒方程可写成椭圆 $x = e\sin(x+M)$，解得 x 即可得 E，现求解 x 的迭代初值。

由于

$$\sin x = \sum_{n=0}^{\infty}(-1)^n \frac{x^{2n+1}}{(2n+1)!} = e\sin(x+M) - \frac{e^3}{6}\sin^3(x+M) + \frac{e^5}{120}\sin^5(x+M)\cdots \tag{3-56}$$

上式等号右方的第一项是左方的一阶近似，将此项展开并移至左方求差，有

$$\begin{aligned} \sin x(1-e\cos M) - e\sin M\cos x &= \sum_{n+1}^{\infty}(-1)^n \frac{x^{2n+1}}{(2n+1)!} \\ \mathrm{sh}x(1-e\cdot\mathrm{ch}M) + e\cdot\mathrm{sh}M\mathrm{ch}x &= \sum_{n+1}^{\infty}\frac{x^{2n+1}}{(2n+1)!} \end{aligned} \tag{3-57}$$

若椭圆轨道

$$\begin{aligned} D\sin x_0 &= e\sin M \\ D\cos x_0 &= 1 - e\cos M \end{aligned} \tag{3-58}$$

则式（3-57）可以写成

$$\sin(x-x_0)=\sum_{n=1}^{\infty}(-1)^n\frac{x^{2n+1}}{D(2n+1)!}$$
$$\operatorname{sh}(x-x_0)=\sum_{n=1}^{\infty}\frac{x^{2n+1}}{D(2n+1)!} \tag{3-59}$$

由此法解得的近似值 x_1 ，x_2 如下式

$$\sin(x_1-x_0)=\frac{-1}{6D}\sin^3 x_0$$
$$\operatorname{sh}(x_0-x_1)=\frac{1}{6D}\operatorname{sh}^3 x_0$$
$$\sin(x_2-x_0)=\frac{-e^3}{6D}\sin^3(M+x_1)+\frac{e^5}{120D}\sin^5(M+x_0) \tag{3-60}$$
$$\operatorname{sh}(x_0-x_2)=\frac{e^3}{6D}\operatorname{sh}^3(x_1-M)+\frac{e^5}{120D}\operatorname{sh}^5(x_0-M)$$

其中 x_0 与 D 可由式（3－60）解出如下

$$\tan x_0=\frac{e\sin M}{1-e\cos M}$$
$$D^2=1-2e\cos M+e^2$$
$$\operatorname{th}x_0=\frac{e\cdot\operatorname{sh}M}{e\cdot\operatorname{ch}M-1} \tag{3-61}$$
$$D^2=1-2e\cdot\operatorname{ch}M+e^2$$

以 x_1 或 x_2 作为 x 的近似值，可得 E 的迭代初值 E_1 ，也可用勃朗法继续迭代解开普勒方程。

3.3.2 飞行轨道的确定

在运载火箭研究时，一般多采用数个不同时刻的速度位置信息进行定轨，在火箭实时飞行过程中，一般较易获得火箭实时飞行的速度位置，并且一般为惯性系下的值。

已知火箭在地心发射惯性系下的状态参数 $[V_x\quad V_y\quad V_z]^{\mathrm T}$ ，$[x_a\quad y_a\quad z_a]^{\mathrm T}$ ，则可确定其轨道根数

$$V=\sqrt{V_x^2+V_y^2+V_z^2}$$
$$r=\sqrt{x_a^2+y_a^2+z_a^2}$$
$$\boldsymbol{h}=\boldsymbol{r}\times\boldsymbol{V}$$
$$\begin{cases}h_x=y_a\cdot V_z-z_a\cdot V_y\\ h_y=z_a\cdot V_x-x_a\cdot V_z\\ h_z=x_a\cdot V_y-y_a\cdot V_x\end{cases} \tag{3-62}$$
$$h=\sqrt{h_x^2+h_y^2+h_z^2}$$
$$\upsilon=rV^2/GM$$
$$\theta_{\mathrm H}=\arcsin^{-1}\left(\frac{x_aV_x+y_aV_y+z_aV_z}{rV}\right)$$

坐标转换

$$\begin{bmatrix} V_{Ex} \\ V_{Ey} \\ V_{Ez} \end{bmatrix} = [C_a^E] \begin{bmatrix} V_x \\ V_y \\ V_z \end{bmatrix}$$

$$\begin{bmatrix} X_E \\ Y_E \\ Z_E \end{bmatrix} = [C_a^E] \begin{bmatrix} x_a \\ y_a \\ z_a \end{bmatrix} \tag{3-63}$$

$$\begin{bmatrix} h_{Ex} \\ h_{Ey} \\ h_{Ez} \end{bmatrix} = [C_a^E] \begin{bmatrix} h_x \\ h_y \\ h_z \end{bmatrix}$$

轨道根数如下

$$\begin{cases} a = \dfrac{r}{2-\upsilon} \\ e = \sqrt{1-(2-\upsilon)\upsilon\cos^2\theta_H} \\ i = \arccos\left(\dfrac{h_{Ez}}{h}\right) & i \in [0 \quad \pi] \\ \Omega_0 = \arctan(h_{Ex}/-h_{Ey}) & \Omega_0 \in [0 \quad 2\pi] \\ \omega = \theta_s - f & \omega \in [0 \quad 2\pi] \\ M = E - e\sin E & M \in [0 \quad 2\pi] \end{cases} \tag{3-64}$$

式中

$r_a = a(1+e)$；

$r_p = a(1-e)$；

$\cos\theta_s = \dfrac{X_E\cos\Omega_0 + Y_E\sin\Omega_0}{r} \qquad \begin{cases} 0 \leqslant \theta_s < \pi & Z_E \geqslant 0 \\ \pi \leqslant \theta_s < 2\pi & Z_E < 0 \end{cases}$；

$\cos f = \dfrac{P-r}{er} \qquad \begin{cases} 0 \leqslant f \leqslant \pi & \theta_H \geqslant 0 \\ \pi < f < 2\pi & \theta_H < 0 \end{cases}$；

$P = a(1-e^2)$；

$\omega = \theta_s - f$；

$\tan\dfrac{E}{2} = \sqrt{\dfrac{1-e}{1+e}}\tan\dfrac{f}{2}$，$E/2$ 和 $f/2$ 同象限。

第 4 章　运载火箭姿态动力学建模

运载火箭姿态动力学建模基于牛顿—欧拉矢量力学方法进行。考虑到运载火箭为细长体，建模过程需考虑弹性振动、液体晃动的影响，当发动机摇摆质量较大时还需考虑发动机振动方程的影响。在得到飞行中受到的力与力矩的基础上，建立质心动力学和绕质心动力学方程，同时进行弹性振动、液体晃动和发动机振动方程的建模，得到完整的运载火箭姿态动力学方程。

新一代运载火箭要求具备全向发射能力，即起飞后可以在 0～±180°范围内旋转；此外，运载火箭的制导方法采用迭代制导，为姿态控制系统实时提供程序角。为了适应火箭全向发射和迭代制导的要求，运载火箭的姿态动力学模型不但要提供偏量模型，还要提供全量模型。全量方程主要用于时域仿真计算，以检验姿态控制系统设计的正确性，以及是否能满足全向发射和迭代制导的要求；偏量方程主要用于姿态控制系统频域设计分析，以使火箭姿态稳定性满足要求。

4.1　非捆绑运载火箭姿态动力学模型

(1) 质心动力学全量方程的一般形式

如图 4-1 所示，空间任意一点 P_i 在惯性坐标系中的矢径 $\boldsymbol{r}$ 可表示质心矢径 $\boldsymbol{r}_0$ 和质心到质点的矢径 $\boldsymbol{\rho}$ 之和，即 $\boldsymbol{r}=\boldsymbol{r}_0+\boldsymbol{\rho}$ 。

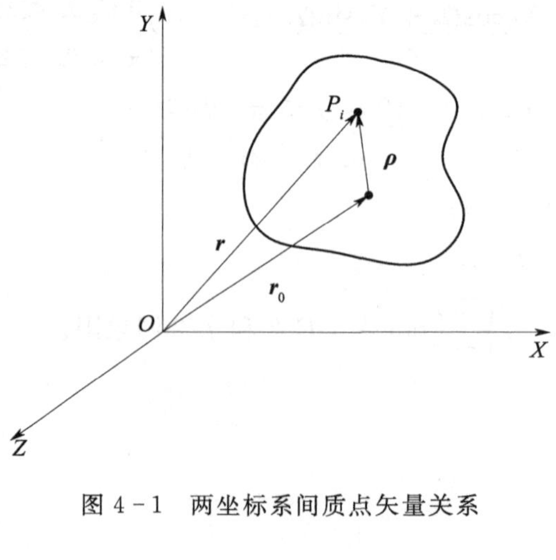

图 4-1　两坐标系间质点矢量关系

由于

$$\boldsymbol{r}=\boldsymbol{r}_0+\boldsymbol{\rho}$$

当 $\boldsymbol{r}$ 增加微量时

$$\Delta \boldsymbol{r} = \Delta \boldsymbol{r}_0 + \Delta \boldsymbol{\rho} + (\boldsymbol{\omega}_1 \times \boldsymbol{\rho})\Delta t$$

$$\frac{\Delta \boldsymbol{r}}{\Delta t} = \frac{\Delta \boldsymbol{r}_0}{\Delta t} + \frac{\Delta \boldsymbol{\rho}}{\Delta t} + \boldsymbol{\omega}_1 \times \boldsymbol{\rho}$$

所以得出

$$\frac{\mathrm{d}\boldsymbol{r}}{\mathrm{d}t} = \frac{\mathrm{d}\boldsymbol{r}_0}{\mathrm{d}t} + \frac{\delta \boldsymbol{\rho}}{\delta t} + \boldsymbol{\omega}_1 \times \boldsymbol{\rho}$$

假设刚体 S' 相对惯性坐标系 S 有旋转角速度 $\boldsymbol{\omega}_1$，则有

$$\frac{\mathrm{d}\boldsymbol{r}}{\mathrm{d}t} = \frac{\mathrm{d}\boldsymbol{r}_0}{\mathrm{d}t} + \frac{\delta \boldsymbol{\rho}}{\delta t} + \boldsymbol{\omega}_1 \times \boldsymbol{\rho}$$

$\mathrm{d}\boldsymbol{r}/\mathrm{d}t$ 称为绝对导数，$\delta\boldsymbol{\rho}/\delta t$ 称为局部导数。对 $\boldsymbol{r}$ 求两阶导数，有

$$\begin{aligned}\frac{\mathrm{d}^2 \boldsymbol{r}}{\mathrm{d}t^2} &= \frac{\mathrm{d}^2 \boldsymbol{r}_0}{\mathrm{d}t^2} + \frac{\delta}{\delta t}\left(\frac{\delta \boldsymbol{\rho}}{\delta t} + \boldsymbol{\omega}_1 \times \boldsymbol{\rho}\right) + \boldsymbol{\omega}_1 \times \left(\frac{\delta \boldsymbol{\rho}}{\delta t} + \boldsymbol{\omega}_1 \times \boldsymbol{\rho}\right) \\ &= \frac{\mathrm{d}^2 \boldsymbol{r}_0}{\mathrm{d}t^2} + 2\boldsymbol{\omega}_1 \times \frac{\delta \boldsymbol{\rho}}{\delta t} + \frac{\delta^2 \boldsymbol{\rho}}{\delta t^2} + \frac{\mathrm{d}\boldsymbol{\omega}_1}{\mathrm{d}t} \times \boldsymbol{\rho} + \boldsymbol{\omega}_1 \times (\boldsymbol{\omega}_1 \times \boldsymbol{\rho})\end{aligned} \tag{4-1}$$

式中 $\dfrac{\mathrm{d}^2 \boldsymbol{r}}{\mathrm{d}t^2}$ —— P 的绝对加速度；

$\dfrac{\mathrm{d}^2 \boldsymbol{r}_0}{\mathrm{d}t^2} + \dfrac{\mathrm{d}\boldsymbol{\omega}_1}{\mathrm{d}t} \times \boldsymbol{\rho} + \boldsymbol{\omega}_1 \times (\boldsymbol{\omega}_1 \times \boldsymbol{\rho})$ ——质点 P 由于 S' 相对 S 运动而产生的牵连加速度；

$\dfrac{\mathrm{d}^2 \boldsymbol{r}_0}{\mathrm{d}t^2}$ ——质心的绝对加速度；

$\dfrac{\mathrm{d}\boldsymbol{\omega}_1}{\mathrm{d}t} \times \boldsymbol{\rho}$ —— P 相对质心 o' 的切向加速度；

$\boldsymbol{\omega}_1 \times (\boldsymbol{\omega}_1 \times \boldsymbol{\rho})$ —— P 相对质心 o' 的法向加速度；

$\dfrac{\delta^2 \boldsymbol{\rho}}{\delta t^2}$ —— P 的相对加速度；

$2\boldsymbol{\omega}_1 \times \dfrac{\delta \boldsymbol{\rho}}{\delta t}$ —— P 的哥氏加速度。

在惯性坐标系中变质量质点系在外力 $\boldsymbol{F}$ 作用下的质心运动方程为

$$\boldsymbol{F} = \int_m \frac{\mathrm{d}^2 \boldsymbol{r}}{\mathrm{d}t^2}\mathrm{d}m \tag{4-2}$$

将式（4－1）代入上式有

$$\begin{aligned}\boldsymbol{F} = &\int_m \frac{\mathrm{d}^2 \boldsymbol{r}_0}{\mathrm{d}t^2}\mathrm{d}m + \int_m \left(2\boldsymbol{\omega}_1 \times \frac{\delta \boldsymbol{\rho}}{\delta t}\right)\mathrm{d}m + \int_m \frac{\delta^2 \boldsymbol{\rho}}{\delta t^2}\mathrm{d}m + \int_m \left(\frac{\mathrm{d}\boldsymbol{\omega}_1}{\mathrm{d}t} \times \boldsymbol{\rho}\right)\mathrm{d}m + \\ &\int_m [\boldsymbol{\omega}_1 \times (\boldsymbol{\omega}_1 \times \boldsymbol{\rho})]\mathrm{d}m\end{aligned} \tag{4-3}$$

考虑到质心的定义 $\int_m \boldsymbol{\rho}\mathrm{d}m = 0$ ，可得

$$\boldsymbol{F} = \boldsymbol{m}\frac{\mathrm{d}^2 \boldsymbol{r}_0}{\mathrm{d}t^2} + 2\boldsymbol{\omega}_1 \times \int_m \frac{\delta \boldsymbol{\rho}}{\delta t}\mathrm{d}m + \int_m \frac{\delta^2 \boldsymbol{\rho}}{\delta t^2}\mathrm{d}m \tag{4-4}$$

所以任意变质量物体的质心运动方程为

$$m\frac{\mathrm{d}^2\boldsymbol{r}_0}{\mathrm{d}t^2}=\boldsymbol{F}+\boldsymbol{F}'_{\mathrm{k}}+\boldsymbol{F}'_{\mathrm{rel}} \tag{4-5}$$

其中外力

$$\boldsymbol{F}=m\boldsymbol{g}+\boldsymbol{R}+\boldsymbol{P}_{\mathrm{st}}+\boldsymbol{F}_{\mathrm{c}} \tag{4-6}$$

式中 $m\boldsymbol{g}$ ——地球引力矢量；

$\boldsymbol{R}$ ——气动力矢量；

$\boldsymbol{P}_{\mathrm{st}}$ ——发动机推力静分量矢量；

$\boldsymbol{F}_{\mathrm{c}}$ ——控制力矢量（指推力方向改变产生的控制力，不包含发动机摆动惯性力）。

如果只考虑燃料燃烧造成的质量变化，附加相对力为

$$\boldsymbol{F}'_{\mathrm{rel}}=-\int_m\frac{\delta^2\boldsymbol{\rho}}{\delta t^2}\mathrm{d}m=-\dot{m}\boldsymbol{u}_{\mathrm{e}} \tag{4-7}$$

附加哥氏力为

$$\boldsymbol{F}'_{\mathrm{k}}=-2\boldsymbol{\omega}_1\times\int_m\frac{\delta\boldsymbol{\rho}}{\delta t}\mathrm{d}m=-2\dot{m}\boldsymbol{\omega}_1\times\boldsymbol{\rho}_{\mathrm{e}} \tag{4-8}$$

在附加相对力与附加哥氏力的求解中

$$\int_m\frac{\delta\boldsymbol{H}}{\delta t}\mathrm{d}m=\frac{\delta}{\delta t}\int_m\boldsymbol{H}\,\mathrm{d}m+\int_{\mathrm{Se}}\boldsymbol{H}(\boldsymbol{\rho}_m\boldsymbol{V}_{\mathrm{rb}}\cdot\boldsymbol{n})\,\mathrm{d}\,\mathrm{Se}$$

具体求法如下，附加相对力

$$\boldsymbol{F}'_{\mathrm{rel}}=-\int_m\frac{\delta^2\boldsymbol{\rho}}{\delta t^2}\mathrm{d}m$$

将 $\delta\boldsymbol{\rho}/\delta t$ 看作 $\boldsymbol{H}$ ，可以得出

$$\boldsymbol{F}'_{\mathrm{rel}}=-\frac{\delta}{\delta t}\int_m\frac{\delta\boldsymbol{\rho}}{\delta t}\mathrm{d}m-\int_{\mathrm{Se}}\frac{\delta\boldsymbol{\rho}}{\delta t}(\boldsymbol{\rho}_m\boldsymbol{V}_{\mathrm{rb}}\cdot\boldsymbol{n})\,\mathrm{d}\,\mathrm{Se}$$

因为 $\delta\boldsymbol{\rho}/\delta t=\boldsymbol{V}_{\mathrm{rb}}-\boldsymbol{V}_{\mathrm{rc}}$ ，$\boldsymbol{V}_{\mathrm{rb}}$ 为箭体内质点相对于箭体的速度矢量，$\delta\boldsymbol{\rho}/\delta t$ 为质点相对于可变质心的速度矢量，$\boldsymbol{V}_{\mathrm{rc}}$ 为质心相对于箭体的运动速度矢量。所以可得

$$\int_{\mathrm{Se}}\frac{\delta\boldsymbol{\rho}}{\delta t}(\boldsymbol{\rho}_m\boldsymbol{V}_{\mathrm{rb}}\cdot\boldsymbol{n})\,\mathrm{d}\,\mathrm{Se}=\int_{\mathrm{Se}}\boldsymbol{V}_{\mathrm{rb}}(\boldsymbol{\rho}_m\boldsymbol{V}_{\mathrm{rb}}\cdot\boldsymbol{n})\,\mathrm{d}\,\mathrm{Se}-\int_{\mathrm{Se}}\boldsymbol{V}_{\mathrm{rc}}(\boldsymbol{\rho}_m\boldsymbol{V}_{\mathrm{rb}}\cdot\boldsymbol{n})\,\mathrm{d}\,\mathrm{Se}$$

并记 $V_{\mathrm{rb}}(\mathrm{d}\,\mathrm{Se})=u_{\mathrm{e}}$ ，$\int_{\mathrm{Se}}(\boldsymbol{\rho}_m\boldsymbol{V}_{\mathrm{rb}}\cdot\boldsymbol{n})\,\mathrm{d}\,\mathrm{Se}=\dot{m}$（$\dot{m}$ 为质量秒耗量且 $\dot{m}=|\mathrm{d}m/\mathrm{d}t|$ ），所以可得

$$\int_{\mathrm{Se}}\frac{\delta\boldsymbol{\rho}}{\delta t}(\boldsymbol{\rho}_m\boldsymbol{V}_{\mathrm{rb}}\cdot\boldsymbol{n})\,\mathrm{d}\,\mathrm{Se}=\dot{m}\boldsymbol{u}_{\mathrm{e}}-\dot{m}\boldsymbol{V}_{\mathrm{rc}}$$

又因为 v 为对称面，所以 $\int_{\mathrm{Se}}\boldsymbol{v}(\boldsymbol{\rho}_m\boldsymbol{V}_{\mathrm{rb}}\cdot\boldsymbol{n})\,\mathrm{d}\,\mathrm{Se}=0$ ，所以可得

$$\begin{aligned}\int_m\frac{\delta\boldsymbol{\rho}}{\delta t}\mathrm{d}m&=\frac{\delta}{\delta t}\int_m\boldsymbol{\rho}\,\mathrm{d}m+\int_m\boldsymbol{\rho}\,(\boldsymbol{\rho}_m\boldsymbol{V}_{\mathrm{rb}}\cdot\boldsymbol{n})\,\mathrm{d}\,\mathrm{Se}\\&=\frac{\delta}{\delta t}\int_m\boldsymbol{\rho}\,\mathrm{d}m+\int_m\boldsymbol{\rho}_{\mathrm{e}}(\boldsymbol{\rho}_m\boldsymbol{V}_{\mathrm{rb}}\cdot\boldsymbol{n})\,\mathrm{d}\,\mathrm{Se}+\int_{\mathrm{Se}}\boldsymbol{v}(\boldsymbol{\rho}_m\boldsymbol{V}_{\mathrm{rb}}\cdot\boldsymbol{n})\,\mathrm{d}\,\mathrm{Se}\end{aligned}$$

根据质心定义

$$\int_m\boldsymbol{\rho}\,\mathrm{d}m=0,\int_{\mathrm{Se}}\boldsymbol{v}(\boldsymbol{\rho}_m\boldsymbol{V}_{\mathrm{rb}}\cdot\boldsymbol{n})\,\mathrm{d}\,\mathrm{Se}=0,\quad\int_{\mathrm{Se}}\boldsymbol{\rho}_{\mathrm{e}}(\boldsymbol{\rho}_m\boldsymbol{V}_{\mathrm{rb}}\cdot\boldsymbol{n})\,\mathrm{d}\,\mathrm{Se}=\boldsymbol{\rho}_{\mathrm{e}}\dot{m}$$

有

$$\int_m \frac{\delta \boldsymbol{\rho}}{\delta t}\mathrm{d}m = \boldsymbol{\rho}_e \dot{m}$$

$$\frac{\delta}{\delta t}\int_m \frac{\delta \boldsymbol{\rho}}{\delta t}\mathrm{d}m = \ddot{m}\boldsymbol{\rho}_e + \dot{m}\dot{\boldsymbol{\rho}}_e$$

所以

$$\boldsymbol{F}'_{\mathrm{rel}} = -\ddot{m}\boldsymbol{\rho}_e - \dot{m}\dot{\boldsymbol{\rho}}_e - \dot{m}\boldsymbol{u}_e + \dot{m}\boldsymbol{V}_{\mathrm{rc}}$$

当发动机稳定工作时，$\ddot{m}=0$，$\dot{\boldsymbol{\rho}}_e \ll \boldsymbol{u}_e$，$\boldsymbol{V}_{\mathrm{rc}} \ll \boldsymbol{u}_e$，所以

$$\boldsymbol{F}'_{\mathrm{rel}} = -\dot{m}\boldsymbol{u}_e$$

附加哥氏力

$$\boldsymbol{F}'_{\mathrm{k}} = -2\boldsymbol{\omega}_1 \times \int_m \frac{\delta \boldsymbol{\rho}}{\delta t}\mathrm{d}m$$

因为

$$\int_m \frac{\delta \boldsymbol{\rho}}{\delta t}\mathrm{d}m = \frac{\delta}{\delta t}\int_m \boldsymbol{\rho}\,\mathrm{d}m + \int_{\mathrm{Se}} \boldsymbol{\rho}(\boldsymbol{\rho}_m \boldsymbol{V}_{\mathrm{rb}} \cdot \boldsymbol{n})\,\mathrm{d}\,Se$$

由上可知

$$\int_m \frac{\delta \boldsymbol{\rho}}{\delta t}\mathrm{d}m = \dot{m}\boldsymbol{\rho}_e$$

所以

$$\boldsymbol{F}'_{\mathrm{k}} = -2\boldsymbol{\omega}_1 \dot{m}\boldsymbol{\rho}_e$$

以上各式中，$\dot{m}$ 为火箭质量秒耗量，$\boldsymbol{u}_e$ 为喷口截面上平均排气速度，$\boldsymbol{\rho}_e$ 为火箭质心到喷口截面中心的矢径。将附加相对力 $\boldsymbol{F}'_{\mathrm{rel}}$ 与发动机推力静分量合成为推力 $\boldsymbol{P}$，即 $\boldsymbol{P}=\boldsymbol{F}'_{\mathrm{rel}}+\boldsymbol{P}_{\mathrm{st}}$。火箭在惯性坐标系中以矢量形式描述的质心动力学方程为

$$\begin{aligned} m\frac{\mathrm{d}^2 \boldsymbol{r}_0}{\mathrm{d}t^2} &= \boldsymbol{F} + \boldsymbol{F}'_{\mathrm{k}} + \boldsymbol{F}'_{\mathrm{rel}} \\ &= m\boldsymbol{g} + \boldsymbol{R} + \boldsymbol{P}_{\mathrm{st}} + \boldsymbol{F}_c + \boldsymbol{F}'_{\mathrm{rel}} + \boldsymbol{F}'_{\mathrm{k}} \\ &= \boldsymbol{P} + \boldsymbol{R} + \boldsymbol{F}_c + m\boldsymbol{g} + \boldsymbol{F}'_{\mathrm{k}} \end{aligned} \tag{4-9}$$

将上式左右两端在速度（或半速度）坐标系中展开，可以得到在速度（或半速度）坐标系下的火箭质心运动方程，具体各力的阐述将在后文展开。

根据牛顿定律、绝对导数和相对导数之间的关系，有

$$m\frac{\mathrm{d}\boldsymbol{V}}{\mathrm{d}t} = m\left(\frac{\delta \boldsymbol{V}}{\delta t} + \boldsymbol{\Omega} \times \boldsymbol{V}\right) = \sum \boldsymbol{F}_{\mathrm{h}} \tag{4-10}$$

式中 $\frac{\mathrm{d}\boldsymbol{V}}{\mathrm{d}t}$ ——发射惯性坐标系中矢量 $\boldsymbol{V}$ 的绝对导数；

$\frac{\delta \boldsymbol{V}}{\delta t}$ ——弹道坐标系中矢量 $\boldsymbol{V}$ 的相对导数；

$\sum \boldsymbol{F}$ ——火箭飞行中受到的力，包括重力、气动力、发动机推力和干扰力等。

设 $\boldsymbol{i}_{\mathrm{h}}$，$\boldsymbol{j}_{\mathrm{h}}$，$\boldsymbol{k}_{\mathrm{h}}$ 为弹道坐标系的三个坐标矢量；$\boldsymbol{\Omega}_{x\mathrm{h}}$，$\boldsymbol{\Omega}_{y\mathrm{h}}$，$\boldsymbol{\Omega}_{z\mathrm{h}}$ 分别为弹道坐标系相对发

射点惯性坐标系的转动角速度 $\boldsymbol{\Omega}$ 在弹道坐标系 $O_1X_hY_hZ_h$ 各轴上的分量；V_{xh}，V_{yh}，V_{zh} 分别为火箭质心速度矢量在 $O_1X_hY_hZ_h$ 各轴上的分量，可得

$$\frac{\delta \boldsymbol{V}}{\delta t}=\frac{\mathrm{d}V_{xh}}{\mathrm{d}t}\boldsymbol{i}_h+\frac{\mathrm{d}V_{yh}}{\mathrm{d}t}\boldsymbol{j}_h+\frac{\mathrm{d}V_{zh}}{\mathrm{d}t}\boldsymbol{k}_h \tag{4-11}$$

$$\boldsymbol{\Omega}\times\boldsymbol{V}=V\Omega_{zh}\boldsymbol{j}_h-V\Omega_{yh}\boldsymbol{k}_h=V\dot{\theta}\cos\sigma\boldsymbol{j}_h-V\dot{\sigma}\boldsymbol{k}_h \tag{4-12}$$

上式代入式（4－10），并展开

$$m\frac{\mathrm{d}V}{\mathrm{d}t}=\sum F_{xh} \tag{4-13}$$

$$mV\cos\sigma\frac{\mathrm{d}\theta}{\mathrm{d}t}=\sum F_{yh} \tag{4-14}$$

$$-mV\frac{\mathrm{d}\sigma}{\mathrm{d}t}=\sum F_{zh} \tag{4-15}$$

质心方程建立在弹道坐标系，分析箭体受力，须将受力方程转换至弹道坐标系。

（2）绕质心动力学方程的一般形式

绕质心的力矩平衡方程为

$$\boldsymbol{M}_{c.m}=\int_m\boldsymbol{\rho}\times\frac{\mathrm{d}^2\boldsymbol{r}}{\mathrm{d}t^2}\mathrm{d}m \tag{4-16}$$

外力对火箭质心的力矩为

$$\boldsymbol{M}_{c.m}=\boldsymbol{M}_{st}+\boldsymbol{M}_c+\boldsymbol{M}_d \tag{4-17}$$

式中 $\boldsymbol{M}_{st}$ ——作用在火箭上的气动力矩；

$\boldsymbol{M}_c$ ——控制力矩；

$\boldsymbol{M}_d$ ——火箭相对大气有转动时引起的阻尼力矩。将式（4－1）代入式（4－17）得

$$\begin{aligned}\boldsymbol{M}_{c.m}=&\int_m\boldsymbol{\rho}\times\frac{\mathrm{d}^2\boldsymbol{r}_0}{\mathrm{d}t^2}\mathrm{d}m+2\int_m\boldsymbol{\rho}\times\left(\boldsymbol{\omega}_1\times\frac{\delta\boldsymbol{\rho}}{\delta t}\right)\mathrm{d}m+\int_m\boldsymbol{\rho}\times\frac{\delta^2\boldsymbol{\rho}}{\delta t^2}\mathrm{d}m+\\&\int_m\boldsymbol{\rho}\times\left(\frac{\mathrm{d}\boldsymbol{\omega}_1}{\mathrm{d}t}\times\boldsymbol{\rho}\right)\mathrm{d}m+\int_m\boldsymbol{\rho}\times[\boldsymbol{\omega}_1\times(\boldsymbol{\omega}_1\times\boldsymbol{\rho})]\mathrm{d}m\end{aligned} \tag{4-18}$$

注意到 $\boldsymbol{r}_0$ 与质量 $\mathrm{d}m$ 无关，并且按质心定义 $\int_m\boldsymbol{\rho}\mathrm{d}m=0$，故上式可简化为

$$\begin{aligned}\boldsymbol{M}_{c.m}=&2\int_m\boldsymbol{\rho}\times\left(\boldsymbol{\omega}_1\times\frac{\delta\boldsymbol{\rho}}{\delta t}\right)\mathrm{d}m+\int_m\boldsymbol{\rho}\times\frac{\delta^2\boldsymbol{\rho}}{\delta t^2}\mathrm{d}m+\\&\int_m\boldsymbol{\rho}\times\left(\frac{\mathrm{d}\boldsymbol{\omega}_1}{\mathrm{d}t}\times\boldsymbol{\rho}\right)\mathrm{d}m+\int_m\boldsymbol{\rho}\times[\boldsymbol{\omega}_1\times(\boldsymbol{\omega}_1\times\boldsymbol{\rho})]\mathrm{d}m\end{aligned} \tag{4-19}$$

上式为适用于任意变质量物体绕质心转动的一般运动方程，可写成另一种形式

$$\int_m\boldsymbol{\rho}\times[\boldsymbol{\omega}_1\times(\boldsymbol{\omega}_1\times\boldsymbol{\rho})]\mathrm{d}m+\int_m\boldsymbol{\rho}\times\left(\frac{\mathrm{d}\boldsymbol{\omega}_1}{\mathrm{d}t}\times\boldsymbol{\rho}\right)\mathrm{d}m=\boldsymbol{M}_{c.m}+\boldsymbol{M}'_k+\boldsymbol{M}'_{rel} \tag{4-20}$$

式中

$$\boldsymbol{M}'_k=-2\int_m\boldsymbol{\rho}\times(\boldsymbol{\omega}_1\times\frac{\delta\boldsymbol{\rho}}{\delta t})\mathrm{d}m \tag{4-21}$$

$$\boldsymbol{M}'_{rel}=-\int_m\boldsymbol{\rho}\times\frac{\delta^2\boldsymbol{\rho}}{\delta t^2}\mathrm{d}m \tag{4-22}$$

上式左端第一项根据矢量叉乘运算法则可得

$$\int_m \boldsymbol{\rho} \times [\boldsymbol{\omega}_1 \times (\boldsymbol{\omega}_1 \times \boldsymbol{\rho})] \mathrm{d}m = \boldsymbol{\omega}_1 \times \int_m \boldsymbol{\rho} \times (\boldsymbol{\omega}_1 \times \boldsymbol{\rho}) \mathrm{d}m \tag{4-23}$$

将系统视为刚体，该刚体对质心的总角动量可定义为

$$\boldsymbol{H}_1 = \int_m \boldsymbol{\rho} \times (\boldsymbol{\omega}_1 \times \boldsymbol{\rho}) \mathrm{d}m \tag{4-24}$$

如果假定动坐标为箭体坐标系，$\boldsymbol{\omega}_1$ 和 $\boldsymbol{\rho}$ 的分量形式可写为

$$\boldsymbol{\omega}_1 = [\omega_{X_1} \quad \omega_{Y_1} \quad \omega_{Z_1}]^{\mathrm{T}} \tag{4-25}$$

$$\boldsymbol{\rho} = [x_1 \quad y_1 \quad z_1]^{\mathrm{T}} \tag{4-26}$$

则

$$\boldsymbol{H}_1 = \int_m \boldsymbol{\rho} \times (\boldsymbol{\omega}_1 \times \boldsymbol{\rho}) \mathrm{d}m = \int_m [\boldsymbol{\omega}_1 \cdot (\boldsymbol{\rho} \cdot \boldsymbol{\rho}) - \boldsymbol{\rho} \cdot (\boldsymbol{\omega}_1 \cdot \boldsymbol{\rho})] \mathrm{d}m$$

$$= \int_m \begin{bmatrix} x_1^2\omega_{x\mathrm{T}} + y_1^2\omega_{x\mathrm{T}} + z_1^2\omega_{x\mathrm{T}} - x_1^2\omega_{x\mathrm{T}} - x_1y_1\omega_{y\mathrm{T}} - x_1z_1\omega_{z\mathrm{T}} \\ x_1^2\omega_{x\mathrm{T}} + y_1^2\omega_{y\mathrm{T}} + z_1^2\omega_{y\mathrm{T}} - x_1y_1\omega_{x\mathrm{T}} - y_1^2\omega_{y\mathrm{T}} - y_1z_1\omega_{z\mathrm{T}} \\ x_1^2\omega_{z\mathrm{T}} + y_1^2\omega_{z\mathrm{T}} + z_1^2\omega_{z\mathrm{T}} - x_1z_1\omega_{x\mathrm{T}} - y_1z_1\omega_{y\mathrm{T}} - z_1^2\omega_{z\mathrm{T}} \end{bmatrix} \mathrm{d}m$$

整理得

$$\boldsymbol{H}_1 = \int_m \begin{bmatrix} y_1^2 + z_1^2 & -x_1y_1 & -x_1z_1 \\ -y_1x_1 & z_1^2 + x_1^2 & -y_1z_1 \\ -z_1x_1 & -z_1y_1 & x_1^2 + y_1^2 \end{bmatrix} \begin{bmatrix} \omega_{X_1} \\ \omega_{Y_1} \\ \omega_{Z_1} \end{bmatrix} \mathrm{d}m \tag{4-27}$$

定义

$$J_{X_1} = \int (y_1^2 + z_1^2) \mathrm{d}m$$

$$J_{Y_1} = \int (z_1^2 + x_1^2) \mathrm{d}m$$

$$J_{Z_1} = \int (x_1^2 + y_1^2) \mathrm{d}m$$

$$J_{X_1Y_1} = J_{Y_1X_1} = \int x_1y_1 \mathrm{d}m$$

$$J_{Y_1Z_1} = J_{Z_1Y_1} = \int y_1z_1 \mathrm{d}m$$

$$J_{Z_1X_1} = J_{X_1Z_1} = \int z_1x_1 \mathrm{d}m \tag{4-28}$$

为简单起见，式（4-27）可写为

$$\boldsymbol{H}_1 = \bar{\boldsymbol{I}} \cdot \boldsymbol{\omega}_1 \tag{4-29}$$

其中

$$\bar{\boldsymbol{I}} = \begin{bmatrix} J_{X_1} & -J_{X_1Y_1} & -J_{X_1Z_1} \\ -J_{Y_1X_1} & J_{Y_1} & -J_{Y_1Z_1} \\ -J_{Z_1X_1} & -J_{Z_1Y_1} & J_{Z_1} \end{bmatrix} \tag{4-30}$$

称为惯性张量。将式（4－29）代入式（4－23）有

$$\int_m \boldsymbol{\rho}\times[\boldsymbol{\omega}_1\times(\boldsymbol{\omega}_1\times\boldsymbol{\rho})]\mathrm{d}m=\boldsymbol{\omega}_1\times\boldsymbol{H}_1=\boldsymbol{\omega}_1\times(\bar{\boldsymbol{I}}\cdot\boldsymbol{\omega}_1) \tag{4-31}$$

同理

$$\begin{aligned}\int_m \boldsymbol{\rho}\times\left(\frac{\mathrm{d}\boldsymbol{\omega}_1}{\mathrm{d}t}\times\boldsymbol{\rho}\right)\mathrm{d}\dot{m}&=\int_m\left[\frac{\mathrm{d}\boldsymbol{\omega}_1}{\mathrm{d}t}\cdot(\boldsymbol{\rho}\cdot\boldsymbol{\rho})-\boldsymbol{\rho}\cdot\left(\boldsymbol{\rho}\cdot\frac{\mathrm{d}\boldsymbol{\omega}_1}{\mathrm{d}t}\right)\right]\mathrm{d}m\\&=\int_m\begin{bmatrix}y_1^2+z_1^2 & -x_1y_1 & -x_1z_1\\ -y_1x_1 & x_1^2+z_1^2 & -y_1z_1\\ -z_1x_1 & -z_1y_1 & x_1^2+y_1^2\end{bmatrix}\begin{bmatrix}\dfrac{\mathrm{d}\omega_{x1}}{\mathrm{d}t}\\ \dfrac{\mathrm{d}\omega_{y1}}{\mathrm{d}t}\\ \dfrac{\mathrm{d}\omega_{z1}}{\mathrm{d}t}\end{bmatrix}\mathrm{d}m\end{aligned} \tag{4-32}$$

所以

$$\int_m \boldsymbol{\rho}\times\left(\frac{\mathrm{d}\boldsymbol{\omega}_1}{\mathrm{d}t}\times\boldsymbol{\rho}\right)\mathrm{d}m=\bar{\boldsymbol{I}}\cdot\frac{\mathrm{d}\boldsymbol{\omega}_1}{\mathrm{d}t} \tag{4-33}$$

如果只考虑燃料燃烧造成的质量变化，附加相对力矩为

$$\boldsymbol{M}'_{\mathrm{rel}}=-\int_m \boldsymbol{\rho}\times\frac{\delta^2\boldsymbol{\rho}}{\delta t^2}\mathrm{d}m=-\dot{m}\boldsymbol{\rho}_{\mathrm{e}}\times\boldsymbol{u}_{\mathrm{e}} \tag{4-34}$$

附加哥氏力矩为

$$\boldsymbol{M}'_{\mathrm{k}}=-2\int_m \boldsymbol{\rho}\times\left(\boldsymbol{\omega}_1\times\frac{\delta\boldsymbol{\rho}}{\delta t}\right)\mathrm{d}m=-\frac{\delta\bar{\boldsymbol{I}}}{\delta t}\cdot\boldsymbol{\omega}_1-\dot{m}\boldsymbol{\rho}_{\mathrm{e}}\times(\boldsymbol{\omega}_1\times\boldsymbol{\rho}_{\mathrm{e}}) \tag{4-35}$$

式中 $\boldsymbol{\rho}_{\mathrm{e}}$ ——发动机喷口到火箭质心的距离；

$\dot{m}\boldsymbol{\rho}_{\mathrm{e}}\times(\boldsymbol{\omega}_1\times\boldsymbol{\rho}_{\mathrm{e}})$ ——由单位时间内喷出的气流造成的力矩，它起到阻尼作用，通常称为喷气阻尼力矩；

$(\delta\bar{\boldsymbol{I}}/\delta t)\cdot\boldsymbol{\omega}_1$ ——转动惯量变化引起的力矩，由于 $\delta\bar{\boldsymbol{I}}/\delta t$ 各分量为负值，所以该项起减小阻尼的作用，其量级约为喷气阻尼力矩的 30%。

绕质心运动方程可写为

$$\bar{\boldsymbol{I}}\cdot\frac{\mathrm{d}\boldsymbol{\omega}_1}{\mathrm{d}t}+\boldsymbol{\omega}_1\times(\bar{\boldsymbol{I}}\cdot\boldsymbol{\omega}_1)=\boldsymbol{M}_{\mathrm{st}}+\boldsymbol{M}_{\mathrm{c}}+\boldsymbol{M}_{\mathrm{d}}+\boldsymbol{M}'_{\mathrm{k}}+\boldsymbol{M}'_{\mathrm{rel}} \tag{4-36}$$

将式（4－36）在箭体坐标系内分解，可以得到分量形式的绕质心运动方程，具体各力矩的推导过程在后文展开。

变质量质点系的质心运动方程和绕质心运动方程，形式上与适用于刚体的方程相同。因此可引进一条重要的原理，即刚化原理，叙述如下：

在一般情况下，任意一个变质量系统在 t 时刻的质心运动方程和绕质心运动方程，能用如下这样一个刚体的相应方程来表示，这个刚体的质量等于系统在 t 时刻的质量，而它受到的力除了真实的外力和力矩外，还要加两个附加力和两个附加力矩，即附加哥氏力、附加相对力和附加哥氏力矩、附加相对力矩。

以上推导只考虑了燃料燃烧产生的附加哥氏力、附加相对力矩和附加哥氏力矩，但实

际上发动机摆动、推进剂晃动、箭体弹性振动等活动质量相对箭体发生运动也会产生附加力和力矩。

由动量矩定理可知（惯性系—箭体坐标系）

$$\frac{\mathrm{d}\boldsymbol{H}}{\mathrm{d}t}=\frac{\mathrm{d}\boldsymbol{H}_1}{\mathrm{d}t}+\boldsymbol{\omega}_1\times\boldsymbol{H}_1=\sum\boldsymbol{M} \tag{4-37}$$

建立力矩平衡方程式，以箭体坐标系三个分量表示如下

$$\begin{aligned}&\frac{\mathrm{d}H_{X1}}{\mathrm{d}t}+\omega_{Y1}\times H_{Z1}-\omega_{Z1}\times H_{Y1}=M_{X1}\\&\frac{\mathrm{d}H_{Y1}}{\mathrm{d}t}+\omega_{Z1}\times H_{X1}-\omega_{X1}\times H_{Z1}=M_{Y1}\\&\frac{\mathrm{d}H_{Z1}}{\mathrm{d}t}+\omega_{X1}\times H_{Y1}-\omega_{Y1}\times H_{X1}=M_{Z1}\end{aligned} \tag{4-38}$$

由于箭体为轴对称的，可得一般形式下的绕质心方程

$$\begin{aligned}&J_{X1}\dot{\omega}_{X1}+(J_{Z1}-J_{Y1})\omega_{Y1}\omega_{Z1}=M_{X1}\\&J_{Y1}\dot{\omega}_{Y1}+(J_{X1}-J_{Z1})\omega_{Z1}\omega_{X1}=M_{Y1}\\&J_{Z1}\dot{\omega}_{Z1}+(J_{Y1}-J_{X1})\omega_{X1}\omega_{Y1}=M_{Z1}\end{aligned} \tag{4-39}$$

绕质心方程建立在箭体坐标系，分析箭体外力矩，须将力矩方程转换至箭体坐标系。

4.1.1 火箭飞行中受到的力和力矩

本节分析火箭飞行过程中受到的力和力矩。

（1）重力

重力在半速坐标系中可表示为

$$\begin{bmatrix}G_{\mathrm{h}x}\\G_{\mathrm{h}y}\\G_{\mathrm{h}z}\end{bmatrix}=\boldsymbol{C}_A^{\mathrm{h}}\begin{bmatrix}G_{Ax}\\G_{Ay}\\G_{Az}\end{bmatrix}=\begin{bmatrix}-mg\sin\Theta\cos\sigma\\-mg\cos\Theta\\-mg\sin\Theta\sin\sigma\end{bmatrix} \tag{4-40}$$

式中　Θ——当地弹道倾角；

　　σ——弹道偏角。

弹性变形对重力的作用没有影响，重力对箭体质心不产生力矩。

（2）空气动力

空气动力 R 在速度坐标系下分量分别为阻力、升力和侧向力，可得

$$\begin{bmatrix}R_{Vx}\\R_{Vy}\\R_{Vz}\end{bmatrix}=\begin{bmatrix}-X\\Y\\Z\end{bmatrix}=\begin{bmatrix}-C_xqS\\C_y^{\alpha}\alpha qS\\C_z^{\beta}\beta qS\end{bmatrix} \tag{4-41}$$

式中　q——动压；

　　S——特征面积。

将气动力转换到弹道坐标系上，可以表示为

$$\begin{bmatrix} R_{hx} \\ R_{hy} \\ R_{hz} \end{bmatrix} = \begin{bmatrix} -X \\ Y\cos\nu - Z\sin\nu \\ Y\sin\nu + Z\cos\nu \end{bmatrix} \tag{4-42}$$

式中　ν——速度倾角。

箭体上任意点 P 的局部攻角，包含刚体攻角、箭体旋转角速度引起的附加攻角和弹性变形引起的附加攻角。同理，箭体上任意点 P 的局部侧滑角，包含刚体侧滑角、箭体旋转角速度引起的附加侧滑角和弹性变形引起的附加侧滑角。在考虑风的影响时，还应包含风引起的附加攻角和附加侧滑角。设箭体上任意点 P 的局部攻角和局部侧滑角分别为 α'，β'；刚体攻角和侧滑角分别为 α，β；风引起的附加攻角和附加侧滑角分别为 α_W，β_W；箭体旋转角速度引起的附加攻角和附加侧滑角分别为 $\alpha_{\omega 1}$，$\beta_{\omega 1}$；弹性变形引起的附加攻角和附加侧滑角分别为 α_ξ，β_ξ。则箭体上任意点 P 的局部攻角 α' 和局部侧滑角 β' 为

$$\begin{cases} \alpha' = \alpha + \alpha_{\omega 1} + \alpha_\xi + \alpha_W \\ \beta' = \beta + \beta_{\omega 1} + \beta_\xi + \beta_W \end{cases}$$

得箭体旋转角速度引起的附加攻角 $\alpha_{\omega 1}$ 和附加侧滑角 $\beta_{\omega 1}$ 为

$$\begin{cases} \alpha_{\omega 1} = -(X_Z - x)\omega_{Z1}/V \\ \beta_{\omega 1} = -(X_Z - x)\omega_{Y1}/V \end{cases}$$

弹性变形引起的附加攻角和附加侧滑角可认为由两部分构成。第一部分由弹性变形产生的弹性转角引起；第二部分由弹性位移产生的速度引起，此部分与箭体旋转角速度引起的附加攻角和附加侧滑角类似。

刚体到弹性体的转角为 $[-R_x(x) \quad R_y(x) \quad -R_z(x)]^T$，由弹性变形产生的弹性转角构成的附加攻角和附加侧滑角为

$$\begin{cases} \alpha_{\xi 1} = -R_z(x) \\ \beta_{\xi 1} = R_y(x) \end{cases} \tag{4-43}$$

$$[R_x(x) \quad R_y(x) \quad R_z(x)]^T = \left[\theta_\gamma(x) \quad -\frac{\partial u_z(x)}{\partial x} \quad \frac{\partial u_y(x)}{\partial x}\right]^T \tag{4-44}$$

弹性位移产生的速度引起的附加攻角和附加侧滑角为

$$\begin{cases} \alpha_{\xi 2} = -\dot{u}_y(x)/V \\ \beta_{\xi 2} = -\dot{u}_z(x)/V \end{cases} \tag{4-45}$$

弹性变形引起的附加攻角和附加侧滑角为

$$\begin{cases} \alpha_\xi = \alpha_{\xi 1} + \alpha_{\xi 2} = -R_z(x) - \dot{u}_y(x)/V \\ \beta_\xi = \beta_{\xi 1} + \beta_{\xi 2} = R_y(x) - \dot{u}_z(x)/V \end{cases} \tag{4-46}$$

风引起的附加攻角和附加侧滑角为

$$\begin{cases} \alpha_W = -\arctan[W\cos A\sin\theta/(V - W\cos A\cos\theta)] \\ \beta_W = \arctan(W\sin A/V) \end{cases} \tag{4-47}$$

速度坐标系中的升力、侧向力、阻力为

$$
\begin{aligned}
F_{Y_V} &= \int_0^l C_{yy}^{\alpha} qS\left(\alpha - \frac{\partial u_y}{\partial x} - \frac{x - x_Z}{V}\omega_z - \frac{\dot{u}_y}{V} + \alpha_w\right)\mathrm{d}x = Y^{\alpha}\alpha + \sum_{i=1}^{n} Y^{q_{yi}} q_{yi} + Y^{\omega_z}\omega_z + \sum_{i=1}^{n} Y^{\dot{q}_{yi}} \dot{q}_{yi} \\
&\approx Y^{\alpha}\alpha + \sum_{i=1}^{n} Y^{q_{yi}} q_{yi} + \sum_{i=1}^{n} Y^{\dot{q}_{yi}} \dot{q}_{yi} \\
F_{Z_V} &= \int_0^l C_{zz}^{\beta} qS\left(\beta - \frac{\partial u_z}{\partial x} - \frac{x - x_Z}{V}\omega_y - \frac{\dot{u}_z}{V} + \beta_w\right)\mathrm{d}x = Z^{\beta}\beta - \sum_{i=1}^{n} Z^{q_{zi}} q_{zi} + Z^{\omega_y}\omega_y - \sum_{i=1}^{n} Z^{\dot{q}_{zi}} \dot{q}_{zi} \\
&\approx Z^{\beta}\beta - \sum_{i=1}^{n} Z^{q_{zi}} q_{zi} - \sum_{i=1}^{n} Z^{\dot{q}_{zi}} \dot{q}_{zi} \\
F_{X_V} &= -\int_0^l C_{Vxx} qS\,\mathrm{d}x = -C_{Vx} qS = -X
\end{aligned}
\tag{4-48}
$$

在弹道坐标系中的投影为

$$
\begin{bmatrix} F_{xh} \\ F_{yh} \\ F_{zh} \end{bmatrix} = \begin{bmatrix} 1 & 0 & 0 \\ 0 & \cos\nu & -\sin\nu \\ 0 & \sin\nu & \cos\nu \end{bmatrix} \begin{bmatrix} F_{X_V} \\ F_{Y_V} \\ F_{Z_V} \end{bmatrix}
$$

$$
= \begin{bmatrix} -X \\ \cos\nu\left(Y^{\alpha}\alpha + \sum_{i=1}^{n} Y^{q_{yi}} q_{yi} + \sum_{i=1}^{n} Y^{\dot{q}_{yi}} \dot{q}_{yi}\right) - \sin\nu\left(Z^{\beta}\beta - \sum_{i=1}^{n} Z^{q_{zi}} q_{zi} + \sum_{i=1}^{n} Z^{\dot{q}_{zi}} \dot{q}_{zi}\right) \\ \cos\nu\left(Z^{\beta}\beta - \sum_{i=1}^{n} Z^{\dot{q}_{zi}} \dot{q} - \sum_{i=1}^{n} Z^{q_{zi}} q_{zi}\right) + \sin\nu\left(Y^{\alpha}\alpha + \sum_{i=1}^{n} Y^{q_{yi}} q_{yi} + \sum_{i=1}^{n} Y^{\dot{q}_{yi}} \dot{q}_{yi}\right) \end{bmatrix}
\tag{4-49}
$$

箭体系中的法向力、横向力、轴向力为

$$
\begin{aligned}
F_{Y_1\alpha} &= \int_0^l C_{nn}^{\alpha} qS\left(\alpha - \frac{\partial u_y}{\partial x} - \frac{x - x_Z}{V}\omega_z - \frac{\dot{u}_y}{V} + \alpha_w\right)\mathrm{d}x \\
&= qS(\alpha + \alpha_w)C_n^{\alpha} - qS\int_0^l C_{nn}^{\alpha} \sum_{i=1}^{n} W'_{yi}(x) q_{yi}(t)\,\mathrm{d}x - \\
&\quad \int_0^l C_{nn}^{\alpha} qS(x - x_Z)\frac{\omega_z}{V}\mathrm{d}x - \int_0^l C_{nn}^{\alpha} qS \sum_{i=1}^{n} \frac{W_{yi}(x)}{V}\dot{q}_{yi}(t)\,\mathrm{d}x \\
F_{Z_1\beta} &= \int_0^l C_{Z_1Z_1}^{\beta} qS\left(\beta - \frac{\partial u_z}{\partial x} - \frac{x - x_Z}{V}\omega_y - \frac{\dot{u}_z}{V} + \beta_w\right)\mathrm{d}x \\
&= -qS(\beta + \beta_w)C_n^{\alpha} + qS\int_0^l C_{nn}^{\alpha} \sum_{i=1}^{n} W'_{zi}(x) q_{zi}(t)\,\mathrm{d}x - \\
&\quad \int_0^l C_{nn}^{\alpha} qS(x - x_Z)\frac{\omega_y}{V}\mathrm{d}x + \int_0^l C_{nn}^{\alpha} qS \sum_{i=1}^{n} \frac{W_{zi}(x)}{V}\dot{q}_{zi}(t)\,\mathrm{d}x \\
F_{X_1} &= -\int_0^l C_{xx} qS\,\mathrm{d}x = -C_x qS
\end{aligned}
\tag{4-50}
$$

在箭体坐标系中，由法向力、横向力和轴向力对箭体质心形成的力矩表示如下

$$\mathrm{d}M_{Z_1} = \begin{bmatrix} i & j & k \\ x_Z - x & 0 & 0 \\ \mathrm{d}F_{X_1} & \mathrm{d}F_{Y_1\alpha} & \mathrm{d}F_{Z_1\beta} \end{bmatrix} \tag{4-51}$$

其中俯仰、偏航通道力矩为

$$\begin{aligned} M_{Z_1} &= -qS\alpha C_n^\alpha (x_p - x_Z) + \sum_{i=1}^{n} qS\int_0^l C_{mn}^\alpha W'_{yi}(x) q_{yi}(x - x_Z)\mathrm{d}x - \\ &\quad qS\frac{\omega_z}{V}\int_0^l C_{mn}^\alpha (x - x_Z)^2 \mathrm{d}x + \frac{qS}{V}\int_0^l C_{mn}^\alpha (x - x_Z)\sum_{i=1}^{n} W_{yi}(x)\dot{q}_{yi}(t)\mathrm{d}x \\ &= M_{Z_1}^\alpha \alpha + \sum_{i=1}^{n} M_{Z_1}^{q_{yi}} q_{yi} + M_{Z_1}^{\omega_z}\omega_z + \sum_{i=1}^{n} M_{Z_1}^{\dot{q}_{yi}}\dot{q}_{yi} \\ M_{Z_1\beta} &= -qS\beta\int_0^l C_{mn}^\alpha (x - x_Z)\mathrm{d}x + qS\int_0^l C_{mn}^\alpha \sum_{i=1}^{n} W'_{zi}(x) q_{zi}(x - x_Z)\mathrm{d}x - \\ &\quad qS\frac{\omega_y}{V}\int_0^l C_{mn}^\alpha (x - x_Z)^2 \mathrm{d}x + \frac{qS}{V}\int_0^l C_{mn}^\alpha (x - x_Z)\sum_{i=1}^{n} W_{zi}(x)\dot{q}_{zi}(t)\mathrm{d}x \\ &= M_{Y_1}^\beta \beta + \sum_{i=1}^{n} M_{Y_1}^{q_{zi}} q_{zi} + M_{Y_1}^{\omega_y}\omega_y + \sum_{i=1}^{n} M_{Y_1}^{\dot{q}_{zi}}\dot{q}_{zi} \end{aligned} \tag{4-52}$$

(3) 控制力

运载火箭受到的控制力和惯性力是由发动机推力产生的。一般发动机的推力与力矩表达形式往往因发动机的组合形式与发动机的个数的不同而有很大差别。

非捆绑运载火箭的典型发动机布局配置有四台切向摆动发动机、三台品字形摆动发动机、两台十字摆动发动机和一台十字摆动发动机。

1) 四台发动机切向布局。

四台发动机切向布局如图 4-2 所示。

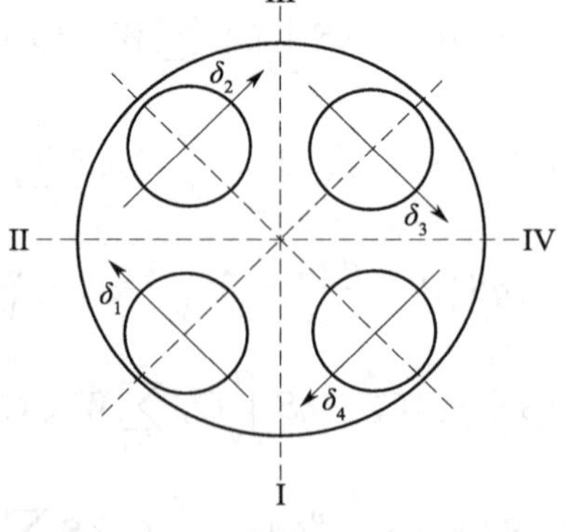

图 4-2 四台发动机布局

四台发动机布局情况下的等效摆角为

$$\begin{cases}\delta_\varphi = \dfrac{1}{4}(-\delta_{\mathrm{I}} - \delta_{\mathrm{II}} + \delta_{\mathrm{III}} + \delta_{\mathrm{IV}}) \\ \delta_\psi = \dfrac{1}{4}(-\delta_{\mathrm{I}} + \delta_{\mathrm{II}} + \delta_{\mathrm{III}} - \delta_{\mathrm{IV}}) \\ \delta_\gamma = \dfrac{1}{4}(\delta_{\mathrm{I}} + \delta_{\mathrm{II}} + \delta_{\mathrm{III}} + \delta_{\mathrm{IV}})\end{cases} \tag{4-53}$$

由上式可以看出，四台发动机同时参与俯仰、偏航和滚动通道的控制。

2）三台发动机品字形布局。

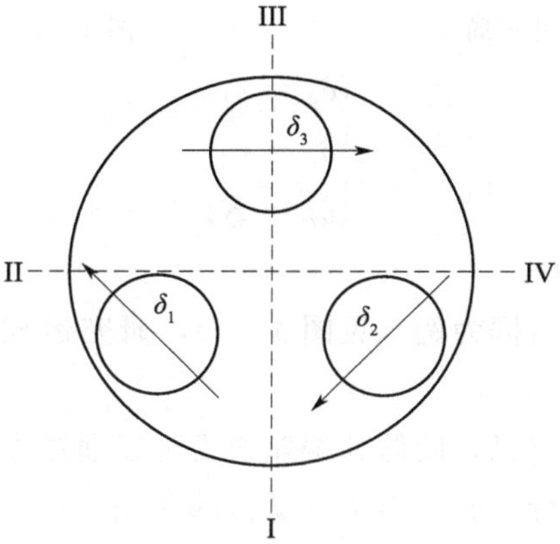

图 4－3　三台发动机布局

三台发动机布局情况下的等效摆角为

$$\begin{cases}\delta_\varphi = \dfrac{-\delta_1 + \delta_3}{2} \\ \delta_\psi = \dfrac{-\delta_1 + 2\delta_2 - \delta_3}{3} \\ \delta_\gamma = \dfrac{\delta_1 + \delta_2 + \delta_3}{3}\end{cases} \tag{4-54}$$

其中　δ_1，δ_2，δ_3 为对应三台发动机摆动角，由上式可见，三台发动机品字形布局，俯仰和偏航通道的控制力大小是不同的，这一点在姿控设计时需要格外注意。

3）两台发动机对称布局。

两台发动机布局情况下的等效摆角为

$$\begin{cases}\delta_\varphi = \dfrac{1}{2}(\delta_{\mathrm{I}2} + \delta_{\mathrm{II}4}) \\ \delta_\psi = \dfrac{1}{2}(-\delta_{\mathrm{I}1} + \delta_{\mathrm{II}3}) \\ \delta_\gamma = \dfrac{1}{2}(\delta_{\mathrm{I}1} + \delta_{\mathrm{II}3})\end{cases} \tag{4-55}$$

4）一台发动机布局。

一台发动机布局情况下的等效摆角为

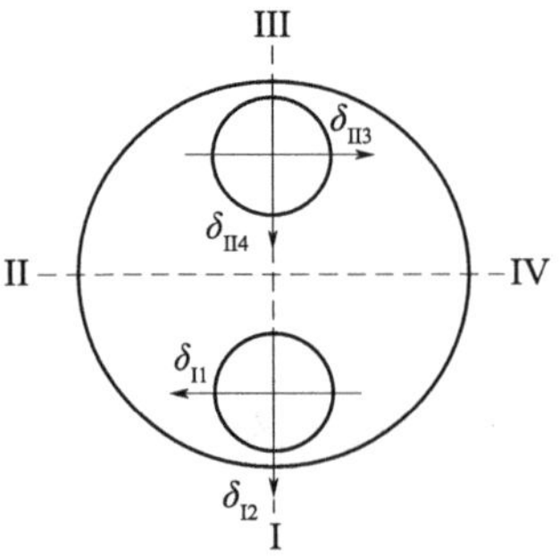

图 4-4　两台发动机布局

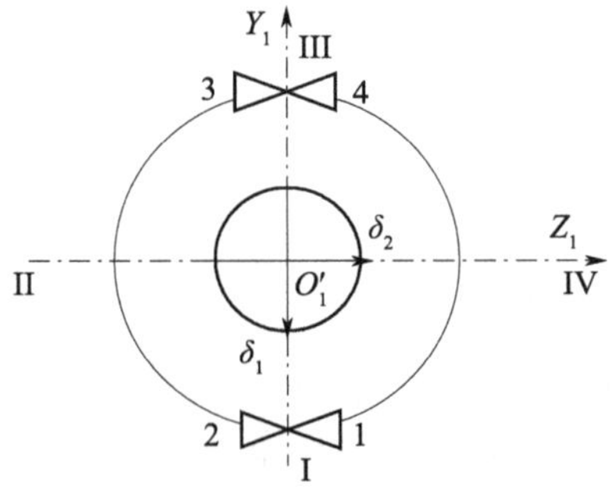

图 4-5　一台发动机布局

$$\begin{cases}\delta_\varphi = \delta_1 \\ \delta_\psi = \delta_2 \\ \delta_\gamma = K_\gamma\end{cases} \tag{4-56}$$

式中　K_γ ——姿控喷管开关。

本节以一台发动机双向摇摆为例（见图 4-5），研究运载火箭的姿态动力学模型，并给出其主要的推导过程。

对于一台发动机布局的情况，俯仰和偏航通道可以通过发动机双向摇摆进行控制，滚动通道需要通过辅助动力进行控制。由于发动机的摆动，产生了控制力，同时也产生了惯性力。发动机摆动的惯性力也是一种控制力。

其发动机的摆动方向及其摆角的定义如图 4-6 所示。

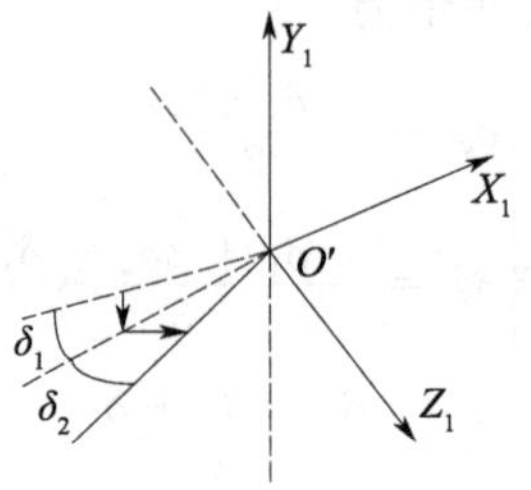

图 4-6　发动机的摆动方向和其合成摆角的定义

①发动机的控制力与力矩

推力 P 在箭体坐标系的分量为

$$\begin{bmatrix}X_1 \\ Y_1 \\ Z_1\end{bmatrix} = \begin{bmatrix}P_{X1} \\ P_{Y1} \\ P_{Z1}\end{bmatrix} = P\begin{bmatrix}\cos\delta_1\cos\delta_2 \\ \sin\delta_1\cos\delta_2 \\ -\sin\delta_2\end{bmatrix} \tag{4-57}$$

考虑到发动机的摆角 δ_1 和 δ_2 为小角度，因此

$$\begin{aligned}P_{X_1} &= P \\ P_{Y_1} &= P\delta_1 = P\delta_\varphi \\ P_{Z_1} &= -P\delta_2 = -P\delta_\psi\end{aligned} \tag{4-58}$$

箭体发生弹性变形后，俯仰平面内的弯曲振动、扭转振动均会改变分力的方向，轴向

振动虽不改变推力的方向，但改变推力作用点的轴向坐标。以俯仰平面为例，分析弹性变形后的火箭受力分析。

$$\begin{cases} P_{X_1} = P \\ P_{Y_1} = -P \dfrac{\partial u_y(x_R)}{\partial x} + P\delta_\varphi \\ P_{Z_1} = P \dfrac{\partial u_z(x_R)}{\partial x} - P\delta_\psi \end{cases} \tag{4-59}$$

铰链点处的作用力臂为 $[x_Z - x_R - u_x(x_R) \quad u_y(x_R) \quad -u_z(x_R)]^{\mathrm{T}}$，则产生的控制力矩为

$$\boldsymbol{M} = \boldsymbol{r} \times \boldsymbol{P} = \begin{bmatrix} i & j & k \\ x_Z - x_R - u_x(x_R) & u_y(x_R) & -u_z(x_R) \\ P & -P \dfrac{\partial u_y(x_R)}{\partial x} + P\delta_\varphi & P \dfrac{\partial u_z(x_R)}{\partial x} - P\delta_\psi \end{bmatrix} \tag{4-60}$$

认为弹性变形的振型和转角为小量，则上式各分量为

$$\begin{cases} M_{x1zj} = 0 \\ M_{y1zj} = -Pu_z(x_R) - P(x_Z - x_R)\dfrac{\partial u_z(x_R)}{\partial x} + P(x_Z - x_R)\delta_\psi \\ M_{z1zj} = -Pu_y(x_R) - P(x_Z - x_R)\dfrac{\partial u_y(x_R)}{\partial x} + P(x_Z - x_R)\delta_\varphi \end{cases} \tag{4-61}$$

②发动机的惯性力与力矩

m_R 表示单个发动机的摇摆质量，l_R 和 J_R 分别表示发动机质心到铰链轴的距离和绕发动机铰链轴的转动惯量。发动机的摆动可以等效为一个质量为 M_R，长度为 l_R 的集中质量的摆锤。在坐标系 $O'_1X_1Y_1Z_1$，并考虑到 δ_1 和 δ_2 为小量，则有

$$\begin{cases} P_{X_1\delta} = -m_R l_R \ddot{\delta}_2 \sin\delta_2 - m_R l_R \ddot{\delta}_1 \sin\delta_1 \approx 0 \\ P_{Y_1\delta} = m_R l_R \ddot{\delta}_1 \cos\delta_1 \approx m_R l_R \ddot{\delta}_\varphi \\ P_{Z_1\delta} = -m_R l_R \ddot{\delta}_2 \cos\delta_2 \approx -m_R l_R \ddot{\delta}_\psi \end{cases} \tag{4-62}$$

在计算惯性力矩时，还需要考虑视加速度一项 $R_{X_1\delta} = -m_R \dot{W}_{x1}$，则惯性力矩表示为

$$\boldsymbol{M}_\delta = \begin{bmatrix} i & j & k \\ x_Z - x_R - l_R & -l_R \sin\left(\delta_\varphi - \dfrac{\partial u_y(x_R)}{\partial x}\right) + u_y(x_R) & l_R \sin\left(\delta_\psi - \dfrac{\partial u_z(x_R)}{\partial x}\right) - u_z(x_R) \\ -m_R \dot{W}_{x1} & m_R l_R \ddot{\delta}_\varphi & -m_R l_R \ddot{\delta}_\psi \end{bmatrix} \tag{4-63}$$

忽略二阶小量，俯仰通道通过质心 Z_1 的惯性力矩为

$$M_{Z_1\delta} = m_R l_R \ddot{\delta}_\varphi (x_Z - x_R - l_R) - m_R l_R \dot{W}_{x1} \sin\left[\delta_\varphi - \frac{\partial u_y(x_R)}{\partial x}\right] + m_R \dot{W}_{x1} u_y(x_R)$$

$$= - m_R l_R (x_R - x_Z)\ddot{\delta}_\varphi - J_R \ddot{\delta}_\varphi - m_R l_R \dot{W}_{x1} \delta_\varphi + m_R l_R \dot{W}_{x1} \sum_{i=1}^{n} W'_{yi}(x_R) q_{yi}(t) + m_R \dot{W}_{x1} u_y(x_R) \tag{4-64}$$

偏航通道通过质心 Z_1 的惯性力矩为

$$M_{Y_1\delta} = m_R l_R \ddot{\delta}_\psi (x_Z - x_R - l_R) - m_R l_R \dot{W}_{x1} \sin\left[\delta_\psi - \frac{\partial u_z(x_R)}{\partial x}\right] + m_R \dot{W}_{x1} u_z(x_R)$$

$$= - m_R l_R (x_R - x_Z)\ddot{\delta}_\psi - J_R \ddot{\delta}_\psi - m_R l_R \dot{W}_{x1} \delta_\psi + m_R l_R \dot{W}_{x1} \sum_{i=1}^{n} W'_{zi}(x_R) q_{zi} + m_R \dot{W}_{x1} u_z(x_R) \tag{4-65}$$

则发动机的控制力矩和惯性力矩之和为

$$\begin{cases} M_{x1} = 0 \\ M_{y1} = - P u_z(x_R) + P(x_R - x_Z)\dfrac{\partial u_z(x_R)}{\partial x} - P(x_R - x_Z)\delta_\psi - J_R \ddot{\delta}_\psi - \\ \qquad m_R l_R \dot{W}_{x1} \delta_\psi - m_R l_R (x_R - x_Z)\ddot{\delta}_\psi + m_R l_R \dot{W}_{x1} \displaystyle\sum_{i=1}^{n} W'_{zi}(x_R) q_{zi} + m_R \dot{W}_{x1} u_z(x_R) \\ M_{z1} = - P u_y(x_R) + P(x_R - x_Z)\dfrac{\partial u_y(x_R)}{\partial x} - P(x_R - x_Z)\delta_\varphi - J_R \ddot{\delta}_\varphi - \\ \qquad m_R l_R (x_R - x_Z)\ddot{\delta}_\varphi - m_R l_R \dot{W}_{x1} \delta_\varphi + m_R l_R \dot{W}_{x1} \displaystyle\sum_{i=1}^{n} W'_{yi}(x_R) q_{yi} + m_R \dot{W}_{x1} u_y(x_R) \end{cases} \tag{4-66}$$

质心动力学方程在弹道坐标系下建立，而火箭受到的力与力矩都在箭体下，因此需要投影到弹道坐标系。箭体坐标系作用力在弹道坐标系中的投影为

$$\begin{cases} F_{\mathrm{hc}x} = P\cos\alpha\cos\beta - (P\delta_\varphi + m_R l_R \ddot{\delta}_\varphi)\sin\alpha + P\dfrac{\partial u_y(x_R)}{\partial x}\sin\alpha - \\ \qquad (P\delta_\psi + m_R l_R \ddot{\delta}_\psi)\cos\alpha\sin\beta + P\dfrac{\partial u_z(x_R)}{\partial x}\cos\alpha\sin\beta \\ F_{\mathrm{hc}y} = \cos\nu\left[P\sin\alpha\cos\beta + (P\delta_\varphi + m_R l_R \ddot{\delta}_\varphi)\cos\alpha - P\dfrac{\partial u_y(x_R)}{\partial x}\cos\alpha\right] + \\ \qquad \sin\nu\left[P\sin\beta + (P\delta_\psi + m_R l_R \ddot{\delta}_\psi)\cos\beta - P\dfrac{\partial u_z(x_R)}{\partial x}\cos\beta\right] \\ F_{\mathrm{hc}z} = \cos\nu\left[-P\sin\beta - (P\delta_\psi + m_R l_R \ddot{\delta}_\psi)\cos\beta + P\dfrac{\partial u_z(x_R)}{\partial x}\cos\beta\right] + \\ \qquad \sin\nu\left[P\sin\alpha\cos\beta + (P\delta_\varphi + m_R l_R \ddot{\delta}_\varphi)\cos\alpha - P\dfrac{\partial u_y(x_R)}{\partial x}\cos\alpha\right] \end{cases} \tag{4-67}$$

③液体晃动惯性力

晃动产生的惯性力在箭体坐标系 $O_1X_1Y_1Z_1$ 中表示为

$$
\begin{cases}
F_{X''_1} = 0 \\
F_{Y''_1} = -m_p \ddot{y}_p \\
F_{Z''_1} = -m_p \ddot{z}_p
\end{cases}
\tag{4-68}
$$

考虑视加速度，则晃动惯性力为

$$
\begin{cases}
F_{X_1} = -m_p \dot{W}_{X_1} \\
F_{Y_1} = -m_p \ddot{y}_p \\
F_{Z_1} = -m_p \ddot{z}_p
\end{cases}
\tag{4-69}
$$

在弹道坐标系的分量为

$$
\begin{cases}
F_{h_{x1}} = -m_p \ddot{y}_p \sin\alpha - m_p \ddot{z}_p \cos\alpha\sin\beta \\
F_{h_{y1}} = -m_p \ddot{y}_p \cos\nu\cos\alpha - m_p \ddot{z}_p (\cos\nu\sin\alpha\sin\beta - \sin\nu\cos\beta) \\
F_{h_{z1}} = -m_p \ddot{y}_p \sin\nu\cos\alpha - m_p \ddot{z}_p (\sin\nu\sin\alpha\sin\beta + \cos\nu\cos\beta)
\end{cases}
\tag{4-70}
$$

则晃动惯性力对质心 O_1 产生的力矩为

$$
\begin{bmatrix} M_{X_1} \\ M_{Y_1} \\ M_{Z_1} \end{bmatrix} = \begin{bmatrix} i & j & k \\ x_Z - x_p & y_p & z_p \\ -m_p \dot{W}_{X_1} & -m_p \ddot{y}_p & -m_p \ddot{z}_p \end{bmatrix} = \begin{bmatrix} 0 \\ -m_p \dot{W}_{X_1} z_p + m_p \ddot{z}_p (x_Z - x_p) \\ -m_p \ddot{y}_p (x_Z - x_p) + m_p \dot{W}_{X_1} y_p \end{bmatrix}
\tag{4-71}
$$

4.1.2 液体晃动方程

根据发射惯性坐标系和箭体坐标系之间的关系建立晃动方程。将液体晃动等效为弹簧振子，则就弹簧振子而言，受到的力有弹簧的张力 $-K_p y_p$（$-K_p z_p$）、阻尼力 $-D_p \dot{y}_p$（$-D_p \dot{z}_p$）、重力以及随箭体一起运动所具有的惯性力。列写方程为

$$
\begin{aligned}
\ddot{y}_p + \frac{D_p}{m_p}\dot{y}_p + \frac{K_p}{m_p} y_p = {} & \dot{V}\sin\alpha - V\dot{\theta}\cos\sigma\cos\alpha\cos\nu + V\dot{\sigma}\cos\alpha\sin\nu - \dot{\omega}_z (x_Z - x_p) + \\
& \dot{\omega}_x z_p - \omega_x \omega_y (x_Z - x_p) + \omega_x^2 y_p - \sum_{i=1}^{n} \dot{W}_{X_1} \frac{\partial W_{yi}(x_p)}{\partial x} q_{yi} - \\
& W_{yi}(x_p) \ddot{q}_{yi} - g(\sin\Phi\sin\psi\sin\gamma + \cos\Phi\cos\gamma)
\end{aligned}
\tag{4-72}
$$

$$
\begin{aligned}
\ddot{z}_p + \frac{D_p}{m_p}\dot{z}_p + \frac{K_p}{m_p} z_p = {} & -\dot{V}\cos\alpha\sin\beta - V\dot{\theta}\cos\sigma(\sin\alpha\sin\beta\cos\gamma_V - \cos\beta\sin\gamma_V) + \\
& V\dot{\sigma}(\sin\alpha\sin\beta\sin\gamma_V + \cos\beta\cos\gamma_V) - \dot{\omega}_x y_p + \dot{\omega}_y (x_Z - x_p) - \\
& \omega_x \omega_z (x_Z - x_p) - \omega_y \omega_z y_p + \omega_x^2 z_p + \omega_y^2 z_p + \sum_{i=1}^{n} \dot{W}_{X_1} \frac{\partial W_{zi}(x_p)}{\partial x} q_{zi} + \\
& W_{zi}(x_p) \ddot{q}_{zi} - g(\sin\Phi\sin\psi\cos\gamma - \cos\Phi\sin\gamma)
\end{aligned}
\tag{4-73}
$$

令

$$E_{(i+n)p} = -\dot{W}_{X_1}\frac{\partial W_{yi}(x_p)}{\partial x},\ E_{ip} = -W_{yi}(x_p)$$

$$E_{(i+n)p} = -\dot{W}_{X_1}\frac{\partial W_{zi}(x_p)}{\partial x},\ E_{ip} = -W_{zi}(x_p)$$

忽略二阶小量，得

$$\begin{aligned}\ddot{y}_p + 2\zeta_p\Omega_p\dot{y}_p + \Omega_p^2 y_p = & -V\dot{\theta}\cos\sigma\cos\alpha\cos\nu + V\dot{\sigma}\cos\alpha\sin\nu + \dot{V}\sin\alpha - \dot{\omega}_z(x_Z - x_p) + \\ & \dot{\omega}_x z_p + \sum_{i=1}^{n}E_{(i+n)p}q_{yi} + \sum_{i=1}^{n}E_{ip}\ddot{q}_{yi} - g(\sin\Phi\sin\psi\sin\gamma + \cos\Phi\cos\gamma)\end{aligned} \tag{4-74}$$

$$\begin{aligned}\ddot{Z}_p + 2\zeta_p\Omega_p\dot{Z}_p + \Omega_p^2 Z_p = & -V\dot{\theta}\cos\sigma\cos\beta\sin\nu + \dot{V}\cos\alpha\sin\beta - V\dot{\sigma}\cos\beta\cos\nu + \dot{\omega}_x y_p - \dot{\omega}_y(x_Z - x_p) + \\ & \sum_{i=1}^{n}E_{(i+n)p}q_{zi} + \sum_{i=1}^{n}E_{ip}\ddot{q}_{zi} + g(\sin\Phi\sin\psi\cos\gamma - \cos\Phi\sin\gamma)\end{aligned} \tag{4-75}$$

4.1.3 弹性振动方程

广义力主要包括主发动机推力、发动机惯性力矩、气动力、气动阻尼力、干扰等引起的广义力。将各种广义力代入，并整理得

$$\begin{aligned}& m_j[\ddot{q}_{zj}(t) + 2\xi_{zj}\omega_{zj}\dot{q}_{zj}(t) + \omega_{zj}^2 q_{zj}(t)] \\ = & P\delta_\psi W_{zj}(x_R) + J_R W'_{zj}(x_R)\ddot{\delta}_\psi - P\sum_{i=1}^{n}W_{zj}(x_R)W'_{zi}(x_R)q_{zi}(t) + \\ & m_R l_R \dot{W}_{x_1}W'_{zj}(x_R)\delta_\psi - m_R l_R\dot{W}_{x_1}\sum_{i=1}^{n}W'_{zi}(x_R)W'_{zj}(x_R)q_{zi}(t) + \\ & m_R l_R W_{zj}(x_R)\ddot{\delta}_\psi + Q_{i\beta}^{\beta}\beta + \sum_{i=1}^{n}Q_{i\beta}^{q_{zi}}q_{zi} + Q_{i\omega}^{\omega_y}\omega_y + \sum_{i=1}^{n}Q_{i\omega}^{\dot{q}_{zi}}\dot{q}_{zi} - m_j Q_{jz}\end{aligned} \tag{4-76}$$

$$\begin{aligned}& m_j[\ddot{q}_{yj}(t) + 2\xi_{yj}\omega_{yj}\dot{q}_{yj}(t) + \omega_{yj}^2 q_{yj}(t)] \\ = & -P\sum_{i=1}^{n}W_{yj}(x_R)W'_{yi}(x_R)q_{yi}(t) + P\delta_\varphi W_{yj}(x_R) + J_R W'_{yj}(x_R)\ddot{\delta}_\varphi + \\ & m_R l_R\dot{W}_{x_1}W'_{yj}(x_R)\delta_\varphi - m_R l_R\dot{W}_{x_1}\sum_{k=1}^{n}W'_{yi}(x_R)W'_{yj}(x_R)q_{yi}(t) + \\ & m_R l_R W_{yj}(x_R)\ddot{\delta}_\varphi + Q_{i\alpha}^{\alpha}\alpha + \sum_{i=1}^{n}Q_{i\alpha}^{q_{yi}}q_{yi} + Q_{i\omega}^{\omega_z}\omega_z + \sum_{i=1}^{n}Q_{i\omega}^{\dot{q}_{yi}}\dot{q}_{yi} - m_j Q_{jy}\end{aligned} \tag{4-77}$$

对于非捆绑火箭，可以不考虑弹性振型间的耦合，略去

$$\bar{R}_{zi} = \frac{\sum_{i=1}^{n} Q_{i\omega}^{\dot{q}_{zi}}}{m_i} \dot{q}_{zi}$$

$$R_{zi} = \frac{-P\sum_{i=1}^{n} W_{zj}(x_R)W'_{zi}(x_R) - m_R l_R \dot{W}_{x_1} \sum_{i=1}^{n} W'_{zi}(x_R)W'_{zj}(x_R) + \sum_{i=1}^{n} Q_{i\beta}^{q_{zi}}}{m_i} q_{zi}$$

并令

$$D_{1zi} = \frac{Q_{i\omega}^{\omega_y}}{m_i},\ D_{2zi} = \frac{Q_{i\beta}^{\beta}}{m_i}$$

$$D_{3zi} = \frac{PW_{zj}(x_R) + m_R l_R \dot{W}_{x_1} W'_{zj}(x_R)}{m_i}$$

$$D''_{3zi} = \frac{J_R W'_{zj}(x_R) + m_R l_R W_{zj}(x_R)}{m_i}$$

$$K_{ip} = -\frac{m_p W_i(x_p)}{m_i},\ K_{(i+n)p} = -\frac{m_p n_{x1} g W'_i(x_p)}{m_i}$$

弹性振动全量方程为

$$\ddot{q}_{yi} + 2\xi_{yi}\omega_{yi}\dot{q}_{yi} + \omega_{yi}^2 q_{yi} = D_{1i}\omega_z + D_{2i}(\alpha + \alpha_w) + D_{3i}\delta_\varphi + D''_{3i}\ddot{\delta}_\varphi + \sum_{p=1}^{m} K_{ip}\ddot{y}_p + \sum_{p=1}^{m} K_{(i+n)p} y_p - Q_{iy}$$

$$\ddot{q}_{zi} + 2\xi_{zi}\omega_{zi}\dot{q}_{zi} + \omega_{zi}^2 q_{zi} = D_{1i}\omega_y + D_{2i}(\beta + \beta_w) + D_{3i}\delta_\psi + D''_{3i}\ddot{\delta}_\psi + \sum_{p=1}^{m} K_{ip}\ddot{Z}_p + \sum_{p=1}^{m} K_{(i+n)p} Z_p - Q_{iz}$$

(4-78)

4.1.4 质心动力学方程

火箭飞行过程中受到的控制力、气动力、惯性力等经过坐标转换，由箭体坐标系转换到弹道坐标系，进而建立质心动力学方程。在建立质心动力学方程时，考虑到火箭全向发射时滚动角和速度倾角较大的情况，列写质心动力学方程为

$$\begin{aligned}\dot{\theta}\cos\sigma = {} & \cos\nu[c_3\sin\alpha\cos\beta + (c_3\delta_\varphi + c_{30}\ddot{\delta}_\varphi)\cos\alpha + c_{10}(\alpha + \alpha_w) - \bar{F}_{yc}\cos\alpha + \\ & \sum_{i=1}^{n} c_{2i}q_{yi} + \sum_{i=1}^{n} c_{1i}\dot{q}_{yi} - \sum_{p=1}^{m} C_{4p}\ddot{y}_p\cos\alpha] + \sin\nu[c_3\sin\beta + (c_3\delta_\psi + c_{30}\ddot{\delta}_\psi)\cos\beta + \\ & c_{10}(\beta + \beta_w) + \bar{F}_{zc}\cos\beta + \sum_{i=1}^{n} c_{2i}q_{zi} + \sum_{i=1}^{n} c_{1i}\dot{q}_{zi} - \sum_{p=1}^{m} C_{4p}\ddot{Z}_p\cos\beta] - \tilde{c}_2\cos\Theta\end{aligned}$$

(4-79)

$$\begin{aligned}\dot{\sigma} = {} & \cos\nu\left[c_3\sin\beta + (c_3\delta_\psi + c_{30}\ddot{\delta}_\psi)\cos\beta + c_{10}(\beta + \beta_w) - \bar{F}_{zc}\cos\beta + \sum_{i=1}^{n} c_{1i}\dot{q}_{zi} + \sum_{i=1}^{n} c_{2i}q_{zi} - \right. \\ & \left.\sum_{p=1}^{m} C_{4p}\ddot{Z}_p\cos\beta\right] - \sin\nu[c_3\sin\alpha\cos\beta + (c_3\delta_\varphi + c_{30}\ddot{\delta}_\varphi)\cos\alpha + c_{10}(\alpha + \alpha_w) - \\ & \bar{F}_{yc}\cos\alpha + \sum_{i=1}^{n} c_{1i}\dot{q}_{yi} + \sum_{i=1}^{n} c_{2i}q_{yi} - \sum_{p=1}^{m} C_{4p}\ddot{y}_p\cos\alpha] + \tilde{c}_2\sin\Theta\sin\sigma\end{aligned}$$

(4-80)

4.1.5 绕质心动力学方程

绕质心动力学方程建立在箭体坐标系下，有

$$\begin{cases}\dot{\omega}_z + I_{\alpha}\omega_x\omega_y + b_1\omega_z + b_2(\alpha+\alpha_w) + b_3\delta_\varphi + b_{30}\ddot{\delta}_\varphi + \sum_{i=1}^{n} b_{1i}\dot{q}_{yi} + \sum_{i=1}^{n} b_{2i}q_{yi} + \sum_{p=1}^{m} b_{4p}\ddot{y}_p - \sum_{p=1}^{m} b_{5p}y_p = \bar{M}_z \\ \dot{\omega}_y + I_{bb}\omega_x\omega_z + b_1\omega_y + b_2(\beta+\beta_w) + b_3\delta_\psi + b_{30}\ddot{\delta}_\psi + \sum_{i=1}^{n} b_{1i}\dot{q}_{zi} + \sum_{i=1}^{n} b_{2i}q_{zi} + \sum_{p=1}^{m} b_{4p}\ddot{Z}_p - \sum_{p=1}^{m} b_{5p}Z_p = \bar{M}_y \\ \dot{\omega}_x + d_1\omega_x + d_3K_\gamma = \bar{M}_x + \sum_{p=1}^{m}\sum_{j=1}^{l} m_{xp}\ddot{y}_p \end{cases} \tag{4-81}$$

4.1.6 非捆绑运载火箭姿态动力学方程

以上建立了非捆绑运载火箭姿态动力学方程，本节对完整的姿态动力学方程进行汇总。

（1）质心动力学方程

$$\begin{aligned}\dot{\theta}\cos\sigma = {}& \cos\nu\Big[c_3\sin\alpha\cos\beta + (c_3\delta_\varphi + c_{30}\ddot{\delta}_\varphi)\cos\alpha + c_{10}(\alpha+\alpha_w) - \bar{F}_{yc}\cos\alpha + \sum_{i=1}^{n} c_{2i}q_{yi} + \\ & \sum_{i=1}^{n} c_{1i}\dot{q}_{yi} - \sum_{p=1}^{m} C_{4p}\ddot{y}_p\cos\alpha\Big] + \sin\nu\Big[c_3\sin\beta + (c_3\delta_\psi + c_{30}\ddot{\delta}_\psi)\cos\beta + c_{10}(\beta+\beta_w) + \\ & \bar{F}_{zc}\cos\beta + \sum_{i=1}^{n} c_{2i}q_{zi} + \sum_{i=1}^{n} c_{1i}\dot{q}_{zi} - \sum_{p=1}^{m} C_{4p}\ddot{Z}_p\cos\beta\Big] - \tilde{c}_2\cos\Theta\end{aligned} \tag{4-82}$$

$$\begin{aligned}\dot{\sigma} = {}& \cos\nu\Big[c_3\sin\beta + (c_3\delta_\psi + c_{30}\ddot{\delta}_\psi)\cos\beta + c_{10}(\beta+\beta_w) - \bar{F}_{zc}\cos\beta + \sum_{i=1}^{n} c_{1i}\dot{q}_{zi} + \\ & \sum_{i=1}^{n} c_{2i}q_{zi} - \sum_{p=1}^{m} C_{4p}\ddot{Z}_p\cos\beta\Big] - \sin\nu\Big[c_3\sin\alpha\cos\beta + (c_3\delta_\varphi + c_{30}\ddot{\delta}_\varphi)\cos\alpha + c_{10}(\alpha+\alpha_w) - \\ & \bar{F}_{yc}\cos\alpha + \sum_{i=1}^{n} c_{1i}\dot{q}_{yi} + \sum_{i=1}^{n} c_{2i}q_{yi} - \sum_{p=1}^{m} C_{4p}\ddot{y}_p\cos\alpha\Big] + \tilde{c}_2\sin\Theta\sin\sigma\end{aligned} \tag{4-83}$$

（2）绕质心动力学方程

$$\begin{aligned}& \dot{\omega}_z + I_{\alpha}\omega_x\omega_y + b_1\omega_z + b_2(\alpha+\alpha_w) + b_3\delta_\varphi + b_{30}\ddot{\delta}_\varphi + \sum_{i=1}^{n} b_{1i}\dot{q}_{yi} + \sum_{i=1}^{n} b_{2i}q_{yi} + \sum_{p=1}^{m} b_{4p}\ddot{y}_p - \sum_{p=1}^{m} b_{5p}y_p = \bar{M}_z \\ & \dot{\omega}_y + I_{bb}\omega_x\omega_z + b_1\omega_y + b_2(\beta+\beta_w) + b_3\delta_\psi + b_{30}\ddot{\delta}_\psi + \sum_{i=1}^{n} b_{1i}\dot{q}_{zi} + \sum_{i=1}^{n} b_{2i}q_{zi} + \sum_{p=1}^{m} b_{4p}\ddot{Z}_p - \sum_{p=1}^{m} b_{5p}Z_p = \bar{M}_y \\ & \dot{\omega}_x + d_1\omega_x + d_3K_\gamma = \bar{M}_x + \sum_{p=1}^{m}\sum_{j=1}^{l} m_{xp}\ddot{y}_p\end{aligned} \tag{4-84}$$

(3) 弹性振动方程

$$\begin{cases}\ddot{q}_{yi}+2\xi_{yi}\omega_{yi}\dot{q}_{yi}+\omega_{yi}^2q_{yi}=D_{1i}\omega_z+D_{2i}(\alpha+\alpha_w)+D_{3i}\delta_\varphi+D''_{3i}\ddot{\delta}_\varphi+\sum_{p=1}^{m}K_{ip}\ddot{y}_p+\sum_{p=1}^{m}K_{(i+n)p}y_p-Q_{iy}\\ \ddot{q}_{zi}+2\xi_{zi}\omega_{zi}\dot{q}_{zi}+\omega_{zi}^2q_{zi}=D_{1i}\omega_y+D_{2i}(\beta+\beta_w)+D_{3i}\delta_\psi+D''_{3i}\ddot{\delta}_\psi+\sum_{p=1}^{m}K_{ip}\ddot{Z}_p+\sum_{p=1}^{m}K_{(i+n)p}Z_p-Q_{iz}\end{cases} \tag{4-85}$$

(4) 液体晃动方程

$$\begin{aligned}&\ddot{y}_p+2\zeta_p\Omega_p\dot{y}_p+\Omega_p^2y_p=\dot{V}\sin\alpha-V\dot{\theta}\cos\sigma\cos\alpha\cos\nu+\\&V\dot{\sigma}\cos\alpha\sin\nu-\dot{\omega}_z(x_Z-x_p)+\dot{\omega}_xz_p+\sum_{i=1}^{n}E_{(i+n)p}q_{yi}+\sum_{i=1}^{n}E_{ip}\ddot{q}_{yi}-\\&g(\sin\Phi\sin\psi\sin\gamma+\cos\Phi\cos\gamma)\end{aligned} \tag{4-86}$$

$$\begin{aligned}&\ddot{Z}_p+2\zeta_p\Omega_p\dot{Z}_p+\Omega_p^2Z_p=-V\dot{\theta}\cos\sigma\cos\beta\sin\nu-V\dot{\sigma}\cos\beta\cos\nu+\\&\dot{\omega}_xy_p-\dot{\omega}_y(x_Z-x_p)+\dot{V}\cos\alpha\sin\beta+\sum_{i=1}^{n}E_{(i+n)p}q_{zi}+\sum_{i=1}^{n}E_{ip}\ddot{q}_{zi}+\\&g(\sin\Phi\sin\psi\cos\gamma-\cos\Phi\sin\gamma)\end{aligned} \tag{4-87}$$

4.2　捆绑运载火箭姿态动力学模型

对于非捆绑运载火箭，姿态动力学建模时，三通道是独立进行建模的。其中，弹性振动方程也是三通道独立建模的，即不考虑纵向振动、横向振动和扭转振动之间的耦合。但对于大型捆绑运载火箭来讲，这种弹性建模方法是无法准确反映火箭实际物理特点的。大型捆绑运载火箭有其自身的特点，主要是捆绑火箭频率较低，模态较为密集，有些模态是助推器的模态，助推器局部变形与芯级变形相互耦合，形成了助推捆绑火箭的复杂三维弹性振动。

基于大型捆绑运载火箭的以上特点，姿态动力学建模时，需要建立一个统一的弹性振动方程，该方程能够体现弹性模态空间分布的特点，能够体现助推器局部模态对火箭姿控的影响。

对于捆绑运载火箭，质心动力学方程与绕质心动力学方程的一般形式与非捆绑运载火箭的形式相同。下面首先给出捆绑运载火箭的受力分析。

4.2.1　火箭飞行中受到的力和力矩

捆绑运载火箭受到的重力和气动力与非捆绑运载火箭受到的重力和气动力的表示形式相同。这里主要分析捆绑火箭受到的控制力与惯性力。

以芯级两台、助推四台捆绑运载火箭为例，对其受到的力与力矩进行分析。发动机的摆动方向和摆角的定义如图 4-7 所示。

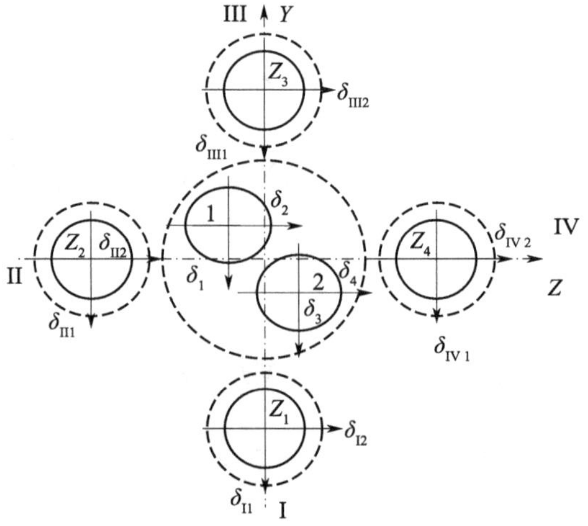

图 4-7　发动机的摆动方向和摆角的定义

(1) 芯级和助推受到的控制力与力矩

首先分析芯级。以芯级发动机 XJ_1 为例。推力 P_{xj} 在箭体坐标系的分量为

$$\begin{bmatrix} P_{X1}^{c_1} \\ P_{Y1}^{c_1} \\ P_{Z1}^{c_1} \end{bmatrix} = P_{xj} \begin{bmatrix} \cos\delta_1 \cos\delta_2 \\ \sin\delta_1 \cos\delta_2 \\ -\sin\delta_2 \end{bmatrix} = \begin{bmatrix} P_{xj} \\ P_{xj}\delta_1 \\ -P_{xj}\delta_2 \end{bmatrix} \tag{4-88}$$

箭体发生弹性变形后，俯仰平面内的弯曲振动、扭转振动均会改变分力的方向，轴向振动虽不改变推力的方向，但改变推力作用点的轴向坐标。以俯仰平面为例，上式为弹性变形后的受力，则投影到箭体坐标系下，则有

$$\begin{aligned} \boldsymbol{F}_{xj}^{c_1} = \begin{bmatrix} F_{X1}^{c_1} \\ F_{Y1}^{c_1} \\ F_{Z1}^{c_1} \end{bmatrix} &= \begin{bmatrix} 1 & R_z(x_R) & R_y(x_R) \\ -R_z(x_R) & 1 & R_x(x_R) \\ -R_y(x_R) & -R_x(x_R) & 1 \end{bmatrix} \begin{bmatrix} P_{xj} \\ P_{xj}\delta_1 \\ -P_{xj}\delta_2 \end{bmatrix} \\ &= \begin{bmatrix} P_{xj} \\ P_{xj}[\delta_1 - R_z(x_R)] \\ -P_{xj}[\delta_2 + R_y(x_R)] \end{bmatrix} \end{aligned} \tag{4-89}$$

芯级两台发动机参与控制时，合力为

$$\boldsymbol{F}_{xj}^{c} = \boldsymbol{F}_{xj}^{c_1} + \boldsymbol{F}_{xj}^{c_2} = \begin{bmatrix} F_{xj}^{cx} \\ F_{xj}^{cy} \\ F_{xj}^{cz} \end{bmatrix} = \begin{bmatrix} 2P_{xj} \\ P_{xj}[\delta_1 + \delta_3 - 2R_z(x_R)] \\ -P_{xj}[\delta_2 + \delta_4 + 2R_y(x_R)] \end{bmatrix} \tag{4-90}$$

通过箭体坐标系与弹道坐标系之间的关系，可以求得芯级两台发动机的控制力在弹道坐标系中的投影为

$$\begin{cases} F^c_{X\mathrm{h}1} = 2P_{\mathrm{xj}}\cos\alpha\cos\beta - P_{\mathrm{xj}}(\delta_1+\delta_3)\sin\alpha + 2P_{\mathrm{xj}}R_z(x_R)\sin\alpha - \\ \qquad P_{\mathrm{xj}}(\delta_2+\delta_4)\cos\alpha\sin\beta - 2P_{\mathrm{xj}}R_y(x_R)\cos\alpha\sin\beta \\ F^c_{Y\mathrm{h}1} = \cos\nu[2P_{\mathrm{xj}}\sin\alpha\cos\beta + P_{\mathrm{xj}}(\delta_1+\delta_3)\cos\alpha - 2P_{\mathrm{xj}}R_z(x_R)\cos\alpha] + \\ \qquad \sin\nu[2P_{\mathrm{xj}}\sin\beta + P_{\mathrm{xj}}(\delta_2+\delta_4)\cos\beta + 2P_{\mathrm{xj}}R_y(x_R)\cos\beta] \\ F^c_{Z\mathrm{h}1} = \cos\nu[-2P_{\mathrm{xj}}\sin\beta - P_{\mathrm{xj}}(\delta_2+\delta_4)\cos\beta - 2P_{\mathrm{xj}}R_y(x_R)\cos\beta] + \\ \qquad \sin\nu[2P_{\mathrm{xj}}\sin\alpha\cos\beta + P_{\mathrm{xj}}(\delta_1+\delta_3)\cos\alpha - 2P_{\mathrm{xj}}R_z(x_R)\cos\alpha] \end{cases} \tag{4-91}$$

设芯级两台发动机的铰链点与 O'_1 的距离为 r_1，当箭体变形后有

$$\bar{\boldsymbol{R}}^{c_1}_{\mathrm{xj}} = \frac{\sqrt{2}}{2}r_1\begin{bmatrix} R_z(x_R) - R_y(x_R) \\ 1 - R_x(x_R) \\ -1 - R_x(x_R) \end{bmatrix}$$

$$\bar{\boldsymbol{R}}^{c_2}_{\mathrm{xj}} = \frac{\sqrt{2}}{2}r_1\begin{bmatrix} -R_z(x_R) + R_y(x_R) \\ -1 + R_x(x_R) \\ 1 + R_x(x_R) \end{bmatrix}$$

芯级两台发动机推力分别为 $\boldsymbol{F}^{c_1}_{\mathrm{xj}}$ ，$\boldsymbol{F}^{c_2}_{\mathrm{xj}}$ ，忽略二阶小量后，则在 $O'_1X_1Y_1Z_1$ 中的力矩分别为

$$\boldsymbol{M}^c_{\mathrm{xj}} = \boldsymbol{M}^{c_1}_{\mathrm{xj}} + \boldsymbol{M}^{c_2}_{\mathrm{xj}} = \begin{bmatrix} M^c_{X1} \\ M^c_{Y1} \\ M^c_{Z1} \end{bmatrix} = \begin{bmatrix} \frac{\sqrt{2}}{2}P_{\mathrm{xj}}r_1(\delta_4-\delta_2) + \frac{\sqrt{2}}{2}P_{\mathrm{xj}}r_1(\delta_1-\delta_3) \\ -2P_{\mathrm{xj}}u_z(x_R) - P_{\mathrm{xj}}(x_R-x_Z)[\delta_2+\delta_4+2R_y(x_R)] \\ -2P_{\mathrm{xj}}u_y(x_R) - P_{\mathrm{xj}}(x_R-x_Z)[\delta_1+\delta_3-2R_z(x_R)] \end{bmatrix}$$

下面分析助推受到的力与力矩。以助推发动机 I 为例。助推发动机 I 推力 P_{zt} 在箭体坐标系的分量为

$$\begin{bmatrix} P_{X\mathrm{I}} \\ P_{Y\mathrm{I}} \\ P_{Z\mathrm{I}} \end{bmatrix} = P_{\mathrm{zt}}\begin{bmatrix} \cos\delta_{\mathrm{I}1}\cos\delta_{\mathrm{I}2} \\ \sin\delta_{\mathrm{I}1}\cos\delta_{\mathrm{I}2} \\ -\sin\delta_{\mathrm{I}2} \end{bmatrix} = \begin{bmatrix} P_{\mathrm{zt}} \\ P_{\mathrm{zt}}\delta_{\mathrm{I}1} \\ -P_{\mathrm{zt}}\delta_{\mathrm{I}2} \end{bmatrix}$$

箭体发生弹性变形后

$$\begin{bmatrix} F_{X\mathrm{I}} \\ F_{Y\mathrm{I}} \\ F_{Z\mathrm{I}} \end{bmatrix} = \begin{bmatrix} 1 & R_{z_{\mathrm{I}}}(x_{R\mathrm{I}}) & R_{y_{\mathrm{I}}}(x_{R\mathrm{I}}) \\ -R_{z_{\mathrm{I}}}(x_{R\mathrm{I}}) & 1 & R_{x_{\mathrm{I}}}(x_{R\mathrm{I}}) \\ -R_{y_{\mathrm{I}}}(x_{R\mathrm{I}}) & -R_{x_{\mathrm{I}}}(x_{R\mathrm{I}}) & 1 \end{bmatrix}\begin{bmatrix} P_{\mathrm{zt}} \\ P_{\mathrm{zt}}\delta_{\mathrm{I}1} \\ -P_{\mathrm{zt}}\delta_{\mathrm{I}2} \end{bmatrix} = \begin{bmatrix} P_{\mathrm{zt}} \\ P_{\mathrm{zt}}[\delta_{\mathrm{I}1} - R_{z_{\mathrm{I}}}(x_{R\mathrm{I}})] \\ -P_{\mathrm{zt}}[\delta_{\mathrm{I}2} + R_{y_{\mathrm{I}}}(x_{R\mathrm{I}})] \end{bmatrix}$$

在整体火箭中的控制力臂为

$$[-(x_{R\mathrm{I}} - x_z) - u_{x\mathrm{I}}(x_{R\mathrm{I}}) \quad u_{y\mathrm{I}}(x_{R\mathrm{I}}) - r_0 \quad -u_{z\mathrm{I}}(x_{R\mathrm{I}})]^{\mathrm{T}}$$

其中 r_0 为助推理论轴线与芯级理论轴线的距离，忽略二阶小量，则控制力在整体火箭的力矩为

$$\begin{cases} M^x_{\mathrm{ztI}} = P_{\mathrm{zt}}r_0[\delta_{\mathrm{I}2} + R_{y_{\mathrm{I}}}(x_{R\mathrm{I}})] \\ M^y_{\mathrm{ztI}} = -P_{\mathrm{zt}}u_{z\mathrm{I}}(x_{R\mathrm{I}}) + P_{\mathrm{zt}}[\delta_{\mathrm{I}2} + R_{y\mathrm{I}}(x_{R\mathrm{I}})](x_Z - x_{R\mathrm{I}}) \\ M^z_{\mathrm{ztI}} = -P_{\mathrm{zt}}[u_{y\mathrm{I}}(x_{R\mathrm{I}}) - r_0] + P_{\mathrm{zt}}[\delta_{\mathrm{I}1} - R_{z\mathrm{I}}(x_{R\mathrm{I}})](x_Z - x_{R\mathrm{I}}) \end{cases}$$

助推Ⅱ～Ⅳ受力形式与助推Ⅰ形同，这里不再赘述。

(2) 芯级和助推受到的惯性力与力矩

m_R 表示单个芯级发动机的质量，l_R 和 J_R 分别表示单个芯级发动机质心到铰链轴的距离和绕发动机铰链轴的转动惯量。发动机的摆动可以等效为一个质量为 m_R，长度为 l_R 的集中质量的摆锤。在坐标系 $O'_1X_1Y_1Z_1$，芯级发动机 XJ_1 的摆角 δ_1 和 δ_2 为小量，则有

$$\begin{cases} P_{X1}^{g_1} = -m_R l_R \ddot{\delta}_1 \sin\delta_1 - m_R l_R \ddot{\delta}_2 \sin\delta_2 = 0 \\ P_{Y1}^{g_1} = m_R l_R \ddot{\delta}_1 \cos\delta_1 = m_R l_R \ddot{\delta}_1 \\ P_{Z1}^{g_1} = -m_R l_R \ddot{\delta}_2 \cos\delta_2 = -m_R l_R \ddot{\delta}_2 \end{cases}$$

弹性变形后，忽略二阶小量，则 XJ_1 的惯性力与上式相同。考虑两台芯级发动机，则惯性力之和为

$$\begin{bmatrix} F_{X1}^{g} \\ F_{Y1}^{g} \\ F_{Z1}^{g} \end{bmatrix} = \begin{bmatrix} F_{X1}^{g_1} \\ F_{Y1}^{g_1} \\ F_{Z1}^{g_1} \end{bmatrix} + \begin{bmatrix} F_{X1}^{g_2} \\ F_{Y1}^{g_2} \\ F_{Z1}^{g_2} \end{bmatrix} = \begin{bmatrix} 0 \\ m_R l_R (\ddot{\delta}_1 + \ddot{\delta}_3) \\ -m_R l_R (\ddot{\delta}_2 + \ddot{\delta}_4) \end{bmatrix} \tag{4-92}$$

根据箭体坐标系与弹道坐标系的关系，可以求得芯级两台发动机惯性力在弹道坐标系中的投影

$$F_{Xh1}^{g} = -m_R l_R (\ddot{\delta}_1 + \ddot{\delta}_3) \sin\alpha - m_R l_R (\ddot{\delta}_2 + \ddot{\delta}_4) \cos\alpha \sin\beta \tag{4-93}$$

$$F_{Yh1}^{g} = \cos\nu\, m_R l_R (\ddot{\delta}_1 + \ddot{\delta}_3) \cos\alpha + \sin\nu\, m_R l_R (\ddot{\delta}_2 + \ddot{\delta}_4) \cos\beta \tag{4-94}$$

$$F_{Zh1}^{g} = \cos\nu [-m_R l_R (\ddot{\delta}_2 + \ddot{\delta}_4) \cos\beta] + \sin\nu [m_R l_R (\ddot{\delta}_1 + \ddot{\delta}_3) \cos\alpha] \tag{4-95}$$

芯级发动机 XJ_1 在整体火箭中的控制力臂为

$$\boldsymbol{R}_{xj}^{g_1} = \begin{bmatrix} -l_R + \frac{\sqrt{2}}{2} r_1 R_z(X_R) - \frac{\sqrt{2}}{2} r_1 R_y(X_R) - (x_R - x_Z) - u_x(x_R) \\ l_R R_z(X_R) - l_R \delta_1 + \frac{\sqrt{2}}{2} r_1 - \frac{\sqrt{2}}{2} r_1 R_x(x_R) + u_y(x_R) \\ l_R \frac{\partial u_z(X_R)}{\partial x} - \frac{\sqrt{2}}{2} r_1 R_x(x_R) + l_R \delta_2 - \frac{\sqrt{2}}{2} r_1 - u_z(x_R) \end{bmatrix} \tag{4-96}$$

忽略二阶小量，芯级发动机 XJ_1 在整体火箭的力矩为

$$\boldsymbol{M}_{xj}^{g_1} = \boldsymbol{R}_{xj}^{g_1} \times \boldsymbol{F}_{xj}^{g_1} =$$

$$\begin{bmatrix} \frac{\sqrt{2}}{2} m_R l_R r_1 (\ddot{\delta}_1 - \ddot{\delta}_2) \\ m_R \dot{W}_{X1} \left[-l_R R_y(x_R) + \frac{\sqrt{2}}{2} r_1 R_x(x_R) - l_R \delta_2 + \frac{\sqrt{2}}{2} r_1 + u_z(x_R) \right] - J_R \ddot{\delta}_2 - m_R l_R (x_R - x_Z) \ddot{\delta}_2 \\ m_R \dot{W}_{X1} \left[l_R R_z(x_R) - l_R \delta_1 + \frac{\sqrt{2}}{2} r_1 - \frac{\sqrt{2}}{2} r_1 R_x(x_R) + u_y(x_R) \right] - J_R \ddot{\delta}_1 - m_R l_R (x_R - x_Z) \ddot{\delta}_1 \end{bmatrix}$$

(4-97)

同理可以求得芯级发动机 XJ_2 在整体火箭的力矩为

$$\boldsymbol{M}_{xj}^{g_2}=\boldsymbol{R}_{xj}^{g_2}\times\boldsymbol{F}_{xj}^{g_2}=$$

$$\begin{bmatrix}\frac{\sqrt{2}}{2}r_1m_Rl_R(\ddot{\delta}_4-\ddot{\delta}_3)\\ m_R\dot{W}_{X1}\left[-l_RR_y(x_R)-\frac{\sqrt{2}}{2}r_1R_x(x_R)-l_R\delta_4-\frac{\sqrt{2}}{2}r_1+u_z(x_R)\right]-J_R\ddot{\delta}_4-m_Rl_R(x_R-x_Z)\ddot{\delta}_4\\ m_R\dot{W}_{X1}\left[l_RR_z(x_R)-l_R\delta_3-\frac{\sqrt{2}}{2}r_1+\frac{\sqrt{2}}{2}r_1R_x(x_R)+u_y(x_R]\right)-J_R\ddot{\delta}_3-m_Rl_R(x_R-x_Z)\ddot{\delta}_3\end{bmatrix}$$

两者的惯性力矩和为

$$\boldsymbol{M}_{xj}^{g}=\begin{bmatrix}\frac{\sqrt{2}}{2}r_1m_Rl_R(\ddot{\delta}_4-\ddot{\delta}_2)+\frac{\sqrt{2}}{2}r_1m_Rl_R(\ddot{\delta}_1-\ddot{\delta}_3)\\ m_R\dot{W}_{X1}[-2l_RR_y(x_R)-l_R(\delta_2+\delta_4)+2u_z(x_R)]-[m_Rl_R(x_R-x_Z)+J_R](\ddot{\delta}_2+\ddot{\delta}_4)\\ m_R\dot{W}_{X1}[2l_RR_z(x_R)-l_R(\delta_1+\delta_3)+2u_y(x_R)]-[m_Rl_R(x_R-x_Z)+J_R](\ddot{\delta}_1+\ddot{\delta}_3)\end{bmatrix}$$

在求解助推的惯性力和惯性力矩时，以助推Ⅰ为例进行分析。助推Ⅰ受到的惯性力为

$$\begin{bmatrix}F_{X\text{I}}^{g}\\F_{Y\text{I}}^{g}\\F_{Z\text{I}}^{g}\end{bmatrix}=\begin{bmatrix}1&R_{z_\text{I}}(x_{R\text{I}})&R_{y_\text{I}}(x_{R\text{I}})\\-R_{z_\text{I}}(x_{R\text{I}})&1&\theta_\text{I}(x_{R\text{I}})\\-R_{y_\text{I}}(x_{R\text{I}})&-\theta_I(x_{R\text{I}})&1\end{bmatrix}\begin{bmatrix}0\\m_{R\text{I}}l_{R\text{I}}\ddot{\delta}_{11}\\-m_{R\text{I}}l_{R\text{I}}\ddot{\delta}_{12}\end{bmatrix}\cdot\begin{bmatrix}0\\m_{R\text{I}}l_{R\text{I}}\ddot{\delta}_{11}\\-m_{R\text{I}}l_{R\text{I}}\ddot{\delta}_{12}\end{bmatrix}$$

根据弹道坐标系和箭体坐标系之间的关系，可以求得助推Ⅰ在弹道坐标系之间的关系

$$F_{Xh\text{I}}^{g}=-m_{R\text{I}}l_{R\text{I}}\ddot{\delta}_{11}\sin\alpha-m_{R\text{I}}l_{R\text{I}}\ddot{\delta}_{12}\cos\alpha\sin\beta \tag{4-98}$$

$$F_{Yh\text{I}}^{g}=\cos\nu m_{R\text{I}}l_{R\text{I}}\ddot{\delta}_{11}\cos\alpha+\sin\nu m_{R\text{I}}l_{R\text{I}}\ddot{\delta}_{12}\cos\beta \tag{4-99}$$

$$F_{Zh\text{I}}^{g}=\cos\nu(-m_{R\text{I}}l_{R\text{I}}\ddot{\delta}_{12}\cos\beta)+\sin\nu m_{R\text{I}}l_{R\text{I}}\ddot{\delta}_{11}\cos\alpha \tag{4-100}$$

助推Ⅰ在整体火箭的控制力臂为

$$\begin{bmatrix}-l_{R\text{I}}-(x_{R\text{I}}-x_Z)-u_x(x_{R\text{I}})\\-l_{R\text{I}}[\delta_{11}-R_{z\text{I}}(x_{R\text{I}})]-r_0+u_y(x_{R\text{I}})\\l_{R\text{I}}[\delta_{12}+R_{y\text{I}}(x_{R\text{I}})]-u_z(x_{R\text{I}})\end{bmatrix}$$

则在整体火箭中的控制力矩为

$$\begin{bmatrix}M_{X\text{I}}^{g}\\M_{Y\text{I}}^{g}\\M_{Z\text{I}}^{g}\end{bmatrix}=\begin{bmatrix}m_{R\text{I}}l_{R\text{I}}r_0\ddot{\delta}_{12}\\m_{R\text{I}}\dot{W}_{X1}[-l_{R\text{I}}\delta_{12}-l_{R\text{I}}R_{y\text{I}}(x_{R\text{I}})+u_z(x_{R\text{I}})]-J_{R\text{I}}\ddot{\delta}_{12}-m_{R\text{I}}l_{R\text{I}}\ddot{\delta}_{12}(x_{R\text{I}}-x_Z)\\m_{R\text{I}}\dot{W}_{X1}[-l_{R\text{I}}\delta_{11}+l_{R\text{I}}R_{z\text{I}}(x_{R\text{I}})-r_0+u_y(x_{R\text{I}})]-J_{R\text{I}}\ddot{\delta}_{11}-m_{R\text{I}}l_{R\text{I}}\ddot{\delta}_{11}(x_{R\text{I}}-x_Z)\end{bmatrix}$$

(3) 液体晃动惯性力

晃动产生的惯性力在体坐标系 $O_1X_1Y_1Z_1$ 中表示为

$$\begin{cases} F_{X''_1} = 0 \\ F_{Y''_1} = -m_p \ddot{y}_p \\ F_{Z''_1} = -m_p \ddot{z}_p \end{cases} \tag{4-101}$$

考虑视加速度，则晃动惯性力为

$$\begin{cases} F_{X_1} = -m_p \dot{W}_{X_1} \\ F_{Y_1} = -m_p \ddot{y}_p \\ F_{Z_1} = -m_p \ddot{z}_p \end{cases} \tag{4-102}$$

在弹道坐标系的分量为

$$\begin{cases} F_{\mathrm{h}_{x1}} = -m_p \ddot{y}_p \sin\alpha - m_p \ddot{z}_p \cos\alpha \sin\beta \\ F_{\mathrm{h}_{y1}} = -m_p \ddot{y}_p \cos\nu \cos\alpha + m_p \ddot{z}_p \sin\nu \cos\beta \\ F_{\mathrm{h}_{z1}} = -m_p \ddot{y}_p \sin\nu \cos\alpha - m_p \ddot{z}_p \cos\nu \cos\beta \end{cases} \tag{4-103}$$

则晃动惯性力对质心 O_1 产生的力矩为

$$\begin{bmatrix} M_{X_1} \\ M_{Y_1} \\ M_{Z_1} \end{bmatrix} = \begin{bmatrix} i & j & k \\ x_Z - x_p & y_p & z_p \\ -m_p \dot{W}_{X_1} & -m_p \ddot{y}_p & -m_p \ddot{z}_p \end{bmatrix} = \begin{bmatrix} 0 \\ -m_p \dot{W}_{X_1} z_p + m_p \ddot{z}_p (x_Z - x_p) \\ -m_p \ddot{y}_p (x_Z - x_p) + m_p \dot{W}_{X_1} y_p \end{bmatrix} \tag{4-104}$$

4.2.2 液体晃动方程

根据发射惯性坐标系和箭体坐标系之间的关系建立晃动方程。将液体晃动等效为弹簧振子，则就弹簧振子而言，受到的力有弹簧的张力 $-K_p y_p(-K_p z_p)$ 、阻尼力 $-D_p \dot{y}(-D_p \dot{z})$ 、重力以及随箭体一起运动所具有的惯性力。列写方程为

$$\begin{aligned} \ddot{y}_p + \frac{D_p}{m_p}\dot{y}_p + \frac{K_p}{m_p}y_p = {} & \dot{V}\sin\alpha - V\dot{\theta}\cos\sigma\cos\alpha\cos\nu + V\dot{\sigma}\cos\alpha\sin\nu - \dot{\omega}_z(x_Z - x_p) + \\ & \dot{\omega}_x z_p - \omega_x\omega_y(x_Z - x_p) + \omega_x^2 y_p - \sum_{i=1}^{n} \dot{W}_{X_1} \frac{\partial W_{yi}(x_p)}{\partial x} q_{yi} - \\ & W_{yi}(x_p)\ddot{q}_{yi} - g(\sin\Phi\sin\psi\sin\gamma + \cos\Phi\cos\gamma) \end{aligned} \tag{4-105}$$

$$\begin{aligned} \ddot{z}_p + \frac{D_p}{m_p}\dot{z}_p + \frac{K_p}{m_p}z_p = {} & -\dot{V}\cos\alpha\sin\beta + V\dot{\theta}\cos\sigma\cos\beta\sin\nu + V\dot{\sigma}\cos\beta\cos\nu - \dot{\omega}_x y_p + \dot{\omega}_y(x_Z - x_p) - \\ & \omega_x\omega_z(x_Z - x_p) + \omega_x^2 z_p - g(\sin\Phi\sin\psi\cos\gamma - \cos\Phi\sin\gamma) + \\ & \sum_{i=1}^{n} \dot{W}_{X_1} \frac{\partial W_{zi}(x_p)}{\partial x} q_{zi} + W_{zi}(x_p)\ddot{q}_{zi} \end{aligned} \tag{4-106}$$

令

$$E_{(i+n)p} = -\dot{W}_{X_1}\frac{\partial W_{yi}(x_p)}{\partial x}, E_{ip} = -W_{yi}(x_p)$$

$$E_{(i+n)p} = -\dot{W}_{X_1}\frac{\partial W_{zi}(x_p)}{\partial x}, E_{ip} = -W_{zi}(x_p)$$

则有

$$\begin{aligned}\ddot{y}_p + 2\zeta_p\Omega_p\dot{y}_p + \Omega_p^2 y_p = {} & \dot{V}\sin\alpha - V\dot{\theta}\cos\sigma\cos\alpha\cos\nu + V\dot{\sigma}\cos\alpha\sin\nu - \dot{\omega}_z(x_Z - x_p) + \dot{\omega}_x z_p + \\ & \sum_{i=1}^{n} E_{(i+n)p} q_{yi} + \sum_{i=1}^{n} E_{ip}\ddot{q}_{yi} - g(\sin\Phi\sin\psi\sin\gamma + \cos\Phi\cos\gamma)\end{aligned} \tag{4-107}$$

$$\begin{aligned}\ddot{Z}_p + 2\zeta_p\Omega_p\dot{Z}_p + \Omega_p^2 Z_p = {} & \dot{V}\cos\alpha\sin\beta - V\dot{\theta}\cos\sigma\cos\beta\sin\nu - V\dot{\sigma}\cos\beta\cos\nu + \dot{\omega}_x y_p - \dot{\omega}_y(x_Z - x_p) + \\ & \sum_{i=1}^{n} E_{(i+n)p} q_{zi} + \sum_{i=1}^{n} E_{ip}\ddot{q}_{zi} + g(\sin\Phi\sin\psi\cos\gamma - \cos\Phi\sin\gamma)\end{aligned} \tag{4-108}$$

4.2.3　弹性振动方程

将固体捆绑运载火箭简化为多分支梁模型，并采用有限元方法进行分析。首先，将全箭划分若干站点，确定每个站点的位置和质量，然后将每个站点作为梁模型的节点，节点与节点之间用梁单元模拟箭体的刚度特性，梁单元所在部段的结构质量和推进剂质量按照一定规则分配到梁单元两端节点上，建立质量单元模拟箭体的质量特性。

根据附加质量法，分别形成各单元在局部坐标系中的刚度矩阵和质量矩阵，经过坐标变换和装配集成，最终可形成系统整体有限元方程为

$$\boldsymbol{M}\ddot{\boldsymbol{X}} + \boldsymbol{K}\boldsymbol{X} = 0 \tag{4-109}$$

式中　$\boldsymbol{M}$——火箭固体质量和活动质量之和；

　　$\boldsymbol{K}$——刚度矩阵。

火箭动特性计算可以归结为求解如下广义特征值问题

$$(\boldsymbol{K} - \omega^2\boldsymbol{M})\boldsymbol{\varphi} = 0 \tag{4-110}$$

式中　ω^2，$\boldsymbol{\varphi}$——分别为特征值和特征向量。

求解频率方程 $|\boldsymbol{K} - \omega^2\boldsymbol{M}| = 0$，可得系统 N 个固有频率 $\omega_1, \omega_2, \cdots, \omega_N$，将其代入式（4-110）可求出与之对应的模态列向量 $\boldsymbol{\varphi}_1, \boldsymbol{\varphi}_2, \cdots, \boldsymbol{\varphi}_N$。令 $\boldsymbol{\Phi} = [\boldsymbol{\varphi}_1, \boldsymbol{\varphi}_2, \cdots, \boldsymbol{\varphi}_N]$，称为模态矩阵，由模态叠加法，模型节点位移可表示为

$$\boldsymbol{X} = \sum_{i=1}^{N} \boldsymbol{\varphi}_i q_i = \boldsymbol{\Phi}\boldsymbol{q} \tag{4-111}$$

其中 $\boldsymbol{q} = [q_1, q_2, \cdots, q_N]^{\mathrm{T}}$，$q_i$ 为第 i 阶振动模态坐标（或称广义坐标）。将式（4-109）中的 $\boldsymbol{X}$ 用式（4-111）展开，并考虑外力，同时用 $\boldsymbol{\Phi}^{\mathrm{T}}$ 左乘方程两边各项，化简得

$$\boldsymbol{\Phi}^{\mathrm{T}}\boldsymbol{M}\boldsymbol{\Phi}\ddot{\boldsymbol{q}} + \boldsymbol{\Phi}^{\mathrm{T}}\boldsymbol{K}\boldsymbol{\Phi}\boldsymbol{q} = \boldsymbol{\Phi}^{\mathrm{T}}\boldsymbol{F}_s \tag{4-112}$$

由于模态具有如下正交性性质，即

$$\boldsymbol{\varphi}_i^{\mathrm{T}}\boldsymbol{K}\varphi_j = 0, \boldsymbol{\varphi}_i^{\mathrm{T}}\boldsymbol{M}\varphi_j = 0, (i \neq j) \tag{4-113}$$

这样 $\boldsymbol{\Phi}^{\mathrm{T}}\boldsymbol{M}\boldsymbol{\Phi}$ 和 $\boldsymbol{\Phi}^{\mathrm{T}}\boldsymbol{K}\boldsymbol{\Phi}$ 为对角矩阵，令

$$\begin{aligned} \bar{\boldsymbol{M}} &= \boldsymbol{\Phi}^{\mathrm{T}}\boldsymbol{M}\boldsymbol{\Phi} = \mathrm{diag}(\bar{M}_1, \bar{M}_2, \cdots, \bar{M}_N) \\ \bar{\boldsymbol{K}} &= \boldsymbol{\Phi}^{\mathrm{T}}\boldsymbol{K}\boldsymbol{\Phi} = \mathrm{diag}(\bar{K}_1, \bar{K}_2, \cdots, \bar{K}_N) \end{aligned} \tag{4-114}$$

$\bar{\boldsymbol{M}}$ 和 $\bar{\boldsymbol{K}}$ 分别称为模态质量矩阵（或广义质量矩阵）和模态刚度矩阵（或广义刚度矩阵），$\bar{\boldsymbol{K}}_i$ 和 $\bar{\boldsymbol{M}}_i$ 称为第 i 阶振动模态刚度（或广义刚度）和模态质量（或广义质量）。令 $\boldsymbol{\omega}_i^2 = \bar{\boldsymbol{K}}_i/\bar{\boldsymbol{M}}_i$，将式（4－112）展开成分量形式为

$$\ddot{\boldsymbol{q}}_i + \boldsymbol{\omega}_i^2\boldsymbol{q}_i = \bar{\boldsymbol{F}}_i/\bar{\boldsymbol{M}}_i (i = 1, 2, \cdots, N) \tag{4-115}$$

式中　$\bar{\boldsymbol{F}}_i = \boldsymbol{\varphi}_i^{\mathrm{T}}\boldsymbol{F}_s$——第 i 阶模态广义力。若考虑模态阻尼，上式可写为

$$\ddot{\boldsymbol{q}}_i + 2\xi_i\boldsymbol{\omega}_i\dot{\boldsymbol{q}}_i + \boldsymbol{\omega}_i^2\boldsymbol{q}_i = \bar{\boldsymbol{F}}_i/\bar{\boldsymbol{M}}_i (i = 1, 2, \cdots, N) \tag{4-116}$$

式中　ξ_i——第 i 阶模态阻尼比。

式（4－116）的特点是形式上只有一种广义坐标 $\boldsymbol{q}_i$，是在充分考虑箭体各部分动特性的基础上得到的，广义力 $\bar{\boldsymbol{F}}_i$ 和广义质量 $\bar{\boldsymbol{M}}_i$ 计算中利用了全部模态数据，能充分反映助推器与芯级之间纵、横、扭相互耦合的复杂三维空间弹性振动，本文在式（4－116）的基础上建立了固体捆绑火箭的弹性振动方程。

（1）广义力的求解

本文研究的固体捆绑运载火箭芯级两台，布置在基准之间；四台助推器且均向分布在四个基准上，见图 4－8。芯级和助推发动机均双向摇摆。火箭飞行过程中受到的力主要有控制力、惯性力、气动力等，下面分别给出其广义力。

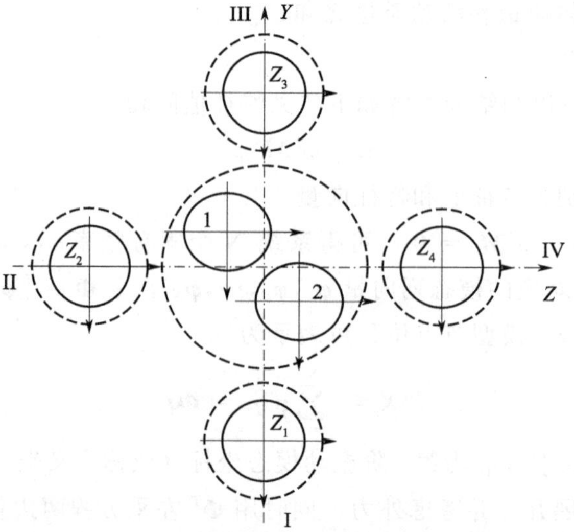

图 4－8　固体捆绑运载火箭发动机摆动示意图

①控制力的广义力

轴向力的广义力

$$Q_{Xi}^{c} = -2P_{xj}W_{xi}(x_R) - P_{zt}\sum_{k=1}^{4}W_{x_k i}(x_{Rk}) \tag{4-117}$$

式中　P_{xj}——芯级推力；

P_{zt}——助推推力；

$W_{xi}(x_R)$，$W_{x_k i}(x_{Rk})$——分别为芯级和助推发动机摇摆点振型。

俯仰平面弯曲振动的广义力为

$$\begin{aligned} Q_{Yi}^{c} = & P_{xj}W_{yi}(x_R)(\delta_1+\delta_3) - 2P_{xj}W_{yi}(x_R)R_z(x_R) + \\ & \sum_{k=1}^{4}P_{zt}\delta_{k1}W_{y_k i}(x_{Rk}) - \sum_{k=1}^{4}P_{zt}R_{z_k}(x_{Rk})W_{y_k i}(x_{Rk}) \end{aligned} \tag{4-118}$$

式中　$W_{yi}(x_R)$，$R_z(x_R)$，$W_{y_k i}(x_{Rk})$，$R_{z_k}(x_{Rk})$——分别为芯级发动机和助推发动机的摇摆点在弹性体下沿着 o_1y_1 的振型和绕着 o_1z_1 的转角。

偏航平面弯曲振动的广义力与俯仰平面的广义力对称，但要注意此时是沿着 o_1z_1 的振型和绕着 o_1y_1 的转角。扭转振动的广义力

$$Q_{nxi}^{c} = -\frac{\sqrt{2}}{2}P_{xj}r_1W_{nxi}(x_R)(\delta_4-\delta_2) - \frac{\sqrt{2}}{2}P_{xj}r_1W_{nxi}(x_R)(\delta_1-\delta_3) \tag{4-119}$$

式中　$W_{nxi}(x_R)$——芯级发动机摇摆点扭转振型；

r_1——芯级发动机摇摆点与箭体纵轴的距离。

②惯性力的广义力

俯仰平面弯曲振动的广义力为

$$\begin{aligned} Q_{Y_{xj}i}^{g} = & W_{yi}(x_R)F_{Y1}^{g} - R_{zi}(x_R)\bar{M}_{Z1}^{g} + \sum_{k=1}^{4}W_{y_k i}(x_{Rk})F_{Yk}^{g} - \sum_{k=1}^{4}R_{z_k i}(x_{Rk})\bar{M}_{Zk}^{g} \\ = & m_Rl_RW_{yi}(x_R)(\ddot{\delta}_1+\ddot{\delta}_3) + J_RR_{zi}(x_R)(\ddot{\delta}_1+\ddot{\delta}_3) + m_Rl_R\dot{W}_{X1}R_{zi}(x_R)(\delta_1+\delta_3) - \\ & 2m_Rl_R\dot{W}_{X1}R_{zi}(x_R)R_z(x_R) + \sum_{k=1}^{4}m_{Rk}l_{Rk}W_{y_k i}(x_{RI})\ddot{\delta}_{k1} + \sum_{k=1}^{4}J_{Rk}R_{z_k i}(x_{Rk})\ddot{\delta}_{k1} + \\ & \sum_{k=1}^{4}m_{Rk}l_{Rk}\dot{W}_{X1}R_{z_k i}(x_{Rk})\delta_{k1} - \sum_{k=1}^{4}m_{Rk}l_{Rk}\dot{W}_{X1}R_{z_k i}(x_{Rk})R_{z_k}(x_{Rk}) \end{aligned} \tag{4-120}$$

式中　m_R，l_R，m_{Rk}，l_{Rk}——分别为芯级发动机和助推发动机的摇摆质量与摇摆长度。

偏航平面惯性力的广义力与俯仰平面惯性力的广义力对称，这里略写。扭转振动的广义力

$$Q_{nx_{xj}i}^{g} = -W_{nxi}(x_R)\bar{M}_{X1}^{g} = -\frac{\sqrt{2}}{2}r_1m_Rl_RW_{nxi}(x_R)(\ddot{\delta}_4-\ddot{\delta}_2) - \frac{\sqrt{2}}{2}r_1m_Rl_RW_{nxi}(x_R)(\ddot{\delta}_1-\ddot{\delta}_3) \tag{4-121}$$

③气动力的广义力

俯仰平面的第 i 阶弯曲振动的广义力为

$$Q_{Y\alpha_i}=Q_{Y_1\alpha_i}+\sum_{k=1}^{4}Q_{Y_k\alpha_i}=Q_{i\alpha}^{\alpha}\alpha+\sum_{j=1}^{n}Q_{i\alpha}^{q_{yj}}q_{yj}(t)+\sum_{k=1}^{4}Q_{i\alpha_I}^{\alpha}\alpha+\sum_{k=1}^{4}\sum_{j=1}^{n}Q_{i\alpha_k}^{q_{yj}}q_{yj}(t) \tag{4-122}$$

偏航平面的第 i 阶弯曲振动的广义力与俯仰平面对称，即将攻角 α 替换为侧滑角 β 。

轴向力的第 i 阶弯曲振动的广义力为

$$Q_X=Q_{X_1}+\sum_{k=1}^{4}Q_{X_k}=qS\int_0^l W_{xi}(x)C_{xx}\mathrm{d}x+\sum_{k=1}^{4}qS\int_0^{l_I}W_{x_ki}(x_k)C_{xx_k}\mathrm{d}x_k \tag{4-123}$$

④气动阻尼力形成的广义力

俯仰平面的第 i 阶弯曲振动的广义力为

$$Q_{Y\omega_i}=Q_{Y_1\omega_i}+\sum_{k=1}^{4}Q_{Y_k\omega_i}=Q_{i\omega}^{\omega_z}\omega_z+\sum_{j=1}^{n}Q_{i\omega}^{\dot{q}_{yj}}\dot{q}_{yj}(t)+\sum_{k=1}^{4}Q_{i\omega_k}^{\omega_z}\omega_z+\sum_{k=1}^{4}\sum_{j=1}^{n}Q_{i\omega_k}^{\dot{q}_{yj}}\dot{q}_{yj}(t) \tag{4-124}$$

偏航平面的第 i 阶弯曲振动的广义力与俯仰平面对称，即将箭体角速度 ω_z 替换为 ω_y 。

滚动通道的第 i 阶弯曲振动的广义力

$$Q_{X\omega}=-\frac{qS}{V}m_{x_1}^{\omega_{x1}}l\omega_{x_1}\int_0^l W_{nx_1i}(x)\mathrm{d}x-\sum_{k=1}^{4}\frac{qS_k}{V}m_{x_k}^{\omega_{xk}}l_k\omega_{x_k}\int_0^{l_k}W_{nx_ki}(x_k)\mathrm{d}x_k \tag{4-125}$$

⑤液体晃动惯性力的广义力

俯仰平面内由于液体晃动引起的第 i 阶弯曲振动的广义力为

$$Q_{Y_1}=-m_pW_{yi}(x_p)\ddot{y}_p(t)-m_p\dot{W}_{X_1}W'_{yi}(x_p)y_p(t) \tag{4-126}$$

式中　m_p ——晃动质量；

W_{yi} ，W'_{yi} ——分别为振型与振型斜率；

y_p ——晃动位移。

偏航平面内由于液体晃动引起的第 i 阶弯曲振动的广义力为

$$Q_{Z_1}=m_pW_{zi}(x_p)\ddot{z}_p(t)-m_p\dot{W}_{X_1}W'_{zi}(x_p)z_p(t) \tag{4-127}$$

(2) 固体捆绑运载火箭的弹性振动方程

将式（4-117）～式（4-127）代入式（4-116）的右端，并经过化简，可以获得固体捆绑运载火箭的弹性振动方程

$$\begin{aligned}\bar{q}_i+2\xi_i\omega_i\bar{q}_i+\omega_i^2q_i=\;&D_{1i}\omega_z+D_{2i}(\alpha+\alpha_w)+D_{3ixj}\delta_{\varphi_{xj}}+D''_{3ixj}\ddot{\delta}_{\varphi_{xj}}+D_{3izt}\delta_{\varphi_{zt}}+D''_{3izt}\ddot{\delta}_{\varphi_{zt}}+\\&\sum_{j=1}^{n}R_{ij}q_j+\sum_{j=1}^{n}R'_{ij}\dot{q}_j+\sum_{p=1}^{m}K_{ip}\ddot{y}_p+\sum_{p=1}^{m}K_{(i+n)p}y_p\\&\widetilde{D}_{1i}\omega_y+\widetilde{D}_{2i}(\beta+\beta_w)+\widetilde{D}_{3ixj}\delta_{\psi_{xj}}+\widetilde{D''}_{3ixj}\ddot{\delta}_{\psi_{xj}}+\widetilde{D}_{3izt}\delta_{\psi_{zt}}+\widetilde{D''}_{3izt}\ddot{\delta}_{\psi_{zt}}+\\&\sum_{j=1}^{n}\widetilde{R}_{ij}q_j+\sum_{j=1}^{n}\widetilde{R'}_{ij}\dot{q}_j-\sum_{p=1}^{m}\widetilde{K}_{ip}\ddot{z}_p-\sum_{p=1}^{m}\widetilde{K}_{(i+n)p}z_p+d_{1i}\omega_x+d_{3xj}\delta_{\gamma_{xj}}+\\&d_{30xj}\ddot{\delta}_{\gamma_{xj}}+d_{3zt}\delta_{\gamma_{zt}}+d_{30zt}\ddot{\delta}_{\gamma_{zt}}+\bar{Q}_{ipx}+\bar{Q}_{iax}+\bar{Q}_{inx}+\bar{Q}_{iy}+\bar{Q}_{iz}\end{aligned} \tag{4-128}$$

式中　R_{ij} ，R'_{ij} ——分别为模态间的耦合项；

$\bar{Q}_{ipx}$ ——发动机推力产生的广义力；

$\bar{Q}_{iax}$ ——气动阻力产生的广义力；

$\bar{Q}_{inx}$ ，$\bar{Q}_{iy}$ ，$\bar{Q}_{iz}$ ——分别为滚动、偏航和俯仰通道的干扰力产生的广义力。

表达式中，涵盖了轴向、横向、法向和扭转的广义力。对于大型固体捆绑运载火箭，不能简单地认为火箭为一维梁，其模态也为空间模态，表现为模态为空间任意方向，这些模态既包括芯级的模态，也包括助推的模态。因此式（4－128）最能完整地体现固体捆绑火箭的弹性模态。

4.2.4　质心动力学方程

质心动力学方程建立在弹道坐标系下，将捆绑火箭受到的所有的力投影到弹道坐标系下，则可以得到质心动力学方程

$$
\begin{aligned}
\dot{\theta}\cos\sigma = & -\tilde{c}_2\cos\theta\cos\nu\Big[(c_3^{xj}+c_3^{zt})\sin\alpha\cos\beta + c_3^{xj}\cos\alpha\delta_{\varphi_{xj}} + c_{30}^{xj}\cos\alpha\ddot{\delta}_{\varphi_{xj}} + c_3^{zt}\cos\alpha\delta_{\varphi_{zt}} + c_{30}^{zt}\cos\alpha\ddot{\delta}_{\varphi_{zt}} + \\
& c_{10}(\alpha+\alpha_w) + \sum_{i=1}^{n}c_{1i}\dot{q}_i + \sum_{i=1}^{n}c_{2i}q_i - \sum_{p=1}^{m}C_{4p}\ddot{y}_p\cos\alpha - \bar{F}_{yc}\cos\alpha\Big] + \\
& \sin\nu\big[(c_3^{xj}+c_3^{zt})\sin\beta + c_3^{xj}\cos\beta\,\delta_{\psi_{xj}} + c_{30}^{xj}\cos\beta\,\ddot{\delta}_{\psi_{xj}} + c_3^{zt}\cos\beta\,\delta_{\psi_{zt}} + c_{30}^{zt}\cos\beta\,\ddot{\delta}_{\psi_{zt}} + \\
& c_{10}(\beta+\beta_w) + \sum_{i=1}^{n}c_{1i}\dot{q}_i + \sum_{i=1}^{n}c_{2i}q_i + \sum_{p=1}^{m}C_{4p}\ddot{z}_p\cos\beta + \bar{F}_{zc}\cos\beta\Big]
\end{aligned}
\tag{4-129}
$$

$$
\begin{aligned}
\dot{\sigma} = & c_2\sin\theta\sin\sigma\cos\nu\big[(c_3^{xj}+c_3^{zt})\sin\beta + (c_3^{xj}\delta_{\psi_{xj}} + c_{30}^{xj}\ddot{\delta}_{\psi_{xj}})\cos\beta + (c_3^{zt}\delta_{\psi_{zt}} + c_{30}^{zt}\ddot{\delta}_{\psi_{zt}})\cos\beta + \\
& c_{10}(\beta+\beta_w) + \sum_{i=1}^{n}c_{1i}\dot{q}_i + \sum_{i=1}^{n}c_{2i}q_i + \sum_{p=1}^{m}C_{4p}\ddot{z}_p\cos\beta + \bar{F}_{zc}\cos\beta\Big] - \\
& \sin\nu\big[(c_3^{xj}+c_3^{zt})\sin\alpha\cos\beta + (c_3^{xj}\delta_{\varphi_{xj}} + c_{30}^{xj}\ddot{\delta}_{\varphi_{xj}})\cos\alpha + (c_3^{zt}\delta_{\varphi_{zt}} + c_{30}^{zt}\ddot{\delta}_{\varphi_{zt}})\cos\alpha + \\
& c_{10}(\alpha+\alpha_w) + \sum_{i=1}^{n}c_{1i}\dot{q}_i + \sum_{i=1}^{n}c_{2i}q_i - \sum_{p=1}^{m}C_{4p}\ddot{y}_p\cos\alpha - \bar{F}_{yc}\cos\alpha\Big]
\end{aligned}
\tag{4-130}
$$

式中　xj ——芯级；

zt ——助推。

4.2.5　绕质心动力学方程

绕质心动力学方程建立在箭体坐标系下，将捆绑火箭飞行中受到的力矩整理表示为

$$
\begin{aligned}
& \dot{\omega}_z + b_0^{\varphi}\omega_x\omega_y + b_1^{\varphi}\omega_z + b_2^{\varphi}(\alpha+\alpha_w) + b_{3xj}^{\varphi}\delta_{\varphi_{xj}} + b_{30xj}^{\varphi}\ddot{\delta}_{\varphi_{xj}} + b_{3zt}^{\varphi}\delta_{\varphi_{zt}} + \\
& b_{30zt}^{\varphi}\ddot{\delta}_{\varphi_{zt}} + \sum_{i=1}^{n}b_{1i}^{\varphi}\dot{q}_i + \sum_{i=1}^{n}b_{2i}^{\varphi}q_i + \sum_{p=1}^{m}b_{4p}^{\varphi}\ddot{y}_p - \sum_{p=1}^{m}b_{5p}^{\varphi}y_p = \bar{M}_z
\end{aligned}
$$

$$\begin{aligned}&\dot{\omega}_y + b_0^{\psi}\omega_x\omega_z + b_1^{\psi}\omega_y + b_2^{\psi}(\beta+\beta_w) + b_{3\mathrm{xj}}^{\psi}\delta_{\psi_{\mathrm{xj}}} + b_{30\mathrm{xj}}^{\psi}\ddot{\delta}_{\psi_{\mathrm{xj}}} + b_{3\mathrm{zt}}^{\psi}\delta_{\psi_{\mathrm{zt}}} + \\ &b_{30\mathrm{zt}}^{\psi}\ddot{\delta}_{\psi_{\mathrm{zt}}} + \sum_{i=1}^{n} b_{1i}^{\psi}\dot{q}_i + \sum_{i=1}^{n} b_{2i}^{\psi}q_i - \sum_{p=1}^{m} b_{4p}^{\psi}\ddot{z}_p + \sum_{p=1}^{m} b_{5p}^{\psi}z_p = \bar{M}_y\end{aligned} \tag{4-131}$$

$$\dot{\omega}_x + d_{10}\omega_y\omega_z + d_3^{\mathrm{xj}}\delta_{\gamma_{\mathrm{xj}}} + d_{30}^{\mathrm{xj}}\ddot{\delta}_{\gamma_{\mathrm{xj}}} + d_3^{\mathrm{zt}}\delta_{\gamma_{\mathrm{zt}}} + d_{30}^{\mathrm{zt}}\ddot{\delta}_{\gamma_{\mathrm{zt}}} + d_{1i}\dot{q}_i + d_{2i}q_i + d_4^{\alpha}\alpha + d_4^{\beta}\beta + d_5^{\omega_y}\omega_y + d_5^{\omega_z}\omega_z = \bar{M}_x$$

4.2.6 捆绑运载火箭姿态动力学方程

以上建立了捆绑火箭姿态动力学方程，本节对上文的姿态动力学方程进行汇总。

(1) 质心动力学方程

$$\begin{aligned}\dot{\theta}\cos\sigma = &-\tilde{c}_2\cos\theta\cos\nu[(c_3^{\mathrm{xj}}+c_3^{\mathrm{zt}})\sin\alpha\cos\beta + c_3^{\mathrm{xj}}\cos\alpha\delta_{\varphi_{\mathrm{xj}}} + c_{30}^{\mathrm{xj}}\cos\alpha\ddot{\delta}_{\varphi_{\mathrm{xj}}} + c_3^{\mathrm{zt}}\cos\alpha\delta_{\varphi_{\mathrm{zt}}} + \\ &c_{30}^{\mathrm{zt}}\cos\alpha\ddot{\delta}_{\varphi_{\mathrm{zt}}} + c_{10}(\alpha+\alpha_w) + \sum_{i=1}^{n}c_{1i}\dot{q}_i + \sum_{i=1}^{n}c_{2i}q_i - \sum_{p=1}^{m}C_{4p}\ddot{y}_p\cos\alpha - \bar{F}_{yc}\cos\alpha] + \\ &\sin\nu[(c_3^{\mathrm{xj}}+c_3^{\mathrm{zt}})\sin\beta + c_3^{\mathrm{xj}}\cos\beta\,\delta_{\psi_{\mathrm{xj}}} + c_{30}^{\mathrm{xj}}\cos\beta\,\ddot{\delta}_{\psi_{\mathrm{xj}}} + c_3^{\mathrm{zt}}\cos\beta\,\delta_{\psi_{\mathrm{zt}}} + c_{30}^{\mathrm{zt}}\cos\beta\,\ddot{\delta}_{\psi_{\mathrm{zt}}} + \\ &c_{10}(\beta+\beta_w) + \sum_{i=1}^{n}c_{1i}\dot{q}_i + \sum_{i=1}^{n}c_{2i}q_i + \sum_{p=1}^{m}C_{4p}\ddot{z}_p\cos\beta + \bar{F}_{zc}\cos\beta]\end{aligned} \tag{4-132}$$

$$\begin{aligned}\dot{\sigma} = &c_2\sin\theta\sin\sigma\cos\nu[(c_3^{\mathrm{xj}}+c_3^{\mathrm{zt}})\sin\beta + (c_3^{\mathrm{xj}}\delta_{\psi_{\mathrm{xj}}} + c_{30}^{\mathrm{xj}}\ddot{\delta}_{\psi_{\mathrm{xj}}})\cos\beta + (c_3^{\mathrm{zt}}\delta_{\psi_{\mathrm{zt}}} + c_{30}^{\mathrm{zt}}\ddot{\delta}_{\psi_{\mathrm{zt}}})\cos\beta + \\ &c_{10}(\beta+\beta_w) + \sum_{i=1}^{n}c_{1i}\dot{q}_i + \sum_{i=1}^{n}c_{2i}q_i + \sum_{p=1}^{m}C_{4p}\ddot{z}_p\cos\beta + \bar{F}_{zc}\cos\beta] - \\ &\sin\nu[(c_3^{\mathrm{xj}}+c_3^{\mathrm{zt}})\sin\alpha\cos\beta + (c_3^{\mathrm{xj}}\delta_{\varphi_{\mathrm{xj}}} + c_{30}^{\mathrm{xj}}\ddot{\delta}_{\varphi_{\mathrm{xj}}})\cos\alpha + (c_3^{\mathrm{zt}}\delta_{\varphi_{\mathrm{zt}}} + c_{30}^{\mathrm{zt}}\ddot{\delta}_{\varphi_{\mathrm{zt}}})\cos\alpha + \\ &c_{10}(\alpha+\alpha_w) + \sum_{i=1}^{n}c_{1i}\dot{q}_i + \sum_{i=1}^{n}c_{2i}q_i - \sum_{p=1}^{m}C_{4p}\ddot{y}_p\cos\alpha - \bar{F}_{yc}\cos\alpha]\end{aligned} \tag{4-133}$$

(2) 绕质心动力学方程

$$\begin{cases}\dot{\omega}_z + b_0^{\varphi}\omega_x\omega_y + b_1^{\varphi}\omega_z + b_2^{\varphi}(\alpha+\alpha_w) + b_{3\mathrm{xj}}^{\varphi}\delta_{\varphi_{\mathrm{xj}}} + b_{30\mathrm{xj}}^{\varphi}\ddot{\delta}_{\varphi_{\mathrm{xj}}} + b_{3\mathrm{zt}}^{\varphi}\delta_{\varphi_{\mathrm{zt}}} + \\ b_{30\mathrm{zt}}^{\varphi}\ddot{\delta}_{\varphi_{\mathrm{zt}}} + \sum_{i=1}^{n}b_{1i}^{\varphi}\dot{q}_i + \sum_{i=1}^{n}b_{2i}^{\varphi}q_i + \sum_{p=1}^{m}b_{4p}^{\varphi}\ddot{y}_p - \sum_{p=1}^{m}b_{5p}^{\varphi}y_p = \bar{M}_z \\ \dot{\omega}_y + b_0^{\psi}\omega_x\omega_z + b_1^{\psi}\omega_y + b_2^{\psi}(\beta+\beta_w) + b_{3\mathrm{xj}}^{\psi}\delta_{\psi_{\mathrm{xj}}} + b_{30\mathrm{xj}}^{\psi}\ddot{\delta}_{\psi_{\mathrm{xj}}} + b_{3\mathrm{zt}}^{\psi}\delta_{\psi_{\mathrm{zt}}} + \\ b_{30\mathrm{zt}}^{\psi}\ddot{\delta}_{\psi_{\mathrm{zt}}} + \sum_{i=1}^{n}b_{1i}^{\psi}\dot{q}_i + \sum_{i=1}^{n}b_{2i}^{\psi}q_i - \sum_{p=1}^{m}b_{4p}^{\psi}\ddot{z}_p + \sum_{p=1}^{m}b_{5p}^{\psi}z_p = \bar{M}_y \\ \dot{\omega}_x + d_{10}\omega_y\omega_z + d_3^{\mathrm{xj}}\delta_{\gamma_{\mathrm{xj}}} + d_{30}^{\mathrm{xj}}\ddot{\delta}_{\gamma_{\mathrm{xj}}} + d_3^{\mathrm{zt}}\delta_{\gamma_{\mathrm{zt}}} + d_{30}^{\mathrm{zt}}\ddot{\delta}_{\gamma_{\mathrm{zt}}} + \\ d_{1i}\dot{q}_i + d_{2i}q_i + d_4^{\alpha}\alpha + d_4^{\beta}\beta + d_5^{\omega_y}\omega_y + d_5^{\omega_z}\omega_z = \bar{M}_x\end{cases} \tag{4-134}$$

(3) 弹性振动方程

$$\begin{aligned}\ddot{q}_i + 2\xi_i\omega_i\dot{q}_i + \omega_i^2 q_i = {} & D_{1i}\omega_z + D_{2i}(\alpha + \alpha_w) + D_{3ixj}\delta_{\varphi_{xj}} + D''_{3ixj}\ddot{\delta}_{\varphi_{xj}} + D_{3izt}\delta_{\varphi_{zt}} + D''_{3izt}\ddot{\delta}_{\varphi_{zt}} + \\ & \sum_{j=1}^{n} R_{ij}q_j + \sum_{j=1}^{n} R'_{ij}\dot{q}_j + \sum_{p=1}^{m} K_{ip}\ddot{y}_p + \sum_{p=1}^{m} K_{(i+n)p}y_p \\ & \widetilde{D}_{1i}\omega_y + \widetilde{D}_{2i}(\beta + \beta_w) + \widetilde{D}_{3ixj}\delta_{\psi_{xj}} + \widetilde{D}''_{3ixj}\ddot{\delta}_{\psi_{xj}} + \widetilde{D}_{3izt}\delta_{\psi_{zt}} + \widetilde{D}''_{3izt}\ddot{\delta}_{\psi_{zt}} + \\ & \sum_{j=1}^{n} \widetilde{R}_{ij}q_j + \sum_{j=1}^{n} \widetilde{R}'_{ij}\dot{q}_j - \sum_{p=1}^{m} \widetilde{K}_{ip}\ddot{z}_p - \sum_{p=1}^{m} \widetilde{K}_{(i+n)p}z_p + d_{1i}\omega_x + d_{3xj}\delta_{\gamma_{xj}} + \\ & d_{30xj}\ddot{\delta}_{\gamma_{xj}} + d_{3zt}\delta_{\gamma_{zt}} + d_{30zt}\ddot{\delta}_{\gamma_{zt}} + \bar{Q}_{ipx} + \bar{Q}_{iax} + \bar{Q}_{inx} + \bar{Q}_{iy} + \bar{Q}_{iz}\end{aligned} \tag{4-135}$$

(4) 液体晃动方程

$$\begin{aligned}\ddot{y}_p + 2\zeta_p\Omega_p\dot{y}_p + \Omega_p^2 y_p = {} & \dot{V}\sin\alpha - V\dot{\theta}\cos\sigma\cos\alpha\cos\nu + V\dot{\sigma}\cos\alpha\sin\nu - \dot{\omega}_z(x_Z - x_p) + \\ & \dot{\omega}_x z_p + \sum_{i=1}^{n} E_{(i+n)p}q_{yi} + \sum_{i=1}^{n} E_{ip}\ddot{q}_{yi} - g(\sin\Phi\sin\psi\sin\gamma + \cos\Phi\cos\gamma)\end{aligned} \tag{4-136}$$

$$\begin{aligned}\ddot{Z}_p + 2\zeta_p\Omega_p\dot{Z}_p + \Omega_p^2 Z_p = {} & \dot{V}\cos\alpha\sin\beta - V\dot{\theta}\cos\sigma\cos\beta\sin\nu - V\dot{\sigma}\cos\beta\cos\nu + \dot{\omega}_x y_p - \dot{\omega}_y(x_Z - x_p) + \\ & \sum_{i=1}^{n} E_{(i+n)p}q_{zi} + \sum_{i=1}^{n} E_{ip}\ddot{q}_{zi} + g(\sin\Phi\sin\psi\cos\gamma - \cos\Phi\sin\gamma)\end{aligned} \tag{4-137}$$

4.3 运载火箭姿态动力学模型特点

传统运载火箭是基于不捆绑或者捆绑比较小助推器的情况下，推导出的姿态动力学模型。其特点是只给出偏量模型，且三通道分别给出。本书中给出的运载火箭姿态动力学模型具有以下特点。

1) 新的姿态动力学模型为全量姿态动力学模型。偏量模型可以在全量模型的基础上进行线性化。由于国内新研制的运载火箭普遍采用迭代制导技术，迭代制导为全量模型，与之相适应的姿控模型也应是全量模型。因此新型运载火箭的姿态动力学模型为全量模型。

2) 新的姿态动力学模型需要考虑全向发射技术。采用全向发射技术后，火箭竖立后的箭体坐标系的 $O_1X_1Y_1$ 面与发射平面不重合，表现为箭体的 I 基准不在射向平面内。因此，火箭起飞后，需要进行旋转，即将箭体的 I 基准旋转到射面内。因此，新型火箭的姿态动力学模型推导过程中，考虑了全向发射技术。

3) 新的姿态动力学模型需要考虑大型助推的情况。当运载火箭捆绑大型助推器时，姿态动力学模型与传统运载火箭姿态动力学模型差别较大，主要体现在弹性振动方程。新模型中的弹性振动方程能够体现芯级和助推之间的弹性耦合，通道间的弹性耦合等。

4) 新一代运载火箭采用新型发动机，发动机质量大、转动惯量大，组合刚度比较差，需考虑建立发动机振动方程。

下面根据新型运载火箭姿态动力学模型的四个新特点，结合姿态动力学模型推导过程，对这些新特点进行重点阐述。

迭代制导给姿控系统提供俯仰程序角 φ_{cx} 和偏航程序角 ψ_{cx}，姿控系统通过发动机摆动，使火箭俯仰姿态角 φ 和偏航姿态角 ψ 跟踪程序角 φ_{cx} 和 ψ_{cx}。在全量动力学方程中，获得箭体角加速度 $\dot{\omega}_x$，$\dot{\omega}_y$ 和 $\dot{\omega}_z$，积分后获得箭体角速度 ω_x，ω_y 和 ω_z，再通过欧拉角转换，获得姿态角

$$
\begin{gathered}
\dot{\omega}_z + I_{\alpha}\omega_x\omega_y + b_1\omega_z + b_2(\alpha+\alpha_w) + b_3\delta_\varphi + b_{30}\ddot{\delta}_\varphi + \sum_{i=1}^{n} b_{1i}\dot{q}_{yi} + \sum_{i=1}^{n} b_{2i}q_{yi} + \sum_{p=1}^{m} b_{4p}\ddot{y}_p - \sum_{p=1}^{m} b_{5p}y_p = \bar{M}_{zB} \\
\dot{\omega}_y + I_{tb}\omega_x\omega_z + b_1\omega_y + b_2(\beta+\beta_w) + b_3\delta_\psi + b_{30}\ddot{\delta}_\psi + \sum_{i=1}^{n} b_{1i}\dot{q}_{zi} + \sum_{i=1}^{n} b_{2i}q_{zi} + \sum_{p=1}^{m} b_{4p}\ddot{Z}_p - \sum_{p=1}^{m} b_{5p}Z_p = \bar{M}_{yB} \\
\dot{\omega}_x + d_1\omega_x + d_3K_\gamma = \bar{M}_{xB} + \sum_{p=1}^{m}\sum_{j=1}^{l} m_{xpj}\ddot{y}_{pj} \\
\dot{\gamma} = \omega_x + \omega_y\tan\psi\sin\gamma + \omega_z\tan\psi\cos\gamma \\
\dot{\psi} = \omega_y\cos\gamma - \omega_z\sin\gamma \\
\dot{\varphi} = \omega_y\sin\gamma/\cos\psi + \omega_z\cos\gamma/\cos\psi
\end{gathered}
\tag{4-138}
$$

全量动力学方程中，除了可以获得三个欧拉角外，还可以通过积分获得弹道倾角 θ 和弹道偏角 σ。这样，攻角 α、侧滑角 β 和速度倾角 ν 需要通过已知的五个角度进行转换。

$$
\begin{aligned}
\dot{\theta}\cos\sigma = {} & \cos\nu\left[\begin{array}{l}
c_3\sin\alpha\cos\beta + (c_3\delta_\varphi + c_{30}\ddot{\delta}_\varphi)\cos\alpha - (c_3\delta_\psi + c_{30}\ddot{\delta}_\psi)\sin\alpha\sin\beta \\
+ c_{10}(\alpha+\alpha_w) - \bar{F}_{yc}\cos\alpha - \bar{F}_{zc}\sin\alpha\sin\beta + \sum_{i=1}^{n} c_{2i}q_{yi} + \sum_{i=1}^{n} c_{1i}\dot{q}_{yi} \\
- \sum_{p=1}^{m} C_{4p}\ddot{y}_p\cos\alpha + \sum_{p=1}^{m} C_{4p}\ddot{Z}_p\sin\alpha\sin\beta
\end{array}\right] + \\
& \sin\nu\left[\begin{array}{l}
c_3\sin\beta + (c_3\delta_\psi + c_{30}\ddot{\delta}_\psi)\cos\beta + c_{10}(\beta+\beta_w) + \bar{F}_{zc}\cos\beta \\
+ \sum_{i=1}^{n} c_{2i}q_{zi} + \sum_{i=1}^{n} c_{1i}\dot{q}_{zi} - \sum_{p=1}^{m} C_{4p}\ddot{Z}_p\cos\beta
\end{array}\right] - \tilde{c}_2\cos\Theta \\
\dot{\sigma} = {} & \cos\nu\left[\begin{array}{l}
c_3\sin\beta + (c_3\delta_\psi + c_{30}\ddot{\delta}_\psi)\cos\beta + c_{10}(\beta+\beta_w) \\
+ \sum_{i=1}^{n} c_{1i}\dot{q}_{zi} + \sum_{i=1}^{n} c_{2i}q_{zi} - \sum_{p=1}^{m} C_{4p}\ddot{Z}_p\cos\beta + \bar{F}_{zc}\cos\beta
\end{array}\right] + \tilde{c}_2\sin\Theta\sin\sigma - \\
& \sin\nu\left[\begin{array}{l}
c_3\sin\alpha\cos\beta + (c_3\delta_\varphi + c_{30}\ddot{\delta}_\varphi)\cos\alpha - (c_3\delta_\psi + c_{30}\ddot{\delta}_\psi)\sin\alpha\sin\beta \\
+ c_{10}(\alpha+\alpha_w) - \bar{F}_{yc}\cos\alpha - \bar{F}_{zc}\sin\alpha\sin\beta + \sum_{i=1}^{n} c_{1i}\dot{q}_{yi} + \sum_{i=1}^{n} c_{2i}q_{yi} \\
- \sum_{p=1}^{m} C_{4p}\ddot{y}_p\cos\alpha + \sum_{p=1}^{m} C_{4p}\ddot{Z}_p\sin\alpha\sin\beta
\end{array}\right]
\end{aligned}
\tag{4-139}
$$

运载火箭要求提高对发射任务的适应性，希望发射载荷的射向变化后，火箭可以快速适应。如果按照现有型号的直接瞄准射向方案，当有新射向需求时，在原有瞄准方式下，就需要增建新的瞄准间、重新布置电缆等一系列相关措施。同时，还要求发射场地的地形、地貌平坦开阔，没有遮挡，而这对于某些发射场地来说是非常困难的。此外，这种方案需要转动火箭，这就使火箭相对于活动塔、固定塔、电缆摆杆、推进剂加注管道等位置发生变化，需要付出很大的代价。特别是在有快速发射需求的情况下，“直接瞄准射向”方案更显示出它的不足。

全方位发射的设计思想是“地面固定瞄准、空中滚转定向”方案，火箭起飞前通过原有地面瞄准设备，将箭体瞄准到某一方位；起飞出塔架后，在拐弯前利用姿态稳定控制系统控制火箭滚转一定角度（即目标射向与瞄准方位角的偏差角），使火箭瞄准目标射向；如果火箭在转弯之前不能完成滚转，可以边转弯边滚转，从而完成不同射向的发射任务。

“地面固定瞄准、空中滚转定向”全方位发射方案的实现，对运载火箭的发展有着重要意义，该方案不要求大量新设备的投入，可以以较低的成本投入实现新技术的运用，从而提高发射效率；可以提高火箭多射向的适应能力，扩大火箭在发射市场的竞争力，进而占有更多的市场份额。全方位发射有非常高的研究价值和实际应用意义，但对姿态控制系统提出了更高的要求，无论是姿态动力学建模还是控制方法都有别于传统火箭。

传统火箭的姿态动力学模型中，由于火箭在射面内飞行，因此箭体的滚转角和速度倾角都为小量。采用全向发射后，箭体的滚转角、速度倾角为大角度。此外，箭体的滚转角速度也不能看作小量，因此，在姿态动力学模型的线性化过程中，需要对这些量格外注意。

涉及到速度倾角 ν 的主要在质心动力学方程，由于火箭受到的力主要在箭体坐标系下表示，而质心动力学方程主要在弹道坐标系下表示，需要将箭体坐标系下的受力经过速度坐标系转换到弹道坐标系。速度坐标系和弹道坐标系之间的夹角为速度倾角 ν。因此，在进行线性化时，不能将 ν 当作小量处理。如在 4.1.4 节和 4.2.4 节中的质心动力学方程中的 $\cos\nu$ 和 $\sin\nu$ 不能简化为 1 和 ν。

涉及到滚转角 γ 的主要是角度变化方程，此时应将滚转角 γ 当作大量处理，此时角度变换方程的线性化结果为

$$\begin{cases}\Delta\alpha = \cos\gamma_0(\Delta\varphi - \Delta\theta) - \sin\gamma_0(\Delta\psi - \Delta\sigma)\\ \Delta\beta = \cos\gamma_0(\Delta\psi - \Delta\sigma) + \sin\gamma_0(\Delta\varphi - \Delta\theta)\\ \Delta\nu = \Delta\gamma\end{cases} \tag{4-140}$$

现役运载火箭姿态动力学模型中，不考虑发动机振动方程。新一代运载火箭采用新型发动机，发动机质量大、转动惯量大，发动机摇摆点距离伺服机构下支点的距离较长，伺服机构本身的长度也比较大，伺服机构的上支点、摇摆轴、发动机燃烧室、喉部、喷管和伺服机构的下支点组成的小回路的组合刚度比较差。由于这一原因，造成发动机推力矢量产生变化。这与在全箭动力学建模过程中，假设发动机摇摆轴到摆动质心为大刚度梁的假设存在较大偏差。因此，有必要建立发动机振动方程，以修正这种假设带来的偏差。

发动机回路主要包括发动机、伺服机构及其上下支点。当发动机、伺服机构和上下支

点都是纯刚性的，则三者的连接关系即为简单的物理连接；当发动机、伺服机构和上下支点的刚度较差时，需要将这三者中的变形部分用弹簧来模拟，如图 4－9 所示。

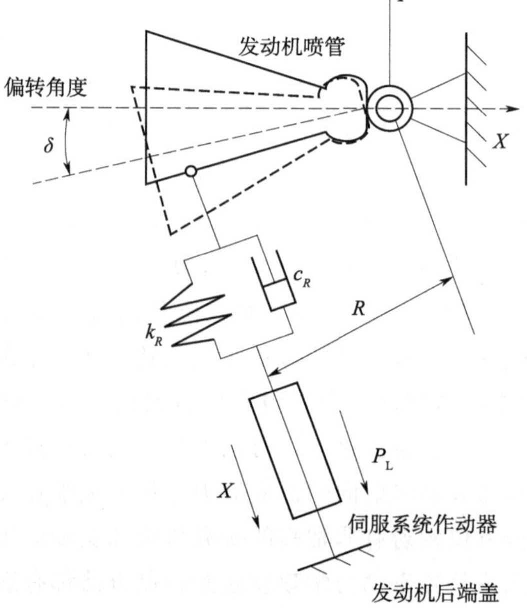

图 4－9　发动机振动简化模型

以俯仰通道为例，以未变形的喷管为研究对象，其受到的力有伺服推力、发动机推力、摇摆点支撑力和重力，可得

$$
\begin{aligned}
& J_R\ddot{\delta}_\varphi + c_R\dot{\delta}_\varphi + k_R R^2\delta_\varphi - k_R R X_1 + m_R l_R[l_R + (x_R - x_Z)]\ddot{\varphi} - \\
& m_R l_R\left[\sum_{i=1}^{n} W_{yi}(x_R) + l_R\sum_{i=1}^{n} W'_{yi}(x_R)\right]\ddot{q}_{yi} + m_R l_R\dot{W}_{X1}\left[\delta_\varphi - \sum_{i=1}^{n} W'_{yi}(x_R)q_{yi}\right] \\
= & J_R\ddot{\delta}_\varphi + c_R\dot{\delta}_\varphi + k_R R^2\delta_\varphi - k_R R X_1 + \bar{a}_3\delta_\varphi + \bar{a}_4\ddot{\varphi} - \sum_{i=1}^{n}\bar{a}''_{5i}\ddot{q}_{yi} - \sum_{i=1}^{n}\bar{a}_{5i}q_{yi} \\
= & J_R\ddot{\delta}_\varphi + c_R\dot{\delta}_\varphi + k_R R^2\delta_\varphi - k_R R X_1 + T_{L1}^{\varphi} = 0 \\
& T_{L1}^{\varphi} = m_R l_R[l_R + (x_R - x_Z)]\ddot{\varphi} - m_R l_R\left[\sum_{i=1}^{n} W_{yi}(x_R) + l_R\sum_{i=1}^{n} W'_{yi}(x_R)\right]\ddot{q}_{yi} + \\
& m_R l_R\dot{W}_{X1}\left[\delta_\varphi - \sum_{i=1}^{n} W'_{yi}(x_R)q_{yi}\right]
\end{aligned}
\tag{4-141}
$$

令

$$
\begin{aligned}
a_3 &= m_R l_R\dot{W}_{X1}/J_R \\
a_4 &= m_R l_R[l_R + (x_R - x_Z)]/J_R \\
a''_{5i} &= [m_R l_R W_{yi}(x_R) + J_R W'_{yi}(x_R)]/J_R \\
a_{5i} &= m_R l_R\dot{W}_{X1}W'_{yi}(x_R)/J_R
\end{aligned}
$$

写成发动机振动方程一般的应用形式如下

$$\ddot{\delta}_{\varphi}+2\xi_{R}\omega_{R}\dot{\delta}_{\varphi}+\omega_{R}^{2}\delta_{\varphi}=\omega_{R}^{2}W_{\mathrm{h}}(s)\delta_{\varphi C}-a_{3}\delta_{\varphi}-a_{4}\ddot{\varphi}+\sum_{i=1}^{n}a''_{5i}\ddot{q}_{yi}+\sum_{i=1}^{n}a_{5i}q_{yi} \tag{4-142}$$

$$\ddot{\delta}_{\psi}+2\xi_{R}\omega_{R}\dot{\delta}_{\psi}+\omega_{R}^{2}\delta_{\psi}=\omega_{R}^{2}W_{\mathrm{h}}(s)\delta_{\varphi C}-a_{3}\delta_{\psi}-a_{4}\ddot{\psi}+\sum_{i=1}^{n}a''_{5i}\ddot{q}_{zi}+\sum_{i=1}^{n}a_{5i}q_{zi} \tag{4-143}$$

大型捆绑运载火箭的弹性振动方程如 4.2.3 节所示，由于大型捆绑运载火箭的弹性模态比较复杂，很多为空间模态，导致俯仰、偏航和滚动通道的弹性模态耦合。此外，有些模态是全箭模态，而有些模态是局部模态。

针对大型捆绑运载火箭所呈现出的低频密模态、复杂局部变形、芯级和助推器间、通道与通道间耦合等特点，采用有限元理论描述固体捆绑火箭相对于等效刚体的复杂弹性振动，并推导建立了固体捆绑火箭的弹性振动方程。

弹性振动方程在弹性体下建立，火箭所受到的力在箭体坐标系下，在求解广义力时，要分别求解控制力、惯性力、气动力和液体晃动惯性力的广义力，最后代入到弹性振动方程。求解广义力时，不但要求解火箭受力的广义力，还要求解火箭受到力矩的广义力。

本书将火箭简化为多分支梁模型，采用有限元法计算全箭振动特性。有限元分析中的全局参考坐标系 $o_{e}x_{e}y_{e}z_{e}$，原点 o_{e} 位于火箭理论尖点，$o_{e}x_{e}$ 轴沿箭体外壳纵轴指向箭体尾部，$o_{e}y_{e}$ 轴在箭体主对称面内，$o_{e}z_{e}$ 轴按右手法则确定，简记为 $\boldsymbol{E}$，单位基向量列阵记为 $\underset{\sim}{\boldsymbol{E}}^{\mathrm{T}}=(\underset{\sim}{\boldsymbol{E}_{1}},\underset{\sim}{\boldsymbol{E}_{2}},\underset{\sim}{\boldsymbol{E}_{3}})$，如图 4-10 所示。

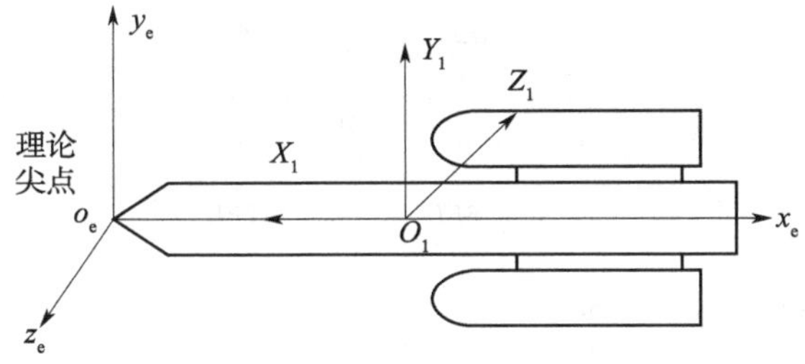

图 4-10 有限元分析全局参考坐标系

梁模型的建模过程为：

1）根据总体设计在箭体上划分若干站点，确定每个站点的位置和质量。

2）将每个站点作为梁模型的节点，节点与节点之间用梁单元模拟箭体的刚度特性，梁单元所在部段的结构质量和推进剂质量按照一定规则分配到梁单元两端节点上，建立质量单元模拟箭体的质量特性。

空间梁单元及其局部参考坐标系如图 4-11 所示。梁单元每个节点均有六个自由度，即 x 向位移 $\bar{u}_{x}$、y 向位移 $\bar{u}_{y}$、z 向位移 $\bar{u}_{z}$、轴向扭转角 $\bar{\phi}_{x}$、绕 y 轴转角 $\bar{\phi}_{y}$ 和绕 z 轴转角 $\bar{\phi}_{z}$。梁单元的刚度特性由反映结构截面特性的直径、平均厚度以及材料特性确定。根据有限元理论可得到梁单元在单元局部坐标系 $oxyz$ 中的刚度矩阵见式（4-144），其中 E 为弹性模量，G 为剪切模量，l_e 为单元长度，I_y 、I_z 为截面惯性矩，J 为截面极惯性矩，A 为截面积。

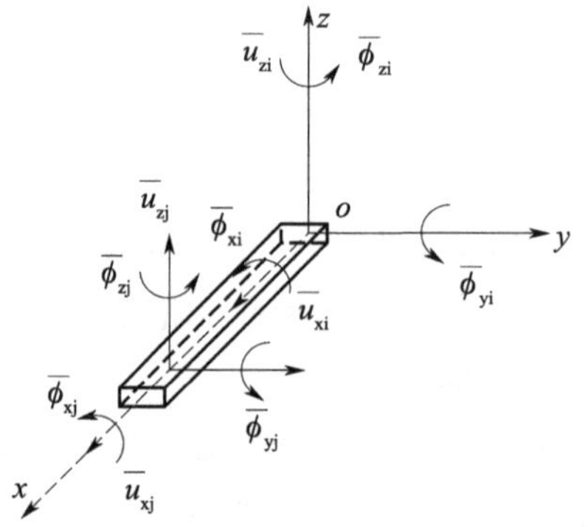

图 4-11　空间梁单元及局部参考坐标系

$$
\boldsymbol{K}^e=\left[\begin{array}{cccccc:cccccc}
\frac{EA}{l_e} & 0 & 0 & 0 & 0 & 0 & -\frac{EA}{l_e} & 0 & 0 & 0 & 0 & 0 \\
0 & \frac{12EI_z}{l_e^{\ 3}} & 0 & 0 & 0 & \frac{6EI_z}{l_e^{\ 2}} & 0 & -\frac{12EI_z}{l_e^{\ 3}} & 0 & 0 & 0 & \frac{6EI_z}{l_e^{\ 2}} \\
0 & 0 & \frac{12EI_y}{l_e^{\ 3}} & 0 & \frac{6EI_y}{l_e^{\ 2}} & 0 & 0 & 0 & -\frac{12EI_y}{l_e^{\ 3}} & 0 & \frac{6EI_y}{l_e^{\ 2}} & 0 \\
0 & 0 & 0 & \frac{GJ}{l_e} & 0 & 0 & 0 & 0 & 0 & -\frac{GJ}{l_e} & 0 & 0 \\
0 & 0 & \frac{6EI_y}{l_e^{\ 2}} & 0 & \frac{4EI_y}{l_e} & 0 & 0 & 0 & -\frac{6EI_y}{l_e^{\ 2}} & 0 & \frac{2EI_y}{l_e} & 0 \\
0 & \frac{6EI_z}{l_e^{\ 2}} & 0 & 0 & 0 & \frac{4EI_z}{l_e} & 0 & -\frac{6EI_z}{l_e^{\ 2}} & 0 & 0 & 0 & \frac{2EI_z}{l_e} \\
\hdashline
-\frac{EA}{l_e} & 0 & 0 & 0 & 0 & 0 & \frac{EA}{l_e} & 0 & 0 & 0 & 0 & 0 \\
0 & -\frac{12EI_z}{l_e^{\ 3}} & 0 & 0 & 0 & -\frac{6EI_z}{l_e^{\ 2}} & 0 & \frac{12EI_z}{l_e^{\ 3}} & 0 & 0 & 0 & -\frac{6EI_z}{l_e^{\ 2}} \\
0 & 0 & -\frac{12EI_y}{l_e^{\ 3}} & 0 & -\frac{6EI_y}{l_e^{\ 2}} & 0 & 0 & 0 & \frac{12EI_y}{l_e^{\ 3}} & 0 & -\frac{6EI_y}{l_e^{\ 2}} & 0 \\
0 & 0 & 0 & -\frac{GJ}{l_e} & 0 & 0 & 0 & 0 & 0 & \frac{GJ}{l_e} & 0 & 0 \\
0 & 0 & \frac{6EI_y}{l_e^{\ 2}} & 0 & \frac{2EI_y}{l_e} & 0 & 0 & 0 & -\frac{6EI_y}{l_e^{\ 2}} & 0 & \frac{4EI_y}{l_e} & 0 \\
0 & \frac{6EI_z}{l_e^{\ 2}} & 0 & 0 & 0 & \frac{2EI_z}{l_e} & 0 & -\frac{6EI_z}{l_e^{\ 2}} & 0 & 0 & 0 & \frac{4EI_z}{l_e}
\end{array}\right] \tag{4-144}
$$

梁单元刚度特性可采用 MSC. Nastran 软件中的 CBEAM 单元模拟。对于梁单元的质量特性，由于质量被平均分到两端节点上，相应的集中质量矩阵见式（4-145），其中 ρ 为密度，该集中质量矩阵可由 MSC. Nastran 软件中的集中质量单元（CONM2）实现。

$$
M^{e}=\left[\begin{array}{cccccc|cccccc}
\frac{\rho A l_e}{2} & & & & & & & & & & & \\
& \frac{\rho A l_e}{2} & & & & & & & & & & \\
& & \frac{\rho A l_e}{2} & & & & & & 0 & & & \\
& & & \frac{\rho J l_e}{2} & & & & & & & & \\
& & & & 0 & & & & & & & \\
& & & & & 0 & & & & & & \\
\hline
& & & & & & \frac{\rho A l_e}{2} & & & & & \\
& & & & & & & \frac{\rho A l_e}{2} & & & & \\
& & & 0 & & & & & \frac{\rho A l_e}{2} & & & \\
& & & & & & & & & \frac{\rho J l_e}{2} & & \\
& & & & & & & & & & 0 & \\
& & & & & & & & & & & 0
\end{array}\right] \tag{4-145}
$$

3）推进剂建模。推进剂建模时一般不考虑液体晃动效应，按附加质量法进行处理。为反映贮箱纵向变形时推进剂只随箱底运动、横向变形时推进剂跟随箱体平动、扭转变形时推进剂不动（忽略推进剂转动惯量）的特点，可令反映推进剂附加质量的质量矩阵中对应元素为零。对贮箱柱段推进剂单元的质量矩阵采用下式中的 $\boldsymbol{M}_f^e$ ，其中 m_f^e 为该单元推进剂质量，贮箱后底推进剂单元质量矩阵采用下式中的 $\boldsymbol{M}_f^{*e}$ ，其中 $\sum m_f^e$ 为本贮箱内推进剂总质量。推进剂质量单元可用 MSC. Nastran 软件中的 CONM1 单元模拟。

$$
\boldsymbol{M}_f^e=\begin{bmatrix}
0 & & & & & \\
& m_f^e & & & 0 & \\
& & m_f^e & & & \\
& & & 0 & & \\
& 0 & & & 0 & \\
& & & & & 0
\end{bmatrix},\boldsymbol{M}_f^{*e}=\begin{bmatrix}
\sum m_f^e & & & & & \\
& m_f^e & & & 0 & \\
& & m_f^e & & & \\
& & & 0 & & \\
& 0 & & & 0 & \\
& & & & & 0
\end{bmatrix} \tag{4-146}
$$

4）其他部位建模。发动机建模时，假设喷管不摆动，用从摆动点到喷管质心的大刚度梁单元模拟，或采用 RBE2 单元模拟其大刚度特性，以保证喷管梁单元在梁模型中始终随机架变形做刚体运动。机架和捆绑机构采用三维空间建模技术，按照实际结构建立三维有限元模型，但伺服机构作动器不参与建模。

根据附加质量法，分别形成各单元在局部坐标系中的刚度矩阵和质量矩阵，经过坐标变换和装配集成，最终可形成系统整体有限元方程为

$$
(\boldsymbol{M}_s+\boldsymbol{M}'_s)\ddot{\boldsymbol{X}}+\boldsymbol{K}_s\boldsymbol{X}=\boldsymbol{F}_s \tag{4-147}
$$

式中　$\boldsymbol{M}_s$ ，$\boldsymbol{K}_s$ ，$\boldsymbol{X}$ ，$\boldsymbol{F}_s$ ——分别为固体质量矩阵、固体刚度矩阵、固体节点位移向量和固体外载荷向量；

$\boldsymbol{M}'_s$ ——推进剂附加质量矩阵。

在研究全箭动特性时，通常研究如下自由振动方程

$$(\boldsymbol{M}_s + \boldsymbol{M}'_s)\ddot{\boldsymbol{X}} + \boldsymbol{K}_s\boldsymbol{X} = 0 \tag{4-148}$$

令 $\boldsymbol{K} = \boldsymbol{K}_s, \boldsymbol{M} = \boldsymbol{M}_s + \boldsymbol{M}'_s$ ，其中，$\boldsymbol{K} \in \mathbf{R}^{N\times N}$ 为半正定的结构总刚度矩阵，$\boldsymbol{M} \in \mathbf{R}^{N\times N}$ 为正定的结构总质量矩阵，这里 N 为模型总的自由度数。将式（4-148）写为

$$\boldsymbol{M}\ddot{\boldsymbol{X}} + \boldsymbol{K}\boldsymbol{X} = 0 \tag{4-149}$$

火箭动特性计算可以归结为求解如下广义特征值问题

$$(\boldsymbol{K} - \omega^2\boldsymbol{M})\boldsymbol{\varphi} = 0 \tag{4-150}$$

式中　$\omega^2, \boldsymbol{\varphi}$ ——分别为特征值和特征向量。求解频率方程

$$|\boldsymbol{K} - \omega^2\boldsymbol{M}| = 0 \tag{4-151}$$

可得系统 N 个固有频率 $\omega_1, \omega_2, \cdots, \omega_N$ ，将其代入式（4-150）可求出与之对应的模态列向量 $\boldsymbol{\varphi}_1, \boldsymbol{\varphi}_2, \cdots, \boldsymbol{\varphi}_N$ 。令 $\boldsymbol{\Phi} = [\boldsymbol{\varphi}_1, \boldsymbol{\varphi}_2, \cdots, \boldsymbol{\varphi}_N]$ ，称为模态矩阵，由模态叠加法，模型节点位移可表示为

$$\boldsymbol{X} = \sum_{i=1}^{N} \boldsymbol{\varphi}_i q_i = \boldsymbol{\Phi}\boldsymbol{q} \tag{4-152}$$

其中 $\boldsymbol{q} = [q_1, q_2, \cdots, q_N]^{\mathrm{T}}$ ，q_i 为第 i 阶振动模态坐标（或称广义坐标）。

将式（4-147）中的 $\boldsymbol{X}$ 用式（4-152）展开，同时用 $\boldsymbol{\Phi}^{\mathrm{T}}$ 左乘方程两边各项，化简可得

$$\boldsymbol{\Phi}^{\mathrm{T}}\boldsymbol{M}\boldsymbol{\Phi}\ddot{\boldsymbol{q}} + \boldsymbol{\Phi}^{\mathrm{T}}\boldsymbol{K}\boldsymbol{\Phi}\boldsymbol{q} = \boldsymbol{\Phi}^{\mathrm{T}}\boldsymbol{F}_s \tag{4-153}$$

由于模态具有如下正交性性质，即

$$\boldsymbol{\varphi}_i^{\mathrm{T}}\boldsymbol{K}\boldsymbol{\varphi}_j = 0, \boldsymbol{\varphi}_i^{\mathrm{T}}\boldsymbol{M}\boldsymbol{\varphi}_j = 0, (i \neq j) \tag{4-154}$$

这样 $\boldsymbol{\Phi}^{\mathrm{T}}\boldsymbol{M}\boldsymbol{\Phi}$ 和 $\boldsymbol{\Phi}^{\mathrm{T}}\boldsymbol{K}\boldsymbol{\Phi}$ 为对角矩阵，令

$$\begin{gathered}\overline{\boldsymbol{M}} = \boldsymbol{\Phi}^{\mathrm{T}}\boldsymbol{M}\boldsymbol{\Phi} = \mathrm{diag}(\overline{M}_1, \overline{M}_2, \cdots, \overline{M}_N) \\ \overline{\boldsymbol{K}} = \boldsymbol{\Phi}^{\mathrm{T}}\boldsymbol{K}\boldsymbol{\Phi} = \mathrm{diag}(\overline{K}_1, \overline{K}_2, \cdots, \overline{K}_N)\end{gathered} \tag{4-155}$$

$\overline{\boldsymbol{M}}$ 和 $\overline{\boldsymbol{K}}$ 分别称为模态质量矩阵（或广义质量矩阵）和模态刚度矩阵（或广义刚度矩阵），$\overline{K}_i$ 和 $\overline{M}_i$ 称为第 i 阶振动模态刚度（或广义刚度）和模态质量（或广义质量）。令 $\omega_i^2 = \dfrac{\overline{K}_i}{\overline{M}_i}$ ，将式（4-153）展开成分量形式为

$$\ddot{q}_i + \omega_i^2 q_i = \frac{\overline{F}_i}{\overline{M}_i} (i = 1, 2, \cdots, N) \tag{4-156}$$

式中　$\overline{F}_i = \boldsymbol{\varphi}_i^{\mathrm{T}}\boldsymbol{F}_s$ ——第 i 阶模态广义力。若考虑模态阻尼，上式可写为

$$\ddot{q}_i + 2\xi_i\omega_i\dot{q}_i + \omega_i^2 q_i = \frac{\overline{F}_i}{\overline{M}_i} (i = 1, 2, \cdots, N) \tag{4-157}$$

式中　ξ_i ——第 i 阶模态阻尼比。

式（4-157）的特点是形式上只有一种广义坐标 q_i 。式（4-157）是在充分考虑箭体各部分动特性的基础上得到的，广义力 $\overline{F}_i$ 和广义质量 $\overline{M}_i$ 计算中利用了全部模态数据，能

充分反映助推与芯级之间纵、横、扭相互耦合的复杂三维空间弹性振动，本文正是在式（4 - 157）的基础上给出了捆绑火箭的弹性振动方程。

模态计算完成后，可在第 i 阶模态向量 $\boldsymbol{\varphi}_i$ 中将位于第 k 助推纵轴线上距理论尖点 x 处点的六自由度模态数据提取出来（或通过相邻节点插值得到），分别记为 $u_{kix}(x)$、$u_{kiy}(x)$、$u_{kiz}(x)$、$\phi_{kix}(x)$、$\phi_{kiy}(x)$、$\phi_{kiz}(x)$，根据模态叠加法，对应点的弹性位移和转角分量为

$$u_{kx}(x)=\sum_{i=1}^{n}u_{kix}(x)q_i,u_{ky}(x)=\sum_{i=1}^{n}u_{kiy}(x)q_i,u_{kz}(x)=\sum_{i=1}^{n}u_{kiz}(x)q_i$$

$$\phi_{kx}(x)=\sum_{i=1}^{n}\phi_{kix}(x)q_i,\phi_{ky}(x)=\sum_{i=1}^{n}\phi_{kiy}(x)q_i,\phi_{kz}(x)=\sum_{i=1}^{n}\phi_{kiz}(x)q_i \quad (4-158)$$

其中 n 为截取的非零频模态阶数。令

$$\underset{\sim}{\boldsymbol{T}}_{ki(x)}=[u_{kix}(x),u_{kiy}(x),u_{kiz}(x)]^{\mathrm{T}},\underset{\sim}{\boldsymbol{T}}_{k(x)}=[\underset{\sim}{\boldsymbol{T}}_{k1(x)},\underset{\sim}{\boldsymbol{T}}_{k2(x)},\cdots,\underset{\sim}{\boldsymbol{T}}_{kn(x)}]$$

$$\underset{\sim}{\boldsymbol{\Upsilon}}_{ki(x)}=[\phi_{kix}(x),\phi_{kiy}(x),\phi_{kiz}(x)]^{\mathrm{T}},\underset{\sim}{\boldsymbol{\Upsilon}}_{k(x)}=[\underset{\sim}{\boldsymbol{\Upsilon}}_{k1(x)},\underset{\sim}{\boldsymbol{\Upsilon}}_{k2(x)},\cdots,\underset{\sim}{\boldsymbol{\Upsilon}}_{kn(x)}]$$

$$\underset{\sim}{\boldsymbol{u}}_{k(x)}=[u_{kx}(x),u_{ky}(x),u_{kz}(x)]^{\mathrm{T}},\underset{\sim}{\boldsymbol{\eta}}_{k(x)}=[\phi_{kx}(x),\phi_{ky}(x),\phi_{kz}(x)]^{\mathrm{T}}$$

$$\underset{\sim}{\boldsymbol{q}}=[q_1,q_2,\cdots,q_n]^{\mathrm{T}}$$

式中　$\underset{\sim}{\boldsymbol{T}},\underset{\sim}{\boldsymbol{\Upsilon}}_{k(x)}$ ——分别为第 k 助推梁 x 处模态中三个平动分量和三个转动分量组成的矩阵，分别描述该点处弹性平动和转动特征；

$\underset{\sim}{\boldsymbol{u}}_{k(x)}$，$\underset{\sim}{\boldsymbol{\eta}}_{k(x)}$ ——分别为第 k 助推梁 x 处三个平动位移和三个弹性转角组成的列向量；

$\underset{\sim}{\boldsymbol{q}}$ ——模态坐标列向量。

式（4 - 158）可写为

$$\underset{\sim}{\boldsymbol{u}}_{k(x)}=\underset{\sim}{\boldsymbol{T}}_{k(x)}\underset{\sim}{\boldsymbol{q}},\underset{\sim}{\boldsymbol{\eta}}_{k(x)}=\underset{\sim}{\boldsymbol{\Upsilon}}_{k(x)}\underset{\sim}{\boldsymbol{q}} \quad (4-159)$$

当 $k=0$ 时上式表示芯级箭体上相应点的弹性平动位移和转角。

模态数据都是在有限元全局参考坐标系 $o_ex_ey_ez_e$ 中给出。模态表示结构上各点变形量的相对比值，幅值可任意但形状唯一，可认为模态是一个无量纲量。模态归一化方式有三种：指定点归一化、最大值归一化和质量归一化。火箭研究中一般按指定点归一化，归一化点应选在能反映火箭整体模态、数值较大且易被试验验证的节点，通常选在箭体头部点。

第 5 章　箭体动力学特性与控制

运载火箭在飞行过程中，发动机工作产生的推力是其受到的主要外力，另外还有气动力和地球引力。火箭是柔性细长体，包含了各种结构形式，贮箱中还有推进剂，在各种外力的作用下，箭体结构会发生弹性变形和振动，贮箱中推进剂也会晃动，发动机、管路、结构还会发生耦合振动，所有这些均会对姿态控制产生影响，甚至会对结构产生破坏，有必要研究其动力学特性及对姿态控制的影响。

5.1　运载火箭结构动力学特性

5.1.1　非捆绑运载火箭结构动力学特性

5.1.1.1　运载火箭结构组成

运载火箭箭体结构将箭上各个部分连接成一个整体，既要承受各种内外载荷的作用，又要保持火箭结构完整性和良好的气动特性，并提供各系统所需的安装和环境条件。现代火箭的贮箱一般为充压承力贮箱，是火箭箭体承力结构的重要组成部分，除贮存推进剂外，还要保持一定的内压，承载外部的各种载荷。

箭体结构一般由卫星整流罩、仪器舱、氧化剂箱、燃料箱、箱间段、过渡段、尾段、尾翼、防热裙及设备支架等组成。各级之间采用级间段连接。

典型一级箭体结构由级间段、氧化剂箱、箱间段、燃料箱、过渡段、尾段、尾翼、底部防热裙等部分组成，级间段由一、二级级间壳段和级间杆系组成。一级箭体部段外形及结构如图 5－1 所示。

一级氧化剂箱由前短壳、箱筒段、后短壳等组成。前短壳由端框和壳段组成，壳段由化铣壁板拼焊而成；箱筒段为化铣正交斜置加筋网格结构；后短壳由端框和壳段组成，壳段为化铣外加筋直肋结构。

一级箱间段是位于一级氧化剂箱和一级燃料箱之间的一个承力壳段。属于均布加筋桁条和蒙皮铆接结构。

一级燃料箱由前短壳、箱筒段、后短壳等组成。前短壳由端框和壳段两部分铆接而成，壳段是由化铣外加筋直肋结构焊接起来的圆筒；箱筒段壁板是化铣正交斜置加筋网格结构；后短壳也是由端框和壳段组成，壳段为化铣外加筋放射肋结构。

过渡段是位于尾段之前，一级燃料箱之后的一个过渡壳段。过渡段壳体由整体加筋化铣壁板焊接而成。

尾段是外加桁条和蒙皮铆接结构的舱体。在发射架上，通过它将全箭支承在发射台上。

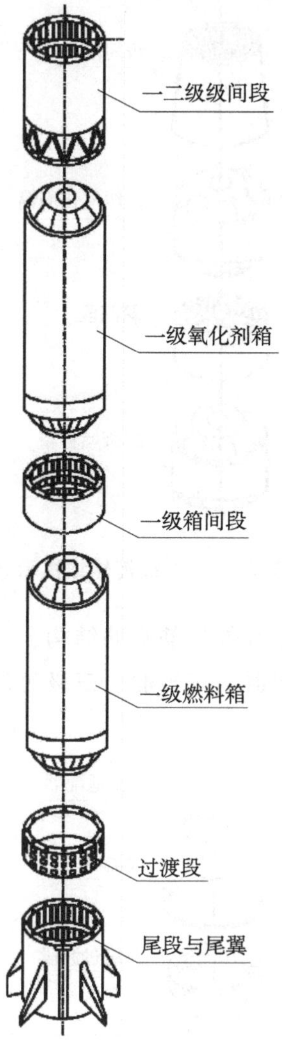

图 5-1　一级箭体结构示意

典型二级箭体结构由二、三级级间段、二级氧化剂箱、二级箱间段、二级燃料箱、二级整流罩等部件组成，如图 5-2 所示。

二、三级级间段是一个加筋截锥壳。二、三级箭体结构连接及承力壳体，并对三级发动机起着保护作用。

二级氧化剂箱是一个薄壳结构箱体，由前短壳、箱筒段、后短壳等部件组成。前短壳主要由端框和壳段组成，壳段为化铣直肋外加筋结构；箱筒段为光圆筒结构；后短壳也是由端框和壳段组成，壳段是化铣外加筋直肋结构。

二级箱间段是连接二级氧化剂箱和二级燃料箱的一个承力舱体，舱体结构为均布加筋桁条和蒙皮铆接结构。

二级燃料箱是一个薄壳结构箱体，由前短壳、箱筒段、后短壳等部件组成。前短壳主要由端框和壳段组成，壳段为化铣直肋外加筋结构；箱筒段为光圆筒结构；后短壳由端

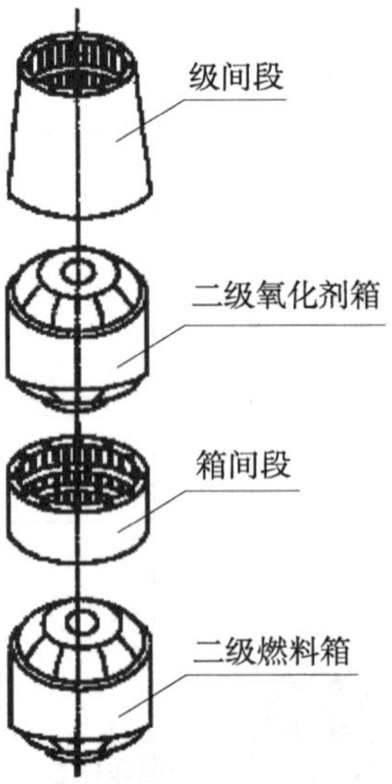

图 5 - 2　二级箭体结构示意

框、中间框和壳段组成，壳段是化铣外加筋直肋结构。

典型三级箭体结构由卫星适配器、仪器舱、三级过渡段、共底贮箱、发动机舱等部件组成，如图 5 - 3 所示。

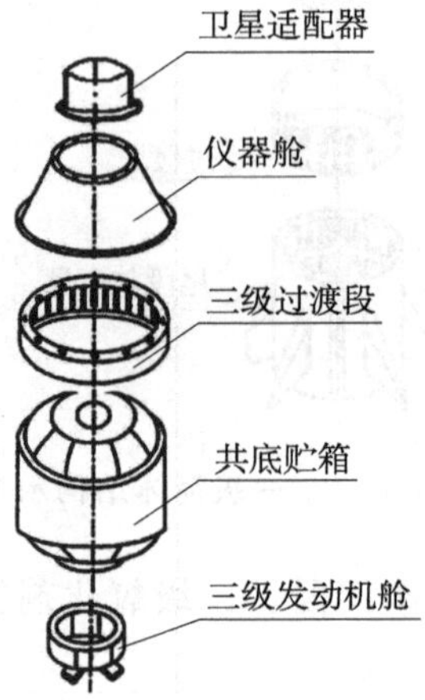

图 5 - 3　三级箭体结构示意

卫星适配器是卫星与运载火箭连接的转接段，上端通过包带与卫星相连，下端通过螺栓与仪器舱相连。结构采用整体锻件正交加筋结构方案。

仪器舱是一个以安装仪器设备为主要功能的舱体。仪器舱外形是一个截锥体，舱体采用框、桁、蒙皮铆接结构。

三级过渡段是圆筒形薄壁加筋铆接舱段。它是三子级气动外形的一部分，飞行中承受气动力和气动热的作用，并为动力输送系统气瓶安装提供空间。三级过渡段由前后端框、蒙皮及纵向桁条组成。

三级推进剂贮箱为共底贮箱，箱体结构由前短壳、筒段、后短壳等组成。前短壳主要由端框和壳段组成，壳段为化铣直肋外加筋结构；箱筒段为光圆筒结构，由板材经化铣后拼接而成；后短壳由端框和壳段组成，壳段是化铣外加筋直肋结构。

发动机舱是三级安装主发动机、姿控发动机、伺服机构、肼瓶和动力系统其他设备的母体。舱体采用放射肋壁板和蒙皮混合式结构的圆筒壳。

卫星整流罩形状类似蚌壳，卫星整流罩纵向设计成 5 段：球头、前锥、后锥、筒段、倒锥。球头由球冠和截锥两部分组成；前锥壳体由蒙皮和框组成；后锥由蒙皮、桁条和框组成；圆筒段是薄壁加筋铆接结构；倒锥段和筒段结构形式相同，为外加桁薄壁半硬壳式铆接结构。如图 5-4 所示。

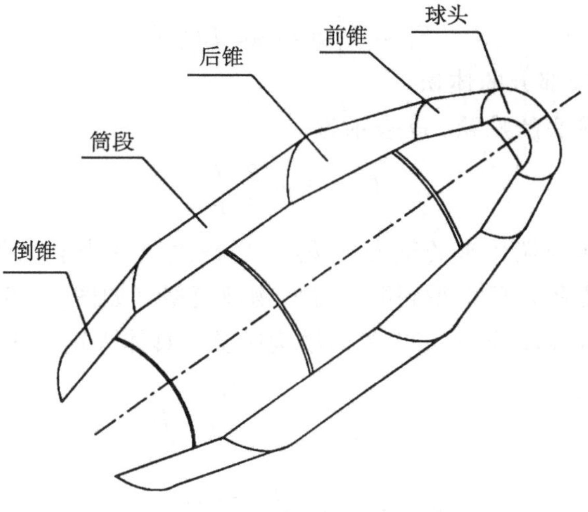

图 5-4　卫星整流罩结构示意

5.1.1.2　非捆绑运载火箭的纵向结构振动特性

针对非捆绑运载火箭的纵向振动特性，总的思想是将其当作连续杆的纵向振动问题来处理。为了便于工程计算分析和应用，常常将具有连续形式的非捆绑运载火箭的纵向振动，简化为由离散的质量和连接质量块的拉压弹簧组成的简化系统的纵向振动问题。在有必要时，可以根据需要建立相应部段（如仪器舱、级间杆系等）的三维有限元模型。

作为工程实用并得到认可的建模方法一般有两种。一种是有限元法，即把火箭结构分为壳体单元、流体单元，考虑推进剂—箭体结构（液—固耦合）相互影响的有限元模型。另一种是等效弹簧一质量模型的集中质量参数法，被等效的火箭结构由受约束的质量、弹簧和充液贮箱组成，其中充液贮箱按流体动力学和弹性力学法则，用液体一弹性贮箱壁之间的相互作用，即液固耦合分析，等效成弹簧一质量系统。目前在非捆绑运载火箭的纵向振动特性分析中，运载火箭的纵向模型采用了集中参数分析法。

组成运载火箭各舱段的主要结构形式有：充液贮箱、锥壳结构、圆筒壳结构和杆系结构等。为了建立运载火箭飞行状态的纵向振动动力学分析模型，先对这些典型结构的刚度计算作简单介绍。

（1）充液贮箱等效力学模型

典型的充液贮箱如图 5－5 所示。假设贮箱内液体是无旋、不可压缩的，忽略自由液面波动引起的压力。箱内液体部分深度为 L，贮箱是半径为 a，壁厚为 δ 的薄壁圆筒，箱底是椭球形深度为 b 的弹性薄壳，贮箱内液体密度为 ρ，液体质量为 M。当具有充液贮箱的火箭以一定的轴向加速度 $\ddot{x}$ 飞行时，贮箱壁的充液部分作用着随液位高度变化的压力为

$$P = \rho \ddot{x}(L - x) \tag{5-1}$$

此压力在箱壁中产生环向应力，由于这种应力及应变的结果，使箱筒段以及其中的液体，产生相对于箱底的径向和轴向位移，若将箱内液体重量集中于质心，则作用于其上的惯性力为

$$F_1 = V\rho\ddot{x} = \pi a^2 LD\rho\ddot{x} \tag{5-2}$$

式中　V——贮箱充液部分的体积。

对于有向上凸起箱底的贮箱，D 表示为

$$D = 1 - \frac{2}{3}\frac{b}{L} \tag{5-3}$$

贮箱壁还受到从箱顶端传来的轴向力 F_2，考虑这些受力和变形，应用薄膜运动微分方程和流体拉普拉斯方程，可以得到贮箱等效物理模型（如图 5－6 所示）的各刚度参数，M_1 和 M_2 分别表示贮箱筒段及贮箱底等的结构质量，具体表达式为

$$K_1 = \frac{3\mu DK}{4 - 3\mu^2 + 3D^2 \dfrac{K}{K_B}} \tag{5-4}$$

$$K_2 = \frac{3D(D-\mu)K}{4 - 3\mu^2 + 3D^2 \dfrac{K}{K_B}} \tag{5-5}$$

$$K_3 = \frac{\left(4 - 3\mu D + 3D^2 \dfrac{K}{K_B}\right)K}{4 - 3\mu^2 + 3D^2 \dfrac{K}{K_B}} \tag{5-6}$$

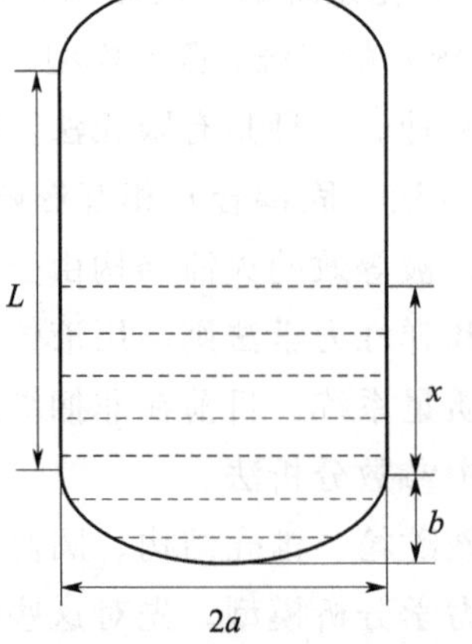

图 5－5　充液贮箱示意图

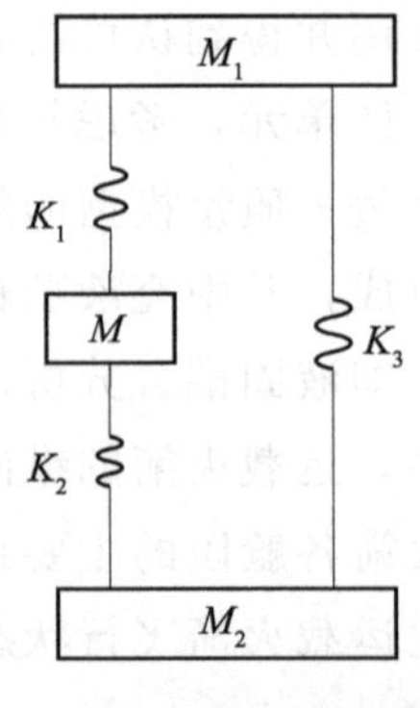

图 5－6　贮箱等效物理模型

式中 μ——泊松比；

$K = 2\pi a\sigma E/L$ ；

E——弹性模量。

椭球箱底的刚度 K_B 由下式给出

$$K_B = \frac{2\pi\delta_B E_B(3e-2f)^2}{9[H(f,u)-2eG(f,u)+e^2F(f,u)]} \tag{5-7}$$

式中 E_B——箱底材料的弹性模量；

δ_B——箱底厚度；

e——液位高和贮箱半径之比 L/a ；

f——短半轴与长半轴之比 b/a 。

其函数表达式为

$$\begin{aligned} H(f,u) = {} & \frac{f^2}{27}[27-16f-u(24f-3)]+\frac{8f^2(1+u)}{9}\ln\left(\frac{1+f}{f}\right)+ \\ & [2-6f^2+3f^4-uf^2(2-f^2)]\frac{\ln\left(\frac{1+\sqrt{1-f^2}}{1-\sqrt{1-f^2}}\right)}{9\sqrt{1-f^2}}+ \\ & \frac{f^4(3-u)}{18}\left[\frac{2\sqrt{1-f^2}-f^2\ln\left(\frac{1+\sqrt{1-f^2}}{1-\sqrt{1-f^2}}\right)}{2(1-f^2)\sqrt{1-f^2}}\right] \end{aligned} \tag{5-8}$$

$$\begin{aligned} G(f,u) = {} & \frac{-13+37f^2+10f^3+\frac{22f^4}{1+f}}{45f}-\frac{2uf}{9}\left(4+\frac{f^2}{1+f}\right)+ \\ & (2-f^2+2uf^2)\frac{\sqrt{1-f^2}}{6f}\ln\left(\frac{1+\sqrt{1-f^2}}{1-\sqrt{1-f^2}}\right) \end{aligned} \tag{5-9}$$

$$F(f,u) = \left(\frac{15-12u}{8}-\frac{3}{4f^2}\right)+\left[\frac{(15-12u)f^2}{8}-2+u+\frac{1}{f^2}\right]\frac{\ln\left(\frac{1+\sqrt{1-f^2}}{1-\sqrt{1-f^2}}\right)}{2\sqrt{1-f^2}} \tag{5-10}$$

当贮箱向下凹时，贮箱底的刚度 K_B 由下式给出

$$K_B = \frac{2\pi\delta_B E_B(3e+2f)^2}{9[H(f,u)+2eG(f,u)+e^2F(f,u)]} \tag{5-11}$$

（2）薄壁锥壳段的刚度

设锥壳段的高度为 L ，锥段大端面的半径为 a ，锥壳母线与大端面的夹角为 φ，锥壁厚度为 δ，则锥壳段的刚度为

$$K = \frac{2\pi a\delta E}{L}\frac{\sin^2\varphi\cdot\cos\varphi}{\log\left(\frac{a}{a-L\cot\varphi}\right)} \tag{5-12}$$

（3）薄壁圆筒段的刚度

设圆筒段的高度为 L ，半径为 a ，壁厚度为 δ，则壳段的刚度为

$$K = \frac{2\pi a\delta E}{L} \tag{5-13}$$

(4) 级间杆系的刚度

级间杆系结构的示意图如图 5-7～图 5-10 所示，具有上下端面相同的圆柱形特点，设杆系高度为 L，单根杆的面积为 A，两杆连接点的夹角为 ψ，杆系由 n（n 为偶数）根杆组成，且呈均匀分布，则相邻两个杆系接头与端面中心点的夹角为 $\theta = 2\pi/(n/2) = 4\pi/n$，$\varphi$ 为单个杆系叉子两根杆子之间的夹角。则级间杆系的纵向刚度为

$$K = n\frac{EA}{L}\cos^3\frac{\varphi}{2}\cos^3\psi \tag{5-14}$$

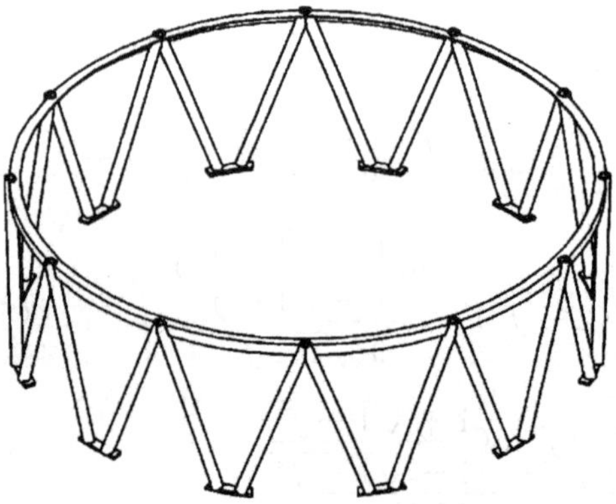

图 5-7 杆系结构示意图

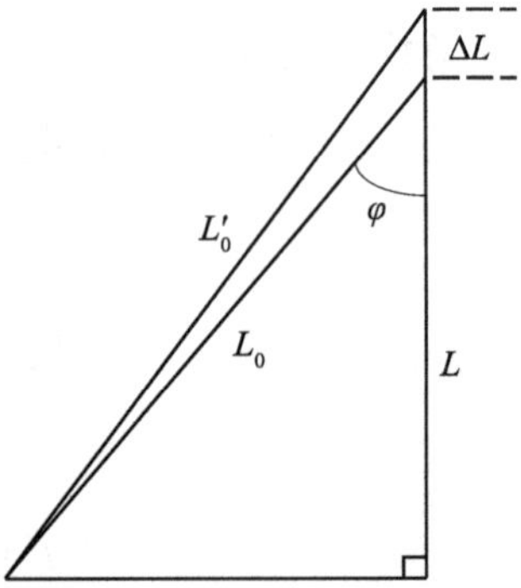

图 5-8 杆系变形图

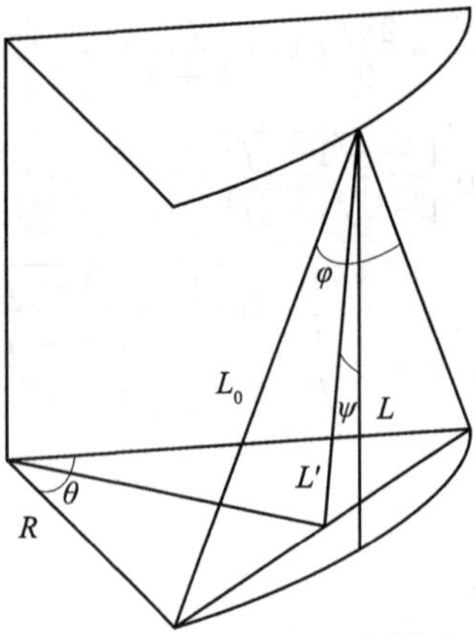

图 5-9 杆系空间位置图

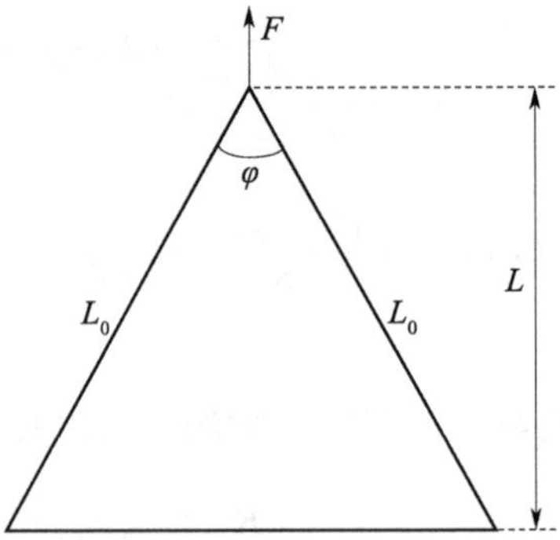

图 5-10 杆系一个叉子位置关系

(5) 箭体纵向振动分析模型

其他刚度计算及简化处理方法不一一作详细介绍。利用上述刚度计算公式和实际运载火箭不同秒状态推进剂的消耗量情况、结构的具体特点，可以将复杂的火箭结构纵向特性近似简化为离散的弹簧单元，弹簧之间通过串联或并联方式连接，同时将箭体结构的连续分布质量离散到各弹簧单元两端的节点上，从而形成箭体纵向的集中参数模型。在此模型的基础上对接上卫星动力学有限元模型。星箭对接采用单点对接的形式。根据上述运载火

箭的纵向分析模型，集成模型各单元的刚度、质量形成系统的刚度矩阵 [K] 和质量矩阵 [M]，形成如下的微分方程式表示运载火箭纵向振动的无阻尼自由运动

$$[M]\{\ddot{x}\}+[K]\{x\}=0 \tag{5-15}$$

典型非捆绑运载火箭纵向振动全箭结构动力学有限元分析模型参见图 5-11。

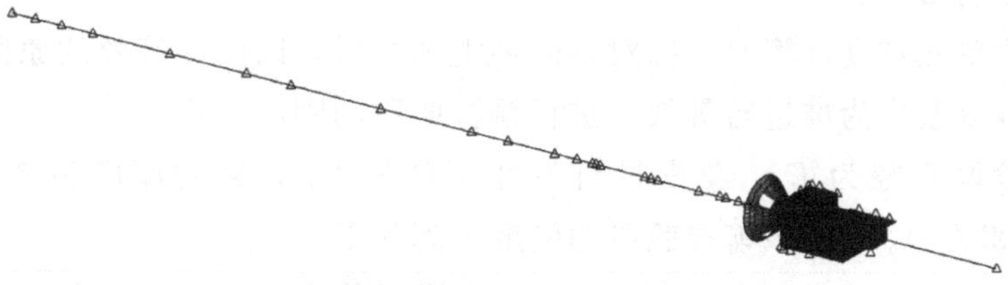

图 5-11　典型非捆绑火箭全箭纵向振动特性有限元分析模型

5.1.1.3　非捆绑运载火箭的横向结构振动特性

在进行非捆绑运载火箭横向结构动力学振动特性分析时，根据连续梁弯曲振动理论，通常将运载火箭简化成一系列的梁模型，即由集中质量单元和无质量弹性梁组成。有必要时，可以根据需要建立相应部段（如仪器舱、级间杆系等）的三维有限元模型。

针对长细比较大的运载火箭，采用上述梁模型可以获得较高的精度，但是针对短粗型运载火箭，采用梁模型则精度较低，建议采用更能反映箭体实际动力特性的三维有限元模型。

（1）计算站划分

运载火箭空中飞行时，在受气动法向力、控制力、晃动力和横向惯性力的作用下，火箭将会产生梁式振动，因此火箭被当作“自由一自由梁”，通常的处理方法是把分布质量、气动法向力以有限个集中质量和集中力来代替，因此在进行横向箭体有限元建模之前，应该把箭体分成若干个计算站，站距应小于等于 500 mm，各舱段对接面、结构突变面（如贮箱前后短壳与前后底连接处）都应是计算站。具体的细节应与总体设计、载荷、气动等专业方面协调后由总体的初始数据给出。

（2）各站质量计算

一般各计算站的质量由计算站的结构质量、推进剂液体质量和增压气体质量组成。贮箱上液体质量分配的主要原则是：

1）第 1 站的液体质量为第 1 站以前的液体质量加上第 1 站到第 2 站的一半距离内的液体质量；

2）第 i 站上的液体质量定义为 $i-1$ 站到第 i 站之间的一半距离内的液体质量加上 i 站到 $i+1$ 站之间的一半距离内的液体质量；

3）第 n（最后）站上的液体质量为第 n 站以后的液体质量加上第 n 站到第 $n-1$ 站的一半距离内的液体质量。

（3）梁单元刚度计算

组成运载火箭的各舱段主要有两大类，一类是由蒙皮和桁条组成的铆接舱段，另一类

是化铣舱段。下面介绍典型的铆接舱段和化铣舱段的梁单元模型刚度的计算方法。

①铆接舱段梁单元刚度计算

典型的铆接舱段由纵向构件、横向构件和蒙皮组成。纵向构件一般有梁和桁条，横向构件是框。在进行铆接舱段梁单元刚度计算时，主要考虑蒙皮和桁条，不计入横向框对舱段横向弯曲刚度的影响。

铆接舱段梁单元刚度计算时，针对不同种类的材料，以刚度等效的原则，转化为以某一种材料（一般以蒙皮为准进行等效）进行铆接舱段的刚度计算。

假设铆接舱段直径为 D ，蒙皮材料弹性模量为 E_m ，蒙皮厚度为 δ_m ，桁条材料为 E_h ，桁条总面积为 A_h ，则该铆接舱段的刚度计算如下：

首先以蒙皮材料为准，根据式（5－16）计算得蒙皮面积 A_m ，桁条等效面积 A_{hequi} ，以及总的面积 A_{all}

$$A_m = \pi D\delta_m \quad A_{hequi} = \frac{E_h}{E_m}A_h \quad A_{all} = A_{hequi} + A_m \tag{5-16}$$

然后根据式（5－17）求解得桁条的等效厚度 δ_{hequi} ，桁条引起的抗弯转动惯性矩 J_{hb} ，蒙皮引起的抗弯惯性矩 J_{mb} 和抗扭惯性矩 J_{mt}

$$\delta_{hequi} = \frac{A_h}{\pi D} \quad J_{hb} = 0.4D^3\delta_{hequi} \quad J_{mb} = 0.4D^3\delta_m \quad J_{mt} = 2J_{mb} \tag{5-17}$$

最后以式（5－18）计算得到以蒙皮材料为准的总的截面抗弯惯性矩 J_{ball} ，抗扭惯性矩 J_{tall} ，截面剪切因子 k_s

$$J_{ball} = J_{mb} + \frac{E_h}{E_m}J_{hb} \quad J_{tall} = J_{mt} = 2j_{mb} \quad k_s = \frac{0.5A_m}{a_{all}}J_{hb} \tag{5-18}$$

至此，已经获得了以梁单元模拟典型铆接舱段的所有刚度参数，即弹性模量 E_m 、单元截面面积 A_{all} 、单元截面抗弯惯性矩 J_{ball} 、单元截面抗扭惯性矩 J_{tall} 和截面剪切因子 k_s 。

②化铣舱段梁单元刚度计算

典型的化铣舱段多为网格式半硬壳式结构，其主要的承力元件是化学铣切的网格壁板。网格壁板可铣成正置正交网格和斜置对称方形网格，这种结构的蒙皮虽然不厚却不易失稳。

对于典型化铣舱段的梁单元刚度计算按照舱段等效厚度 δ_{equi} 的计算方法的不同通常有两种，一种是按质量等效的方法进行舱段等效厚度的计算，这种方法主要适用于舱段壁板不规则情况，由于考虑到舱段的弯曲刚度贡献主要来自舱段壁板，故按舱段壁板的质量来求解舱段等效厚度 δ_{equi} 。计算公式如下

$$\delta_{equi} = m_c/(\pi DL_b\rho) \tag{5-19}$$

式中 m_c ——壁板的质量，量纲为 kg；

D ——舱段的直径，量纲为 m；

L_b ——壁板的高度，量纲为 m；

ρ ——壁板的密度，量纲为 kg/m^3 。

另一种是按体积等效的方法进行舱段等效厚度的计算，这种方法主要适用于舱段壁板规则化铣的情况。对于正方形直肋或斜肋网格，采用式（5－20）进行舱段等效厚度 δ_{equi} 的计算；对于长方形网格采用式（5－21）进行舱段等效厚度 δ_{equi} 的计算

$$\delta_{equi}=t_s+\frac{r}{B}(2\times T+0.858\times r) \tag{5-20}$$

$$\delta_{equi}=t_s+\frac{r}{B_1}(T_1+0.429\times r)+\frac{r}{B_2}(T_2+0.429\times r) \tag{5-21}$$

式中　t_s ——舱段壁板的厚度，量纲为 m；

T ，T_1 ，T_2 ——分别为肋的宽度，量纲为 m；

B ，B_1 ，B_2 ——分别为两肋中心线之间的距离，量纲为 m；

r ——肋弧半径，量纲为 m。

典型网格剖面示意图参见图 5－12。

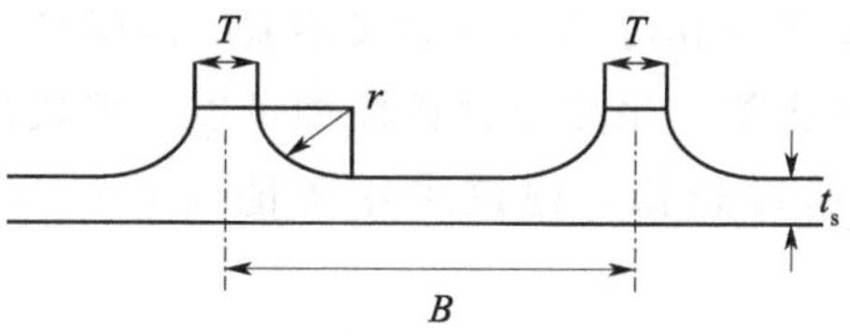

图 5－12　典型网格剖面示意图

在求得舱段的等效厚度 δ_{equi} 后，通过式（5－22）即可求得单元截面面积 A_{all} 、单元截面抗弯惯性矩 J_{ball} 、单元截面抗扭惯性矩 J_{tall} 。对于化铣舱段的截面剪切因子 k_s 通常取 0.5

$$A_{all}=\pi D\delta_{equi}\quad J_{ball}=0.4D^3\delta_{equi}\quad J_{tall}=2J_{ball} \tag{5-22}$$

至此，加上舱段壁板材料弹性模量 E ，已经获得了以梁单元模拟典型化铣舱段的所有刚度参数，即弹性模量 E 、单元截面面积 A_{all} 、单元截面抗弯惯性矩 J_{ball} 、单元截面抗扭惯性矩 J_{tall} 和截面剪切因子 k_s 。

（4）箭体横向振动分析模型

其他刚度计算及简化处理方法不一一作详细介绍。利用上述刚度计算公式和实际运载火箭不同秒状态推进剂的消耗量情况、结构的具体特点，可以将复杂的火箭结构横向振动特性近似简化为离散的集中质量单元和无质量的弹性梁单元，单元之间通过串联或并联方式连接，从而形成箭体横向振动结构分析模型。在此模型的基础上对接上卫星动力学有限元模型。星箭对接采用单点对接的形式。根据上述运载火箭的横向分析模型，集成模型各单元的刚度、质量形成系统的刚度矩阵［K］和质量矩阵［M］，生成形同式（5－15）的横向振动微分方程式表示运载火箭横向振动的无阻尼自由运动。典型非捆绑运载火箭横向振动全箭结构动力学有限元分析模型参见图 5－13。

5.1.1.4　非捆绑运载火箭的扭转结构振动特性

在进行非捆绑运载火箭扭转结构动力学振动特性分析时，根据连续杆扭转振动理论，

图 5 - 13 典型非捆绑火箭全箭横向振动有限元分析模型

通常将运载火箭简化成一系列的梁模型，即由集中质量单元（既给出质量数据，又给出绕火箭纵轴的转动惯量数据）和无质量弹性梁（既给出弯曲刚度数据 EI ，又给出扭转刚度数据 GJ ）组成。针对非捆绑液体运载火箭的特点，充液贮箱中液体推进剂认为满足无粘、无旋的特征，因此在进行质量模型建立时，忽略液体推进剂对扭转转动惯量的贡献。在有必要时，可以根据需要建立相应部段（如仪器舱、级间杆系等）的三维有限元模型。

针对长细比较大的运载火箭，采用上述梁模型可以获得较高的精度，但是针对短粗型运载火箭，采用梁模型则精度较低，建议采用更能反映箭体实际动特性的三维有限元模型。

针对典型舱段简化梁模型，扭转刚度计算可参照横向振动特性分析模型建立过程，从而形成非捆绑火箭箭体扭转振动结构分析模型。在此模型的基础上对接上卫星动力学有限元模型，星箭对接采用单点对接的形式。集成模型各单元的刚度、质量形成系统的刚度矩阵 $[K]$ 和质量矩阵 $[M]$，生成形同式（5 - 15）的扭转振动特性微分方程式表示运载火箭扭转振动的无阻尼自由运动。典型非捆绑运载火箭扭转振动结构动力学有限元分析模型参见图 5 - 14。

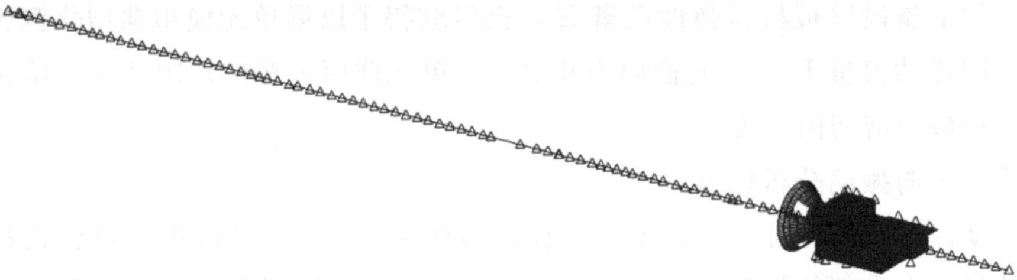

图 5 - 14 典型非捆绑火箭全箭扭转振动特性有限元分析模型

5.1.2 捆绑运载火箭结构动力学特性

针对非捆绑运载火箭结构动力学特性，考虑到横向、纵向和扭转振动特性之间存在解耦或耦合程度甚小，往往将非捆绑火箭的结构动力学特性分离成纵向振动、横向振动和扭转振动三个相对独立研究对象来进行研究。针对捆绑运载火箭，由于捆绑助推器的存在，使得全箭的横向振动、纵向振动、扭转振动以及助推器的局部振动相互耦合，因此，在分析捆绑运载火箭的结构动力学振动特性时，不能简单地按照上述串联火箭的概念把火箭当作梁结构看待，更不能想当然地把助推器当做随动质量看待，助推器的运动会影响到全箭的整体模态，必须充分考虑助推器作为弹性分支梁给全箭动特性带来的影响。

有别于非捆绑液体运载火箭充液贮箱推进剂对扭转转动惯量无贡献的特点，捆绑火箭充液贮箱推进剂的处理则有些不一样，芯级充液贮箱推进剂可以参照非捆绑火箭处理，助推器充液贮箱推进剂绕助推器自身的扭转转动惯量可以忽略，但绕芯级纵轴的扭转转动惯量则不可以忽略。

针对捆绑火箭结构动力学特性研究，关键是建立同时能够满足全箭纵向、横向和扭转振动特性的充液贮箱的结构动力学模型。

5.1.2.1 充液贮箱结构动力学模型

在流体力学中，附加质量法或虚质量法是一种为了简化液固耦合问题的计算而发明的解耦方法。在不考虑液体黏性和可压缩性的条件下，同时忽略了液体对刚度的贡献，这种方法的特点在于能够生成一种与结构系统湿面单元（指贮箱简化为壳单元，壳单元的一面或两面浸润液体推进剂）自由度完全耦合的液体质量矩阵，通过将液体质量矩阵附加到结构系统来达到模拟液体与结构系统相互作用的目的。

由于贮箱内液体的速度势函数需满足拉普拉斯方程

$$\nabla^2 p = 0 \tag{5-23}$$

对于所关心的液体贮箱而言，液体边界条件包括：

自由面处压力等于贮箱上部充气压力 p_0

$$p = p_o \tag{5-24}$$

与箱体相接触的边界上，液体垂直于壁面的流速等于贮箱边界的振动速度 $\boldsymbol{v}_n$

$$\frac{\partial p}{\partial \boldsymbol{n}} = -\rho \dot{\boldsymbol{v}}_n \tag{5-25}$$

接下来，只需要找出方程（5－23）满足上述边界条件的解即可。

MSC. Nastran 在处理这个边值问题时采用的是 Helmholtz 点源配置方法。它首先将一系列的源分布到结构系统湿面的表面节点上，其中每个源所产生的解均满足拉普拉斯方程。然后，通过求解关于源强度的线性方程组，以使得这一系列源在固液边界处所产生的流体运动速度满足前面提到的势函数边界条件。

假设位于 r_j 位置的源强度为 σ_j ，那么在该源影响下任意位置 r_i 处的流体速度可以表达为

$$\dot{u}_i = \sum_j \int_{A_j} \frac{\sigma_j \boldsymbol{e}_{ij}}{|r_i - r_j|^2} \mathrm{d}A_j \tag{5-26}$$

式中　$\boldsymbol{e}_{ij}$ ——从点 j 到点 i 的单位向量，此源的作用范围为 A_j 。

如此，在任意一点 i 处的液体压力可以写作

$$p_i = \sum_j \int_{A_j} \frac{\rho \dot{\sigma}_j \boldsymbol{e}_{ij}}{|r_i - r_j|} \mathrm{d}A_j \tag{5-27}$$

将式（5－26）和式（5－27）沿着有限单元表面进行积分，可以得到

$$\{\dot{u}\} = [\chi][\sigma]$$

$$\{F\} = [\Lambda][\dot{\sigma}] \tag{5-28}$$

式中　F——流体作用于有限元节点处的力。

有了上述形式，可以进一步求得所需要的液体质量矩阵 $\boldsymbol{M}^f$

$$\{F\} = [M^f][\ddot{u}] \tag{5-29}$$

其中

$$\boldsymbol{M}^f = [\Lambda][\chi]^{-1} \tag{5-30}$$

一旦求出了液体质量矩阵，只需要将其组装到结构系统的整体质量矩阵中即可，形成如下所示的充液贮箱结构动力学运动方程

$$(\boldsymbol{M} + \boldsymbol{M}^f)\ddot{\boldsymbol{u}} + \boldsymbol{K}\boldsymbol{u} = 0 \tag{5-31}$$

5.1.2.2 捆绑运载火箭结构动力学分析模型

针对捆绑运载火箭结构动力学模型，充液贮箱采用 5.1.2.1 小节的结构动力学分析模型，其他非充液贮箱部段采用相应的有限元分析模型，助推器和芯级之间的捆绑连接机构根据传力形式和位移协调条件采用相应的有限元模型进行模拟。集成模型各单元的刚度、质量形成系统的刚度矩阵 $[K]$ 和质量矩阵 $[M]$，生成形同式（5-15）的振动特性微分方程式表示捆绑运载火箭结构振动的无阻尼自由运动。一般捆绑运载火箭结构动力学分析模型具有三维有限元分析模型的形式。典型捆绑运载火箭结构动力学有限元分析模型参见图 5-15。

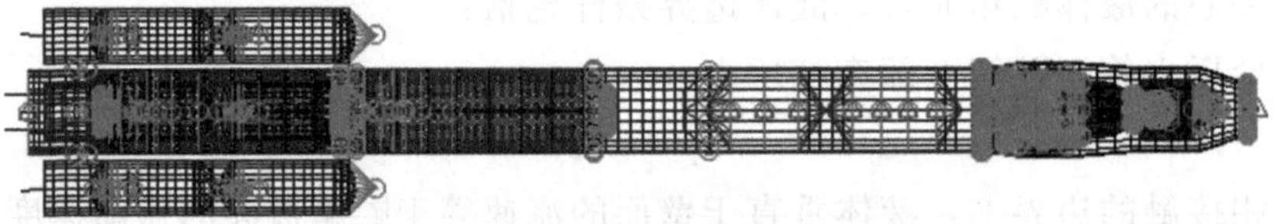

图 5-15　全箭状态的有限元模型

5.1.3 运载火箭结构动力学特性对姿态控制的影响

火箭的结构振动特性分为纵向振动、横向振动和扭转振动等。火箭纵向振动特性主要用于确定火箭结构设计中的载荷和分析箭体结构与发动机系统之间的耦合振动；火箭的横向振动特性、扭转振动特性主要影响姿控系统俯仰、偏航和滚动通道的稳定性。因此，姿控系统设计时，除了要保证刚体与液体晃动的稳定性，还要保证弹性振动的动态稳定性。从火箭的姿态控制角度讲，结构动力学的一个重要研究目的是为稳定系统设计提供火箭结构的固有振动特性。

捆绑运载火箭，尤其是大型捆绑运载火箭，与非捆绑运载火箭的结构特性是不一致的。研究非捆绑运载火箭时，可以将非捆绑运载火箭当作单根梁进行研究，而研究捆绑运载火箭时，需要将捆绑运载火箭当作多分支梁进行研究。由于两者特性不同，对姿控系统的影响也是不同的。

运载火箭的弹性振动频率、弹性振动阻尼、振型和振型斜率对姿控系统的影响较大，因此，在分析运载火箭结构动力学特性对姿控的影响时，要重点关注这些参数的影响。

5.1.3.1　非捆绑运载火箭结构动力学特性对姿态控制的影响

对于非捆绑运载火箭，由于长细比比较大，弹性振动表现出梁式模态特征。姿控系统进行弹性建模时，通常将运载火箭抽象简化成两端自由连续梁，忽略纵向振动、扭转振动和横向弯曲振动间耦合的影响，同时也不考虑轴向过载对弹性振动的影响。因此，姿控系统建立的弹性振动方程相互解耦，三通道分别进行姿控设计。

弹性振动的稳定方法有两种，一种是相位稳定，一种是幅值稳定。一般相位稳定只适用于固有频率较低的振型；幅值稳定适用于频率较高的振型。采用相位稳定时，改善稳定性的方法，一是选择角速率陀螺的位置，一是调整姿控系统的网络参数，使之满足相位稳定的条件。采用幅值稳定时，改善稳定性的方法为：

1）改善刚体特性，使刚体通频带远离弹性振动固有频率。

2）在确保刚体稳定的条件下，加强姿控系统高频滤波性能。

3）选择角速率陀螺位置，使其尽量靠近设计所关注的某些振型的波腹点。

4）提高弹性振动固有频率，一般是加强火箭结构刚度较薄弱的某些部段，或者改变火箭的长细比。

5）寻求新的姿控规律，使高频具有强的滤波功能，而对低频又不带来大的相位滞后，或者采用自适应控制等。

下面给出运载火箭的偏量姿态动力学模型，并进一步分析弹性幅值稳定和相位稳定的区别

$$\Delta\dot{\theta} = c_1\Delta\alpha + c_2\Delta\theta + c_3\delta_\varphi + c''_3\ddot{\delta}_\varphi \tag{5-32}$$

$$\Delta\ddot{\varphi} + b_1\Delta\dot{\varphi} + b_2\Delta\alpha + b_3\delta_\varphi + b''_3\ddot{\delta}_\varphi = 0 \tag{5-33}$$

$$\Delta\varphi = \Delta\theta + \Delta\alpha \tag{5-34}$$

$$\ddot{q}_i + 2\zeta_i\omega_i\dot{q}_i + \omega_i^2 q_i = D_{3i}\delta_\varphi + D''_{3i}\ddot{\delta}_\varphi \quad (i = 1,2,\cdots) \tag{5-35}$$

式中　c_1，c_2，c_3，c''_3 ——分别为质心动力学方程系数；

b_1，b_2，b_3，b''_3 ——分别为绕质心动力学方程系数；

D_{3i}，D''_{3i} ——分别为刚弹交连系数；

$\Delta\alpha$ ——攻角；

$\Delta\theta$ ——弹道倾角；

δ_φ ——发动机摆角；

q_i ——第 i 阶广义位移。

由于姿态测量元件安装在箭体上，因此除测量出刚体姿态运动信号外，还可测量出弹性振动产生的附加姿态信号。姿态角测量元件所测量的信号为

$$\Delta\varphi_{\mathrm{T}} = \Delta\varphi - \sum_i W'_i(X_{\mathrm{T}})q_i \tag{5-36}$$

式中　$W'_i(X_{\mathrm{T}})$ ——姿态角测量元件安装处的 i 次振型斜率。

根据图 5-16 可导出箭体传递函数为

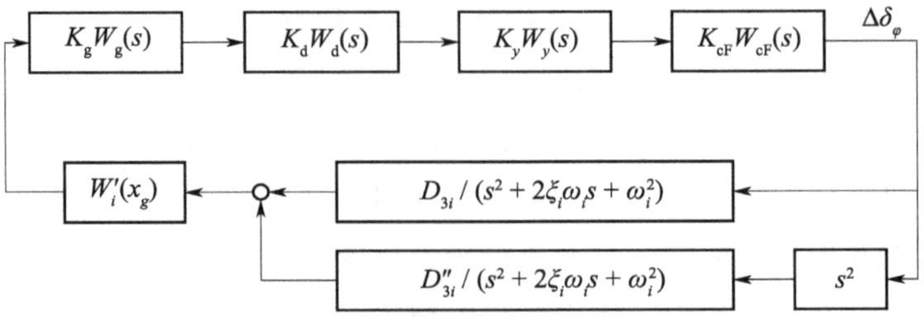

图 5-16　控制系统简化框图

$$K_iW_i(s) = W'_i(x_g)D_{3i}\frac{\dfrac{s^2}{\omega_T^2}+1}{s^2+2\xi_i\omega_i s+\omega_i^2} \tag{5-37}$$

式中，$\omega_T = \sqrt{\dfrac{D_{3i}}{D''_{3i}}}$ 。

姿态控制系统的传递函数为

$$K_cW_c(s) = K_gW_g(s)\cdot K_dW_d(s)\cdot K_yW_y(s)\cdot K_{cF}W_{cF}(s) = a_0W_c(s) \tag{5-38}$$

式中

$$a_0 = K_gK_dK_yK_{cF} \tag{5-39}$$

$$W_c(s) = W_g(s)W_d(s)W_y(s)W_{cF}(s) \tag{5-40}$$

式中　$W_c(s)$ 中无正实部极点。

令 $s=j\omega$，可由式（5-37）和式（5-38）绘制系统的开环对数幅—相频率图。绘制结果可能出现三种情况，如图 5-17 所示。

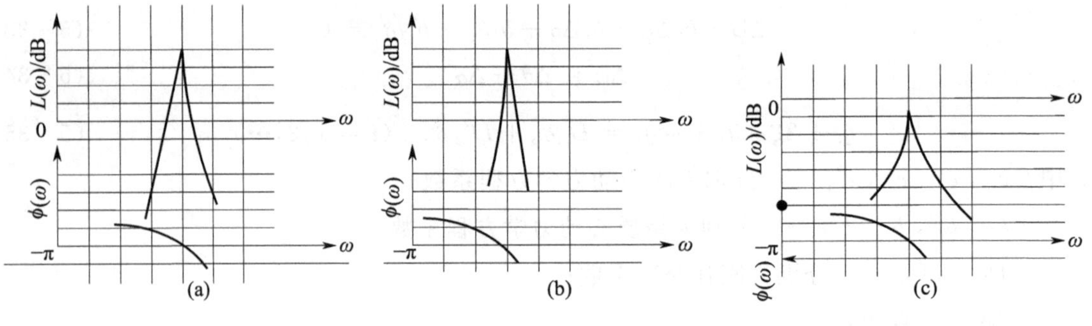

图 5-17　系统开环对数幅—相频率图

（a）弹性振动不稳定　（b）相位稳定　（c）幅值稳定

由于 $K_iW_i(s)$ 和 $W_c(s)$ 中无正实部极点，根据对数幅—相频率图判定判据，当 $L(\omega)>0$ 时，若相位特性 $\varphi(\omega)$ 穿越 $-(2n+1)\pi$ 线，则弹性振动是不稳定的，如图 5-17（a）所示；当 $L(\omega)>0$ 时，若相位特性 $\varphi(\omega)$ 不穿越 $-(2n+1)\pi$ 线，则弹性振动是稳定的，称为相位稳定，如图 5-17（b）所示；当相位特性穿越 $-(2n+1)\pi$ 线时，$L(\omega)<0$，则弹性振动也是稳定的，称为幅值稳定，如图 5-17（c）所示。实际上，只要在弹性振动频率 ω_i 附近，$L(\omega)<0$，无论相位是否穿越 $-(2n+1)\pi$ 线，系统都是稳定的，因此，幅值稳定的充分条件是在 ω_i 附近，$L(\omega)<0$ 。

前面讲述了运载火箭姿控设计时，为了保证弹性振动的稳定，一般采用幅值稳定和相位稳定的方法。对于弹性振动频率较高的阶次，采用幅值稳定，对于弹性振动频率较低的阶次，则采用相位稳定。实际上，运载火箭总体论证时，就要非常重视箭体弹性频率与姿控系统设计的关系。在箭体本身频率比较低的情况下，其一阶、二阶弹性频率可以采用相位稳定的方法进行稳定。在这种情况下，要注意控制系统的截频与一阶弹性频率之间的关系。

当一阶弹性频率需要采用相位稳定。根据奈奎斯特稳定判据，在幅值裕度大于零的频段内，相频特性正负穿越 $-\pi$ 线的次数差为 $P/2$，其中，P（静不稳定运载火箭，$P=2$）为开环传递函数极点位于 S 右半平面的个数。

从图 5－17 可见，运载火箭是一个条件稳定系统，系统的开环静态增益增大或减小到一定程度，都会使系统失稳，表现在图 5－17 中幅值裕度曲线截频 ω_c 的后移和前移，导致相位裕度 γ_c 的减小，甚至变成负值。

根据奈奎斯特稳定判据，系统稳定的条件是：当相频正穿越时，幅值裕度要求为正分贝数（L_1）；当相频为负穿越时，幅值裕度要求为负分贝数（L_2）；刚体相位裕度为正角度；弹性一次振型采用相位稳定时，当复频特性正穿越零分贝线时，相位裕度要求为负角度（靠近－180°，且在－180°下）；当复频特性负穿越零分贝线时，相位裕度要求为正角度（靠近－540°，且在－540°上）。

从图 5－18 可见，刚体稳定性与弹性稳定性之间存在矛盾。一方面，刚体稳定性要求在截频 ω_c 处的相位裕度（γ_c）为正，一般要求大于 35°；另一方面，一次弹性相位稳定，要求在 ω_{c1} 处（正穿越），相位裕度（γ'）为负，一般要求小于－35°。显而易见，对 γ_c 的要求与对 γ' 的要求是矛盾的。为了克服这种矛盾，要求 ω_c 与 ω_{c1} 尽量远离。而 ω_{c1} 受弹性频率 ω_1 的影响，即弹性频率确定后，ω_{c1} 随之确定。因此，令 ω_c 与 ω_{c1} 尽量远离（即 ω_c 与 ω_1 尽量远离），只能调整 ω_c，根据

$$\omega_c = \sqrt{a_0 b_3 + b_2}$$

式中　a_0 ——静态放大系数，调整范围有限；

b_3 ——控制力矩项，决定于火箭长度和质心位置，一般很难调整；

b_2 ——气动力矩项，该项可以通过调整气动压心进行调整。

根据大型运载火箭的研究经验，ω_c 与 ω_1 之间满足下面的表达式，可以较好地满足刚体和一次弹性的裕度要求

$$m = \frac{\omega_1}{\sqrt{|b_2|_{\max}}} \geqslant 15 \tag{5-41}$$

因此 $|b_2|_{\max}$ 适当变小，可以实现上式要求。根据

$$b_2 = \frac{57.3 \cdot q \cdot S \cdot C_n^{\alpha} \cdot (X_y - X_z)}{J_z} \tag{5-42}$$

若令 $|b_2|_{\max}$ 变小，则可使气动压心 X_y 尽量靠近质心 X_z。若使气动压心 X_y 靠近质心 X_z，在整流罩尺寸基本确定的情况，一般只能通过增加尾翼的方法实现。

姿控系统设计时，弹性参数对姿控系统设计影响是很大的，其中，对姿控影响较大的

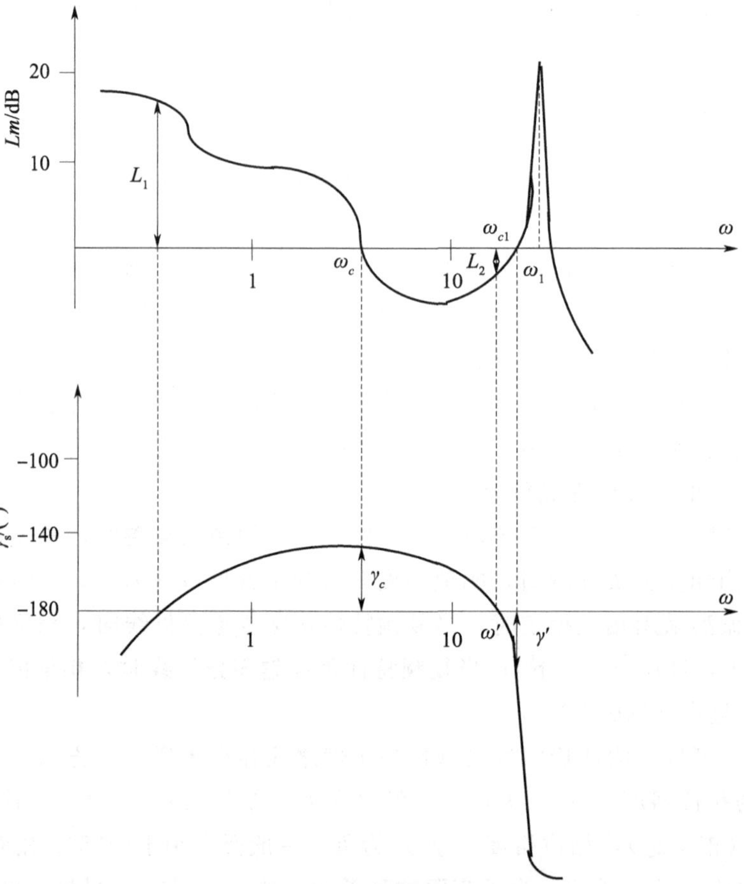

图 5-18 姿控简化对数频率特性图

弹性参数主要有频率、阻尼、振型和振型斜率，其中振型和振型斜率主要体现在动力学方程的参数上，如

$$D''_{3i}=\frac{J_R W'_i(x_R)+m_R l_R W_i(x_R)}{m_i} \tag{5-43}$$

主要有发动机摇摆点的振型和振型斜率，而 D''_{3i} 主要影响弹性谐振峰，因此，弹性计算时，需要给出准确的振型和振型斜率，对于无法给出准确的振型和振型斜率时，需要通过模态试验来确定。图 5-19 为 $D''_{3i}=0.333\ 60$，$\xi_i=0.006$ 时的系统波德图，图 5-20 为 $D''_{3i}=3.336\ 0$，$\xi_i=0.006$ 时的系统波德图，从图 5-19 和图 5-20 可见，D''_{3i} 的变化时，弹性谐振峰的变化是很大的，直接影响姿控系统设计。由于 D''_{3i} 与发动机摇摆点振型和振型斜率相关性比较大，因此只是通过计算时，有时误差会很大，一般需要通过模态试验来获得准确的数据。

模态的阻尼对弹性谐振峰影响也是很大的，由图 5-19 和图 5-21 可见，当阻尼变小时，谐振峰较大，对于姿控设计来说，希望箭体本身的阻尼越大越好。

5.1.3.2 捆绑运载火箭结构动力学特性对姿态控制的影响

捆绑运载火箭的结构动力学特性与非捆绑运载火箭的结构动力学特性差别很大。但就

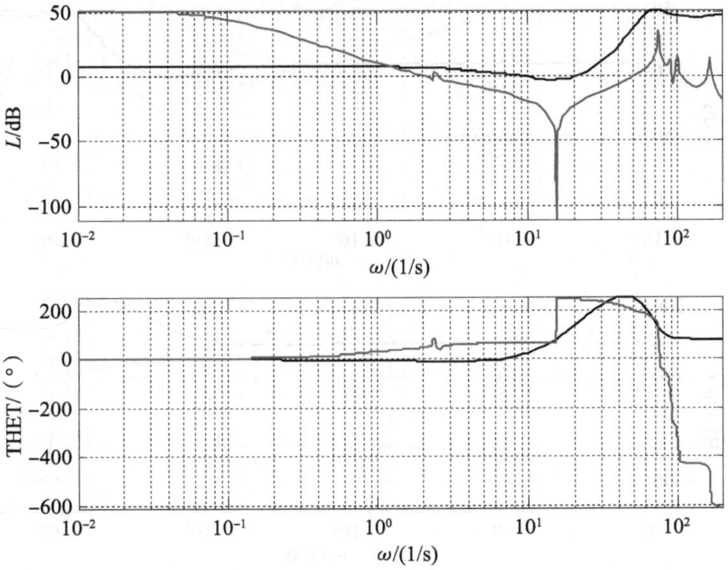

图 5-19　$D''_{3i}=0.333\,60, \xi_i=0.006$ 时系统波德图

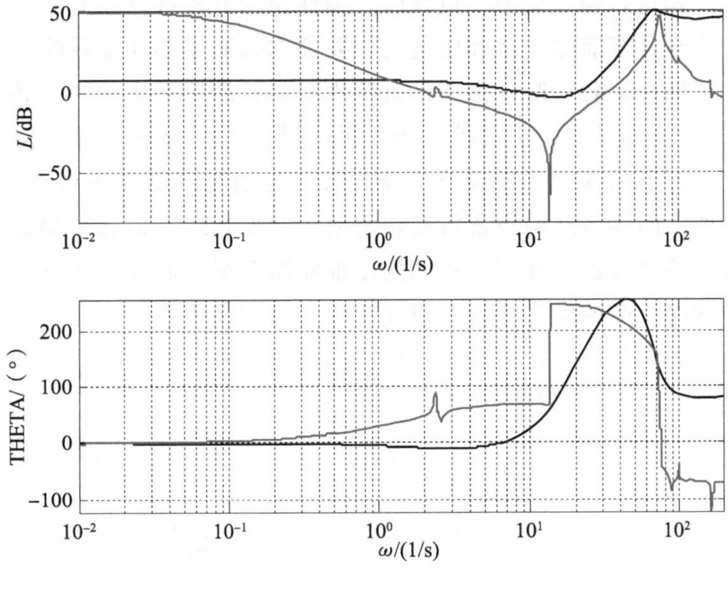

图 5-20　$D''_{3i}=3.336\,0, \xi_i=0.006$ 时系统波德图

捆绑运载火箭而言，助推器的长度、直径以及固体助推与芯级的比例大小，也影响到结构动力学特性。对于助推器比较短粗的一类运载火箭，在姿控系统关心的频段内全箭主要呈现两类模态：一是模态以芯级弯曲或扭转为主要模态，而助推则体现为刚体运动的模态；二是助推与芯级的弯曲变形保持一致，呈随动状态的模态。因此，对于这种短粗的捆绑运载火箭而言，模态并不密集，有轻微耦合但不严重；存在局部模态，但不明显。全箭主要呈现芯级火箭的梁式模态特征，因此工程上仍然将这类短助推捆绑火箭抽象简化为以芯级

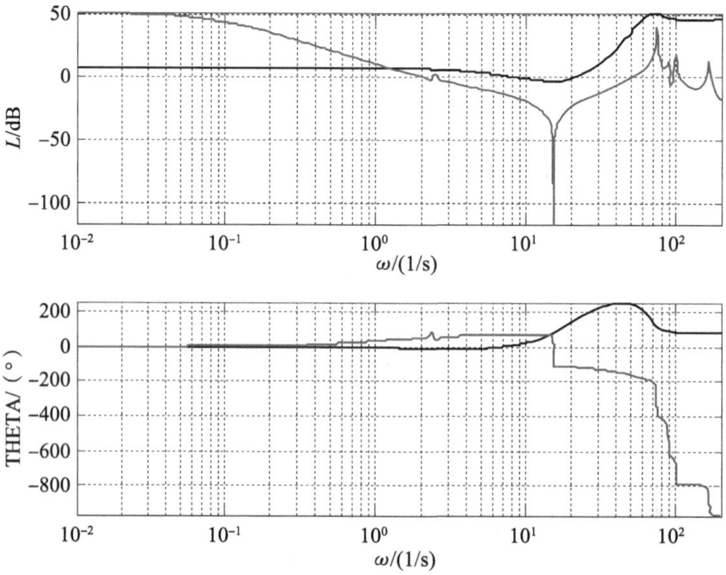

图 5-21　$D''_{3i}=0.333\ 60$，$\xi_i=0.003$ 时系统波德图

为主的单根连续梁模型，姿态动力学设计时，弹性振动方程可以按照单根梁的建模方法进行设计，结构动力学计算箭体质量和刚度时，要考虑火箭尾部助推器的刚度和质量。

对于大型固体捆绑运载火箭，由于助推器本身的长细比就比较大，其占全箭的比例也较大，如阿里安 5、德尔它 4、宇宙神 5 等，助推器的柔性显著增强，使全箭弹性振动复杂性大大增加，助推器局部变形的模态大量增加。全箭呈现低频密模态，芯级和助推纵、横、扭耦合明显的空间梁系结构模态特征，需要用“模态组”概念来描述，在每个模态组内，各模态由唯一的芯级振型和若干不同的助推器振型组合而成，频率也十分接近。此时明显不能将这类捆绑火箭抽象简化为单根连续梁，而应该视为空间梁系结构来考虑。在姿态动力学建模时，需要利用有限元法对这种空间梁系结构进行弹性振动方程的建模。

对于大型捆绑运载火箭，其弹性振动方程为

$$\begin{aligned}\ddot{q}_i + 2\xi_i\omega_i\dot{q}_i + \omega_i^2 q_i = {} & D_{1i}\omega_z + D_{2i}(\alpha+\alpha_w) + D_{3i\mathrm{xj}}\delta_{\varphi_{\mathrm{xj}}} + D''_{3i\mathrm{xj}}\ddot{\delta}_{\varphi_{\mathrm{xj}}} + D_{3i\mathrm{zt}}\delta_{\varphi_{\mathrm{zt}}} + {}\\ & D''_{3i\mathrm{zt}}\ddot{\delta}_{\varphi_{\mathrm{zt}}} + \sum_{j=1}^{n}R_{ij}q_j + \sum_{j=1}^{n}R'_{ij}\dot{q}_j + \sum_{p=1}^{m}K_{ip}\ddot{y}_p + \sum_{p=1}^{m}K_{(i+n)p}y_p + {}\\ & \widetilde{D}_{1i}\omega_y + \widetilde{D}_{2i}(\beta+\beta_w) + \widetilde{D}_{3i\mathrm{xj}}\delta_{\psi_{\mathrm{xj}}} + \widetilde{D}''_{3i\mathrm{xj}}\ddot{\delta}_{\psi_{\mathrm{xj}}} + \widetilde{D}_{3i\mathrm{zt}}\delta_{\psi_{\mathrm{zt}}} + \widetilde{D}''_{3i\mathrm{zt}}\ddot{\delta}_{\psi_{\mathrm{zt}}} + {}\\ & \sum_{j=1}^{n}\widetilde{R}_{ij}q_j + \sum_{j=1}^{n}\widetilde{R}'_{ij}\dot{q}_j - \sum_{p=1}^{m}\widetilde{K}_{ip}\ddot{z}_p - \sum_{p=1}^{m}\widetilde{K}_{(i+n)p}z_p + d_{1i}\omega_x + d_{3\mathrm{xj}}\delta_{\gamma_{\mathrm{xj}}} + {}\\ & d_{30\mathrm{xj}}\ddot{\delta}_{\gamma_{\mathrm{xj}}} + d_{3\mathrm{zt}}\delta_{\gamma_{\mathrm{zt}}} + d_{30\mathrm{zt}}\ddot{\delta}_{\gamma_{\mathrm{zt}}} + \overline{Q}_{ipx} + \overline{Q}_{iax} + \overline{Q}_{inx} + \overline{Q}_{iy} + \overline{Q}_{iz}\end{aligned} \tag{5-44}$$

可以看出，对于长助推大型捆绑运载火箭，其弹性振动方程形式上只有一种，对应一种广义坐标 q_i，对应捆绑火箭第 i 阶整体弹性振动，所取模态阶数为 N。此时弹性振动方程同时包含助推和芯级之间各种纵、横、扭耦合振动，同时进入三通道控制系统设计中，导致三通道相互耦合，需要按照多输入多输出系统来设计。

多变量系统常用频域设计方法，其中比较实用的是逆奈奎斯特阵列（INA）法，INA法基本思想是在被控对象前或后加入预补偿矩阵，使开环逆传递函数矩阵成为对角优势阵，将多变量系统的设计问题转化为一组单变量系统进行设计，最后对每个通道设计动态补偿器进行控制。

5.2　运载火箭液体晃动特性

在液体运载火箭中，所用的常温推进剂有四氧化二氮、偏二甲肼、煤油，低温推进剂有液氧、液氢等。贮箱内液体推进剂的运动会在弹身或箭体上产生力和力矩，导弹和运载火箭的动力学的重要问题之一就是未充满液体的贮箱中的液体的晃动与稳定性以及与控制系统的响应之间的关系。所谓液体晃动是指贮箱内的液体自由液面的周期运动，它具有液体晃动频率和振型，作为低频的振源，易与火箭的控制系统构成耦合振动，引起控制系统的不稳定，并导致飞行失败。这类飞行事故在国外火箭（导弹）研制早期，如雷神号等曾经发生过。

一般地，液体火箭的贮箱是由圆环筒、圆筒、椭球体、圆锥体等回转体所组成的。可以采用若干方法使推进剂晃动的影响减小到最小，而最常用的方法是在箱壁上安装环形或者半圆形防晃板以破坏流体运动，提高晃动阻尼。另外一种较为有效的方法是将贮箱分成更小的贮箱，即增加分隔板，一般常用“十”字形分隔板，这样可以提高推进剂的固有频率，并减小晃动质量。因此，贮箱的几何形状和边界条件实际上是比较复杂的。此外，液体火箭在飞行过程中引起贮箱内的液体运动既有线性的，也有非线性的，尤其是在轴向过载的情况下，有时有增加，也有突变，甚至有时减小到低重力水平。因此，为研究解决液体晃动，必须对实际工程问题进行简化，既做理论分析，又做试验研究。充液贮箱内液体晃动的理论分析采用线性假设已较成熟；非线性分析，如大幅度晃动及其非线性等效力学模型、浅箱大幅度晃动等发展较快。液体晃动的试验研究已相当完善，经历了全尺寸、缩比模型试验，又经飞行试验考验。实践表明，采取缩比模型试验结合理论分析所取得的液体晃动特性结果，可以用到全尺寸飞行试验上。

研究液体推进剂的晃动，主要工作包括对液体晃动的固有特性分析，获得晃动频率、振型以及晃动力和力矩，通过理论分析和实验验证将液体晃动的流体力学分析转化成火箭工程上可用的等效力学模型。此外，还要重点研究并获取防晃挡板的结构形式、晃动阻尼等重要参数。国内外贮箱中液体晃动的防晃措施的研究已日益成熟，只要采取防晃措施，液体晃动的危害是可以消除的。

5.2.1　运载火箭液体晃动的一般理论分析方法

通常情况下，贮箱壁的强迫振动函数都可以用简谐函数 $e^{i\omega t}$ 的组成来表示，对于任何贮箱运动的解都可以用傅里叶级数或积分来表示。因此无论是简谐强迫振动还是自由振动，对于不可压缩和无黏性流体都可以用无旋流来处理。当考虑液体的流动是无旋流时，就可引入速度势来描述，因为流体是不可压缩的，其速度势必是拉普拉斯方程的解。贮箱内的流动状态决定于边界条件，对于不同时间和空间边界的拉普拉斯方程的解的组成都依赖于边界条件。一旦得到速度势，就可以通过无穷级数的微分和积分得到自由表面的形状、液体的压力和速度分布。

5.2.1.1 运动方程描述

具有轴对称的充液贮箱，一般是由回转体所组成，其几何形状与坐标系如图 5 - 22 所示。

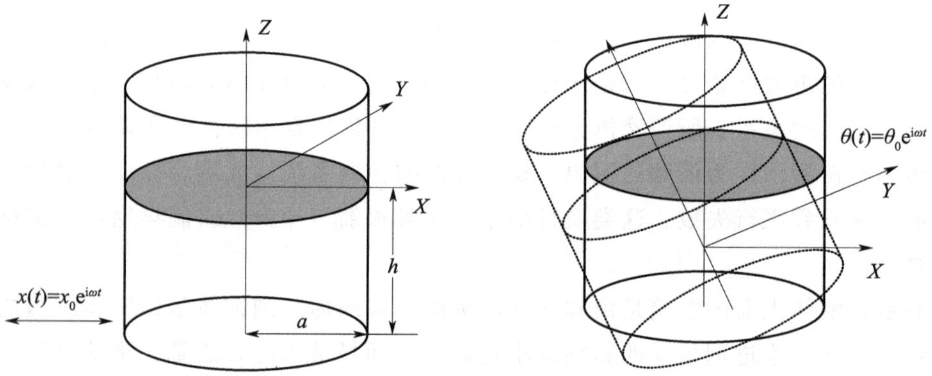

图 5 - 22 未充满圆筒形贮箱做平移和俯仰运动时的坐标系

先采用直角坐标系 $OXYZ$，OXY 平面取在未扰动时的液体自由液面，原点 O 取在未扰动时的液体自由液面中心，Z 轴为轴向，即过载的方向，$OXYZ$ 为右手坐标系。

按照液体作无旋运动的假设，则液体运动是有势的。于是，引入液体的速度势为 $\phi(x,y,z,t)$，通过对速度势求导，可以获得液体的速度分量为

$$u=\frac{\partial \phi}{\partial x},v=\frac{\partial \phi}{\partial y},w=\frac{\partial \phi}{\partial z} \tag{5-45}$$

在理想、不可压缩的液体运动的假设下，根据质量守恒，速度势满足液体中任一个微元六面体，可导出连续方程式为

$$\frac{\partial u}{\partial x}+\frac{\partial v}{\partial y}+\frac{\partial w}{\partial z}=0 \tag{5-46}$$

速度势导入连续方程

$$\frac{\partial^2\phi}{\partial x^2}+\frac{\partial^2\phi}{\partial y^2}+\frac{\partial^2\phi}{\partial z^2}=0 \text{ 或 } \nabla^2\phi=0 \tag{5-47}$$

对于无旋的有势流，动量方程可以直接对非定常的伯努利方程积分获得

$$\frac{\partial \phi}{\partial t}+\frac{p}{\rho}+gz+\frac{1}{2}(u^2+v^2+w^2)=f(t) \tag{5-48}$$

式中 p ——压力；

ρ——液体密度；

g——在 $-z$ 方向的重力加速度（或运载火箭飞行的轴向加速度）。

三个速度分量 u，v，w 的值假设较小，因此速度的平方值与其他线性量比起来可以忽略。而 $f(t)$ 可以放到速度势中，因此，上述方程作线性化处理，可导出

$$\frac{\partial \phi}{\partial t}+\frac{p}{\rho}+gz=0 \tag{5-49}$$

利用贮箱壁面处的液体法向力速度与壁面速度一致的边界条件，即

在不动贮箱处

$$\frac{\partial \phi}{\partial n}=0 \tag{5-50}$$

在可动贮箱处

$$\frac{\partial \phi}{\partial n}=v_{0n} \tag{5-51}$$

对于液体自由表面的动力学边界条件，即在自由表面处

$$\frac{\partial^2 \phi}{\partial t^2}+g\frac{\partial \phi}{\partial z}=0 \tag{5-52}$$

于是，通过给定的边界条件，就可以依据方程求解速度势 ϕ。

5.2.1.2　圆环筒形贮箱液体晃动特性分析

大型液体火箭的推进剂贮箱几何形状大多采用椭球底和共底的圆柱贮箱，在分析液体晃动时，工程上可将椭球底和共底等效为平底圆筒贮箱或者圆环筒形贮箱。对于圆环筒形贮箱（在运载火箭的贮箱中较为常见）而言，它既可以研究圆环筒形贮箱也可以研究上凸共底贮箱，且已经有了理论解析解和试验值，因此，圆环筒形贮箱内液体晃动是经典分析案例。

圆环筒形贮箱的定义为：平底、外半径为 a，内半径为 b，其中部分充满液体，液高为 h。

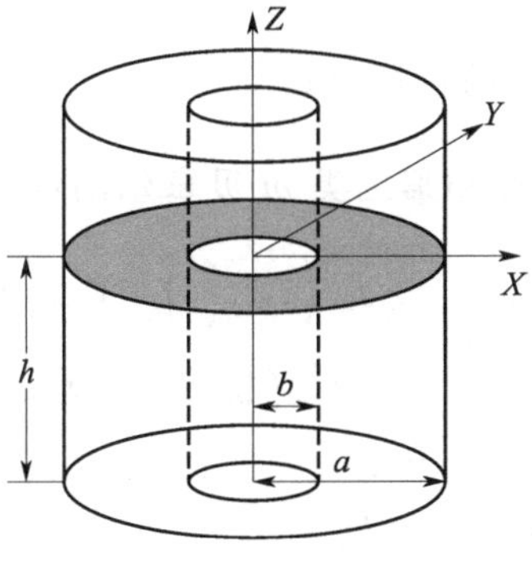

图 5-23　未满圆环筒形贮箱示意图

(1) 液体的自由晃动

研究装有不可压、无旋和无黏流体的圆环筒形贮箱内的液体的自由晃动，可以通过解拉普拉斯方程得到

$$\nabla^2 \phi=0 \tag{5-53}$$

边界条件，在 $r=a$ 时

$$\frac{\partial \phi}{\partial r}=0 \tag{5-54}$$

在 $z=-h$ 时

$$\frac{\partial \phi}{\partial z}=0 \tag{5-55}$$

在液体自由表面处

$$\frac{\partial^2 \phi}{\partial t^2}+g\frac{\partial \phi}{\partial z}=0 \tag{5-56}$$

拉普拉斯方程的解是

$$\phi(r,\varphi,z,t)=\sum_n\sum_m \mathrm{e}^{\mathrm{i}\omega_{nm}t}[A_{nm}\cosh(\lambda_{nm}z)+B_{nm}\sinh(\lambda_{nm}z)]\cdot[C_{nm}\sin(m\varphi)+D_{nm}\cos(m\varphi)]\cdot [E_{nm}J_m(\lambda_{nm}r)+F_{nm}Y_m(\lambda_{nm}r)] \tag{5-57}$$

式中 A_{nm}，B_{nm}，C_{nm}，D_{nm}，E_{nm}，F_{nm} ——决定于边界条件的常数。

因为位势必须是单值，所以 m 取整数，引用边界条件，速度势可以表示为

$$\phi(r,\varphi,z,t)=\sum_{n=0}^{\infty}\sum_{m=0}^{\infty}\mathrm{e}^{\mathrm{i}\omega_{nm}t}[\overline{C}_{nm}\sin(m\varphi)+\overline{D}_{nm}\cos(m\varphi)]\cdot\frac{\cosh\left[\frac{\xi_{nm}}{a}(z+h)\right]C_m\left(\xi_{nm}\frac{r}{a}\right)}{\cosh\left(\xi_{nm}\frac{h}{a}\right)Y'_m(\xi_{nm})} \tag{5-58}$$

式中 ξ_{nm} 是下面行列式的零点

$$\Delta_m=\begin{bmatrix}J'_m(\xi) & Y'_m(\xi)\\ J'_m(k\xi) & Y'_m(k\xi)\end{bmatrix}=0 \tag{5-59}$$

式中 $k=\frac{b}{a}$ ——贮箱内外箱壁的直径比；

J_m，Y_m ——分别为第一类和第二类 m 贝塞尔函数。

$$C_m\left(\xi_{nm}\frac{r}{a}\right)=\begin{bmatrix}J_m\left(\xi_{nm}\frac{r}{a}\right) & Y'_m\left(\xi_{nm}\frac{r}{a}\right)\\ J'_m(\xi_{nm}) & Y'_m(\xi_{nm})\end{bmatrix} \tag{5-60}$$

下标 n，m 的取值是：$n,m=0,1,2,\cdots$。

满足液体自由表面条件，在 $z=0$ 处

$$\frac{\partial^2 \phi}{\partial t^2}+g\frac{\partial \phi}{\partial z}=0 \tag{5-61}$$

就可以得到在圆环筒形贮箱中高度为 h 的液体的固有频率 ω_{nm}

$$\omega_{nm}=\left[\frac{g\xi_{nm}}{a}\tanh\left(\xi_{nm}\frac{h}{a}\right)\right]^{\frac{1}{2}} \tag{5-62}$$

液体自由表面的位移 η（以液体未扰动时为基准）

$$
\begin{aligned}
\eta(r,\varphi,t) &= -\frac{1}{g}\left(\frac{\partial \varphi}{\partial t}\right)_{z=0} \\
&= -\frac{\mathrm{i}}{g}\sum_{n=0}^{\infty}\sum_{m=0}^{\infty}\omega_{nm}\left[\overline{C}_{nm}\sin(m\varphi)+\overline{D}_{nm}\cos(m\varphi)\right]\frac{C_m\left(\xi_{nm}\frac{r}{a}\right)}{Y'_m(\xi_{nm})}\mathrm{e}^{\mathrm{i}\omega_{nm}t}
\end{aligned}
\tag{5-63}
$$

在贮箱深度（$-z$）处的压力 p 是

$$
p = -\mathrm{i}\rho\sum_{n=0}^{\infty}\sum_{m=0}^{\infty}\omega_{nm}\left[\overline{C}_{nm}\sin(m\varphi)+\overline{D}_{nm}\cos(m\varphi)\right]\frac{\cosh\left[\frac{\xi_{nm}}{a}(z+h)\right]C_m\left(\xi_{nm}\frac{r}{a}\right)}{\cosh\left(\xi_{nm}\frac{h}{a}\right)Y'_m(\xi_{nm})}\mathrm{e}^{\mathrm{i}\omega_{nm}t}-\rho g z
\tag{5-64}
$$

在 x 方向作用在箱壁上的力是以作用在箱壁上的压力沿箱壁表面积分得到，液体沿 x 方向的力 F_x 为

$$
F_x = -\frac{\mathrm{i}m}{a}\sum_{n=0}^{\infty}\frac{\omega_{n1}\overline{D}_{n1}}{Y'_1(\xi_{n1})}\tanh\left[\frac{\xi_{n1}\frac{h}{a}}{\xi_{n1}\frac{h}{a}}\right]\frac{\left[\frac{2}{\pi\xi_{n1}}-kC_1(k\xi_{n1})\right]}{(1-k^2)}\mathrm{e}^{\mathrm{i}\omega_{n1}t}
\tag{5-65}
$$

在 y 方向的力把 F_x 式中的 $\overline{D}_{n1}$ 换成 $\overline{C}_{n1}$ 即可。

绕通过未扰动液体重心的 y' 轴的流体力矩 $M_{y'}$ 为

$$
\begin{aligned}
M_{y'} = -\mathrm{i}m\sum_{n=0}^{\infty}&\frac{\omega_{n1}\overline{D}_{n1}\mathrm{e}^{\mathrm{i}\omega_{n1}t}}{(\xi_{n1}Y'_1(\xi_{n1}))(1-k^2)}\left[\frac{2}{\pi\xi_{n1}}-kC_1(k\xi_{n1})\right]\times \\
&\left\{\frac{1}{2}\tanh\left(\xi_{n1}\frac{h}{a}\right)+\frac{1}{\left(\xi_{n1}\frac{h}{a}\right)}\left[\frac{2}{\cosh\left(\xi_{n1}\frac{h}{a}\right)}-1\right]\right\}
\end{aligned}
\tag{5-66}
$$

绕 x' 轴的力矩是将上式中的 $\overline{D}_{n1}$ 换成 $\overline{C}_{n1}$ 即可。

已经指出，流体的力和力矩是由角振型 $m=1$ 的情况产生，常数 $\overline{C}_{nm}$ 和 $\overline{D}_{nm}$ 由 $t=0$ 时的初始条件决定。

（2）简谐强迫平移晃动

欲求液体在圆环筒形贮箱中沿 x 方向作微小平移振动的液体响应，需求解拉普拉斯方程

$$
\nabla^2\phi = 0 \tag{5-67}
$$

边界条件是

在箱壁 $r=a,b$ 处

$$
\frac{\partial \phi}{\partial r} = \mathrm{i}\omega x_0\mathrm{e}^{\mathrm{i}\omega t}\cos\varphi \tag{5-68}
$$

在箱底 $z=-h$ 处

$$
\frac{\partial \phi}{\partial z} = 0 \tag{5-69}
$$

在液体自由表面 $z=0$ 处

$$
\frac{\partial^2 \phi}{\partial t^2}+g\frac{\partial \phi}{\partial z} = 0 \tag{5-70}
$$

用下式代替速度势

$$\phi = \psi e^{i\omega t} \tag{5-71}$$

这就消除了时间变量并作如下转换

$$\Phi = \psi - i\omega x_0 r\cos\varphi \tag{5-72}$$

用新的边界条件来求解新的方程

$$\nabla^2 \Phi = 0 \tag{5-73}$$

变换后的边界条件为

在箱壁 $r = a, b$ 处

$$\frac{\partial \Phi}{\partial r} = 0 \tag{5-74}$$

在箱底 $z = -h$ 处

$$\frac{\partial \Phi}{\partial z} = 0 \tag{5-75}$$

在液体自由表面 $z = 0$ 处

$$\frac{\partial \Phi}{\partial z} - \omega^2 \Phi = i\omega^3 x_0 r\cos\varphi \tag{5-76}$$

将 r 展成贝塞尔—傅里叶级数

$$\frac{r}{a} = \sum_{n=0}^{\infty} \overline{A}_n C_1\left(\xi_{n1} \frac{r}{a}\right) \tag{5-77}$$

式中

$$C_1\left(\xi_{n1} \frac{r}{a}\right) = \begin{bmatrix} J_1\left(\xi_{n1} \frac{r}{a}\right) & Y'_1\left(\xi_{n1} \frac{r}{a}\right) \\ J'_1(\xi_{n1}) & Y'_1(\xi_{n1}) \end{bmatrix} \tag{5-78}$$

级数的系数 $\overline{A}_n$ 为

$$\overline{A}_n = \frac{2\left[\frac{2}{\pi\xi_{n1}} - kC_1(k\xi_{n1})\right]}{\frac{4}{\pi^2 \xi_{n1}^2}(\xi_{n1}^2 - 1) + C_1^2(k\xi_{n1})(1 - k^2\xi_{n1}^2)} \tag{5-79}$$

圆环筒形贮箱沿 x 轴作平移振动，其速度势是

$$\phi(r,\varphi,z,t) = i\omega x_0 e^{i\omega t} a\cos\varphi\left\{\frac{r}{a} + \sum_{n=0}^{\infty} \frac{\overline{A}_n \cosh\left[\frac{\xi_{n1}}{a}(z+h)\right]}{\left(\frac{\omega_{n1}^2}{\omega^2} - 1\right)\cosh\left(\xi_{n1}\frac{h}{a}\right)} C_1\left(\xi_{n1}\frac{r}{a}\right)\right\} \tag{5-80}$$

式中

$$\omega_{n1}^2 = \frac{g}{a}\xi_{n1}\tanh\left(\xi_{n1}\frac{h}{a}\right) \quad n = 0,1,2,\cdots \tag{5-81}$$

从未扰动面算起液体自由表面的波型为

$$\zeta(r,\varphi,t) = \frac{\omega^2}{\left(\frac{g}{a}\right)} x_0 e^{i\omega t}\cos\varphi\left[\frac{r}{a} + \sum_{n=0}^{\infty} \frac{\overline{A}_n C_1\left(\xi_{n1}\frac{r}{a}\right)}{\left(\frac{\omega_{n1}^2}{\omega^2} - 1\right)}\right] \tag{5-82}$$

在深度（$-z$）处箱壁上的压力是

$$p=\rho\omega^2 x_0 e^{i\omega t} a\cos\varphi\left\{\frac{r}{a}+\sum_{n=0}^{\infty}\frac{\overline{A}_n\cosh\left[\frac{\xi_{n1}}{a}(z+h)\right]C_1\left(\xi_{n1}\frac{r}{a}\right)}{\left(\frac{\omega_{n1}^2}{\omega^2}-1\right)\cosh\left(\xi_{n1}\frac{h}{a}\right)}\right\}-\rho g z \tag{5-83}$$

液体晃动作用于贮箱的流体力是

$$F_x=m\omega^2 x_0 e^{i\omega t}\left\{1+\sum_{n=0}^{\infty}\frac{\overline{A_n}\left[\frac{2}{\pi\xi_{n1}}-kC_1(k\xi_{n1})\right]\tanh\left(\xi_{n1}\frac{r}{a}\right)}{\left(\frac{\omega_{n1}^2}{\omega^2}-1\right)(1-k^2)\left(\xi_{n1}\frac{h}{a}\right)}\right\} \tag{5-84}$$

绕未扰动液体的重心的流体力矩是

$$M_y=m\omega^2 x_0 e^{i\omega t} a\left\{\frac{1+k^2}{\frac{4h}{a}}+\sum_{n=0}^{\infty}\frac{\overline{A}_n\left[\frac{2}{\pi\xi_{n1}}-kC_1(k\xi_{n1})\right]}{2\xi_{n1}(1-k^2)\left(\frac{\omega_{n1}^2}{\omega^2}-1\right)}\cdot\left[\tanh\left(\xi_{n1}\frac{h}{a}\right)+\frac{2}{\xi_{n1}\frac{h}{a}}\left[\frac{2}{\cosh\left(\xi_{n1}\frac{h}{a}\right)}-1\right]\right]\right\} \tag{5-85}$$

5.2.1.3　等效力学模型

由理想的流体动力学方程得到的那些结果，只适用于外加频率不接近液体任一固有频率的情况，而流体的力和力矩主要是在共振附近产生，特别是在低共振区会产生很高的值。为了便于工程使用，于是，提出采用等效力学模型来描述液体在贮箱中的运动。

贮箱内液体晃动的等效力学模型，是指贮箱内液体晃动可等效成无阻尼或有阻尼的弹簧质点的振动系统，并保持液体晃动频率与等效系统的固有频率相等，液体总质量等于等效质量之总和，质心保持不变，建立的等效系统所形成的作用力和力矩与贮箱内液体晃动的作用力和力矩分别相等。

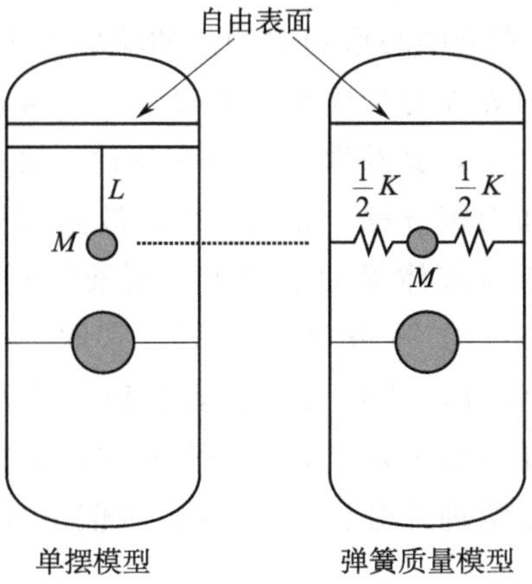

图 5-24　两种等效力学模型示意图

贮箱作平移强迫振动的无阻尼的液体晃动等效力学模型的方程为晃动方程

$$m_n\ddot{x}+m_n\ddot{x}_{nr}+k_n x_{nr}=0 \tag{5-86}$$

晃动力方程

$$m\ddot{x}+\sum_{n=1}^{\infty}m_n\ddot{x}_{nr}=-F_x \tag{5-87}$$

晃动力矩方程

$$m_0h_0\ddot{x}+g\sum_{n=1}^{\infty}m_nx_{nr}-\sum_{n=1}^{\infty}m_nh_n(\ddot{x}+\ddot{x}_{nr})=M_y \tag{5-88}$$

平移强迫振动

$$x=x_0\mathrm{e}^{\mathrm{i}\omega t} \tag{5-89}$$

晃动频率

$$\omega_n^2=\frac{K_n}{m_n} \tag{5-90}$$

晃动质量

$$m=m_0+\sum_{n=1}^{\infty}m_n \tag{5-91}$$

晃动质心

$$m_0h_0=\sum_{n=1}^{\infty}m_nh_n \tag{5-92}$$

式中　m_n ——液体晃动等效质量；

x_{nr} ——液体晃动等效位移；

K_n ——液体晃动等效刚度；

h_n ——液体晃动等效作用点，即液体晃动等效质量点到静止液体的质量中心的距离；

m_0 ——不动质量，即液体晃动时的等效死质量；

h_0 ——不动质量作用点；

F_x ——在 x 轴方向作用在贮箱壁上的总响应力；

M_y ——对静止液体的质量中心取矩时的总的响应力矩。

在已经建立的液体晃动的等效力学模型及方程中，所需获得的晃动特性参数包括等效晃动质量 m_n 和晃动质量位置 h_n，其获取的方法有三种：第一种是通过晃动理论分析，即基于液体晃动方程、晃动力和力矩方程、晃动频率、波高和晃动质心方程等来求解；第二种是通过晃动试验测定，即通过液体晃动试验可测定液体晃动力、力矩和液体晃动频率、波高等，再结合上述方程（5-86）～方程（5-92）获取；第三种是最近几年兴起的数值仿真方法，即通过 CFD 仿真计算，监测液体晃动力和晃动力矩的时间历程曲线，再利用后处理转换方法进行晃动特性参数识别，此方法尤其在理论分析不能获得解析解的不规则贮箱上表现突出。在此简要介绍理论分析法和 CFD 数值仿真法。

（1）理论分析法

利用式（5-65）和式（5-86）～式（5-92），得晃动质量与总质量之比为

$$\frac{m_n}{m}=\frac{\overline{A}_n\left[\dfrac{2}{\pi\xi_{n1}}-kC_1(k\xi_{n1})\right]\tanh\left(\xi_n\dfrac{h}{a}\right)}{(1-k^2)\left(\xi_n\dfrac{h}{a}\right)} \tag{5-93}$$

针对无导管情况，即 $k=0$ 的圆筒贮箱，晃动质量与总质量之比为

$$\frac{m_n}{m}=\frac{\tanh\left(2\xi_n\dfrac{h}{a}\right)}{\xi_n\dfrac{h}{a}(\xi_n^2-1)} \tag{5-94}$$

等效晃动质量至等效液高一半的距离为

$$\frac{h_n}{h}=\frac{1}{2}\left[1-\frac{4}{\left(\xi_n\dfrac{h}{a}\right)}\tanh\left(\frac{\xi_n}{2}\frac{h}{a}\right)\right] \tag{5-95}$$

此小节只针对圆环筒形贮箱的液体晃动等效力学模型进行了概述，实际工程中，还涉及到贮箱分隔板等。

(2) CFD 数值仿真法

目前随着 CFD 的迅猛发展，众多 CFD 商用软件均能对液体晃动做出较为准确的模拟。模拟的方法也是丰富多样，效率也在不断提高。CFD 数值结果如何转换为等效力学模型是 CFD 模拟液体晃动应用的难点。下面简介 CFD 后处理的转换方法，此方法可对液体晃动参数进行识别，从模拟结果中识别出晃动固有频率、晃动质量及位置等参数，使得模拟结果能应用到工程实践当中。

①晃动频率

在过载（重力）作用下，初始的倾斜液面将以固有频率自由晃动。根据在图 5-25 中 X 方向的波动曲线，质心和晃动力的曲线变化一致，相邻两个峰值的时间差为晃动周期，因此，从图 5-25 中都可以方便地提取相邻波峰或多个波峰的时间点来计算频率大小。

②等效晃动质量的位置

等效晃动质量的位置可以通过力矩和晃动力的峰值计算得到，对于单摆等效力学模型，单摆晃动质量固定点到圆柱底面的距离为（见图 5-26）

$$l_p=\frac{M}{F_s} \tag{5-96}$$

对于弹簧质点等效力学模型

$$h_s=l_p-L_p=\frac{M}{F_s}-\frac{g}{\omega_n^2} \tag{5-97}$$

晃动力 F_s 和力矩 M 可以分别从图 5-25 中获得，取图中多个峰值的晃动力和力矩进行平均，利用式（5-97）计算晃动质量位置，固有频率 ω_n 取上节的模拟值。

③晃动质量

在晃动模型实验中，圆柱贮箱在不同振幅下一般以 $0.6\omega_n$ 的频率进行水平强迫激励。当波形达到稳定状态时，瞬间撤去激励，然后，通过取撤去激励后的第一个晃动力峰值来计算晃动质量的大小。数值模拟实现上述模型实验的过程过于烦琐，因此数值模拟通过公式简单转换，在 X 方向上加入正弦激励来实现

$$m_s\frac{\mathrm{d}^2x_s}{\mathrm{d}t^2}+k_sx_s+m_sA_x\sin(\omega_f t)=0 \tag{5-98}$$

式中　ω_f ——激励频率；

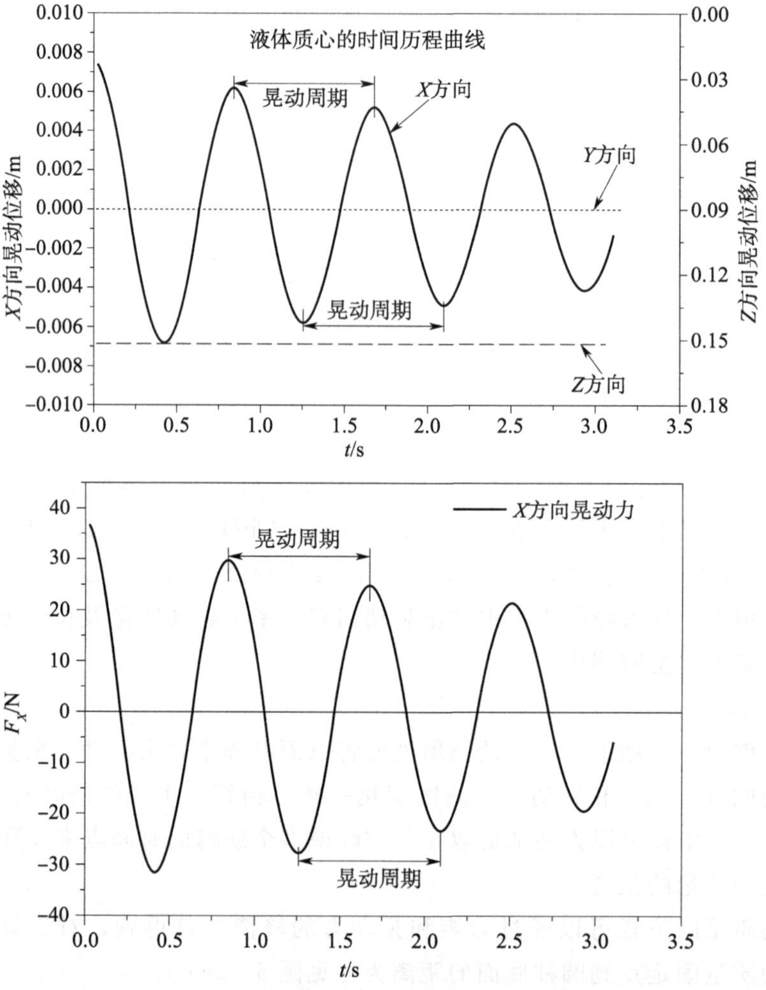

图 5-25　液体质心和 X 方向晃动力的时间变化历程

A_x ——激励幅值；

m_s ——晃动质量；

x_s ——晃动质量的晃动幅值；

k_s ——等效弹簧刚度。

在达到稳定状态后，晃动质量将在与激励频率一致的频率下晃动，晃动质量的横向晃动幅值为

$$x_{s0}=\frac{A_x}{(\omega_0^2-\omega_f^2)} \tag{5-99}$$

晃动质量与总质量的比

$$\frac{m_s}{m_{cg}}=\frac{x_{cg}}{A_x}(\omega_0^2-\omega_f^2) \tag{5-100}$$

图 5-27 给出了在给定激励下的质心 X 方向位移随时间变化曲线，从图中可知，液体晃动经过一定时间的过渡后趋于稳定，依强迫激励频率波动。于是总的液体质心的晃幅

x_{cg} 可从图中提取。

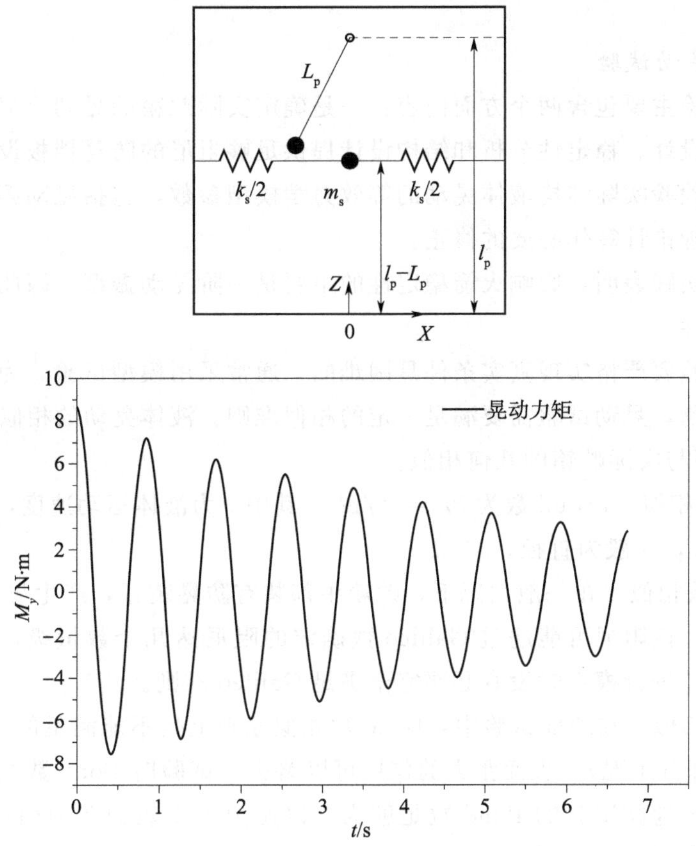

图 5-26　等效力学模型晃动质量位置示意图及晃动力矩的时间历程

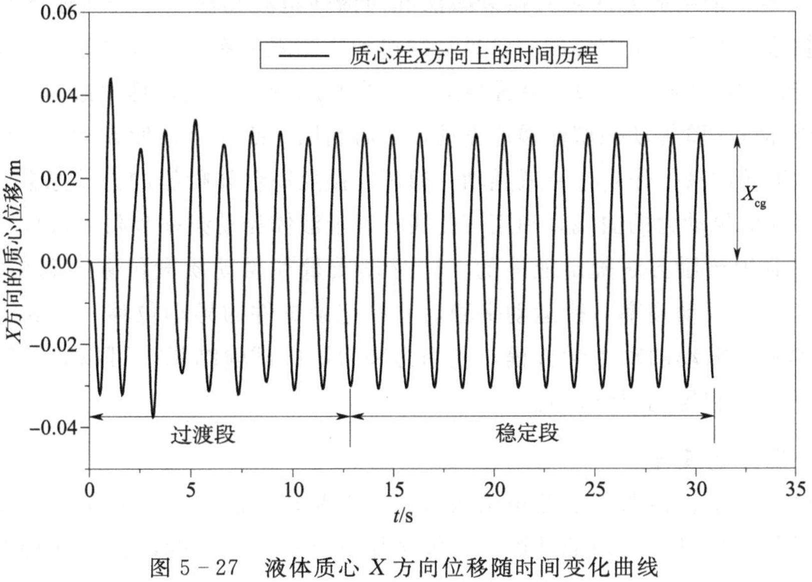

图 5-27　液体质心 X 方向位移随时间变化曲线

5.2.2　贮箱液体晃动试验及防晃设计

5.2.2.1　液体晃动试验

液体晃动试验主要包含两个方面内容：一是确定实际贮箱的晃动阻尼、频率的变化规律，以便为总体设计、稳定性分析和结构设计提供足够阻尼的防晃挡板设计、布局要求的试验依据；二是检验实际结构液体晃动的等效力学模型参数，包括晃动频率、晃动质量及其位置，以便对理论计算作必要的修正。

理论分析和实践表明：影响火箭稳定性的主要是一阶晃动振型，因此晃动试验主要研究一阶晃动的特性。

液体晃动试验要严格实现真实条件是困难的，通常采用模型试验。为了使模型试验的结构能够用于实物，晃动试验需要满足一定的相似准则。液体晃动的相似准则如下：

1）试验模型与实际贮箱的几何相似。

2）Froud 数相似。Froud 数为 $Fr = v^2/gl$ ，其中 v 为液体运动速度，g 为环境加速度，l 为贮箱特征尺寸，一般为直径。

3）Galileo 数相似。在一般情况下，贮箱中都装有防晃装置，产生与 Galileo 数无关的非线性结构阻尼，该阻尼可能超过 Galileo 数确定的阻尼达几个数量级，所以，在实际比较重要的情况下，进行模拟时没有必要完全满足 Galileo 准则。

4）Bond 数相似。在地面试验中，Bond 数相似原则上是不能满足的，但当 Bond 数$\gg$1 时（对应于大部分工况），表面张力的作用可以略去，试验时 Bond 数相似不一定要充分地满足，但应保证地面试验的 Bond 数足够大，以避免由于表面张力引起晃动阻尼增大，通常使贮箱直径大于 300 mm。

晃动试验中要测量的参数主要有三个，一个是贮箱的晃动位移，另外两个是贮箱晃动产生的力和力矩。采用的方法是共振衰减法和简谐强迫激励法，下面简述这两种方法。

采用共振衰减方法确定液体的一阶晃动频率和晃动阻尼系数。具体过程如下：利用低频晃动台按简谐振动规律给贮箱以平移强迫运动，当激励频率接近贮箱内液体的一阶晃动频率时，贮箱内液体以一阶晃动振型作强迫晃动，然后利用电磁离合器使晃动台突然刹车，则贮箱停止运动，贮箱内液体作自由衰减晃动。通过连接晃动台和贮箱的力传感器，可以测得自由衰减晃动对应的晃动力的曲线，利用该曲线可确定液体晃动频率和阻尼系数。

采用简谐强迫激励方法确定液体的一阶晃动质量和晃动质量位置。利用定位移激励，启动振动台，调节振动频率，待运动平稳后开始记录试件的晃动位移、力和力矩的时间历程。依据平移强迫振动的动力学方程，利用力和力矩的试验结果，可以获得等效力学模型参数中的晃动质量和晃动质量位置。

5.2.2.2　液体防晃设计

贮箱内液体晃动特性取决于贮箱结构形式，因此防晃设计的实质是根据晃动稳定条件选择适当的贮箱几何形状和内部结构。液体防晃设计是通过改变液体晃动特性参数，包括晃动频率、晃动质量和晃动阻尼等实现晃动稳定条件。目前，各国的运载火箭防晃的主要手段是使用防晃挡板来提高液体晃动阻尼，包括防晃挡板的类型、尺寸、安装位置等，当有某些特性要求时，也有采用既提高晃动频率，又减小晃动质量的局部分隔贮箱的措施。防晃挡板的效果通常由阻尼系数来表示，由于贮箱内液体运动的复杂性，目前阻尼系数仍主要由试验来确定，以检验贮箱防晃设计的合理性。后续随着 CFD 仿真技术的发展及广泛应用，数值仿真也能替代一部分晃动阻尼试验。

提高晃动阻尼的方法是增设防晃挡板，而挡板的形状、大小、布置方式的设计是个重要的研究课题。从收集的资料来看，美国液体火箭贮箱内采用圆环形防晃结构占多数，一般还通过打孔来减少结构质量。苏联/俄罗斯则采用竖式隔板，而我国现役型号则以非对称布置的半圆形挡板为主。

防晃挡板主要是通过改变液体运动流场，形成压差，增大液体紊乱和耗散程度，来达到提高阻尼的效果。在一定范围内，液体黏性并不是主要影响因素，这已被接近无黏性的液氢晃动试验所证实。由于作用在挡板上的晃动压力，是挡板承载的主要因素；因而，对于宽度大的挡板，如半圆形挡板等，应做检验性的承载能力、动强度试验。在本节中，主要讨论环形和半圆形两类挡板的阻尼效果，对于其他形式挡板只是从效果比较方面略加介绍。

（1）环形挡板

环形挡板的形状和有关参数如图 5－28 所示。

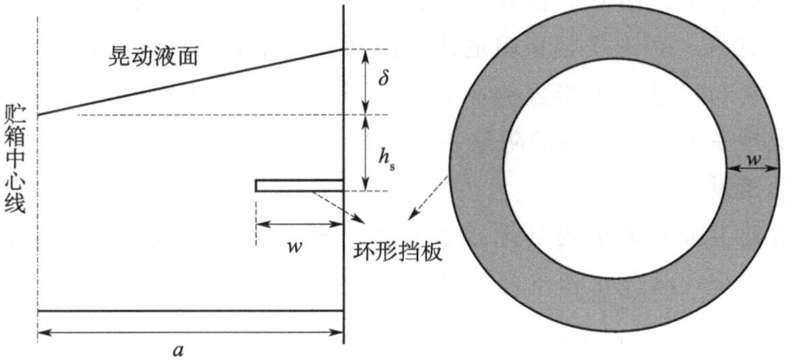

图 5－28　圆环形挡板示意图

试验研究结果表明，环形挡板阻尼值，可用半经验公式来表示

$$\zeta = 2.83e^{-4.6\left(\frac{h_s}{R}\right)}\left[\frac{w}{R}\left(2-\frac{w}{R}\right)\right]^{\frac{3}{2}}\left(\frac{\delta}{R}\right)^{\frac{1}{2}} \tag{5-101}$$

式中　ζ——阻尼；

w——环形挡板宽度；

h_s——挡板与静止自由液面的距离；

a——贮箱半径；

δ——晃动幅值。

晃动阻尼是非线性的，它依赖于液体晃动幅值，幅值越大，相应的阻尼也越大，阻尼随挡板宽度的增加而增加。

在实际设计中，存在着如何恰当选择挡板宽度、层间距离、挡板开孔及孔径尺寸、开孔面积比及安装间隙等。在工程实际中，环形挡板一般为多层布置，如图 5-29 所示，在稍高于挡板的位置有最大晃动阻尼，而最小的晃动阻尼出现在挡板下方 0.8δ 的位置，挡板间距依控制稳定要求而确定。

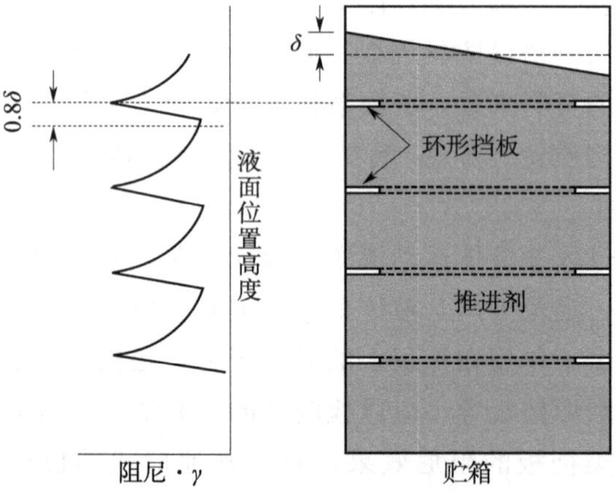

图 5-29　多层环形挡板阻尼曲线图

环形类挡板通常与贮箱形状一致，其本身受力状态好，对贮箱也有一定的加强作用。在不损失阻尼情况下可以钻 20%面积的小孔，这不仅减小了结构质量，还使作用在挡板的力减小约 25%～30%。环形类挡板阻尼值与激励方向无关，仅是液深比和晃幅的函数，故应用较简便，且它的阻尼可由半经验公式来预估。从欧美火箭型号中被普遍采用可以表明，圆环形挡板是一种较为实用的防晃装置。

（2）半圆形挡板

非对称布置的半圆形挡板与环形挡板相比，其挡板阻尼随挡板宽度比增加而显著增加，防晃板面积较小，其形状和布置如图 5-30 所示。

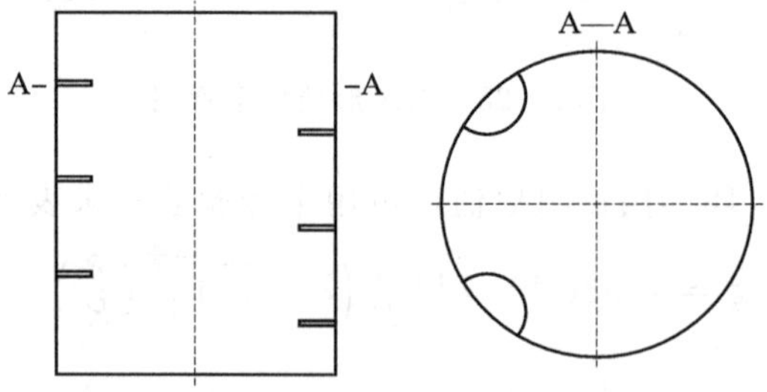

图 5-30　非对称布置的半圆形挡板示意图

在一定范围内，非对称布置的半圆形挡板要比等面积的环形板有效得多，它的阻尼值与激励方向有关，如图 5-31 所示，三个不同的激励方向所获得的阻尼值也不尽相同，图 5-32 给出了三个激励方向的阻尼大小对比值，可以看出与激励方向一致的挡板面积越大，阻尼相应也更大，因此 c 方向的阻尼值最大。

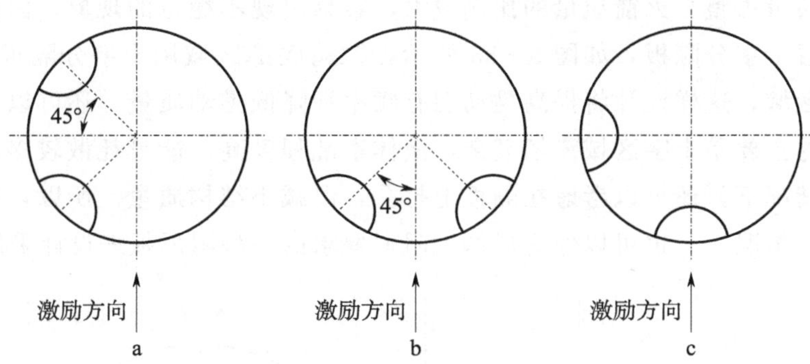

图 5 - 31　半圆形挡板的不同激励方向

非对称布置的半圆形挡板一个明显优点是在阻尼效果比环形挡板高得多，尽管由于它随激励方向改变而改变，但是其最小阻尼方向的阻尼值仍要比等面积的环形挡板有效（如图 5 - 32 所示）。因此，非对称布置的半圆形挡板因其高效的阻尼而在实际设计中广泛采用。

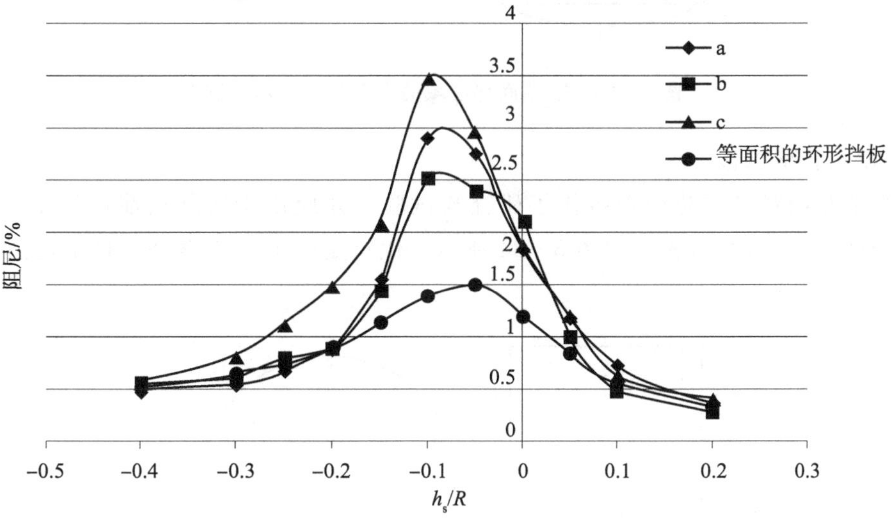

图 5 - 32　单层两块半圆形板阻尼试验结果

和环形挡板类一样，半圆形挡板也有个层间距离的最佳选择问题，但是，对非对称半圆形挡板还应考虑附加质量问题。因为这种挡板具有悬臂结构性质，半圆形挡板与贮箱直径比越大，挡板承受的力就越大。因此，在结构和应用中对其动强度和刚度设计应从结构上加以考虑，且必须做有关的动强度试验。环形挡板可以在不损失阻尼的情况下开一定的孔，以减轻结构质量。然而对半圆形挡板开孔，晃动试验表明，开孔面积较小都会极大地减小阻尼效果，因此，半圆形挡板不能为减轻质量而打孔。

（3）十字分隔板

对于一些大型液体火箭，根据控制稳定系统的研究表明，仅靠增加晃动阻尼有时并不能满足设计要求。必须采用提高晃动固有频率、减小晃动质量的方法，尤其是在浅箱的情况，此时晃动质量占整个火箭质量的比例较大，容易出现不稳定的现象。因此，通常采用在箱底区域设置十字分隔板，如图 5－33 所示，贮箱底部区域用十字分隔板隔开，形成 4 个独立的扇形区域，这样设计将提高晃动固有频率和降低晃动质量，还可以大大增加局部的晃动阻尼，这主要是十字区域流场复杂，液体紊乱程度高，能量耗散较多。另外，在满足设计要求的情况下，还可以考虑在隔板上打孔，以减小结构质量。所以，局部十字分隔贮箱在某些特殊情况下，也可以作为局部大阻尼要求的一种阻尼板来设计采用。

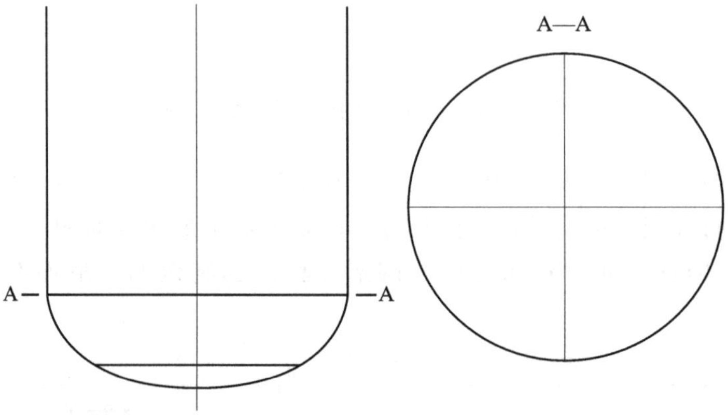

图 5－33　贮箱底部区域的十字分隔板示意图

（4）竖式肋型挡板

苏联/俄罗斯对竖式肋型挡板作了研究与试验，并应用于实际火箭贮箱中。它是由 8 块均匀分布的径向肋所组成，如图 5－34 所示，优点是阻尼效果良好，且不随液深改变而变化。

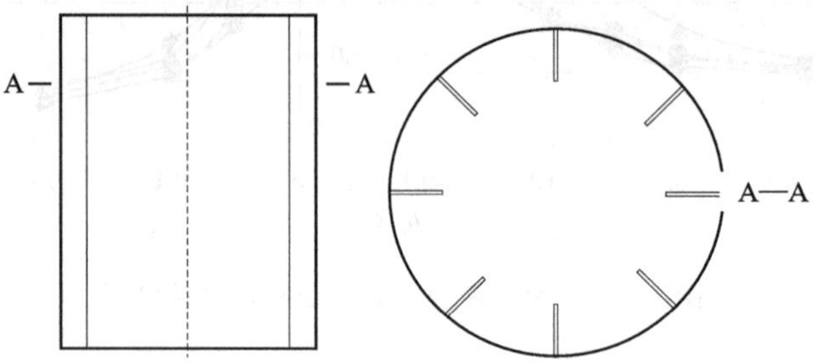

图 5－34　竖式肋型挡板示意图

一种挡板的阻尼效果，除了结构形式是主要的外，对安装位置和使之与贮箱间留有适当空隙也是十分重要的。在挡板上开适当的孔，不仅能减轻结构质量，而且还能提高阻尼值。影响的因素有开孔面积比、孔径及孔的位置分布等，各种因素的综合大大增加了试验研究工作量，要解决优化设计问题。同一种挡板，不同的安装倾角，对晃动阻尼也会有明显的影响，特别是过渡段和贮箱底部的挡板，这一点更为重要。

5.2.3　液体晃动对姿态控制的影响

运载火箭一般采用液体燃料，如液氧、煤油作为推进剂，当箭体运动时就会引起推进剂相对于箭体的运动。由箭体法向（或横向）运动激励起来的推进剂运动叫推进剂晃动。推进剂晃动与箭体姿态运动是通过惯性力的相互作用而直接耦合的。即晃动运动由箭体姿态运动的牵连惯性力所激励，而晃动运动的惯性力又使箭体产生姿态运动。如果晃动不稳定，晃动的幅值不断增大，作用在弹体上晃动的惯性力就不断增大，使由晃动惯性力所产生的姿态角不断增大，当增大到一定数值，就可能使控制装置中的某些非线性元件发生信号阻塞而破坏系统的正常工作，从而导致了箭体姿态运动的发散。因此在设计姿态控制系统时必须考虑采取措施保证推进剂晃动的稳定性。

5.2.3.1　推进剂晃动的稳定性分析

液体晃动的固有频率与姿态运动的刚体截频很近，因此刚晃之间的耦合作用是比较强的。为了讨论推进剂晃动对箭体姿态运动特性的影响，首先要分析考虑推进剂晃动后，刚性箭体姿态运动特性的变化。为了研究问题方便，同时又不失对物理本质的研究，以一个贮箱为研究对象，同时不考虑质心运动方程，则含推进剂晃动的刚体姿态运动方程为

$$\Delta\ddot{\varphi} + b_2\Delta\alpha + b_3\delta_\varphi + b_{41}\Delta\ddot{y}_1 - b_{51}\Delta y_1 = 0$$

$$\Delta\ddot{y}_1 + 2\zeta_{h1}\Omega_1\Delta\dot{y}_1 + \Omega_1^2\Delta y_1 = -k_2\Delta\varphi - k_3\delta_\varphi - (X_Z - X_1)\Delta\ddot{\varphi} + k_{41}\Delta\ddot{y}_1 \quad (5-102)$$

式中　b_{41}，b_{51} ——分别为刚晃参数；

Δy ——晃动位移；

ξ_{h1} ——晃动阻尼；

Ω_1 ——晃动频率。

$$k_{41} = Vc_{41}, k_2 = \frac{C_y^a q s_m}{m_1}, k_3 = \frac{mVc_3}{m_1}$$

对式（5-102）进行拉式变换得

$$(s^2 + b_2)\Delta\varphi + (b_{41}s^2 - b_{51})\Delta y_1 = -b_3\delta_\varphi$$

$$(l_1 s^2 + k_2)\Delta\varphi + [(1 - k_{41})s^2 + 2\zeta_{h1}\Omega_1 s + \Omega_1^2]\Delta y_1 = -k_3\delta_\varphi \quad (5-103)$$

式中

$$l_1 = X_Z - X_1$$

根据式（5-103），并考虑

$$\delta_\varphi = a_0^\varphi\Delta\varphi + a_1^\varphi\Delta\dot{\varphi}$$

所给出的控制方程得到考虑推进剂晃动后的姿态控制系统框图，如图 5-35 所示。

由图 5-35 看出，推进剂晃动 Δy_1 不是直接与控制系统闭合的，而是通过 $\Delta\varphi$ 与控制系统闭合的，可知晃动是通过影响刚体的姿态角运动来影响系统的稳定性的，因此只需分析考虑晃动后箭体姿态角的传递函数的变化。

考虑晃动后，刚性箭体姿态角的传递函数为

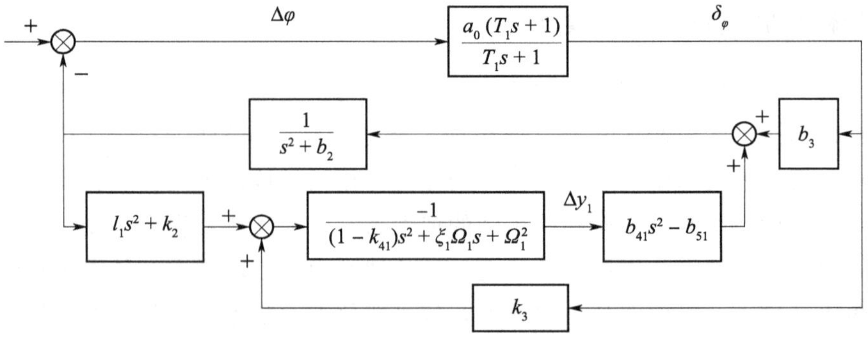

图 5-35　考虑晃动后的系统框图

$$W_\delta^\varphi(s)=\frac{\Delta\varphi(s)}{\delta_\varphi(s)}=-\frac{Q(s)}{D(s)} \tag{5-104}$$

式中

$$D(s)=(1-k_{41}-k_1b_{41})s^4+2\xi_1\Omega_1s^3+[\Omega_1^2+b_2(1-k_{41})-b_{41}k_2+b_{51}l_1]s^2+2\xi_1\Omega_1b_2s+\Omega_1^2b_2+k_2b_{51}$$

$$Q(s)=(b_3-b_3k_{41}-k_3b_{41})s^2+2\xi_1\Omega_1b_3s+b_3\Omega_1^2+b_{51}k_3$$

注意到 b_{41},b_{51} 较小，在晃动频率较高的情况下

$$\begin{gathered}|k_1b_{41}|\ll\Omega_1^2\\ |k_1b_{51}|\ll|\Omega_1^2b_2|\end{gathered} \tag{5-105}$$

因此 $D(s)$ 可近似化为

$$D(s)\approx(s^2+b_2)[(1-k_{41}-l_1b_{41})s^2+2\xi_1\Omega_1s+\Omega_1^2+b_{51}l_1]$$

此时

$$\begin{aligned}W_\delta^\varphi(s)&=-\frac{b_3}{s^2+b_2}\times\frac{\left(1-k_{41}-\frac{k_3}{b_3}b_{41}\right)s^2+2\xi_1\Omega_1s+\Omega_1^2+\frac{b_{51}}{b_3}k_3}{(1-k_{41}-l_1b_{41})s^2+2\xi_1\Omega_1s+\Omega_1^2+b_{51}l_1}\\&=-\frac{b_3}{s^2+b_2}\times\frac{1-k_{41}-\rho b_{41}}{-k_{41}-l_1b_{41}}\cdot\frac{s^2+2\xi_0\Omega_0s+\Omega_0^2}{s^2+2\xi_i\Omega_is+\Omega_i^2}\end{aligned} \tag{5-106}$$

式中

$$\begin{gathered}\Omega_0^2=\frac{\Omega_1^2+\rho b_{51}}{1-k_{41}-\rho b_{41}}\\ \Omega_1^2=\frac{\Omega_1^2+l_1b_{51}}{1-k_{41}-l_1b_{41}}\\ \rho=\frac{k_3}{b_3}\approx\frac{J_{Z_1}}{m_1(X_R-X_Z)}\end{gathered} \tag{5-107}$$

式中　Ω_0 ——零点圆频率；

　　　Ω_1 ——极点圆频率。

由式（5-106）可以看出考虑晃动后箭体姿态角传递函数增加了一对复数零、极点。由式（5-107）可知，由于 k_{41},b_{41},b_{51} 都是极小的数，故这对复数零、极点的频率非常接近晃动的固有频率，形成一对偶极子。

从开环的特征根来看，当 $\xi_1 > 0$ 时，由晃动引起的姿态角运动是稳定的。但由于 ξ_1 很小，所以推进剂晃动被激励后衰减得很慢。而闭合的控制系统，推进剂晃动的稳定情况要根据闭环特征根的分布情况来判定。把控制方程 $\delta_\varphi = a_0^\varphi \Delta\varphi + a_1^\varphi \Delta\dot{\varphi}$ 代入式（5-103），可得系统闭环的特征多项式为

$$D(s) = s^4 + (2\xi_i\Omega_i + a_0 b'_3)s^3 + (\Omega_i^2 + a_0 b'_3 + b_2 + 2\xi_0 \Omega a_1 b'_3)s^2 + (2\xi_0\Omega_0 a_0 b'_3 + a_1 b'_3 \Omega_0^2 + 2\xi_i\Omega_i b_2)s + a_0 b'_3 \Omega_0^2 + b_2 \Omega_i^2 \tag{5-108}$$

式中

$$b'_3 = b_3 \frac{1 - k_{41} - \rho b_{41}}{1 - k_{41} - l_1 b_{41}}$$

考虑到推进剂贮箱的阻尼 ξ_1 极其微小，因此可以忽略掉式（5-108）中与阻尼有关的项，这样式（5-108）可简化为

$$D(s) = s^4 + a_0 b'_3 s^3 + (\Omega_i^2 + a_0 b'_3 + b_2)s^2 + a_1 b'_3 \Omega_0^2 s + a_0 b'_3 \Omega_0^2 + b_2 \Omega_i^2 \tag{5-109}$$

根据此式应用古尔维茨稳定判据得系统的稳定条件为

$$\begin{gathered} a_1 b'_3 > 0 \\ a_0 b'_3 \Omega_0^2 + b_2 \Omega_i^2 \approx (a_0 b'_3 + b_2)\Omega_1^2 > 0 \\ (a_1 b')^2 (\Omega_0^2 - b_2)(\Omega_1^2 - \Omega_0^2) > 0 \end{gathered} \tag{5-110}$$

综合此三个条件并考虑 $\Omega_0^2 - b_2 > 0$，则得到

$$\begin{gathered} a_1 b'_3 > 0 \\ (a_0 b'_3 + b_2) > 0 \\ \Omega_1^2 - \Omega_0^2 > 0 \end{gathered} \tag{5-111}$$

此式前两个条件是刚性箭体的稳定条件，而第三个条件是考虑推进剂晃动后新增加的条件。此条件是否满足，取决于晃动零、极点的相对位置。由式（5-107）得

$$\Omega_0^2 - \Omega_i^2 = \frac{(\rho - l_1)[\Omega_1^2 b_{41} + (1 + k_{41}) b_{51}]}{(1 - k_{41} - \rho b_{41})(1 - k_{41} - E_{z1} b_{41})} \tag{5-112}$$

注意到

$$b_{41} = \frac{m_1}{J_{Z_1}} l_1, b_{51} = \frac{m_1}{J_{Z_1}} n_x g \tag{5-113}$$

即得

$$\Omega_0^2 - \Omega_i^2 = (\rho - E_{z1}) \frac{[\Omega_1^2 E_{z1} + (1 + k_{41}) n_x g] \dfrac{m_1}{J_{Z_1}}}{(1 - k_{41} - \rho b_{41})(1 - k_{41} - E_{z1} b_{41})} \tag{5-114}$$

从上式可知稳定的充要条件为

$$\begin{gathered} l_1 > \rho \text{ 或 } l_1 < -\frac{(1 - k_{41}) n_x g}{\Omega_1^2} \\ l_1 = X_Z - X_1, k_{41} = V c_{41} \end{gathered} \tag{5-115}$$

箭体在飞行过程中随着推进剂的消耗，晃动的位置不断地变化。因此晃动零、极点的相对位置也在不断变化，不会始终是零、极分布的稳定结构，必然有时会出现零、极分布

不稳定结构。

5.2.3.2　推进剂晃动的极零分布及其对姿态控制的影响

前一小节以一个贮箱为例，对液体晃动的稳定性进行了分析。从分析结果可见，火箭飞行过程中，液体晃动可能出现零—极分布的稳定结构，也可能出现极—零分布为不稳定结构，造成晃动不稳定，这种由于极—零分布造成的不稳定在运载火箭的研制过程中经常存在。本节对某运载火箭的二级的极—零不稳定结构进行分析，同时针对出现的极—零不稳定结构，采取相应的措施，并说明所采取措施的合理性。

某运载火箭的二级贮箱采用共底的模式，即燃料箱在上，氧化剂箱在下，两者之间采用共底的方式。晃动零极点分布规律主要取决于箭体运动方程系数，因此首先分析晃动零极点与运动学方程系数的关系。由于火箭二级飞行已经在大气层外，因此分析过程中不考虑气动项。

在箭体坐标系内，列写法向动力学方程和晃动方程

$$\Delta\ddot{y}_1 = g\sin\varphi\Delta\varphi + vC_3\Delta\delta_\varphi - vC_4\Delta\ddot{y}_{1p} \tag{5-116}$$

$$\Delta\ddot{y}_{1p} + 2\zeta_{1p}\Omega_{1p}\Delta\dot{y}_{1p} + \Omega_{1p}^2\Delta\ddot{y}_{1p} = -\Delta\ddot{y}_1 - X_{zp}\Delta\ddot{\varphi} + g\sin\varphi\Delta\varphi \tag{5-117}$$

$$\Delta\ddot{\varphi} + b_{4p}\Delta\ddot{y}_{1p} - b_{5p}\Delta y_{1p} = -b_3\Delta\delta_\varphi \tag{5-118}$$

式中　v——速度；

X_{zp}——箭体质心到晃动质心的距离；

g——引力加速度。

可以解得箭体的传递函数为

$$\frac{\Delta\varphi(s)}{\Delta\delta_\varphi(s)} = -\frac{b_3(1 - vC_{4p} - \rho_z b_{4p})}{s^2(1 - vC_{4p} - X_{zp}b_{4p})}\frac{s^2 + 2\xi_{0p}\omega_{0p}s + \omega_{0p}^2}{s^2 2\xi_{jp}\omega_{jp}s + \omega_{jp}^2} \tag{5-119}$$

其中

$$\rho_z = vC_3/b_3 \tag{5-120}$$

$$\omega_{0p}^2 = (\Omega_{1p}^2 + b_{5p}\rho_z)/(1 - vC_{4p} - \rho_z b_{4p}) \tag{5-121}$$

$$\omega_{jp}^2 = (\Omega_{1p}^2 + b_{5p}X_{zp})/(1 - vC_{4p} - X_{zp}b_{4p}) \tag{5-122}$$

$$\xi_{op} = \xi_{1p}\Omega_{1p}/[(1 - vC_{4p} - \rho_z b_{4p})(\Omega_{1p}^2 + \rho_z b_{5p})]^{\frac{1}{2}} \tag{5-123}$$

$$\xi_{jp} = \xi_{1p}\Omega_{1p}/[(1 - vC_{4p} - X_{zp}b_{4p})(\Omega_{1p}^2 + X_{zp}b_{5p})]^{\frac{1}{2}} \tag{5-124}$$

零极点的差值为

$$\omega_{jp}^2 - \omega_{0p}^2 = -\frac{(\rho_z - X_{zp})[b_{4p}\Omega_{1p}^2 + (1 - vC_{4p} - X_{zp}b_{4p})]}{(1 - vC_{4p} - \rho_z b_{4p})(1 - vC_{4p} - X_{zp}b_{4p})} \tag{5-125}$$

上式中，分母各项均大于零，因此式（5-124）中的正负主要取决于分子。通过式（5-124）可见，之所以出现晃动极—零分布情况，与液体的晃动频率大小、晃动质量、晃动质心位置有关，同时也与火箭的质心、速度、控制力矩系数等有关。

通过以上分析可知，晃动极—零分布与总体的火箭参数设计有关，且随着飞行过程中推进剂的消耗，晃动质心不断变化，很难完全避免极—零不稳定结构。一般通过加十字隔板或米字隔板的形式，提高晃动频率来减小极—零不稳定结构对飞行姿态稳定性的影响。

(1) 开环情况下的极零分布情况

下面给出系统未加控制器时，开环的极零分布情况，见表 5－1 和表 5－2。

表 5－1　开环情况下燃料箱的极零分布情况

t/s	$\omega_{jp}^2-\omega_{0p}^2$	t/s	$\omega_{jp}^2-\omega_{0p}^2$	t/s	$\omega_{jp}^2-\omega_{0p}^2$
10	－0.144 3	120	－0.531 5	230	－0.870 9
20	－0.193 3	130	－0.582 7	240	－0.841 8
30	－0.161 8	140	－0.634 1	250	－0.808 1
40	－0.194 5	150	－0.689 5	260	－0.618 1
50	－0.231 0	160	－0.736 1	270	－0.427 1
60	－0.267 1	170	－0.784 7	280	－0.345 4
70	－0.306 5	180	－0.826 9	290	－0.263 9
80	－0.344 9	190	－0.870 5	300	－0.158 1
90	－0.386 4	200	－0.870 7	308	－0.009 9
100	－0.438 1	210	－0.883 8		
110	－0.484 2	220	－0.878 6		

表 5－2　开环情况下氧化剂箱的极零分布情况

t/s	$\omega_{jp}^2-\omega_{0p}^2$	t/s	$\omega_{jp}^2-\omega_{0p}^2$	t/s	$\omega_{jp}^2-\omega_{0p}^2$
10	0.137 9	120	1.679 9	230	5.908 2
20	0.309 0	130	1.955 1	240	5.688 6
30	0.298 0	140	2.267 4	250	5.332 9
40	0.381 9	150	2.619 8	260	5.014 5
50	0.477 2	160	3.036 1	270	4.476 8
60	0.593 6	170	3.501 3	280	3.566 0
70	0.726 2	180	3.926 7	290	2.466 0
80	0.875 9	190	4.380 1	300	1.251 2
90	1.045 2	200	4.673 6	308	0.307 9
100	1.211 5	210	5.267 0		
110	1.434 5	220	5.613 7		

由表 5－1 和表 5－2 可见，在开环且不采取任何措施的情况下，燃料箱的 $\omega_{jp}^2-\omega_{0p}^2<0$，说明燃料箱存在极—零不稳定结构，而氧化剂箱不存在极—零不稳定结构。

(2) 闭环情况下的极零分布情况

系统闭环后，在未加隔板的情况下，二级飞行的前 50 s 和 210 s 后，燃料箱液体晃动存在极—零分布，见图 5－36 和图 5－37 的仿真结果。由仿真结果可见，未加隔板时，这些秒点都存在极—零分布情况，由于极—零分布的存在，造成箭体特性的相位滞后，使稳定裕度下降，尤其是 290 s，箭体相位特性与校正网络相位特性非常接近，裕度非常小。

由图 5－36 和图 5－37 可见，在未加隔板的情况下，飞行的前段和后段燃料箱都出现

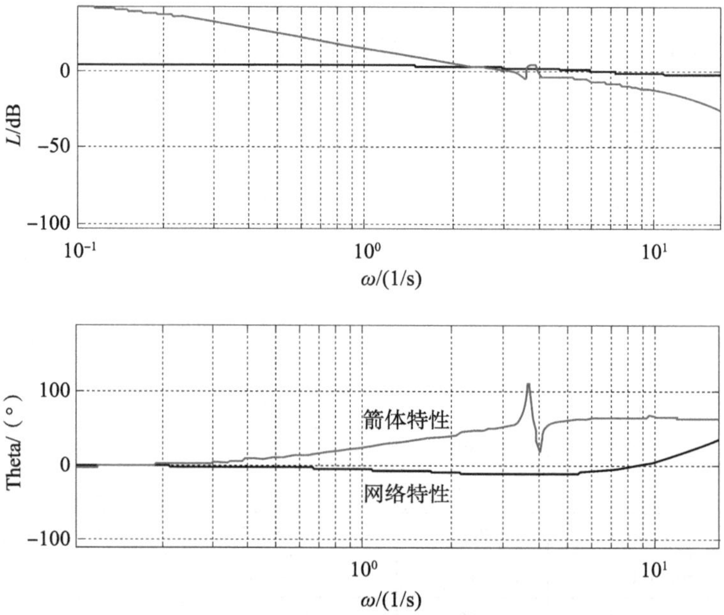

图 5 - 36　二级 40 s 未加隔板的仿真情况

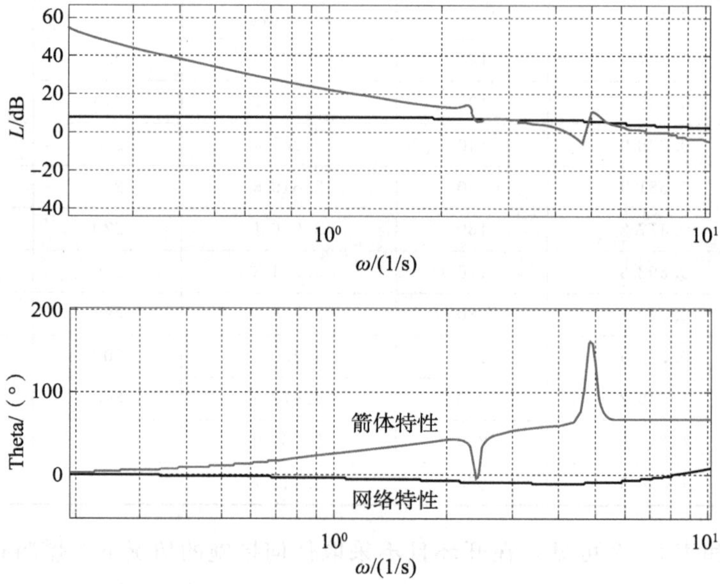

图 5 - 37　二级 290 s 未加隔板的仿真情况

了极—零不稳定结构。但是在前段，通过网络设计，有一定的裕度。此外如果前段也加隔板，即在燃料箱的上部加隔板，需要从燃料箱的底部开始加隔板，这样对运载能力损失较大。因此只考虑从燃料箱的底部加一定高度的隔板。

二级燃料箱底部加十字隔板，系统闭环后的极零分布情况见表 5 - 3。由表 5 - 3 可见，燃料箱底部增加了十字隔板后，有效的消除了燃料箱的极零分布情况。尽管在 300～308 s

仍然存在一定的极零分布，但对稳定裕度的影响不大。

表 5 - 3　二级燃料箱采用十字隔板后的极零分布情况

t/(s)	燃料箱			氧化剂箱		
	ω_{0p}	ω_{jp}	$\omega_{jp}^2-\omega_{0p}^2$	ω_{0p}	ω_{jp}	$\omega_{jp}^2-\omega_{0p}^2$
230	−0.13+6.09i	−0.13+6.12i	3.04E−01	−0.10+4.99i	−0.13+5.50i	5.35E+00
240	−0.13+6.10i	−0.13+6.13i	2.11E−01	−0.10+4.97i	−0.13+5.47i	5.24E+00
250	−0.12+6.03i	−0.13+6.05i	2.06E−01	−0.10+4.94i	−0.13+5.41i	4.91E+00
260	−0.12+5.79i	−0.13+5.83i	4.07E−01	−0.10+4.88i	−0.12+5.31i	4.46E+00
270	−0.11+5.53i	−0.13+5.58i	5.95E−01	−0.09+4.81i	−0.12+5.19i	3.78E+00
280	−0.10+5.13i	−0.12+5.26i	1.29E+00	−0.0936+4.74i	−0.10+4.97i	2.17E+00
290	−0.10+4.80i	−0.12+5.01i	2.10E+00	−0.09+4.60i	−0.09+4.62i	2.43E−01
300	−0.08+4.10i	−0.82+4.09i	−7.01E−02	−0.09+4.66i	−0.10+4.78i	1.21E+00
308	−0.06+3.02i	−0.60+3.01i	−2.08E−02	−0.09+4.51i	−0.09+4.54i	2.73E−01

二级燃料箱底部加米字隔板，系统闭环后的极零分布情况见表 5 - 4。

表 5 - 4　二级燃料箱采用米字隔板后的极零分布情况

t/(s)	燃料箱			氧化剂箱		
	ω_{0p}	ω_{jp}	$\omega_{jp}^2-\omega_{0p}^2$	ω_{0p}	ω_{jp}	$\omega_{jp}^2-\omega_{0p}^2$
230	−0.15+7.24i	−0.15+7.21i	−3.31E−01	−0.10+5.01i	−0.13+5.56i	5.79E+00
240	−0.15+7.37i	−0.16+7.35i	−3.09E−01	−0.10+4.99i	−0.13+5.52i	5.59E+00
250	−0.15+7.35i	−0.16+7.32i	−2.91E−01	−0.10+4.96i	−0.13+5.46i	5.24E+00
260	−0.17+8.28i	−0.17+8.27i	−1.58E−01	−0.10+4.91i	−0.13+5.39i	5.00E+00
270	−0.19+9.32i	−0.19+9.32i	1.85E−02	−0.10+4.84i	−0.12+5.28i	4.48E+00
280	−0.18+9.05i	−0.18+9.05i	6.44E−02	−0.09+4.79i	−0.12+5.15i	3.56E+00
290	−0.17+8.60i	−0.17+8.61i	2.37E−02	−0.09+4.73i	−0.11+4.98i	2.45E+00
300	−0.16+7.86i	−0.16+7.86i	−3.10E−03	−0.09+4.65i	−0.10+4.78i	1.22E+00
308	−0.12+5.96i	−0.12+5.96i	−3.39E−03	−0.09+4.51i	−0.09+4.54i	2.73E−01

由表 5 - 4 可见，燃料箱底部增加了米字隔板后，也能有效地消除燃料箱的极零分布情况。尽管很多秒点仍然存在一定的极零分布，但由于增加米字隔板后，晃动频率增加，对稳定裕度的影响不大。下面分析其中的原因。

出现极—零情况，造成稳定裕度下降的主要原因是极点比零点小，因此在极点分布处，相位首先出现滞后，然后在靠近极点右边的零点处，由于相位的超前，又将由于极点造成的相位滞后补充回来，因此整个过程形成一个相位曲线向下弯曲的过程。而出现零—极情况时，正好与极—零情况相反，其相位曲线有个向上弯曲的过程，见图 5 - 38。相位曲线向下弯曲的程度（相位滞后）取决于极点处的阻尼系数，同时也取决于极点和零点的频率差。极点处阻尼越小，相位滞后越严重，反之亦然。而极点和零点的频率差越大，导致相位滞后也越大，反之亦然。下面以 300 s 下限的燃料箱为例，分别给出不加隔板、加十字隔板和加米字隔板三种情况极点处的阻尼系数和频率差的对比表（表 5－5）。

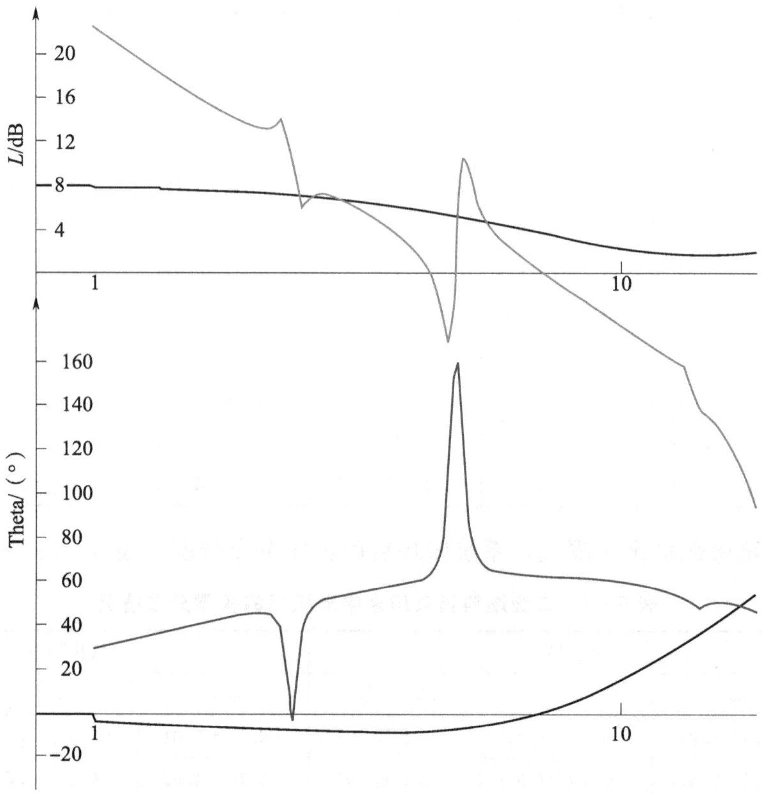

图 5－38　频率曲线与极零分布的关系

阻尼主要受零极点的实部和虚部的影响，而频率主要受零极点的虚部影响。由表 5－5 可见，燃料箱采用十字隔板或米字隔板后，零极点的阻尼值并未获得明显改善，也就是说，在极点频率处，相位滞后的程度是差不多的，但零极点的频率差相差 4.2 倍和 183 倍，也就是说，采用了十字隔板或米字隔板后，零极点频率非常接近，在极点处的频率滞后很快就被零点的相位超前补充掉，因此采用十字隔板或米字隔板后，虽然出现极—零分布情况，但由于零极点频率比较接近，故相位滞后很小，对稳定系统设计影响最小。下面给出三种情况燃料箱的频率特性曲线。由图 5－39 可见，随着频率差的变小，相位滞后减小，同时晃动频率变大。

表 5－5　各种状态的零极点阻尼、频率值

状　态	燃料箱零点 ω_{0p}	燃料箱极点 ω_{jp}	ξ_{jp}	ξ_{0p}	$\omega_{jp}^2-\omega_{0p}^2$
未加隔板	−4.17e−02＋2.10i	−0.0418＋2.07i	2.02e−02	1.98e−02	−3.62e−02
十字隔板	−8.22e−02＋4.10i	−0.0821＋4.09i	2.01e−02	2.00e−02	−8.60e−03
米字隔板	−1.57e−01＋7.86i	−0.158＋7.86i	2.00e−02	2.00e−02	−1.98e−04

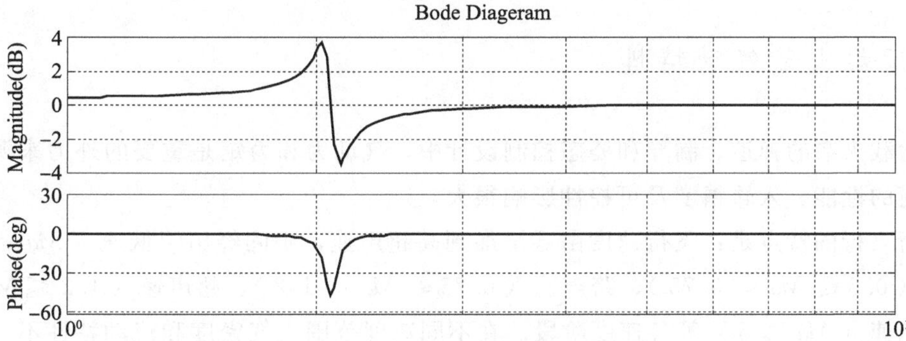

（a）未加隔板

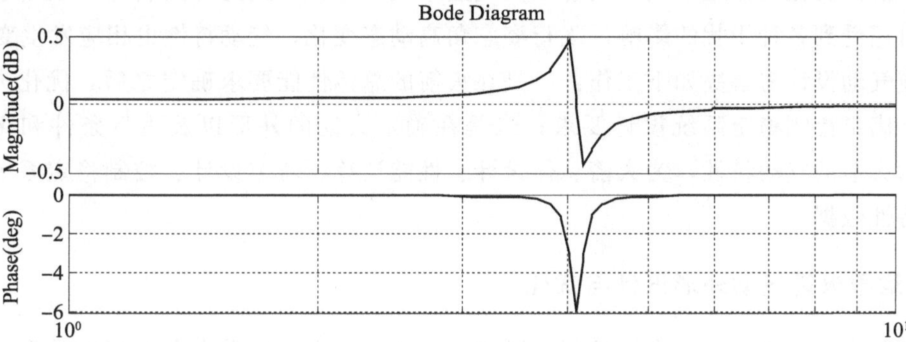

（b）加十字隔板

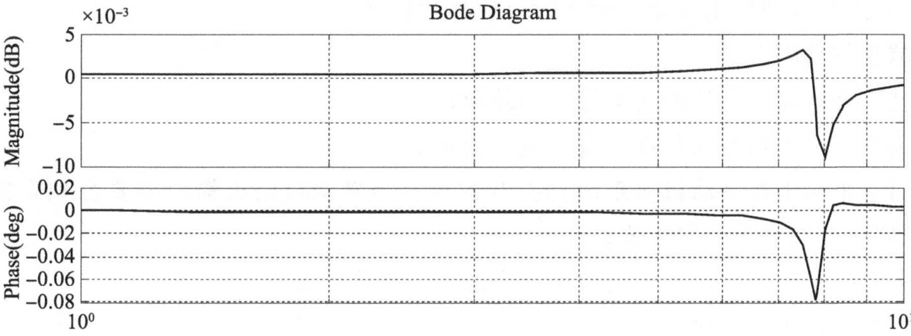

（c）加米字隔板

图 5－39　300 s 下限燃料箱频域分析图

下面给出加隔板后导致零极点频率靠近，从而相位滞后变小的本质原因。由式（5－121）～式（5－122）可见，当采用隔板后，晃动质量变小，从而导致 b_{4p}，b_{5p} 和 c_{4p} 的数值变小，则式（5－121）和式（5－122）的分母近似相等，并接近于 1，分子中，由于 b_{5p} 的减小，导致两式的分子更加接近 Ω_{1p}，因此由于采用隔板后，晃动质量的减小，导致零极点频率接近，通过上面的分析可知，频率点的接近必将导致相位滞后的减小。因此，晃动质量的减小是导致极—零分布影响变小的本质原因。

运载火箭的研制过程中，根据极—零分布的情况，需要选择采用十字隔板还是米字隔板，或者两种隔板的混合形式，需要总体进行统一优化考虑，既能保证姿态的稳定，又使运载能力损失减到最小。

5.3 运载火箭气动特性

在运载火箭的弹道、制导和姿态控制设计中，气动力和力矩是重要的外力来源，其特性对火箭的性能、入轨精度及可控性影响很大。

火箭飞行的特点是：飞行速度由零增加到高超声速，中间经历了低速（$Ma < 0.3$）、亚声速（$0.3 \leqslant Ma < 0.75$）、跨声速（$0.75 \leqslant Ma < 1.2$）、超声速（$1.2 \leqslant Ma < 5$）和高超声速（$Ma \geqslant 5$）等各速度阶段。在不同速度范围大气密度和流动特性不一样，相应气动特性及变化规律也不同。火箭在大气层中飞行时，要经历弹道转弯，攻角会发生变化，同时还受到各种干扰的影响，飞行姿态角高动态变化，气动特性也相应发生变化。

火箭气动设计需解决如下工作：一是在火箭的总体性能要求确定之后，优化火箭的气动外形，满足控制稳定系统设计要求；二是在确定火箭的外形以及飞行条件和飞行姿态后，预示火箭的气动特性，为火箭总体设计、性能计算、轨道设计、控制稳定系统设计提供气动特性数据。

5.3.1 运载火箭气动外形设计与优化

在满足运载火箭总体、姿控控制、弹道、载荷、力学环境等专业对气动外形设计要求的前提下，进行气动优化设计，设计的一般准则包括：

1）减小气动阻力；

2）减小在箭体上产生的气动静、动载荷；

3）箭体上凸起物布局合理，减小滚动力矩；

4）对于采用滚控发动机实现滚动控制的单台主发动机的火箭，需要合理安排滚控发动机的位置，控制喷流干扰影响；

5）火箭飞行的稳定性和机动性满足姿态控制系统的要求；

6）外形制造工艺简单；

7）级间分离可靠，在满足级间压力和热环境的条件下，应缩短级间段长度，减小排焰面积；

8）对于捆绑助推火箭，在满足总体要求前提下，尽可能提高运载火箭的稳定性和减小由助推火箭产生的阻力。

运载火箭气动外形设计内容一般包括：

1）运载火箭整流罩气动外形设计；

2）运载火箭箭体外形设计；

3）助推火箭外形与布局设计；

4）尾翼外形与布局设计；

5）级间段外形设计；

6）箭体上凸出物布局及外形设计。

（1）运载火箭整流罩气动外形

火箭整流罩外形主要是由有效载荷尺寸决定的。通常有效载荷尺寸较大，当直径大于箭体直径时，整流罩必然为锤头外形。为加工方便，通常运载火箭整流罩外形采用组合锥、锥—柱—裙和锤头形。为了减小阻力也可以采用曲线头锥。

整流罩外形设计一般按下列原则：

1）在综合考虑减小阻力和减小整流罩头尖端气流加热两者利弊的情况下确定箭头钝度比（端头半径与箭头底部半径之比），一般不大于 0.4；

2）整流罩头锥母线形状一般采用双锥或冯·卡门曲线头锥；

3）为减小跨声速脉动压力，要求相邻半锥角的差值一般不大于 15°。

4）为减小分离区跨声速脉动压力，倒锥角一般不大于 10°，当结构强度允许的话，可以放大。

（2）箭体外形及级间段设计

火箭一般选择圆形截面的箭体，根据总体设计要求选择最佳长细比，一般长细比不大于 16。对于各子级直径不等的多级火箭，为减小跨声速脉动压力，一般要求级间段半锥角不大于 15°，当尾段发动机组大于尾部直径时，可采用扩展尾段（半锥角一般小于 5°），也可以局部加发动机罩，使用扩展尾段可使压力中心后移，但增加了结构质量。级间段结构一般采用杆式或孔式，排焰孔位置一般位于喷口以下靠近下面级前底，开孔通常在周向均布。

（3）助推火箭外形及布局设计

助推火箭的选形首先取决于总体方案，在此基础上再作如下气动选形：

1）为了减小火箭的滚动力矩，助推火箭相对芯级的布局一般采用轴对称；

2）助推火箭壳体与芯级壳体之间的距离要求在满足助推火箭与芯级的连接工装要求的前提下进行优选，以使助推火箭壳体与芯级之间的干扰力有利于火箭飞行稳定性和减小干扰阻力为原则；

3）助推火箭头部外形一般采用正头锥，半锥角一般不大于 15°，端头钝度一般不大于 0.4。

（4）尾翼外形和布局设计

火箭配置尾翼的目的是改善火箭的静稳定度。尾翼的平面形状、翼型和尺寸主要是由姿态控制系统对火箭气动特性的要求确定。尾翼布局形式一般采用十字型和 X 字型，上、下反角和安装角为 0°。对于捆绑火箭，尾翼安装在助推火箭尾端外侧，尾翼后缘一般与火箭或助推火箭底端面齐平。

（5）箭上凸起物布局及外形

由于箭体上需安装天线、推进剂输送管、电缆和反推火箭等，为了防止在飞行中受气动力和气动热的侵扰，必须安装保护罩，这些保护罩形成了箭体上的凸起物。凸起物布局及尺寸是以减小滚动力矩为原则。一般采用几何对称布局，必要时可以加假凸起物以构成对称布局。凸起物的位置应尽量避开箭体最大剖面处，保护罩前后缘外形一般需设计成流线型。

5.3.2　运载火箭气动参数的理论计算与风洞试验

5.3.2.1　运载火箭气动参数的理论计算

在大气层中飞行，火箭将承受气动力和气动力矩。相对火箭坐标系，可将气动力和气动力矩分解为轴向力 F_A 、法向力 F_N 、侧向力 F_Z 、滚转力矩 M_x 、偏航力矩 M_y 和俯仰力矩 M_z 。相对速度坐标系同样可将气动力和气动力矩分解为阻力 F_D 、升力 F_L 。气动力和气动力矩用速度头和参考面积及参考长度无量纲化，成为无量纲化气动力系数和气动力矩系数。

运载火箭气动特性参数理论计算主要包括：

1）地面竖立风载的气动特性计算；

2）低速大攻角气动特性计算（ $0<\alpha<90°$ ）；

3）亚声速、跨声速和超声速气动特性计算（ $0.4\leqslant Ma<5$ ）。

运载火箭气动参数的理论计算目前主要应用的方法有两种，一种是理论和经验相结合的部件组合工程算法；另一种是基于计算流体力学（CFD）的数值仿真算法。随着计算机及数值仿真技术的飞速发展，众多 CFD 软件均能对运载火箭气动参数做出较为准确的模拟。模拟的方法也在不断改进，效率也在不断提高。CFD 数值仿真方法不仅提供较为理想的气动数据，还能提供更为丰富的流场信息，使设计人员能更好地从气动机理上分析研究运载火箭的气动特性。目前，CFD 数值仿真方法已经是国内外飞行器气动理论计算的主要手段，它是基于 Navier - Stokes 方程来进行计算的。针对不同问题，所使用的 Navier - Stokes 方程形式也不尽相同。一般的非定常三维可压缩黏性 Navier - Stokes 方程如下所示。

连续方程

$$\frac{D\rho}{Dt}+\rho\nabla\cdot V=0 \tag{5-126}$$

动量方程

$$\begin{aligned}
\rho\frac{Du}{Dt}&=-\frac{\partial p}{\partial x}+\frac{\partial\tau_{xx}}{\partial x}+\frac{\partial\tau_{yx}}{\partial y}+\frac{\partial\tau_{zx}}{\partial z}+\rho f_x\\
\rho\frac{Dv}{Dt}&=-\frac{\partial p}{\partial y}+\frac{\partial\tau_{xy}}{\partial x}+\frac{\partial\tau_{yy}}{\partial y}+\frac{\partial\tau_{zy}}{\partial z}+\rho f_y\\
\rho\frac{Dw}{Dt}&=-\frac{\partial p}{\partial z}+\frac{\partial\tau_{xz}}{\partial x}+\frac{\partial\tau_{yz}}{\partial y}+\frac{\partial\tau_{zz}}{\partial z}+\rho f_y
\end{aligned} \tag{5-127}$$

能量方程

$$\begin{aligned}
\rho\frac{D}{Dt}\left(e+\frac{V^2}{2}\right)=&\rho\dot{q}-\nabla\cdot(pV)+\rho(f\cdot V)+\frac{\partial}{\partial x}\left(k\frac{\partial T}{\partial x}\right)+\frac{\partial}{\partial y}\left(k\frac{\partial T}{\partial y}\right)+\frac{\partial}{\partial z}\left(k\frac{\partial T}{\partial z}\right)+\\
&\frac{\partial(u\tau_{xx})}{\partial x}+\frac{\partial(u\tau_{yx})}{\partial y}+\frac{\partial(u\tau_{zx})}{\partial z}+\frac{\partial(v\tau_{xx})}{\partial x}+\frac{\partial(v\tau_{yx})}{\partial y}+\frac{\partial(v\tau_{zx})}{\partial z}+\\
&\frac{\partial(w\tau_{xx})}{\partial x}+\frac{\partial(w\tau_{yx})}{\partial y}+\frac{\partial(w\tau_{zx})}{\partial z}
\end{aligned} \tag{5-128}$$

式中 p——流体受到的压力；

ρ——流体密度；

u，v，w——分别为 x，y，z 向的速度；

f——体积力；

τ——切应力；

T——温度；

q——热通量。

利用 CFD 仿真主要是计算运载火箭在定常的亚声速、跨声速和超声速下的气动力及力矩，包括全箭及部件在给定的马赫数、攻角下法向力系数、俯仰力矩系数、压力中心系数、前部轴向力系数、底部轴向力系数、轴向力系数和滚转力矩系数。一般的运载火箭 CFD 仿真计算流程如下。

(1) 建立三维几何模型

针对不同的阶段需求，采取先简后精的原则。利用运载火箭理论图建立三维几何模型，适时考虑箭体上较大的凸出物，包括安装天线、推进剂输送管、电缆和反推火箭等的整流罩。移除不需要的几何特征，适当修正和简化会对网格生成造成困难的几何特征，例如螺栓、开孔、外翻边桁条、连接缝隙等。级间杆系段可简化成等长度和直径的圆筒柱段。

(2) 对运载火箭外流场仿真区域进行网格划分

运载火箭的外流场区域直径一般需大于箭体最大直径的 20 倍。网格划分根据实际需求选择网格类型，复杂几何一般采用非结构网格，箭体壁面应设置边界层网格。流动复杂区域网格需加密处理，如锥段和尾翼与圆筒段连接处等。在 CFD 仿真计算初级阶段，一般需讨论网格独立性问题，因此，网格数量及质量需做进一步的研究。

(3) 设置物理模型、材料属性、计算域特性和边界条件等

针对不同流动特性，所需的物理模型、材料属性、边界条件也有所区别。对于低速流动，一般采用压力求解器，对于亚、跨、超声速流动，一般采用密度求解器，主要区别在于是否考虑气体的可压缩性。计算选取的计算物质一般为理想可压缩空气。针对运载火箭的细长体特征，湍流模型一般采用 SA 或者 SST 湍流模型。对于来流边界条件，一般选用压力远场边界条件，它可以根据火箭飞行高度、马赫数和飞行攻角设置来流属性。

(4) 设置求解器参数，包括求解数值格式、收敛性控制、监控参数等

对于求解器参数的设置应尽可能使初始和边界条件符合实际流动。对于较难收敛的工况，一般先采用简单模型参数计算初场，再利用已有的初场条件进行更精细的计算。例如，采用低阶离散格式、初场计算暂不考虑湍流方程、减小松弛因子等。这样容易获得收敛较好的数值解。

(5) 计算求解，监控气动力曲线变化

计算求解的一个关键问题是对计算资源的需求，众所周知，气动 CFD 仿真计算所需的计算资源高、计算工况多和计算时间长。因此仿真计算也应综合考虑计算资源配置的高

低来确定计算规模和工况。监控全箭的法向力、轴向力和力矩的变化曲线，并查看计算收敛情况。计算工况一般需编制批处理文件，减小人工处理时间，以保证计算资源充分运作。

(6) 对计算结果进行后处理，并对计算结果进行修正和校核

计算结果主要为计算数据和图表，包括全箭及部件在给定的马赫数、攻角下法向力系数、俯仰力矩系数，压力中心系数、前部轴向力系数、底部轴向力系数、表面压力系数、轴向力系数和滚转力矩系数等。通常运作火箭的计算工况较多，数据文件也繁多。因此，为提高效率，一般需规范结果文件数据格式，利用后处理程序对数据文件进行统一分析和管理。

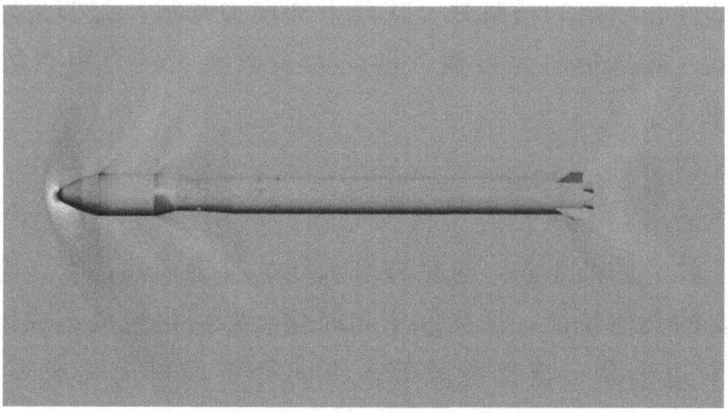

图 5-40 运载火箭仿真压力云图

5.3.2.2 风洞试验

风洞模型试验在气动设计工作中是一个重要手段，特别是外形复杂的运载火箭，另外还有一些火箭特有的气动问题和气动特性问题需要依靠风洞模型试验研究，火箭设计中一般需要进行的主要气动试验项目如下。

(1) 全箭及部件测力高速风洞试验

全箭及部件模型测力试验是运载火箭最基本的试验项目，其试验目的是测量运载火箭定常气动力特性，提供全箭及部件在给定的马赫数、攻角下法向力系数、俯仰力矩系数，压力中心系数、前部轴向力系数、底部轴向力系数、轴向力系数和滚转力矩系数。

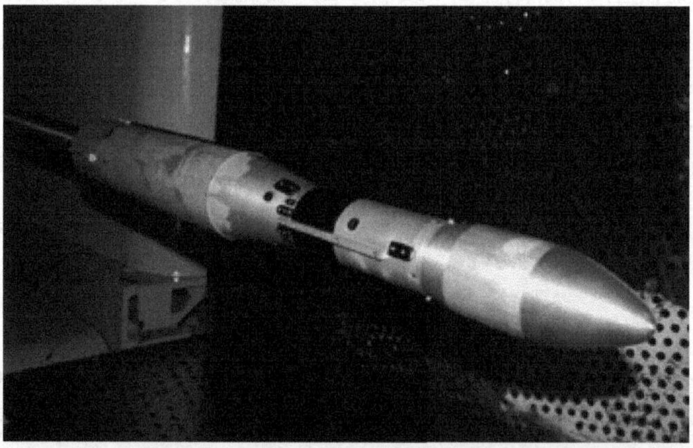

图 5-41 火箭高速测力风洞试验

（2）全箭高超声速风洞试验

全箭高超声速风洞试验的目的是提供火箭高超声速气动特性，供弹道、稳定等专业使用。提供全箭在高超声速和攻角下法向力系数、俯仰力矩系数，压力中心系数、前部轴向力系数、底部轴向力系数、轴向力系数和滚转力矩系数。

（3）运载火箭测压高速风洞试验

运载火箭测压高速风洞试验的目的是测量运载火箭模型表面的压力分布，了解绕模型的流动特性（最大、最小压力点位置、分离点及激波位置等），确定模型表面压力系数等气动数据。如图 5－42 为运载火箭测压高速风洞试验，可从图中看出，整流罩表面布置了一定数量的测压孔。

图 5－42　运载火箭测压高速风洞试验

（4）运载火箭脉动压力高速风洞试验

运载火箭在大气层中飞行时，在火箭横截面急剧变化的部位（如锥—柱外形肩部、锤头外形收缩段）会出现气流分离、激波振荡和激波—边界层干扰而产生压力脉动，并激起火箭抖振响应和严重的噪声环境。因此，这是设计中必须考虑的问题。脉动压力无法用数学表达式来精确地描述，不存在“瞬时”规律性，但具有统计规律性。脉动压力试验的基本原理是在模型上安装传感器，传感器将其感受到的脉动压力信号转换成电信号，此电信号经过滤波、放大之后，由数据记录设备记录或直接用数据采集设备采样后进行数据处理。脉动压力试验重点是测量外形突变处、分离流处以及芯级与助推火箭干扰区的脉动压力。

（5）运载火箭气动弹性高速风洞试验

由于运载火箭整流罩及舱段的表面气流分离，抖振载荷是靠脉动压力风洞试验来提供气动数据。在计算火箭对抖振载荷的响应时，通常都认为气动力对火箭的振动是起阻尼作用的，即气动阻尼为正值，因而将气动阻尼的值取为零进行响应计算，所得的结果是保守的。但是抖振是在气动力、弹性力和惯性力作用下的一种强迫振动，一旦振动的阻尼系数为负值，火箭对抖振的响应将猛烈剧增。所以，不仅要由脉动压力试验给出抖振载荷的数据，还必须给出气动阻尼的数据，尤其重要的是判断气动阻尼的值为正还是为负。

（6）运载火箭竖立风载风洞试验

当大型运载火箭竖立在发射台上时，地面风载荷是一种重要的自然激励。在地面风作用下，竖立在发射台上的火箭会产生静态和动态载荷与变形，箭体自身频率与阵风频率相近时，会产生气动弹性耦合，引起箭体结构大幅振动，影响运载火箭箭体结构强度和箭上仪器设备特别是瞄准系统的工作，同时，地面风载荷也是运载火箭尾段设计中要考虑的设计工况。风洞试验仍是地面风载荷引起的气动弹性耦合振动研究的主要方法。地面风载荷风洞试验的主要目的，一方面是考核运载火箭在地面竖立状态能否经受住由地面风载荷引起大幅自激振动；另一方面是寻求一种方法来抑制这种振动，使其处于安全水平。图 5-43 为运载火箭竖立风载风洞试验图。

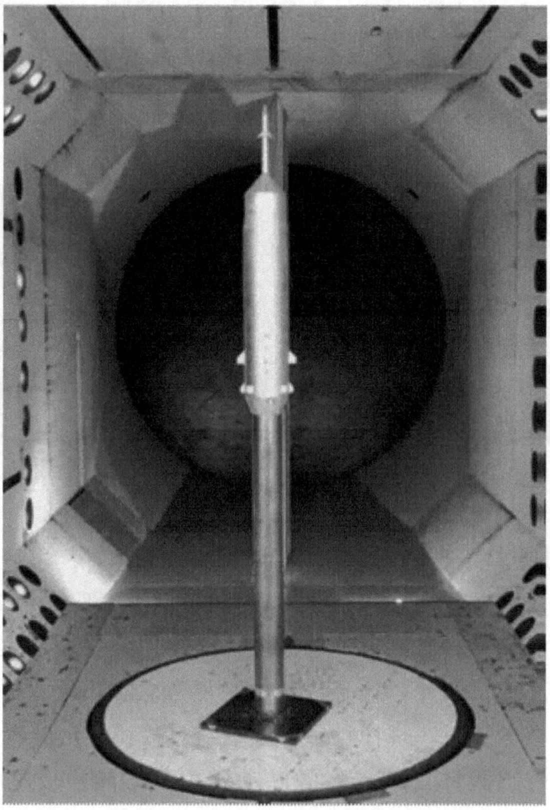

图 5-43　运载火箭竖立风载风洞试验

（7）运载火箭地面起飞状态风洞试验

运载火箭发射时，在发射台上和出塔架过程中受地面风作用，承受一定的风载，使火箭产生漂移，需要保证火箭在出塔过程中与塔架有足够的安全距离。由于火箭外形、相对塔架位置、风向的变化，地面起飞状态风洞试验时要考虑到各种工况来进行，确保提供各种工况下准确的气动特性数据。图 5-44 为美国阿瑞斯Ⅰ火箭地面起飞状态风洞试验图，图中模型的支撑方式较为新颖。

图 5－44　美国阿瑞斯 I 火箭地面起飞状态风洞试验

5.3.3　运载火箭气动外形对姿态控制的影响

火箭的气动外形与姿态控制密切相关，运载火箭的研制初期，总体需要经过火箭的气动外形与姿态控制的迭代优化过程，最终根据控制效果，确定火箭的气动外形。影响火箭姿态控制的主要有法向力、气动压心和气动滚转干扰力矩等。其中法向力和气动压心影响到火箭的俯仰、偏航控制；气动滚转干扰力矩影响到火箭的滚动通道控制。

5.3.3.1　火箭气动参数对姿态控制的影响分析

为了讨论气动参数对刚体姿态稳定的影响，忽略箭体弹性振动和液体晃动的影响，为了说明气动参数对姿控的影响，分为火箭无控和有控两种情况进行分析。

(1) 无控刚性箭体的稳定性分析

箭体的姿态动力学方程为

$$\Delta\dot{\theta} = c_1\Delta a + c_2\Delta\theta + c_3\delta_\varphi + c'_1 a_w + \overline{F}_{b_{y_c}} \tag{5-129}$$

$$\Delta\ddot{\varphi} + b_1\Delta\dot{\varphi} + b_2\Delta a + b_3\delta_\varphi + b_2\alpha_\omega = \overline{M}_{b_{Z_1}} \tag{5-130}$$

$$\Delta\theta = \Delta\varphi - \Delta\alpha \tag{5-131}$$

根据上式可以求解气动力矩系数 $|b_2|$ 最大时刻的发动机摆角到姿态角的传递函数为

$$\begin{aligned} W_\delta^\varphi(s) &= \frac{\Delta\varphi(s)}{\delta_\varphi(s)} \\ &= \frac{-[b_3 s + b_3(c_1 - c_2) - b_2 c_3]}{s^3 + (b_1 + c_1 - c_2)s^2 + [b_2 + b_1(c_1 - c_2)]s - b_2 c_2} \\ &\approx \frac{-[b_3 s + b_3(c_1 - c_2) - b_2 c_3]}{(s - c_2)[s^2 + b_1 s + b_2]} \end{aligned} \tag{5-132}$$

由上式可知，气动力矩系数 $|b_2|$ 最大时刻的特征方程为

$$D(s) \approx (s - c_2)(s^2 + b_1 s + b_2) \tag{5-133}$$

从上式可看出此时至少有一个实根在 S 平面的右半平面，是否还有特征根分布在 S 平面的右半平面，取决于 b_2 的符号。

当 $b_2 > 2$ 时，即火箭为静稳定，则

$$s^2 + b_1 s + b_2 = s^2 + 2\xi\omega s + \omega^2 \tag{5-134}$$

式中

$$\begin{aligned} \omega &= \sqrt{b_2} \\ \xi\omega &= \frac{b_1}{2} > 0 \end{aligned} \tag{5-135}$$

此时，箭体姿态运动只有一个实根 ($s = c_2$) 在 S 平面的右半平面，姿态运动单调发散。

当 $b_2 < 0$ 时，即火箭为静不稳定，则

$$s^2 + b_1 s + b_2 = \left(s + \frac{b_1}{2} - \sqrt{|b_2|}\right)\left(s + \frac{b_1}{2} - \sqrt{|b_2|}\right) \approx (s - \sqrt{|b_2|})(s + \sqrt{|b_2|}) \tag{5-136}$$

此时，箭体姿态运动只有两个实根在 S 平面的右半平面，姿态运动单调发散，姿态运动迅速地单调发散。

由此可知，箭体在气动力矩最大时刻无控时，对于静稳定情况，箭体姿态在重力作用下慢速地单调发散；对于静不稳定情况，箭体姿态在气动力矩作用下快速地单调发散。

(2) 有控刚性箭体的稳定性分析

前面分析了火箭在无控情况下，在气动力矩系数 $|b_2|$ 最大时刻的刚体姿态稳定性。分析发现，在火箭无控的情况下，无论是静稳定还是静不稳定的情况，火箭姿态都会发散，只是静不稳定姿态发散得快一些。

引入控制后，根据姿态角偏差产生一个控制力矩，用此控制力矩平衡静不稳定力矩并

产生一个与姿态角偏差相反的姿态角运动，即可消除姿态角偏差，使弹体的姿态运动稳定。这就需要进行姿态角偏差反馈，此部分的控制方程为

$$\delta_\varphi = a_0^\varphi \Delta\varphi \tag{5-137}$$

式中　a_0^φ——控制系统姿态角偏差静态放大系数。

因为 $b_2 < 0$ ，且 $|b_2|$ 最大时刻，无控箭体姿态运动不稳定情况最严重，所以先以此种情况讨论在姿态角反馈控制条件下，箭体姿态运动的稳定性。为了讨论问题方便先略去质心运动方程，将式（5－137）代入式（5－130）可得到箭体俯仰通道闭环的姿态角运动方程

$$\Delta\ddot{\varphi} + b_1\Delta\dot{\varphi} + (b_2 + a_0^\varphi b_3)\Delta\varphi = -b_2\alpha_\omega + \overline{M}_{b_{Z_1}} \tag{5-138}$$

此时，闭环系统的特征方程为

$$D(s) = s^2 + b_1 s + b_2 + a_0^\varphi b_3 \tag{5-139}$$

稳定的充分必要条件为

$$b_2 + a_0^\varphi b_3 > 0 \tag{5-140}$$

由上式可知，要使箭体姿态角稳定，姿态角偏差 $\Delta\varphi$ 所产生的控制力矩必须大于同一偏差产生的静不稳定力矩，保证可以把箭体从任意初始偏差 $\Delta\varphi$ 控制回来。

从上面的分析可以看出，系统稳定需要满足式（5－137），为了进一步分析式（5－137）所表述的物理意义，将 b_2，b_3 的表达式列写如下

$$b_2 = \frac{57.3 \cdot q \cdot S \cdot C_n^\alpha \cdot (\overline{X}_y \cdot l_k - X_z)}{J_z} \tag{5-141}$$

$$b_3 = \frac{P \cdot (\overline{X}_R - X_z) + m_R \cdot l_R \cdot n_{x1} \cdot g_0}{J_Z} \tag{5-142}$$

式中　C_n^α——法向力系数；

$\overline{X}_y$——压心系数；

P——发动机推力；

X_R——发动机摇摆点；

X_z——箭体质心；

b_2——表述的物理意义是火箭受到的干扰力相对于箭体质心的矩；

b_3——表述的物理意义是火箭的控制力相对于质心的矩。

满足式（5－137），则表示火箭的控制力矩大于干扰力矩，则火箭稳定。由 b_2 的表达式可以看出，当压心在质心的后面，即 $\overline{X}_y \cdot l_k - X_z > 0$ ，火箭为静稳定的，当 $\overline{X}_y \cdot l_k - X_z < 0$ ，火箭为静不稳定的，此时 $b_2 < 0$ 。由于火箭在气动力矩系数最大时刻一般为静不稳定的，因此，如果满足式（5－137），则对控制力矩系数 b_3 提出要求，但火箭的发动机、所装燃料确定好后，则 b_3 基本上是确定的，因此为了满足式（5－137），只能通过气动外形优化来调整 b_2 。

5.3.3.2　*考虑风干扰时气动参数对姿态控制的影响*

运载火箭飞行过程中，受到的主要干扰有风干扰、发动机推力偏差带来的干扰和结构

干扰等。其中风干扰分为平稳风干扰和切变风干扰。在火箭飞行过程中，风干扰有时占干扰的主要部分，如火箭飞经大风区时，切变风带来的干扰就成为主要干扰。风干扰在火箭上的作用点和作用力的大小，与火箭的气动的外形关系密切。优化较好的气动外形，有助于减小风干扰造成的火箭姿态偏差，有利于姿态控制，反之，则增加姿态控制系统的设计难度。

风主要分为平稳风和切变风，其中切变风对火箭的姿态影响较大。切变风形成的风攻角（侧滑角）为

$$\alpha_{q1} = a\tan\left(\frac{W_q \sin A}{V}\right) \tag{5-143}$$

式中 W_q ——切变风；

A ——发射方位角；

V ——火箭速度。

控制系统闭环后，形成的风攻角（侧滑角）为

$$\alpha_q = \frac{\sigma a_0 b_3}{a_0 b_3 + b_2}\alpha_{q1} \tag{5-144}$$

形成的姿态角偏差和发动机摆角为

$$\Delta\varphi = \frac{-b_2}{a_0 b_3 + b_2}\alpha_{q1} \tag{5-145}$$

$$\delta_\varphi = \frac{-a_0 b_2}{a_0 b_3 + b_2}\alpha_{q1} \tag{5-146}$$

从以上两式可以看出，姿态角偏差和发动机摆角大小主要与控制力矩系数 $a_0 b_3$ 和气动干扰力矩系数 b_2 有关，两者的和越小，形成的姿态角偏差和相应的发动机摆角越大。一般的，静态放大系数 a_0 设计范围是确定的，不会有太大范围的变化，而控制力矩系数 b_3 基本也是确定的，因此只能通过调整气动干扰力矩系数 b_2 来减小风干扰对火箭姿态的影响。

5.3.3.3 火箭气动外形与姿态控制的关系

前面已经分析，通过调整气动干扰力矩系数 b_2 ，可以减小俯仰（偏航）姿态角和相应的发动机摆角。此外，对于有些运载火箭，只配备了一台双向摇摆发动机。发动机参与俯仰和偏航控制，滚动控制采用姿控喷管进行控制，由于姿控喷管的控制方式为开关（bang - bang）控制，因此对于这种控制方式，姿控喷管推力的大小要选择得非常恰当。推力选择的过大，则在干扰较小的情况下，会出现正、负喷管反复对喷的情况；推力选择的过小，则无法抵抗大风区的干扰，造成姿态失稳。

（1）纵向平面控制与气动外形的关系

前面已经分析，火箭飞行中，能否满足纵向平面的控制要求，主要是气动干扰力矩系数 b_2 和控制力矩系数 b_3 的匹配关系。由 b_2 的表达式可以看出，影响其大小的主要由两部分构成，一部分是法向力 $q \cdot S \cdot C_n^\alpha$ ，另外一部分是压心位置 $\overline{X}_y \cdot l_k$ ，而这两部分主要是通过气动外形进行优化，一般希望优化的结果是法向力（气动干扰力）变小，气动压心距离质心的距离（气动干扰力臂）小一些，这样作用在火箭的气动干扰力矩就会小一些，便

于控制。但是，对于火箭这种细长外形而言，气动压心距离火箭的尖端越近，即距离质心越远，法向力越小；反之，法向力越大。很难达到气动干扰力和气动干扰力臂同时变小，因此需要通过气动外形的优化，以达到最优效果。气动外形的优化主要通过尾翼的大小进行优化。其优化的结果主要体现在气动干扰力矩系数 b_2 上。

下面以某新研运载火箭为例，分析火箭的气动压心和法向力的关系，见图 5 - 45（a）和图 5 - 45（b）。图中的 A、B 火箭为已经成熟的运载火箭的气动压心和法向力系数，图中的 New 为新研制的运载火箭的气动压心和法向力系数。

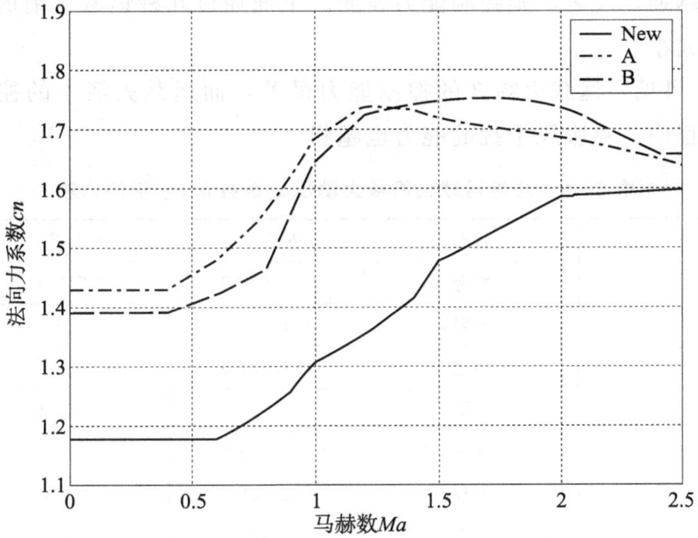

（a）三型运载火箭法向力系数

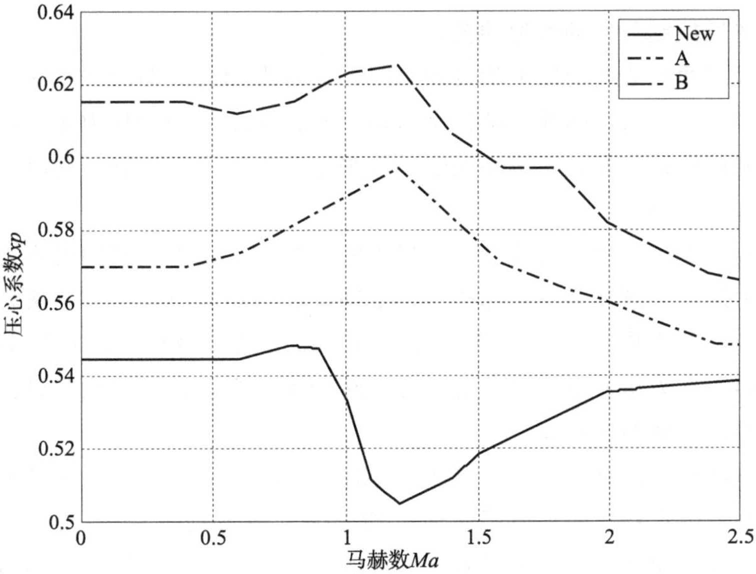

（b）三型运载火箭压心系数

图 5 - 45　火箭气动压心和法向力关系

由图 5-45（a）可见，A、B 两种运载火箭的法向力系数比新研制运载火箭的法向力系数要大一些；同时由图 5-45（b）可见，新研制的运载火箭的压心比较靠近箭体的理论尖端。对于静不稳定运载火箭而言，静不稳定性要大。为达到 A、B 两种运载火箭的控制效果，可以适当在新研制的运载火箭上增加尾翼，通过气动外形的优化，在适当增加法向力的情况下，使压心更加接近质心，以减小控制难度。

气动外形优化好后，对于运载火箭的控制能力，可以通过在大风区的控制力矩系数 b_3 和气动力矩系数 b_2 绝对值的比值大小来确定。其比值越大，火箭克服气动干扰的能力越强，即控制能力越强。反之，则控制能力较弱。下面通过几种运载火箭的比较，说明运载火箭控制能力的大小。

通过表 5-6 可见，运载火箭 3 的控制能力最差，而运载火箭 4 的控制能力最强，其在大风区飞行过程中，克服风干扰的能力也越强。

表 5-6　几种运载火箭最大动压处系数 b_2，b_3 值的比较

火箭类别	状态	b_2/s^{-2}	b_3/s^{-2}	b_3/b_2
运载火箭 1	额定	−1.016 0	2.715 0	2.672 2
	下限	−1.320 8	2.416 3	1.829 4
运载火箭 2	额定	−1.457 6	4.497 2	3.085 3
	下限	−1.734 5	3.822 6	2.203 9
运载火箭 3	额定	−1.795 5	3.475 3	1.935 6
	下限	−2.136 6	2.954 0	1.382 6
运载火箭 4	额定	−1.297 1	4.094 0	3.156 3
	下限	−1.533 4	3.606 7	2.352 1

（2）滚动通道控制与气动外形的关系

运载火箭采用两台或两台以上的发动机时，通过发动机的差动产生滚转控制力矩。由于发动机的推力一般很大，因此滚动控制力矩一般都要远大于干扰力矩。而对于采用一台发动机进行控制的运载火箭，其滚动通道一般采用小喷管进行控制，此时气动力对于滚动通道的控制是非常重要的。

火箭飞行过程中，滚动通道受到的干扰力矩主要有法向力、发动机推力与质心横移产生的滚动干扰力矩；火箭外形不对称产生的滚动干扰力矩。对于第一种滚转干扰力矩，需要通过纵向的气动外形优化，使火箭的攻角和发动机摆角最小，同时减小全箭的质心横移，以达到滚转干扰力矩最小；对于第二种滚转干扰力矩，需要在火箭设计时，优化气动外形，将火箭的凸起物均匀布局。

滚动力矩是绕火箭纵轴 O_1X_1 产生的空气动力矩，它是由于迎面气流不对称地绕过火箭而产生的。当火箭存在攻角、侧滑角时，均会使气流流动不对称；此外，火箭的尾翼、电缆整流罩等的安装角和尺寸制造误差所造成的不一致，也会破坏气流的对称性，从而产生滚动力矩。因此，滚动力矩的大小取决于导弹的几何形状、飞行速度和高度、攻角和侧滑角大小等。气动滚转力矩通过数值计算、吹风试验获得。

下面给出某火箭不同的外形方案，对滚转力矩系数的影响。通过表 5－7 和图 5－46 可以看出，对于同一个运载火箭，不同的外形优化方案，其气动滚转干扰力矩系数是不同的，直接影响到火箭的控制效果。

表 5－7　滚转力矩系数 m_x 随马赫数 Ma 变化（方案Ⅰ，Ⅱ，$\alpha=8°$）

Ma / m_x	0.40	0.60	0.80	0.90	0.95	1.00	1.05	1.10	1.15	1.20
（方案Ⅰ）	0.000 17	0.000 22	0.000 22	0.000 26	0.000 27	0.000 29	0.000 30	0.000 33	0.000 37	0.000 42
（方案Ⅱ）	0.000 32	0.000 32	0.000 34	0.000 36	0.000 36	0.000 36	0.000 37	0.000 41	0.000 43	0.000 48

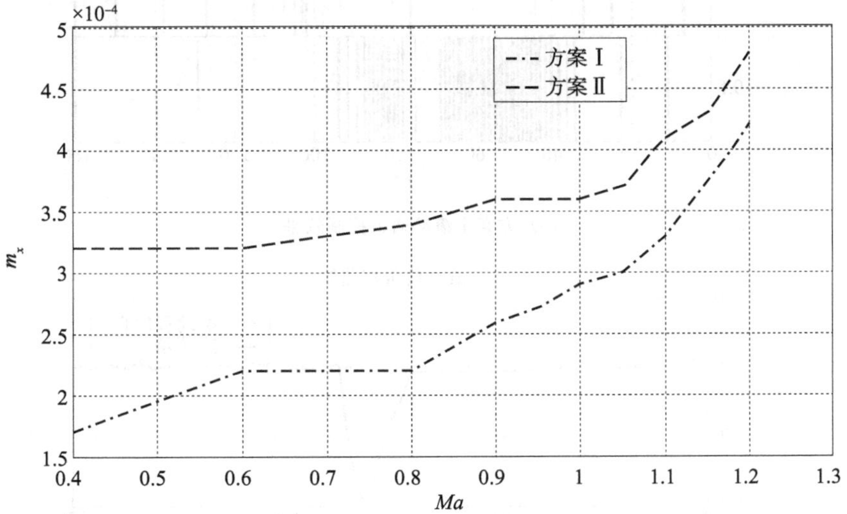

图 5－46　m_x 随马赫数 Ma 变化比较（方案Ⅰ、Ⅱ）

采用两种方案进行姿态控制时，由于第一种方案的滚转干扰力矩较小，第二种方案的滚转干扰力矩较大，因此在方案选择时，应选择第一种方案，以减小滚动干扰力矩对姿控的影响。

图 5－47 是两种不同的方案对滚动控制的影响，由仿真结果可见，采用第一种控制方案，大风区最大滚动角为 17°，采用第二种控制方案时，大风区最大滚动角超过 90°。

由仿真结果可见，为了减小由于火箭气动外形不对称引起滚转干扰力矩，需要对火箭外形进行优化，火箭布局尽量做到轴对称，以减少气动滚动干扰力矩的影响。

5.4　运载火箭纵向耦合振动特性

运载火箭纵向耦合振动（POGO 振动）问题是流固耦合动力学中的一个方面，是流体在固体内部流（脉）动而引起系统不稳定性的振动问题。POGO 一词最早是在研究液体火箭结构系统与推进系统纵向耦合不稳定性振动问题时引入的。在液体火箭飞行过程中，有时会出现一种显著的沿箭体纵向的振动，它随箭飞行自动产生、增大然后逐渐减小，直至

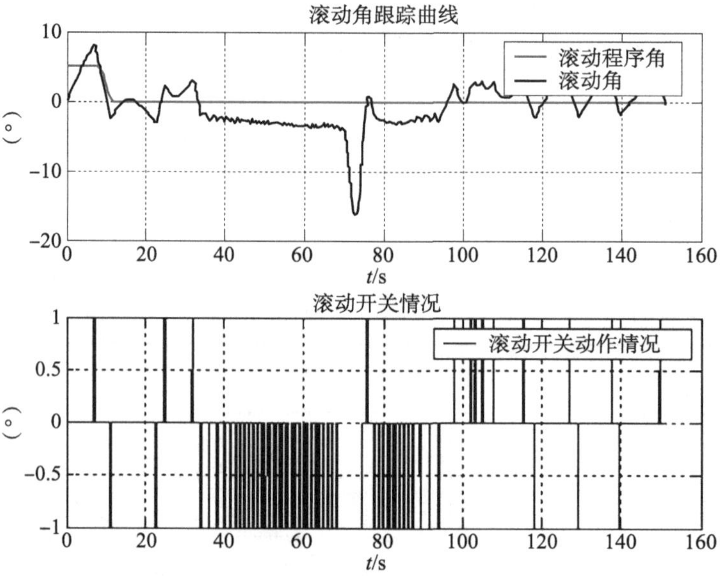

(a) 方案Ⅰ滚动通道控制效果

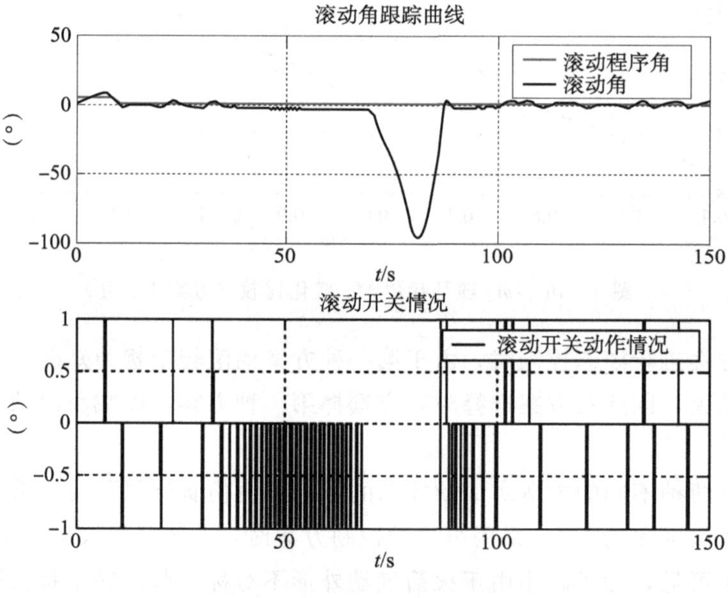

(b) 方案Ⅱ滚动通道控制效果

图 5－47　两种不同方案对滚动控制的影响

消失。反应在过载一飞行时间曲线上，真实过载会偏离设计过载而出现一个鼓包，如图 5－48 所示。这种特殊的振动现象因振动方向为纵向，和欧美小孩经常玩的一种弹跳玩具——POGO Stick 非常相似，故被命名为 POGO 振动，有时也简称为 POGO。当然，后来发生在火箭上的 POGO 振动并不一定发生在箭体纵向模态上，也有发生在横向弯曲模态上的，如阿里安 4。POGO 振动后来用于指所有由液体发动机和结构耦合而产生的火箭自激振动。在国内 POGO 也被翻译为纵向耦合振动或者跷振。

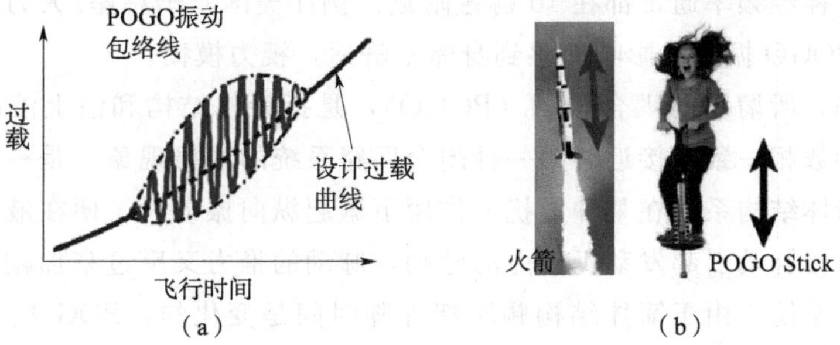

图 5-48　液体火箭的 POGO 振动现象

5.4.1　运载火箭纵向耦合振动的机理

许多大型液体火箭都遇到了运载器结构同推进剂输送系统的振动耦合——POGO 振动问题。从 20 世纪 60 年代初美国的雷神/阿金纳运载火箭和法国的 EMERAUDE (VE121) 运载火箭开始，一系列液体火箭在第一级飞行期间大多发现有较为严重的 POGO 振动，持续的时间一般为 10～40 s。如美国的大力神 2、土星 5，法国的钻石 B，以及我国的 CZ－2F。

POGO 振动的频率大多与结构纵向振动的一阶频率相同，并且随着推进剂的消耗而增加。有少数情况，POGO 振动以纵向高阶振型的形式出现，也可能在某一级（如第一级或者第二级）的助推过程中出现几个不稳定区间，每个区间对应着不同的振型。已经出现的 POGO 振动频率和幅值分布范围都很广：频率从 5～60 Hz，幅值（零到峰值）在火箭上端有效载荷处可高达 $17g$，在尾部发动机处可高达 $34g$（g 为地球重力加速度），该振动潜在的危害性主要表现在：

1）会使运载器结构系统产生过大的动载荷，从而造成严重的危害。例如雷神/阿金纳运载火箭的有效载荷质量由于 POGO 振动的影响而受到限制，并且重新设计了阿金纳的结构；法国的钻石 B 运载火箭的有效载荷由于剧烈的 POGO 振动而导致部分损坏，影响了主要任务的完成。土星 5 在执行阿波罗 13 任务时，芯一级中心发动机机架处的振幅达到 $34g$，差点毁坏了发动机机架。

2）与 POGO 振动伴随而来的推进系统脉动压力和流量可以对运载器产生多种有害的效应，从而大大降低了推进系统的性能。例如美国大力神 2 的失败、土星 5/阿波罗 13 运载火箭第二级性能的大大降低——两者都是由于燃烧室压力的剧烈振荡导致出现虚假的推进剂耗尽指示信号，致使发动机提早关机；

3）会产生仪器、惯性仪表、设备和卫星等所不能允许的振动环境条件。例如雷神/阿金纳运载火箭上的阿金纳级的仪器设备，由于 POGO 振动的影响，就需要按较大的正弦振动级重作鉴定；

4）会产生航天员所不能允许的振动环境，使航天员生理系统失调。几赫兹的低频振动则有可能直接威胁到航天员的健康，或干扰到航天员正常的思维与操作。因为人体的器官，如心、肝、神经频率通常都在10赫兹附近。例如美国双子星座/大力神运载火箭上的航天员，因为POGO振动的影响而感到身体不舒适，视力模糊。

如今已明确，所谓纵向耦合振动（POGO），是指箭体结构和箭上液路系统，在振动频率和相位等参数相一致或接近时的一种闭合回路系统的谐振现象，是一种不稳定的闭环自激振动。当箭体结构系统在某种干扰力作用下激起纵向振动时，便在液路系统中产生压力脉动，此种压力脉动引起发动机推力的脉动，脉动的推力又反过来加剧结构的振动，如此构成闭路循环系统。由于箭体结构频率特性随时间是变化的，POGO振动有一个产生、加剧和消逝的过程。其原理框图如图5-49所示。

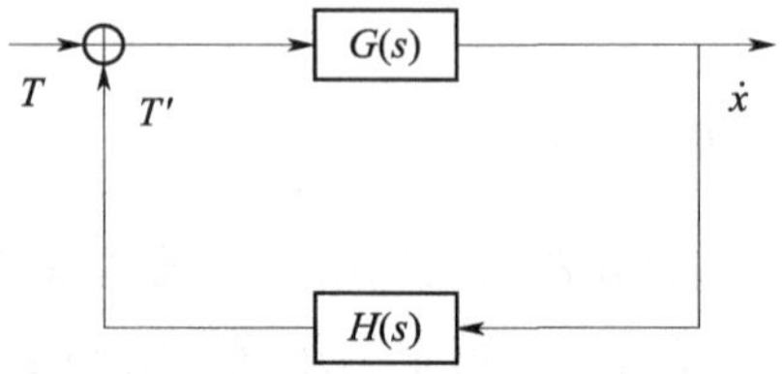

图5-49 纵向耦合振动原理框图

T—脉动干扰力；T'—液体系统反馈引起的脉动推力；$\dot{x}$—结构的响应加速度；

$G(s)$—结构的传递函数；$H(s)$—液体系统反馈传递函数

纵向耦合振动研究的内容，主要包括以下几个方面：

1）全箭纵向振动特性的理论计算和试验分析。主要研究箭体纵向的固有频率特性，并通过全箭纵向振动试验，验证理论计算结果，获取模态阻尼比等关键参数。

2）液路系统的频率特性计算和试验研究。液路系统的固有频率不但是设计振动小的管路系统的依据，更重要的是可以作为运载火箭纵向耦合振动稳定性判据和蓄压器设计的依据。理论计算的关键是建立合理的液路系统元部件数学模型，获取准确可靠的输入参数，如泵的气蚀柔性和动态增益等；而试验研究主要是获取泵的气蚀柔性和动态增益等关键参数，修正理论计算结果。

3）全箭POGO稳定性分析。运载火箭POGO稳定性分析的任务是根据POGO发生的机理，建立合适的动力学数学模型进行稳定性分析，以判断火箭飞行中是否有产生POGO的危险性，如有发生POGO的危险性，则选择合适的POGO抑制措施，如在发动机入口安装蓄压器。

4）抑制器（蓄压器）的设计。蓄压器是抑制纵向耦合振动的关键元件，它可以改变液路系统的频率特性及降低脉动压力。通过选取合理的蓄压器参数如压力体积（PV）值等可避免POGO的发生。

5.4.2 液氧煤油发动机运载火箭的POGO抑制难点

目前，我国正在研制高性能、高可靠、无毒、无污染的新一代大推力液体运载火箭。由于液体运载火箭的质量大，箭体结构固有频率较低，“箭体—输送管路—发动机”回路系统产生耦合从而引起纵向耦合振动的可能性很大。解决运载火箭纵向耦合振动即POGO

振动问题是这种液体运载火箭研制过程中的关键技术之一。

液氧煤油高压补燃循环发动机主要特点有：

1）采用低温推进剂。

2）液氧管路存在预压泵和主泵，泵间管路为气液混合两相流。

3）氧主泵后管路内流体先是液体，后是气体。

这些特点都给 POGO 抑制器的设计工作带来相当大的难点。

5.4.3 液路系统的频率特性

火箭的液体系统从贮箱出口经输送管路到发动机推力室，传统的火箭采用四氧化二氮和偏二甲肼作为推进剂，其液路系统一般由直管、弯管、波纹管、蓄压器、泵、阻力元件和推力室等元件组成。而液氧煤油补燃发动机运载火箭采用液氧煤油作为推进剂，其液路系统还包括了燃气发生器、燃气导管等元件。各元件的传递特性各不相同，由它们组成的液体系统，其传递特性更为复杂。

为开展液路系统的频率特性计算和全箭 POGO 稳定性分析，按照推进系统的子系统划分，分别建立各部件的动力学方程。

5.4.3.1 贮箱

贮箱底部脉动压力、流量方程如下

$$P_t = \rho h_t \ddot{z}_t = \rho h_t s^2 \varphi_t(e) q = P_n s^2 q \tag{5-147}$$

$$Q = Q_R - A_l \dot{z}_t = Q_R - A_l \varphi_t(e) sq = Q_R - Q_t \tag{5-148}$$

式中 P_t ——贮箱底部脉动压力；

h_t ——贮箱内推进剂高度；

ρ ——推进剂密度；

$\varphi_t(e)$ ——贮箱底部纵向振动振型；

q ——广义坐标；

Q, Q_R, Q_t ——分别为绝对体积流量、相对体积流量和脉动体积流量；

A_t ——连接输送管路截面积；

$\dot{z}_t, \ddot{z}_t$ ——分别为贮箱底部纵向振动速度和加速度。

5.4.3.2 管路系统

（1）直管分布参数动力学方程

$$\begin{Bmatrix} P_2 \\ Q_2 \end{Bmatrix} = \begin{bmatrix} \mathrm{ch}\theta & -Z_l\theta^{-1}\mathrm{sh}\theta \\ -\theta Z_l^{-1}\mathrm{sh}\theta & \mathrm{ch}\theta \end{bmatrix} \begin{Bmatrix} P_2 \\ Q_2 \end{Bmatrix} - \begin{Bmatrix} AZ_l\theta^{-1}\mathrm{sh}\theta \\ A(1-\mathrm{ch}\theta) \end{Bmatrix} \dot{x}_l \tag{5-149}$$

式中 P_1, P_2 ——分别为上游和下游端面处的压力；

Q_1, Q_2 ——分别为上游和下游端面处的流量；

$\theta^2 = s^2\tau^2 Z_l/(sL)$；

$\tau = l/c$ 。

直管管路中液体声速

$$c = \sqrt{\frac{Ex}{\rho\left(1+\frac{d}{\delta}\frac{Ex}{E}\right)}} \tag{5-150}$$

液路阻抗

$$Z_l = sL + R \tag{5-151}$$

液路惯性

$$L = \rho \cdot l/A \tag{5-152}$$

式中　s ——拉普拉斯算子；

R ——液路阻力；

$\dot{x}_l$ ——刚体横向振动速度；

ρ ——液体的质量密度；

Ex ——流体体变形刚度；

E ——管材杨氏模量；

δ, d, l, A ——分别为均匀直管的内径、厚度、长度和截面积。

为简化系数矩阵，根据泰勒级数展开式（5-148）中的超越函数项，得到简化的直管分布参数动力学方程

$$\begin{Bmatrix} P_2 \\ Q_2 \end{Bmatrix} = \begin{bmatrix} 1+\theta^2/2 & -Z_l(1+\theta^2/6) \\ -Z_l^{-1}(\theta^2+\theta^4/6) & 1+\theta^2/2 \end{bmatrix} \begin{Bmatrix} P_1 \\ Q_1 \end{Bmatrix} \tag{5-153}$$

（2）直管集中参数动力学方程

$$\begin{Bmatrix} P_2 \\ Q_2 \end{Bmatrix} = \begin{bmatrix} 1 & 0 \\ 0 & 1 \end{bmatrix} \begin{Bmatrix} P_1 \\ Q_1 \end{Bmatrix} + \begin{Bmatrix} AR\dot{x} \\ 0 \end{Bmatrix} \tag{5-154}$$

式中　P_1, P_2 ——分别为上游和下游端面处的压力；

Q_1, Q_2 ——分别为上游和下游端面处的流量；

Z_l ——阻抗，$Z_l = sL + R$；

L ——惯性，$L = \rho l/A$；

s ——拉普拉斯算子；

R ——阻力，通常由稳态试验测出；

ρ ——液体的质量密度；

l, A ——分别为均匀直管的长度和截面积；

$\dot{x}$ ——横管振动速度。

（3）波纹管分布参数动力学方程

波纹管的动力学方程分析，采用等效直管代替的方法，具体方程如下

$$\begin{Bmatrix} P_2 \\ Q_2 \end{Bmatrix} = \begin{bmatrix} \mathrm{ch}\theta & -Z_l\theta^{-1}\mathrm{sh}\theta \\ -Z_l^{-1}\theta\,\mathrm{sh}\theta & \mathrm{ch}\theta \end{bmatrix} \begin{Bmatrix} P_1 \\ Q_1 \end{Bmatrix} + \begin{Bmatrix} 0 \\ K_b \end{Bmatrix} (\dot{x}_1 - \dot{x}_2) \tag{5-155}$$

式中　P_1, P_2 ——分别为上游和下游端面处的压力；

Q_1, Q_2 ——分别为上游和下游端面处的流量；

$$\tau = l/c_l \tag{5-156}$$

$$c_l = \frac{c}{\sqrt{1+\frac{\rho c^2}{V}\frac{2n\pi r_0 h^5}{mE\delta^3}\left(\frac{1}{30}-\frac{R^2}{h^2}+\frac{2R^3}{h^3}-\frac{R^4}{h^4}\right)\beta}} \tag{5-157}$$

液路阻抗

$$Z_l = sL + R \tag{5-158}$$

液路惯性

$$L = \rho \cdot l/A \tag{5-159}$$

波纹管容积

$$V = lA \tag{5-160}$$

式中　s——拉普拉斯算子。

R——液路阻力［式（5-158）］；

$\dot{x}_1$，$\dot{x}_2$——分别为波纹管两端面不同的刚体横向振动速度；

R_n, R_m——分别为波纹管的最大、最小半径；

c——等效直管中的声速；

c_l——波纹管中的等效声速；

ρ——液体的质量密度；

l, A——分别为均匀直管的长度和截面积；

r_0——波纹管平均半径；

E——管材杨氏模量；

n——波数；

m——管壁层数；

h——波纹高度；

δ——有效壁厚；

R——波纹圆角半径［式（5-157）］；

β——体积弹性修正系数。

5.4.3.3　泵系统

（1）一般泵的动力学方程

$$\begin{Bmatrix} P_2 \\ Q_2 \end{Bmatrix} = \begin{bmatrix} m+1+sC_pZ_p & -Z_p \\ -sC_p & 1 \end{bmatrix} \begin{Bmatrix} P_1 \\ Q_1 \end{Bmatrix} + \begin{Bmatrix} -A_1Z_p & -sL_pA_2 \\ A_1 & A_2 \end{Bmatrix} \begin{Bmatrix} \dot{x}_p \\ \dot{y}_p \end{Bmatrix} \tag{5-161}$$

式中　s——拉普拉斯算子；

P_1, P_2——分别为上游和下游端面处的压力；

Q_1, Q_2——分别为上游和下游端面处的流量；

$m+1$——泵增益；

$(\dot{x}_p, \dot{y}_p)$——泵出口处纵向振速。

泵阻抗

$$Z = sL + R \tag{5-162}$$

式中　R,L ——分别为泵的阻力和惯性；

C_p ——泵气蚀柔性，泵的气蚀柔性与泵入口复杂气蚀过程形成的含有离散气泡的气液混合体的特性有关。

它的公式定义为

$$C_p = \frac{\mathrm{d}V_p}{\mathrm{d}P_s}\rho g \tag{5-163}$$

式中　ρ ——推进剂密度；

g ——重力加速度；

$\mathrm{d}V_p/\mathrm{d}P_s$ ——气液混合体中等效气泡容积 V_a 随泵入口压力 P_s 的变化率。

$\mathrm{d}V_p/\mathrm{d}P_s$ 在理论上是无法计算的，因此，C_p 值一般要通过推进系统动态试验或冷流试验确定。

泵的气蚀柔性 C_p 输送管路系统的谐振频率的影响很大。由于它是影响输送管路以及 POGO 稳定性分析的关键参数之一，所以应该先确定 C_p 值。

(2) 不稳定气蚀泵的动力学方程

$$\begin{Bmatrix} P_2 \\ Q_2 \end{Bmatrix} = \begin{bmatrix} m+1+sC_pZ_p & -Z_p(1-\alpha s) \\ -sC_p & 1-\alpha s \end{bmatrix} \begin{Bmatrix} P_1 \\ Q_1 \end{Bmatrix} \tag{5-164}$$

式中　α ——泵的质量流量增益因子，其他参数物理意义与一般泵相同。

针对质量流量增益因子，有无量纲数

$$\alpha * = \alpha/(\pi d/nu_t)$$

式中　u_t——诱导轮叶片尖端速度；

n ——诱导轮的个数；

d ——泵诱导轮尖端直径。

5.4.3.4　气蚀管

$$\begin{Bmatrix} P_2 \\ Q_2 \end{Bmatrix} = \begin{bmatrix} sC_v(sL_v+R_v) & sL_v+R_v \\ sC_v & 1 \end{bmatrix} \begin{Bmatrix} P_1 \\ Q_1 \end{Bmatrix} \tag{5-165}$$

式中　L_v ——气蚀管的惯性；

R_v ——气蚀管的液体阻力；

C_v ——气蚀管的液体气蚀柔性。

气蚀管是流量元件，当入口压力 p 为定值时，通过气蚀管的流量就是定值。气蚀管在开始气蚀时，喉部压力近似等于当地的饱和蒸气压，随着气蚀加深，喉部压力保持不变。试验表明：汽化区中心是一股具有与喉部直径大小相当的高速液体射流。在 100～1 000 Hz 范围内，压力脉动具有单向传递性，即出口压力的波动 p（下游扰动）不能超越喉部向上游传递。另外，从喉部到出口是气液两相流区域。这时，流体的可压缩性对流动的影响大大增加，并且具有较大的气蚀柔性。

5.4.3.5　发动机系统

（1）泵后管的动力学方程

$$\begin{Bmatrix} P_j \\ Q_j \end{Bmatrix} = \begin{bmatrix} 1 & -Z_D \\ 0 & 1 \end{bmatrix} \begin{Bmatrix} P_D \\ Q_D \end{Bmatrix} + \begin{Bmatrix} A_D R_D \dot{y}_D \\ 0 \end{Bmatrix} \tag{5-166}$$

式中　P_D, Q_D ——分别为泵后管入口处的压力、流量；

P_j, Q_j ——分别为泵后管出口处的压力、流量。

$$Z_D = sL_D + R_D \tag{5-167}$$

式中　$L_D, R_D, Z_D, A_D, \dot{y}_D$ ——分别为泵后管路的惯性、阻力、阻抗、截面积和纵向振动速度。

（2）液—液型推力室的动力学方程

$$P_c = Z_c(Q_j - A_j \dot{y}_c) \tag{5-168}$$

$$R_c = \rho c^* / A_{th} \tag{5-169}$$

$$Z_c = R_c / (1 + st_c) \tag{5-170}$$

式中　P_c ——燃烧室压力；

Q_j ——喷嘴处流量；

A_j ——喷嘴处截面积；

$\dot{y}_c$ ——燃烧室纵向振动速度；

A_{th} ——燃烧室喉部截面积；

c^* ——燃烧室的特性速度；

ρ, s ——分别为推进剂密度和拉氏算子；

t_c ——燃烧室时间常数；

R_c, Z_c ——分别为燃烧室的阻力和阻抗。

5.4.3.6　燃气导管

建立气路模型时，必须考虑熵波的影响，并且采用分布参数绝热模型。认为燃气为一维绝热可压缩的形式流动并且不考虑摩擦、扩散、热交换和质量源；根据圆柱形导管中可压缩流轴向运动的 N－S 方程、连续方程和熵变方程，得到联系气体管路两端压力、流量和温度参数扰动的六端网络传输方程，其传递矩阵为

$$\begin{Bmatrix} \delta p_2 \\ \delta q_2 \\ \delta T_2 \end{Bmatrix} = \begin{bmatrix} 1 & 0 & 0 \\ -\left[\dfrac{s\tau_2}{k} + \dfrac{k-1}{k}(1 - e^{s\tau_2})\right] & 1 & 1 - e^{s\tau_2} \\ \dfrac{k-1}{k}(1 - e^{s\tau_2}) & 0 & e^{s\tau_2} \end{bmatrix} \begin{Bmatrix} \delta p_1 \\ \delta q_1 \\ \delta T_1 \end{Bmatrix} \tag{5-171}$$

式中　$\delta p_1, \delta q_1, \delta T_1, \delta p_2, \delta q_2, \delta T_2$ ——分别为发生器入口和出口燃气的压力、流量和温度的无量纲变化量；

τ_2 ——燃气在导管中的停留时间；

ε ——通过整流栅的燃气流量与 p_2/p_1 的关系曲线的无量纲斜率。

5.4.3.7　涡轮

在描述低频流体动力学过程时，涡轮的流通部分被看作是具有附加输入量（转速 n）的网络。不考虑涡轮泵轴的功率平衡和振动，忽略一些非线性因素，在线性小偏差范围内进行分析，将涡轮简化为分段出口局部阻力。

当具有亚临界压降的局部阻力（涡轮喷嘴、燃烧室气喷嘴、平衡叶栅等）位于流路出口时，可根据气体动力学公式把流量与压力及温度联系在一起

$$\begin{Bmatrix}\delta p_2\\ \delta q_2\\ \delta T_2\end{Bmatrix}=\begin{bmatrix}1+\dfrac{1}{\varepsilon} & -\dfrac{1}{\varepsilon} & -\dfrac{1}{2\varepsilon}\\ 0 & 1 & 0\\ 0 & 0 & \dfrac{\overline{T}_1}{\overline{T}_2}\end{bmatrix}\begin{Bmatrix}\delta p_1\\ \delta q_1\\ \delta T_1\end{Bmatrix}+\begin{Bmatrix}0\\ 0\\ -\dfrac{\overline{T}_1-\overline{T}_2}{\overline{T}_2}(2\delta c+\delta\eta_t)\end{Bmatrix}\tag{5-172}$$

式中　$\delta p_1,\delta q_1,\delta T_1,\delta p_2,\delta q_2,\delta T_2$ ——分别为涡轮入口和出口燃气的压力、流量和温度的无量纲变化量；

$\overline{T}_1,\overline{T}_2$ ——分别为涡轮入口、出口的静温；

δc ——从涡轮喷嘴喷出的燃气流速波动；

$\delta\eta_t$ ——涡轮效率波动。

5.4.3.8　燃气发生器

燃气发生器是气液连接部件，其中既有液氧和燃料的燃烧过程又有燃烧产物的流动过程。因此在建模过程中，把发生器分为两个部分：燃烧区和燃气流动区，并假设燃烧区不占发生器容积。

发生器具有最大的特征时间常数与熵波幅值，其对液路系统频率特性的影响较大。假设推进剂进入发生器后，在燃烧区经过一个纯时滞的燃烧；忽略声学效应的影响，认为燃气处于绝热条件且是理想的。

发生器流动区的传递矩阵模型与燃气导管的一致，而其燃烧区的模型为

$$\begin{Bmatrix}\delta p_1\\ \delta q_1\\ \delta T_1\end{Bmatrix}=\mathrm{e}^{-s\tau_T}\begin{bmatrix}\dfrac{1}{\mathrm{e}^{-s\tau_T}} & 0 & 0\\ 0 & \dfrac{k_{m1}}{k_{m1+1}} & \dfrac{1}{k_{m1}+1}\\ 0 & \psi & -\psi\end{bmatrix}\begin{Bmatrix}\delta p_1\\ \delta q_{mog}\\ \delta T_{mfg}\end{Bmatrix}\tag{5-173}$$

式中　$\delta p_1,\delta q_1,\delta T_1,\delta p_2,\delta q_2,\delta T_2$ ——分别为发生器入口和出口燃气的无量纲变化量；

$\delta q_{mog},\delta T_{mfg}$ ——通过喷嘴的液体氧化剂和燃料的流量脉动量；

$\psi=(K_{m1}/T)(\partial T/\partial K_{m1})$ ——燃烧产物温度与推进剂组元混合比的关系曲线的无量纲斜率。

对于富氧燃气发生器（$K_{m1}>15$），$\psi\leqslant-0.8$。ψ 值的大小对燃气发生器内温度波动幅值的影响很大，因而对熵波幅值的影响也很大。

5.4.3.9　推力室

推力室的建模与发生器类似，将其视为可累积工质和热量的容腔，忽略气喷嘴与燃烧

室内燃气之间的耦合，有燃烧室接口模块的传递矩阵方程

$$\begin{Bmatrix}\delta p_c\\ \delta p_{mc}\end{Bmatrix}=\left\{1\quad-\begin{bmatrix}\dfrac{s\tau_3}{k_c}+\dfrac{k_c-1}{k_c}(1-e^{s\tau_3})\\ 0\quad\dfrac{q_{mlg}}{q_{mc}}+\psi_c\left(1-\dfrac{K_{mc}}{K_{m1}}\right)(1-e^{s\tau_3})\end{bmatrix}^{T}\right\}\begin{Bmatrix}\delta p_c\\ \delta q_{mc}\end{Bmatrix}+$$

$$\begin{Bmatrix}0\\ \dfrac{q_{mfc}}{q_{mc}}e^{s\tau_3}+\psi_c\left[-\dfrac{(1+K_{m1})q_{mfc}}{A}e^{-s\tau_3}\right](1-e^{s\tau_3})\end{Bmatrix}\{\delta q_{fc}\}\tag{5-174}$$

式中　τ_3 ——燃气在燃烧室中的停留时间；

δp_c ——燃烧室内脉动压力的无量纲变化量；

δq_{mc} ——燃烧室总的脉动流量的无量纲变化量；

k_c ——燃烧室内燃气的绝热指数；

$\psi_c=(K_{mc}/T_c)(\partial T_c/\partial K_{mc})$ ——燃烧室内燃气温度与组元混合比的关系曲线的斜率；

q_{mlg} ——由燃气导管通过喷嘴进入燃烧室的富氧燃气流量；

K_{m1} ——由燃气导管通过喷嘴进入燃烧室的燃气混合比；

K_{mc} ——燃烧室混合比；

q_{mfc} ——供入燃烧室的液体燃料；

τ_{T3} ——燃烧室内液体燃料转化为气体的时间；

$A=q_{mlg}+(1+\overline{K}_{m1})q_{mfc}$ 。

据各组件传递矩阵之间的关系，建立液路系统的数学模型，由以下方程组成

$$\boldsymbol{W}(\omega)\delta\boldsymbol{x}=\boldsymbol{d}\delta\boldsymbol{y}\tag{5-175}$$

式中　$\boldsymbol{W}(\omega)$ ——发动机各组件方程复系数矩阵；

$\delta\boldsymbol{x}$ ——发动机参数变化量的矢量；

$\boldsymbol{d}$——数学模型方程中各外部干扰作用系数矩阵；

$\delta\boldsymbol{y}$ ——外部干扰作用变化量。

在振幅为 δy_j 的第 j 个干扰的影响下，求发动机第 i 个参数振幅 δx_j 的解，利用以下关系式

$$\frac{\delta x_j}{\delta y_j}=\frac{\Delta_{ij}}{\Delta}\tag{5-176}$$

式中　Δ——$\boldsymbol{W}(\omega)$ 的行列式；

Δ_{ij} ——把 Δ 行列式第 i 列换为矩阵 $\boldsymbol{d}$ 的第 j 列而得到的行列式。

在所关心的频率范围内对于一系列强迫振荡频率求解方程，可得液路系统频率特性

$$\frac{\delta x_j}{\delta y_j}=\mathrm{Re}_{ij}(\omega)+\mathrm{iIm}_{ij}(\omega)=A_{ij}(\omega)\exp[-\mathrm{i}\varphi_{ij}(\omega)]\tag{5-177}$$

式中　$\mathrm{Re}_{ij}(\omega),\mathrm{Im}_{ij}(\omega)$ ——频率传递函数的实部和虚部；

$A_{ij}(\omega),\varphi_{ij}(\omega)$ ——幅频特性和相频特性。

5.4.4　POGO 稳定性分析

POGO 稳定性分析模型可由图 5-50 表示。

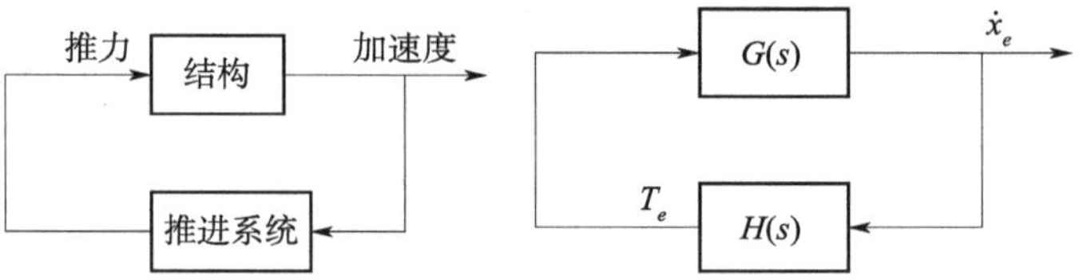

图 5-50　POGO 稳定性闭环回路图

图中 $\dot{x}_e$ 是发动机推力作用点（一般指发动机机架处）k 阶模态振动速度；T_e 是推进系统各有关部分引起的作用于火箭结构上的广义力之和；$G(s)$ 反映了箭体结构纵向振动的固有特性；$H(s)$ 反映了推进系统的特性，它是发动机燃烧室脉动压力、贮箱底部脉动压力和脉动流量、泵入口和出口脉动压力以及泵入口脉动流量等的复杂函数。

（1）结构系统传递函数的分析

把整体运载器结构系统简化为具有小的黏性阻尼或者比例阻尼的多自由度系统，其受迫振动微分方程为

$$\boldsymbol{M}\ddot{\boldsymbol{x}} + \boldsymbol{C}\dot{\boldsymbol{x}} + \boldsymbol{K}\boldsymbol{x} = \boldsymbol{f} \tag{5-178}$$

式中　$\boldsymbol{M}$，$\boldsymbol{C}$，$\boldsymbol{K}$——分别为 $N \times N$ 阶的质量、阻尼和刚度矩阵；

$\boldsymbol{x},\dot{\boldsymbol{x}},\ddot{\boldsymbol{x}},\boldsymbol{f}$——分别为 $N \times 1$ 阶位移、速度、加速度和外力向量列阵。

对 $\boldsymbol{x}$ 作模态坐标变换

$$\boldsymbol{x} = \boldsymbol{\varphi} \cdot \boldsymbol{q} \tag{5-179}$$

式中　$\boldsymbol{\varphi}$——$N \times m$ 阶模态矩阵；

$\boldsymbol{q}$——$m \times 1$ 阶广义坐标列阵。

将上式代入式（5-178），利用正交性可得到 M 个广义坐标的独立方程，即整体运载器结构的动力学方程组

$$\boldsymbol{M}_i\ddot{\boldsymbol{q}}_i + \boldsymbol{C}_1\dot{\boldsymbol{q}}_i + \boldsymbol{K}_i\boldsymbol{q}_i = \boldsymbol{\varphi}_i^{\mathrm{T}}\boldsymbol{f} = \boldsymbol{F}_i, i = 1,2,3,\cdots,m \tag{5-180}$$

式中　$\boldsymbol{M}_i,\boldsymbol{C}_i,\boldsymbol{K}_i,\boldsymbol{\varphi}_i$——分别为第 i 阶模态质量、阻尼、刚度和振型列阵；

$\boldsymbol{F}_i$——第 i 阶广义力。

上式还可写成

$$\boldsymbol{M}_i(\ddot{\boldsymbol{q}}_i + 2\xi_i w_i\dot{\boldsymbol{q}}_i + w_i^2\boldsymbol{q}_i) = \boldsymbol{\varphi}_i^{\mathrm{T}}\boldsymbol{f} = \boldsymbol{F}_i \tag{5-181}$$

式中　ξ_i, w_i——分别为第 i 阶模态阻尼比和频率。

由式（5-179）可将结构上第 k 点的物理位移 $x(k,t)$ 表示为模态位移 $x_i(k,t)$ 之和

$$x(k,t) = \sum \phi_i(k)q_i(t) = \sum x_i(k,t) \tag{5-182}$$

$$x_i(k,t) = \phi_i(k)q_i(t) \tag{5-183}$$

$$q_i = q_i(t) = \bar{q}_i \mathrm{e}^{st}, \dot{q}_i = sq_i, \ddot{q}_t = s^2 q_i \tag{5-184}$$

$$\boldsymbol{\varphi} = [\phi_i(1),\phi_i(2),\cdots,\phi_i(k),\cdots]^{\mathrm{T}} \tag{5-185}$$

$$\boldsymbol{f} = [f_i(1),f_i(2),\cdots,f_i(k),\cdots]^{\mathrm{T}} \tag{5-186}$$

式中　$\bar{q}_i$——替换广义坐标（常量）。

在 POGO 振动研究中，常把发动机常平架处（用 e 表示）作为重要特征点。该点第 i

阶模态位移 $x_i(e,t)$ 为

$$x_i(e)=x_i(e,t)=\phi_i(e)q_i,q_i=\frac{x_i(e)}{\phi_i(e)} \tag{5-187}$$

将上式代入式（5－181）有

$$x_i(e)=\frac{\phi_i(e)\sum_j\phi_i(j)f(j)}{M_i(s^2+2\xi_i w_i s+w_1^2)} \tag{5-188}$$

$$\dot{x}_i(e)=\frac{s\phi_i(e)\sum_j\phi_i(j)f(j)}{M_i(s^2+2\xi_i w_i s+w_1^2)}=G(s)T_e \tag{5-189}$$

式中

$$G(s)=sG_i(e)/(s^2+2\xi_i w_i s+w_1^2) \tag{5-190}$$

$$T_e=\sum_j\phi_i(j)f(j)/\phi_i(e) \tag{5-191}$$

$$G_i(e)=\phi_i^2(e)/M_i \tag{5-192}$$

$G_i(e)$ 称为运载器结构的第 i 阶“结构增益”。

（2）推进系统反馈传递函数的分析

由推进系统反馈传递函数 $H(s)$ 的含义和推进系统的分析可知，要确定各部分构件在受到脉动压力、脉动流量以及其他随机振动作用下所产生的外力方程。各部分构件的外力方程如下。

1）贮箱底开口处相对脉动流量 Q_R 引起箱液体质心脉动对结构的作用力

$$f(f)=\rho h_t\dot{Q}_R=\rho h_t(Q_t+A_1\dot{z}_t) \tag{5-193}$$

式中　h_t ——贮箱内液体高度；

Q_t ——绝对体积流出量；

$\dot{z}_t$ ——箱底纵向振动速度；

A_1 ——箱底开口面积。

2）贮箱底开口处脉动压力 P_t 对结构的作用力

$$f(t)=A_1P_t=A_1\rho h_1\left(\ddot{z}_t-\frac{\dot{Q}_R}{A_t}\right) \tag{5-194}$$

式中　A_t ——贮箱截面积；

$\ddot{z}_t$ ——箱底纵向振动加速度。

3）横管管段上，包括直管与波纹管，由于液体黏性引起对结构的作用力

$$f^{(x)}(ld)=-\frac{AR}{Z}(P_1-P_2+sLA\dot{x}_l) \tag{5-195}$$

式中　P_1,P_2 ——分别为管段入口、出口处的压力；

$A,R,Z,L,\dot{x}_l$ ——分别为对应管段的截面积、阻力、阻抗、惯性和横向振动速度。

4）竖管管段上（包括直管与波纹管）由于液体黏性引起对结构的作用力

$$f^{(z)}(ld)=-\frac{AR}{Z}(P_1-P_2-sLA\dot{z}_l) \tag{5-196}$$

5）横竖泵或横弯头前后脉动压力动量变化对结构的作用力

$$f^{(x)}(px) = -A_1P_2 - \overline{Q}\left(2\frac{Q_1}{A_1} + \dot{x}_p\right) \tag{5-197}$$

$$f^{(x)}(pz) = -A_2P_2 - \overline{Q}\left(2\frac{Q_2}{A_2} - \dot{z}_p\right) \tag{5-198}$$

式中 P_1, P_2 ——分别为管段入口、出口处的压力；

Q_1, Q_2 ——分别为管段入口、出口处的流量；

A_1, A_2 ——分别为管段入口、出口处的截面积；

$\dot{x}_p, \dot{z}_p$ ——分别为管段入口、出口处的横向、纵向振动速度；

$\overline{Q}$ ——推进剂平均质量流量。

6）竖弯头前后脉动压力动量变化对结构的作用力

$$f^{(z)}(pz) = A_1P_2 + \overline{Q}\left(2\frac{Q_1}{A_1} - \dot{z}_p\right) \tag{5-199}$$

$$f^{(z)}(px) = A_2P_2 + \overline{Q}\left(2\frac{Q_2}{A_2} + \dot{x}_p\right) \tag{5-200}$$

式中 $\dot{z}_p, \dot{x}_p$ ——分别为管段入口、出口处的纵向、横向振动速度。

其他参数物理意义与式（5-197）和式（5-198）相同。

7）竖泵前后脉动压力动量变化对结构的作用力

$$f^{(z)}(pz) = P_1A_1 - P_2A_2 + 2\overline{Q}\left(\frac{Q_1}{A_1} - \frac{Q_2}{A_2}\right) \tag{5-201}$$

式中的参数物理意义与式（5-197）和式（5-198）相同。

8）泵间、泵后管路由于液体粘性引起对结构的作用力

$$f^{(z)}(bp) = AR(Q_2 - A\dot{z}_{bp}) \tag{5-202}$$

式中 Q_2 ——管路出口处的流量；

$A, R, \dot{z}_{bp}$ ——分别为相应管段的截面积、液路阻力和刚体纵向振动速度。

9）燃烧室喷嘴脉动压力 P_j 对结构的作用力

$$f(ej) = A_jP_j \tag{5-203}$$

式中 A_j ——喷嘴的横截面积。

10）发动机燃烧室脉动压力 P_c 引起脉动推力

$$T_c = NA_{th}C_fP_c \tag{5-204}$$

式中 N ——发动机台数；

C_f ——有效推力系数。

由以上的方程经过运算可以得到

$$\begin{aligned} T_e = H(s)\dot{x}_e &= \frac{1}{\varphi_n(e)}\sum \varphi_n(j)f(j) \\ &= \frac{1}{\varphi_n(e)}[\varphi_n(e)T_c + \varphi_n(p)f(p) + \varphi_n(tp)f(tp) + \varphi_n(f)f(f) + \varphi_n(t)f(t)] \end{aligned} \tag{5-205}$$

(3) POGO 稳定性判别方法

采用闭环的矩阵法判别运载火箭的 POGO 稳定性，将图 5-51 进行改动，加入虚拟盒 K_D ，如图 5-51 所示。

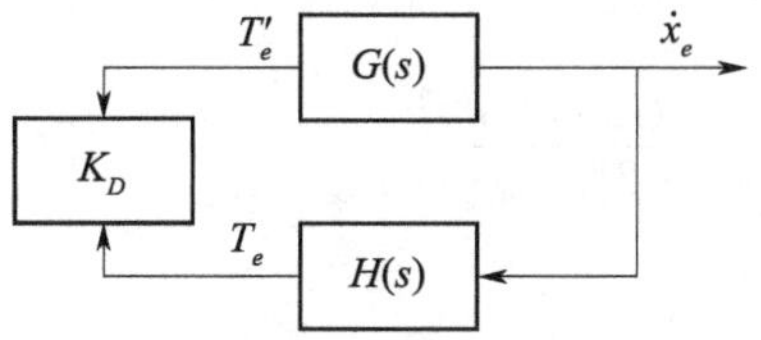

图 5-51　矩阵法的 POGO 稳定性闭环回路

把 POGO 系统经过一系列的矩阵消元之后，简化为如下的表达式

$$\dot{x}_e = G(s)T'_e = \frac{M_G(s)}{D_G(s)}T'_e \tag{5-206}$$

$$T_e = H(s)\dot{x}_e = \frac{M_H(s)}{D_H(s)}\dot{x}_e \tag{5-207}$$

$$T'_e = K_D T_e \tag{5-208}$$

上述方程组的矩阵形式为

$$\mathbf{A}(s) = \begin{bmatrix} D_G(s) & 0 & -M_G(s) \\ -M_H(s) & D_H(s) & 0 \\ 0 & -K_D & 1 \end{bmatrix} \tag{5-209}$$

$$\boldsymbol{x} = (x_e,\ T_e,\ T'_e)^{\mathrm{T}} \tag{5-210}$$

由特征方程 $|\mathbf{A}(s)| = 0$ 的根的实部和虚部，即可判定系统在何种频率范围内稳定与否。令 $K_D = 1$ ，由式 (5-209) 可得

$$B(s) = |\mathbf{A}(s, K_D = 1)| = D_G(s)D_H(s) - M_G(s)M_H(s) = 0 \tag{5-211}$$

令 $s = x + \mathrm{i}y$ ，则有

$$B(s) = U(x,y) + \mathrm{i}V(x,y) = 0 \tag{5-212}$$

或

$$\begin{cases} U(x,y) = 0 \\ V(x,y) = 0 \end{cases} \tag{5-213}$$

由此即转化为二元非线性方程组的求解问题。一般先从求低于运载器结构最低模态频率的低阶根开始。若求高阶根，则需剔除已经求得的复根 s_k 。假定已经求得前 $n-1$ 阶根，若要再求 $B(s) = 0$ 的第 n 个复根，可以作第 n 阶复函数

$$B_n(s) = B_n(s) / \prod^{n-1} (s - s_k) \tag{5-214}$$

重复利用上述数值计算方法，可求得 $B(s) = 0$ 的第 n 个复根。特征根的形式为

$$s_k = x_k \pm \mathrm{i}y_k \tag{5-215}$$

根据有阻尼的单自由振动系统形式，s_k 可改写成

$$s_k = -\omega_k\zeta_k \pm \mathrm{i}\omega_k\sqrt{1-\zeta_k^2} \tag{5-216}$$

式中

$$\omega_k = \sqrt{x_k^2 + y_k^2},\zeta_k = - x_k/\omega_k \tag{5-217}$$

ω_k,ζ_k 可以认为是 POGO 系统的特征频率和阻尼比。

若令

$$G(\mathrm{i}\omega_k) = G(s)\Big|_{s=\mathrm{i}\omega_k} = \frac{G_{nk}(e)\cdot s^2}{s^2 + 2\zeta_{nk}\omega_{nk}s + \omega_{nk}^2}\Bigg|_{s=\mathrm{i}\omega_k} = \{[G_{nk}(e)\sin\theta_{Gk}/(2\zeta_{nk})]\}\mathrm{e}^{\mathrm{i}\theta_{Gk}} \tag{5-218}$$

$$\theta_{Gk} = \arctan[(2\zeta_{nk}\omega_{nk}\omega_k)/(\omega_k^2 - \omega_{nk}^2)] \tag{5-219}$$

$$H(\mathrm{i}\omega_k) = H(s)\,|_{s=\mathrm{i}\omega_k} = |\,H(\mathrm{i}\omega_k)\,|\,\mathrm{e}^{\mathrm{i}\theta_{Hk}} = H_R(\omega_k) + \mathrm{i}H_I(\omega_k) \tag{5-220}$$

$$\theta_{Hk} = \arctan[H_I(\omega_k)/H_R(\omega_k)] \tag{5-221}$$

$$\Phi(\mathrm{i}\omega_k) = G(\mathrm{i}\omega_k)\cdot H(\mathrm{i}\omega_k) = \Phi(s)\Big|_{s=\mathrm{i}\omega_k} = \frac{G_{nk}(e)\,|\,H(\mathrm{i}\omega_k)\,|\,\sin\theta_{Gk}}{2\zeta_{nk}}\mathrm{e}^{\mathrm{i}\theta_{\Phi k}} \tag{5-222}$$

$$\theta_{\Phi k} = \theta_{Gk} + \theta_{Hk} \tag{5-223}$$

若在运载器结构振动模态频率 ω_{nk} 附近存在 $\omega_k = \omega_{ck}$ ，使得 $\theta_{\Phi k}(\omega_{ck}) = 0$ ，即

$$\theta_{Gk}(\omega_{ck}) = -\theta_{Hk}(\omega_{ck}) \tag{5-224}$$

则将式（5－224）代入式（5－222），可以得到

$$|\,\Phi(\mathrm{i}\omega_{ck})\,| = \frac{G_{nk}(e)\,|\,H(\mathrm{i}\omega_k)\,|\,\sin\theta_{Gk}}{2\zeta_{nk}} \tag{5-225}$$

此时令

$$\zeta_{ck} = \frac{G_{nk}(e)\,|\,H(\mathrm{i}\omega_k)\,|\,\sin\theta_{Gk}}{2} \tag{5-226}$$

式中　$\zeta_{ck},\zeta_{nk},\omega_{nk}$ ——分别为 k 阶 POGO 系统的模态阻尼比、结构系统阻尼比和固有频率，$G_{nk}(e)$ 为系统 k 阶结构增益。

由式（5－225）、式（5－226）可得

$$|\,\Phi(\mathrm{i}\omega_{ck})\,| = \frac{\zeta_{ck}}{\zeta_{nk}} \tag{5-227}$$

工程上常常用稳定裕度来衡量闭环系统的稳定程度，常用的指标有幅值稳定裕度与相位稳定裕度。

此时，POGO 系统的 k 阶幅值稳定裕度 Δ_k(dB) 为

$$\Delta_k(\mathrm{dB}) = 20\ \lg(|\,\Phi(\mathrm{i}\omega_{ck})\,|^{-1}) = 20\ \lg\frac{\zeta_{ck}}{\zeta_{nk}} \tag{5-228}$$

若 $\zeta_{ck} < 0$ ，这表明系统已经是稳定的；若 $\Delta_k > 0$ ，则系统是稳定的；若 $\Delta_k \leqslant 0$ ，系统是不稳定的。

若在运载器结构振动 k 阶模态频率 ω_{nk} 附近存在 $\omega_k = \omega_{rk}$ ，使得

$$|\,\Phi(\mathrm{i}\omega_{rk})\,| = \frac{G_{nk}(e)\,|\,H(\mathrm{i}\omega_k)\,|\,\sin\theta_{Gk}(\omega_{rk})}{2\zeta_{nk}} = 1 \tag{5-229}$$

$$\theta_{Gk}(\omega_{rk}) = \arcsin\frac{2\zeta_{nk}}{G_{nk}(e)\,|\,H(\mathrm{i}\omega_k)\,|} = \arcsin\left(\frac{2\zeta_{nk}\omega_{nk}\omega_{rk}}{\omega_{rk}^2 - \omega_{nk}^2}\right) \tag{5-230}$$

此时，POGO 系统的稳定性相位裕度为

$$\theta_{rk} = \theta_{Gk}(\omega_{rk}) + \theta_{Hk}(\omega_{rk}) \tag{5-231}$$

（4）临界阻尼法

临界阻尼法又称估计法。对多阶结构模态和多种推进剂参与的 POGO 系统，通过矩阵法和单传法，可得到闭环系统的前向传递函数 $G(s)$ 和反馈函数 $H(s)$ 。由实际系统闭环特征值的计算结果和之前的分析可以知道：发生系统 POGO 时的频率与航天运载器结构系统模态频率相差不大，实际上 POGO 不稳定性发生在接近于结构系统频率 ω_n 的一个频率上；此外，采取 POGO 抑制措施前，反馈频率特性 $H(\mathrm{i}w)$ 相对于 $G(\mathrm{i}w)$ 是缓慢变化的，因此，可以得到如下的关系式

$$|H(\mathrm{i}\omega_c)| \approx |H(\mathrm{i}\omega_r)| \approx |H(\mathrm{i}\omega_m)| \approx |H(\mathrm{i}\omega_n)| \tag{5-232}$$

$$H_R(\omega_c) \approx H_R(\omega_r) \approx H_R(\omega_m) \approx H_R(\omega_n) \tag{5-233}$$

式中，各个频率值 $\omega_c, \omega_m, \omega_r, \omega_n$（结构模态频率）分别满足下列关系

$$\theta_\Phi(\omega_c) = 0\text{，即 }\theta_G(\omega_c) = -\theta_H(\omega_c) \tag{5-234}$$

$$|\Phi(\mathrm{i}\omega)|_{\max} = |\Phi(\mathrm{i}\omega_m) \tag{5-235}$$

$$|\Phi(\mathrm{i}\omega_r)| = 1 \tag{5-236}$$

取 $H_R(\mathrm{i}\omega_c)$ 的近似值

$$H_R(i\omega_c) \approx H_R(\omega_n) \tag{5-237}$$

可以近似估计 ζ_c

$$\zeta_c = G_n(e) H_R(\omega_n)/(2\omega_n) \tag{5-238}$$

近似稳定裕度

$$\Delta = 20\log_{10}\left(\frac{\zeta_n}{\zeta_c}\right) \tag{5-239}$$

假定结构模态阻尼比 $\zeta_n = 0.01$ ，若 $\zeta_c = 0.01$ ，$\Delta = 0$ ，此 POGO 系统中性稳定；若 $\zeta_c = 0.005$ ，$\Delta = 6$ dB，此 POGO 系统 6 dB 稳定；若 $\zeta_c = 0.02$ ，$\Delta = -6$ dB，此 POGO 系统 6 dB 不稳定。由式（5－238）可知，重要的参数结构增益 $G_n(e)$ 增大与低阶结构模态 ω_n 易使 POGO 系统的阻尼比 ζ_c 增大，而致发生 POGO 不稳定。

临界阻尼法去掉了频率变量 ω ，各阶模态可以独立进行研究。此种估计方法的实质，就是把本来变化的扫描频率 ω 人为地固定在某单阶模态频率处。这样的计算量较小，便于判别预测估计。

5.4.5　POGO 的抑制措施

由于 POGO 能够带来诸多危害，因此必须采取预防措施。根据国内外关于大型液体运载火箭 POGO 抑制措施的研究，涉及到的主要方法归纳起来主要有以下几种。

（1）降低液体分布弹性

这种方法就是向输送管中注入气体，比较容易在输送管中实现，但需要附加气体供应系统并保证它的流量。从资料上看，尽管进行过试验研究，但不辅以其他手段而单独使用这种方法的还没有报道。例如在土星 5 的 S－IC 级中曾经研究过，并通过 H－1 和 F－1

发动机的试验得到证实。

为了注入推进剂输送管路系统中，使用不冷凝气体，最通常使用氦气。由于液体中含有气体，结果降低了声速，因而降低了频率。例如，当氦气以气液质量比为 1.05×10^{-5} 注入到液氮的管路中主频率下降 30%，当比值为 2.25×10^{-5} 时频率下降了 60%。

这种方法的最大优点是可以利用现有部件，对火箭结构改动最小，但是由于推进剂管道中的气体比例不当，可能会造成燃烧室燃烧不稳定和发动机性能下降等问题，这样就导致大量的复杂的调试和大量的发动机热试车。

（2）降低管路的分布弹性

这种方法是将某一部分推进剂输送管路用某种非圆形截面的管子来代替以降低管路的分布弹性。在俄罗斯某型号（具体不详）采用过该种方法，弹性管的结构示意图如图 5－52 所示。该弹性管材料为 30CrMnSi，这种方法可保证很高的可靠性，重量轻而结构紧凑、容易连接。但是，此种结构计算复杂、制造复杂。除波纹部分外，连接部分的计算也非常复杂。一般在型号上恰巧没有安装空间时，会采用此种形式。其直径比输送管大 10% 左右。

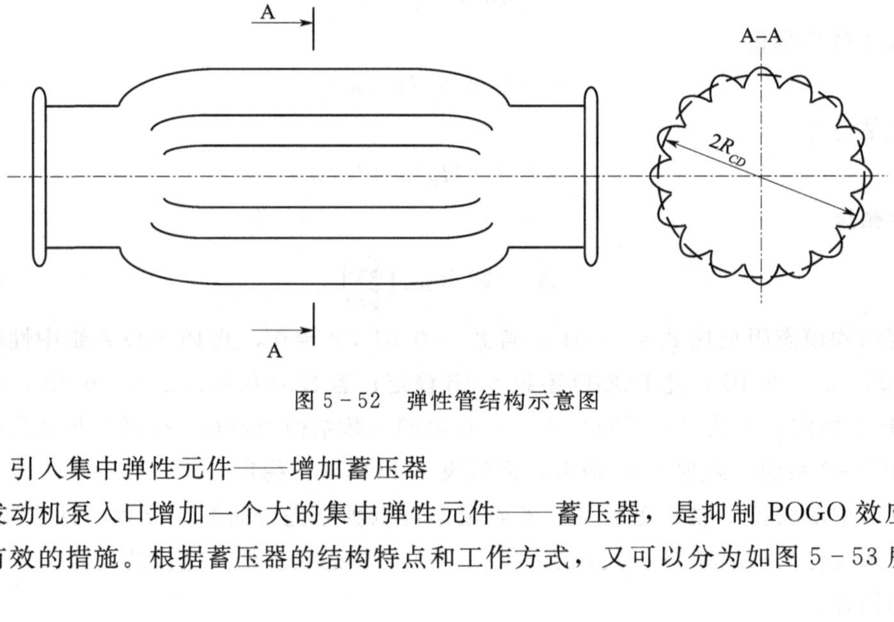

图 5－52　弹性管结构示意图

（3）引入集中弹性元件——增加蓄压器

在发动机泵入口增加一个大的集中弹性元件——蓄压器，是抑制 POGO 效应的最通用和最有效的措施。根据蓄压器的结构特点和工作方式，又可以分为如图 5－53 所示的几种类型。

1）弹簧式蓄压器

弹簧式蓄压器曾用于大力神 2 的燃料系统，并取得了有益效果。但是由于动密封摩擦和推进剂相容性等问题，一般限于常温燃料系统应用，而且这种结构重量较重，同时还没有合适的裕度特性。目前该种形式蓄压器应用较少。

2）贮气式蓄压器

贮气式蓄压器也称具有隔离气腔的蓄压器。这类蓄压器具有的突出优点，就是只要获得已知的柔性 Ca，便可以精确控制预充压力值和容积。而且通过控制隔离腔的数量，可以实现较高的可靠性裕度。当然对应的缺点就是蓄压器柔性在飞行过程中不可调。气液隔

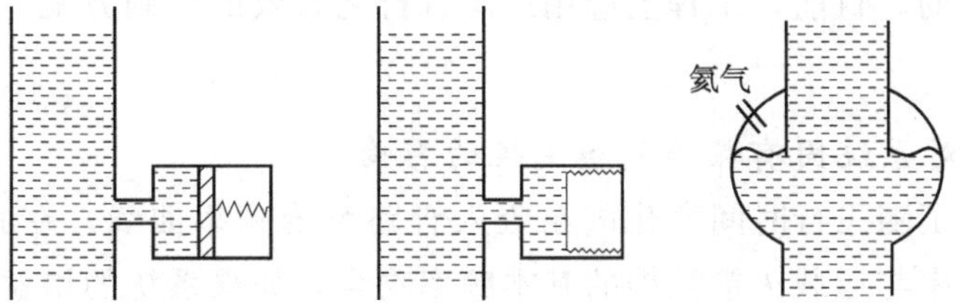

图 5 - 53　蓄压器的几种常见种类

离膜的形式包括非金属气胆、橡胶皮碗、金属膜盒、波纹管等，而对于不同的气液隔离膜，蓄压器的特点和应用范围也是各有不同。

贮气型 POGO 抑制方案包括柱型蓄压器、双侧金属膜盒式蓄压器、双层整体套装波纹式蓄压器和囊式蓄压器。

3）注气式蓄压器

注气式蓄压器也称具有自由表面的蓄压器。这种蓄压器的突出优点是：对循环寿命不敏感，推进剂相容性不受限制，而且还可以根据火箭的飞行时序来控制充气压力，从而实现蓄压器的柔性、甚至液感和液容的可调整，增加了应用的灵活性。但是，注气式蓄压器一般需要一套氦气补充装置，大大提高了系统的复杂性，而且由于在输送管的推进剂中注入一定的氦气，对发动机的影响需要系统的分析，并且经过大量的发动机热试车考核验证。这种蓄压器的形式多种多样，根据型号的具体需求而有所不同，目前型号应用的包括竖管式、封闭气室式、阻尼式、液位可控式蓄压器等，不同结构的复杂程度相差非常大。根据国外大型液体运载火箭 POGO 抑制措施的资料记载，低温推进剂系统一般均采用注气式蓄压器作为 POGO 振动抑制措施。

在推进剂中注入不冷凝的气体，使系统中产生一定量的气泡，从而改变系统柔性的方法在国内外地面试验及国外运载器飞行中均得到了应用及验证，可见注气方案是可行的。由于发动机汽蚀现象的存在直接影响发动机的性能，虽然中国曾进行了常温研制试验并已获得成功，但从未在运载器中采用过此种方案。为确保方案可靠，必须进行大量的发动机性能试验，确定注入的氦气流量、氦气与液体的质量比及气泡不同均布程度对发动机性能的影响，同时还要进行液面控制试验、变频性能试验。液面控制试验又分液体不流动的简单气液分界面控制模拟试验及液体流动的液面控制试验，通过 POGO 抑制系统的模拟系统来验证气液分界面存在；变频性能试验主要是进行安装该系统与不安装该系统两种管系的频率比较。

4）主动抑制式 POGO 抑制

在美国航天飞机 POGO 的研究过程中，还提出了一种主动抑制的概念，通过对相关参数和装置的“最佳设计”，达到抑制 POGO 的目的。但最终没能得到应用。

5.4.6　蓄压器对 POGO 的影响分析及其设计方法

由工程实践与理论分析得知，与结构系统的抑制方案相比，在推进系统上采取一系列的措施是更加可行的。目前，工程上应用广泛且行之有效的抑制方案，是在推进系统泵入口安装蓄压器。

5.4.6.1　蓄压器对系统固有频率和稳定性的影响

图 5－54 给出了随飞行时间变化的泵吸入管路系统频率曲线。在曲线上的 A 和 B 两点，泵吸入管路频率与运载火箭结构的基本频率吻合，如果系统的增益是高的，则 POGO 出现的时间很可能在这两个时间点。如在泵吸入管路中增加适当的柔性，使系统的增益减小，管路的一阶频率降低，则 POGO 就不会明显出现。

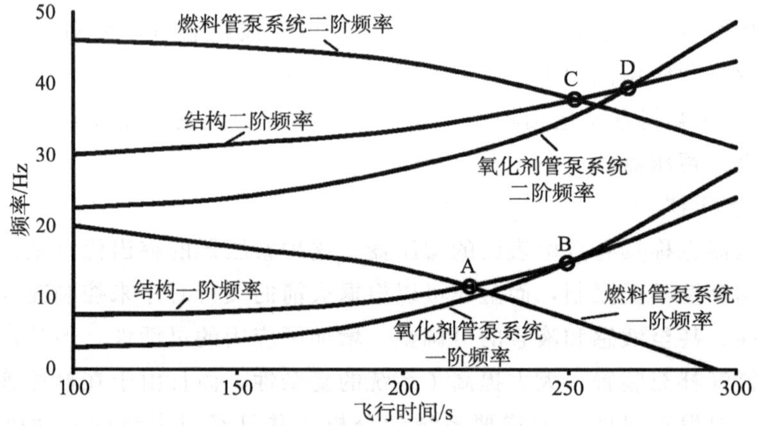

图 5－54　泵吸入管路系统频率曲线

地面试验和飞行试验遥测数据也说明，蓄压器对于抑制 POGO 是有效的：

1）运载火箭安装蓄压器之后，推进剂管路系统的频率值发生了明显的变化，从原有与结构纵向振动的一阶固有频率相等变为有一定的差值。

在装上蓄压器之后，大力神 2 号运载火箭氧化剂管路系统的一阶固有频率，从原来（未装蓄压器时）的 11.6 Hz 降到 5.5 Hz，而原来的 11.6 Hz 恰恰是大力神 2 号运载火箭结构纵向振动的一阶固有频率。在装上球型蓄压器之后，土星 5 号运载火箭的一级液氧管路系统的一阶固有频率从原来的 5.5 Hz 降到 2 Hz 以下，而原来的 5.5 Hz 恰恰是土星 5 号运载火箭结构纵向振动的一阶固有频率。

2）安装蓄压器之后，运载火箭纵向振动结构响应的加速度值明显下降，运载火箭的振动环境不再因为 POGO 效应而严重恶化。

阿里安未装蓄压器时，纵向振动加速度值规定为不大于 $4.5g$（频率为 10～30 Hz），但是装上蓄压器之后，纵向振动加速度量级规定为 $1.5g$，这样就与横向振动加速度处于相同级。美国航天飞机采取了抑制 POGO 措施之后，纵向加速度量级控制在不大于 $3g$。

3）阿波罗的历次遥测数据表明：从阿波罗 6 号到阿波罗 9 号的土星 5 号运载火箭的二级均存在频率约为 18 Hz、飞行时间约为 500 s 时的发动机燃烧室的压力振荡，然而在土星 5 的二级装上蓄压器之后，阿波罗 10 号，阿波罗 11 号的飞行中未发生此种压力振荡。

5.4.6.2　蓄压器的设计方法

为了使泵吸入管路系统的一阶频率低于系统的一阶频率，要求有一个大柔性的蓄压器，这是因为改变泵的柔性一般是不现实的。只有借助大的充填气体压力和气室容积便可以获得大的柔性。不过充填气体必须比作用于气泡的泵吸入管路系统的工作压力小，否则由于气室变硬或壳体干扰使蓄压器的作用限制，或者蓄压器没有柔性，因而失去其功能。

大多数的运载器有多个结构共振频率，有些运载器可能存在与这些频率有关的小增益，因此考虑结构振型的高阶共振频率也是相当重要的。

不仅一阶振型可能出现 POGO 振动，而且二阶振型也可能出现不稳定的情况。一个大柔性的衰减装置用于降低管路系统的一阶共振频率，实际上还会降低管路系统的二阶共振频率。这样通过正确地选定蓄压器的安装位置和设计蓄压器，泵吸入管路的二阶共振频率就可能高于相应的高阶次的结构振型频率，而不致耦合，因此蓄压器设计的正确性是很关键的。

研究蓄压器最本质的问题就是管路频率的可调节性，使管路频率落在合适的区域，远离火箭结构的纵向耦合特征频率。由于结构和液路的复杂性及其相互作用，对该问题的研究需要从实验与理论两方面进行分析。首先，应根据频率调节原理，采用已经被试验证明的分析方法，建立反映问题本质的数学模型，来预示系统的频率。然后，要有一个蓄压器参数设计的方法。

在泵入口附近管路上附加一个大柔性的蓄压器用来降低管路频率，假定管路中流体为不可压缩，可得到管路的一、二阶共振频率的简化公式

$$f_1 = \frac{1}{2\pi}\sqrt{\frac{1}{(C_a + C_p)L_1}} \tag{5-240}$$

$$f_2 = \frac{1}{2\pi}\sqrt{\frac{C_a + C_p}{(L_1 + L_a)C_a C_p}} \tag{5-241}$$

式中　f_1, f_2 ——分别为管路的一、二阶频率；

L_1, L_a ——分别为泵至蓄压器管路及蓄压器的惯性；

C_a, C_p ——分别为蓄压器的柔性和泵的柔性。

对定质量（皮囊式）蓄压器

$$C_a = \frac{\rho V_0 P_0}{\gamma P_2} \tag{5-242}$$

对定体积（注气式）蓄压器

$$C_a = \frac{\rho V}{\gamma P} \tag{5-243}$$

式中　V_0, P_0 ——分别为初始充气体积和压力；

V, P ——分别为蓄压器工作时的体积和压力；

γ ——充气体积的比热比；

ρ ——流体的密度。

当知道原管路液柱频率（即与火箭结构耦合后的频率）后，就可以使附加蓄压器系统

的反共振频率 $f_a = (1/2\pi)\sqrt{1/(L_1 + L_a)}$ 与原液路频率相等，从而确定蓄压器的柔性参数，这就是动力吸振器的设计原则。

5.4.6.3　低温蓄压器研究的关键技术

低温推进剂运载火箭 POGO 抑制系统有贮气型和注气型等方案，无论贮气型还是注气型方案均各有其优缺点。贮气型蓄压器方案建立在常温的成熟技术基础上，从 POGO 抑制原理上是完全可行的，具体结构上还要进行较大的改进，以适应低温工况和高可靠性的要求，同时需进行大量的试验研究来进一步考核验证。注气型蓄压器方案存在气量控制问题，直接影响发动机工作的可靠性，同时蓄压器的工作涉及到全箭的力学环境、箭体的稳定性、管路输送系统的工作性、发动机工作的适应性等全系统的问题。

贮气型蓄压器技术成熟，性能可靠，可操作性较强。双侧金属膜盒式蓄压器在变频降幅效果上有已被飞行试验验证的作用，对其结构进行改进和采用气体补压方案，可以较好地解决蓄压器结构的可靠性和绝热问题。因此国内使用双侧金属膜盒式蓄压器抑制低温运载火箭的 POGO 振动。

5.4.7　运载火箭纵向耦合振动对姿态控制的影响

采用蓄压器能够有效地防止 POGO 的产生，蓄压器变频降幅的作用与蓄压器容腔大小有关。容腔过小，则不能减小火箭结构的纵向振动与推进剂输送管路的耦合振动；容腔过大，则可能使系统脉动频率过低，甚至与全箭弹性的一阶、二阶频率重合，进而影响火箭弹性振动的稳定性、刚体稳定性和设计载荷。

为了分析 POGO 对姿控影响的本质，这里只考虑 POGO 对箭体横向姿态运动稳定性的影响，而不考虑横向运动对 POGO 系统的作用。在这种情况下，POGO 对横向运动稳定性的影响是通过发动机的推力脉动作用的。因此，在姿态动力学方程中，有关推力项，需要考虑 POGO 产生的影响。

考虑 POGO 影响的运载火箭姿态动力学全量模型为

$$
\begin{aligned}
\dot{\theta}\cos\sigma = {} & \cos\gamma_V[\bar{c}_3\sin\alpha\cos\beta + (\bar{c}_3\delta_\varphi + c_{30}\ddot{\delta}_\varphi)\cos\alpha - (\bar{c}_3\delta_\varphi + c_{30}\ddot{\delta}_\varphi)\sin\alpha\sin\beta + c_{10}(\alpha + \alpha_w) - \\
& \bar{F}_{yc}\cos\alpha - \bar{F}_{zc}\sin\alpha\sin\beta + \sum_{i=1}^{n} c_{2i}q_{yi} + \sum_{i=1}^{n} c_{1i}\dot{q}_{yi} - \sum_{p=1}^{n} C_{4p}\ddot{y}_p\cos\alpha + \sum_{p=1}^{n} C_{4p}\ddot{Z}_p\sin\alpha\sin\beta] + \\
& \sin\gamma_V[\bar{c}_3\sin\beta + (\bar{c}_3\delta_\varphi + c_{30}\ddot{\delta}_\varphi)\cos\beta + c_{10}(\beta + \beta_w) + \bar{F}_{zc}\cos\beta + \\
& \sum_{p=1}^{n} c_{2i}q_{zi} + \sum_{p=1}^{n} c_{1i}\dot{q}_{zi} - \sum_{p=1}^{m} c_{4p}\ddot{Z}\cos\beta] - \tilde{c}_2\cos\Theta
\end{aligned}
\tag{5-244}
$$

$$
\begin{aligned}
\bar{M}_{zB} = {} & \dot{\omega}_z + I_\alpha\omega_x\omega_y + b_1\omega_z + b_2(\alpha + \alpha_w) + \bar{b}_3\delta_\varphi + b_{30}\ddot{\delta}_\varphi + \\
& \sum_{i=1}^{n} b_{1i}\dot{q}_{yi} + \sum_{i=1}^{n} b_{2i}q_{yi} + \sum_{p=1}^{n} b_{4p}\ddot{y}_p - \sum_{p=1}^{m} b_{5p}y_p
\end{aligned}
\tag{5-245}
$$

$$\ddot{q}_{yi}+2\xi_{yi}\omega_{yi}\dot{q}_{yi}+\omega_{yi}^2 q_{yi}=D_{1i}\omega_z+D_{2i}(\alpha+\alpha_w)+\overline{D}_{3i}\delta_\varphi+D''_{3i}\ddot{\delta}_\varphi+\sum_{p=1}^{m}K_{ip}\ddot{y}_p+\sum_{p=1}^{m}K_{(i+n)}y_b-Q_{iy} \tag{5-246}$$

$$\ddot{y}_p+2\zeta_p\Omega_p\dot{y}_p+\Omega_p^2 y_p=\dot{V}\sin\alpha-V\dot{\theta}\cos\sigma\cos\alpha\cos\gamma_V+V\dot{\sigma}\cos\alpha\sin\gamma_V-\dot{\omega}_z(x_Z-x_p)\dot{\omega}_x z_p-g(\sin\Phi\sin\psi\sin\gamma+\cos\Phi\cos\gamma)+\sum_{i=1}^{m}K_{(i+n)p}q_{yi}+\sum_{i=1}^{n}K_{ip}\ddot{q}_{yi} \tag{5-247}$$

式中　下标 p ——燃料贮箱序号；

i ——弹性振动的阶次；

$\overline{F}_{yc}$，$\overline{F}_{zc}$ ——分别为结构干扰力；

$\overline{M}_{zB}$ ——结构干扰力矩。

考虑了 POGO 后，原姿态控制方程主要涉及到发动机推力的项 c_3，b_3 和 D_{3i} 变为 $\bar{c}_3$，$\bar{b}_3$ 和 $\overline{D}_{3i}$ 。

考虑发动机推力后，总的推力为

$$\overline{P}(t)=P(t)[1+A\cos(2\pi ft)] \tag{5-248}$$

式中　$\overline{P}(t)$ ——发动机总推力，包括推力的稳态分量和脉动分量；

$P(t)$ ——发动机的稳态分量；

A ——脉动幅值与稳态推力的百分比；

f ——推力脉动频率；

t ——飞行时间。

式（5-244）～式（5-246）中，与推力相关的系数的表达式为

$$\bar{c}_3=c_3[1+A\cos(2\pi ft)] \tag{5-249}$$

$$\bar{b}_3=b_3[1+A\cos(2\pi ft)] \tag{5-250}$$

$$\overline{D}_{3i}=d_{3i}[1+A\cos(2\pi ft)] \tag{5-251}$$

由式（5-248）～式（5-251）可见，由于脉动的存在，姿控动力学模型中涉及到发动机参数的项是周期性波动的，这种波动会对火箭姿态、发动机摆角产生影响，同时也会对弹性振动和液体晃动产生一定的影响。

第 6 章　导航与制导控制

导航制导是实时获取速度、位置、姿态等状态信息，控制运载火箭沿理想弹道飞行，保证有效载荷精确入轨的过程。

6.1　运载火箭的导航技术

6.1.1　概述

同其他飞行器类似，运载火箭飞行过程中需对自身速度、位置信息进行解算，以对航程、轨道等参数进行控制，而获得位置、速度显示参数的软、硬科学方法均可称为导航技术。运载火箭工程实际中常用的包括惯性导航与卫星导航两类导航技术，两类导航具有截然不同的特点。

建立在惯性原理基础上的惯导系统，利用敏感器件对火箭的视加速度进行测量，并输出相应的信息，从而实现对视外力的测量，是一门综合了机械、电子、数学、力学和计算机科学的综合技术，依据平台的具体实现方式又分为平台式惯导系统与捷联式惯导系统。尽管原理有所不同，但其能对视外力引起的加速度进行积分输出，从而可以得到火箭运动的速度、位置信息，是运载火箭导航的关键核心设备。

卫星导航设备在运载火箭上最初是做为外弹道测量的一种精确手段，随着卫星导航技术的不断完善及我国北斗系统的建立，卫星导航逐渐被引入火箭，作为内弹道控制的辅助设备。由于其定位、定速误差不随时间而变化且精度较高的特点，卫星导航用来与惯导系统形成组合导航系统以提高火箭的导航精度，是运载火箭减小入轨偏差的有效手段，在运载火箭工程上逐步得到应用。

6.1.2　平台式惯性导航技术

尽管所采用的陀螺仪原理会有差异，但平台式惯导系统内均存在一个通过伺服系统而稳定的物理平台，平台式惯导因此得名。平台惯导的核心器件包括陀螺仪与加速度表，依据陀螺仪的不同类型又可分为机械陀螺、光学陀螺和其他新技术陀螺。我国运载火箭惯导平台系统所采用的陀螺包括气浮陀螺和动力调谐陀螺两种，其中动力调谐陀螺组成的惯导平台在运载火箭领域尚有相当的应用市场。

惯导平台不仅能够提供外界视加速度测量信息，且由于框架系统的存在，还能够提供运载器姿态测量信息，用于箭体的姿态控制。鉴于框架形式的差异，又有三框架平台系统及四框架平台系统之分。典型三轴平台系统惯性器件布局及框架关系如图 6－1。两只双自由度陀螺仪通过伺服回路将平台台体稳定在惯性空间，固连于平台的三只彼此正交的加速度计敏感视加速度信息输出用于导航运算，框架间的相对位置关系通过坐标变换后输出箭体三轴姿态角信息，同时方位瞄准用棱镜固连于台体轴。

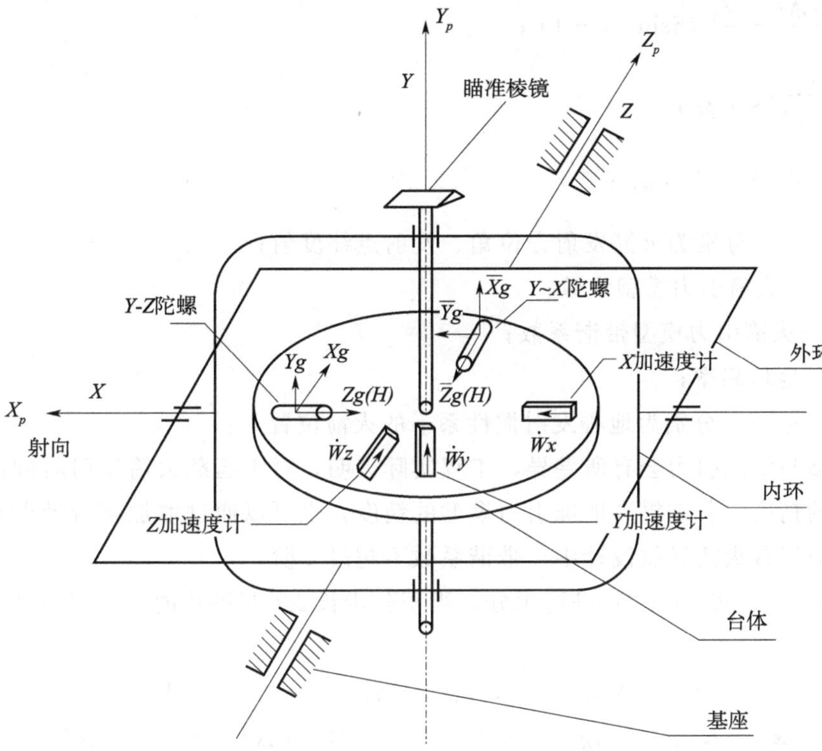

图 6－1　陀螺、加速度计在平台台体上的定向示意图

在运载火箭技术中，常用发射点惯性系、地心发射惯性系来描述火箭运动的参数（坐标系定义见相关章节）。在给定坐标系下，平台式惯性导航基本原理是建立在式（6－1）和式（6－2）动力学公式基础上的。

火箭运动动力学方程如式（6－1）和式（6－2）所示

$$\dot{\boldsymbol{V}}_a = \boldsymbol{g}_a + \boldsymbol{W}_a \tag{6-1}$$

$$\dot{\boldsymbol{R}}_a = \boldsymbol{V}_a \tag{6-2}$$

式中　$\dot{\boldsymbol{V}}_a$ ——发惯系下速度矢量；

$\boldsymbol{g}_a$ ——发惯系下地球引力加速度矢量；

$\dot{\boldsymbol{W}}_a$ ——发惯系下非保守力加速度矢量。

在地球椭圆模型、质量均匀的假设下，地球引力可由如下表达式在发惯系下给出

$$\begin{bmatrix} g_x \\ g_y \\ g_z \end{bmatrix} = -\frac{g_r}{r}\begin{bmatrix} x_a \\ y_a \\ z_a \end{bmatrix} - \frac{g_\omega}{\omega_e}\begin{bmatrix} \omega_x \\ \omega_y \\ \omega_z \end{bmatrix} \tag{6-3}$$

式中 $\begin{cases}\omega_x = \omega_e \cos B_0 \cos A_0\ ;\\ \omega_y = \omega_e \sin B_0\ ;\\ \omega_z = -\omega_e \cos B_0 \sin A_0\ ;\end{cases}$

$g_r = \dfrac{GM}{r^2} - \dfrac{Z_{0x}}{r^4}(5\sin^2\phi_\xi - 1)$ ；

$g_\omega = \dfrac{2Z_{0x}}{r^4}\sin^2\phi_\xi$ ；

$Z_{0x} = \dfrac{3}{2}GM \cdot J_2 \cdot a_e^2$ ；

A_0, B_0 ——分别为火箭发射方位角、发射点纬度值；

GM ——火箭引力模型常数；

J_2 ——火箭引力模型带谐系数；

a_e ——地球扁率；

x_a, y_a, z_a ——分别为地心发射惯性系下的火箭位置。

上述模型与实际引力会有所差异，工程实际表明，对于运载火箭发射时间内，上述假设具有相当的精度，若需提高地球引力模型的精度，也可以通过增加高阶带谐系数的方法来实现，一般运载火箭导航设计中，带谐系数不超过 4 阶。

对式（6－1）、式（6－2）进行积分，当积分步长 ΔT 足够小时，可以近似得到如下离散递推公式

$$\begin{aligned}\boldsymbol{V}_{an} &= \boldsymbol{V}_{a(n-1)} + 0.5(\boldsymbol{g}_{an} - \boldsymbol{g}_{a(n-1)}) \cdot \Delta T + \Delta \boldsymbol{W}_{an}\\ \boldsymbol{R}_n &= \boldsymbol{R}_{n-1} + 0.5\boldsymbol{g}_{a(n-1)} \cdot \Delta T^2 + 0.5\Delta \boldsymbol{W}_{an}^{\beta} \cdot \Delta T + \boldsymbol{V}_{a(n-1)} \cdot \Delta T\end{aligned} \tag{6-4}$$

在给定速度和位置初值的条件下，上述方程可以实现递推运算，便于箭载计算机实时运算，称式（6－4）为导航递推方程。

6.1.3　捷联式惯性导航技术

同平台式惯导存在理论上惯性空间保持不动的物理平台不同，捷联式惯导采用数学平台对加速度计敏感到的视加速度信息进行坐标变换，从而输出参考坐标系下的视速度分量。捷联惯导系统除了具有准备时间短、无故障时间长等优点，由于舍弃了复杂的机电平台，结构简单、成本低、维护简单，还可依据需要配置多个表头进行冗余设计，从而较大程度上提高了惯导系统的可靠性。随着各种陀螺仪技术的成熟，捷联惯导系统正在逐步取代平台惯导系统，成为运载火箭主流的导航设备。

捷联惯组按陀螺种类来说有挠性捷联惯组、激光捷联惯组、光纤捷联惯组和 MEMS 等，按捷联惯组的表头配置有六表（3 个陀螺和 3 个加表）、七表（3 个陀螺和 4 个加表）、八表（4 个陀螺和 4 个加表）、十表（5 个陀螺和 5 个加表）、十二表（6 个陀螺和 6 个加表）等，捷联惯组的发展趋势也是采用多个表头进行冗余设计，提高系统可靠性。

捷联惯导系统采用数学平台，即在计算机中实时计算出箭体系向发惯系进行变换的姿态矩阵，并进行实时更新，利用该矩阵实现箭体系视速度数值向发惯性的转换，从而实现

在发惯系下的导航解算。捷联惯导系统的关键技术包括姿态更新算法、视速度变换算法，二者是捷联惯导系统算法的核心，也是影响捷联系统精度的主要因素。

（1）捷联姿态更新算法

传统的姿态描述方法包括欧拉角方向余弦法和四元数法。其中欧拉角法描述物理概念清楚、直观，但由于存在奇异值现象，限制了其在工程上的应用；四元数法描述简单，姿态更新微分方程易于计算机求解且算法计算量小，因而在工程实际中经常采用。运载火箭捷联算法一般用四元数方法来描述姿态运动。采用四元数描述的姿态运动方程一般形式如下

$$\dot{\boldsymbol{q}} = \frac{1}{2}[W]\boldsymbol{q} \tag{6-5}$$

式中　$\boldsymbol{q} = [q_0 \quad q_1 \quad q_2 \quad q_2]$；

$[W]$——旋转矢量 $[\omega_x \quad \omega_y \quad \omega_z]$ 构成的矩阵

$$[W] = \begin{bmatrix} 0 & -\omega_x & -\omega_y & -\omega_z \\ \omega_x & 0 & \omega_z & \omega_y \\ \omega_y & -\omega_z & 0 & \omega_x \\ \omega_z & \omega_y & -\omega_x & 0 \end{bmatrix}$$

由于刚体转动的不可交换性，姿态更新计算不可避免地会引入不可交换误差，但这种误差属于算法误差，一般通过降低算法的计算周期、采用高阶等效旋转矢量算法而得以降低和控制。姿态运动计算的核心是选择合适的计算周期和适当子样的等效旋转矢量计算算法。考虑运载火箭姿态运动的低动态特性，一般姿态更新算法周期可选择 0.01 s 或者 0.02 s，陀螺、加表采样周期可选取 0.005 s，等效旋转矢量采用单子样算法或双子样算法（即旋转矢量计算周期为 0.005 s 或 0.01 s），更高阶次的三子样算法一般应用较少。采用双子样算法的姿态更新递推方程如下

$$\begin{bmatrix} q_0 \\ q_1 \\ q_2 \\ q_3 \end{bmatrix}_{n+1} = \begin{bmatrix} b & -a\varphi_x & -a\varphi_y & -a\varphi_z \\ a\varphi_x & b & a\varphi_z & -a\varphi_y \\ a\varphi_y & -a\varphi_z & b & a\varphi_x \\ a\varphi_z & a\varphi_y & -a\varphi_x & b \end{bmatrix} \cdot \begin{bmatrix} q_0 \\ q_1 \\ q_2 \\ q_3 \end{bmatrix}_n \tag{6-6}$$

式中　$b = \dfrac{1-\varphi_0^2}{8}$

$a = \dfrac{1}{2} - \dfrac{\varphi_0^2}{48}$

$\varphi_0^1 = \varphi_x^2 + \varphi_y^2 + \varphi_z^2$

式中　$\varphi_x, \varphi_y, \varphi_z$——分别为计算周期内绕箭体系下 X、Y、Z 轴角度增量值，可通过陀螺敏感输出得到。

采用双子样的捷联姿态更新算法在工程上具有较高的精度，能够满足运载火箭发射的需要。

(2) 视速度更新算法

在姿态解算基础上，可以得到姿态更新时刻箭体系到发射惯性系的变换矩阵 $\boldsymbol{C}_{n-1}$ ，利用该矩阵及箭体系下加表视速度增量 ΔV_m 、陀螺输出角增量 $\Delta\theta_m$ 得到捷联视速度更新方程

$$\boldsymbol{V}_m=\boldsymbol{V}_{m-1}+\boldsymbol{C}_{m-1}\left\{\Delta\boldsymbol{V}_m+\frac{1}{2}\Delta\boldsymbol{\theta}_m\times\Delta\boldsymbol{V}_m+\frac{1}{2}\int_{t_{m-1}}^{t_m}[\Delta\boldsymbol{\theta}(t)\times\boldsymbol{f}(t)+\Delta\boldsymbol{V}(t)\times\boldsymbol{\omega}(t)]\mathrm{d}t\right\}+\int_{t_{m-1}}^{t_m}\boldsymbol{g}\mathrm{d}t \tag{6-7}$$

式中 $\boldsymbol{V}_m$ ——发惯系下当前步速度计算结果矢量；

$\boldsymbol{V}_{m-1}$ ——发惯系下上一步速度计算结果矢量；

$\Delta\boldsymbol{V}_m$ ——采样周期内加表视速度增量矢量；

$\Delta\boldsymbol{\theta}_m$ ——采样周期内陀螺角度增量矢量；

$\boldsymbol{f}$ ——体轴系下视加速度矢量；

$\boldsymbol{\omega}$ ——体轴系下角速度矢量。

公式中，括号内包括三项，其中第一项为线运动引起的加表视速度输出项；第二项为速度旋转效应补偿项，即线运动矢量在空间方向上的旋转引起的补偿项；第三项称为划桨效应补偿项，主要是补偿运载体同时在两轴上出现同频、同相的线运动和角运动带来的影响。在双子样算法下，第三项可以通过对载体在 $[t_{m-1},t_m]$ 内的载体角速度和视速度进行线性拟合得到其计算公式

$$\begin{aligned}\Delta V_{\text{sculm}}&=\frac{1}{2}\int_{t_{m-1}}^{t_m}[\Delta\boldsymbol{\theta}(t)\times\boldsymbol{f}(t)+\Delta\boldsymbol{V}(t)\times\boldsymbol{\omega}(t)]\mathrm{d}t\\&=\frac{2}{3}[\Delta\boldsymbol{V}_m(1)\times\Delta\boldsymbol{\theta}_m(2)-\Delta\boldsymbol{V}_m(2)\times\Delta\boldsymbol{\theta}_m(1)]\end{aligned} \tag{6-8}$$

6.1.4 组合导航技术

无论是平台还是捷联惯性测量单元都有其固有的缺点，即误差随时间积累。如今随着运载火箭的不断发展，卫星对入轨精度要求也越来越高，如果需要提高捷联惯组的长期导航精度，就必须提高惯性器件的精度，这必将大大提高其成本。卫星导航系统是一种能提供长期的高精度速度位置的系统，但由于卫星导航接收机数据更新率较低且一般不能提供姿态信息，不能满足运载火箭应用要求。因此采用惯性测量组合/卫星导航系统组合导航技术能够充分发挥它们各自的优势，互相取长补短，实现高精度导航。

目前全球卫星导航系统有美国的 GPS、欧洲的伽利略、俄罗斯的 GLONASS，以及我国的北斗卫星导航系统。

GPS 是美国于 1993 年建成的，是美国国防部管理的军民两用的无线电导航系统。它由空间星座、地面控制站和用户设备部分组成：1）空间星座由 24 颗卫星组成，其中包括 21 颗工作卫星和 3 颗备用卫星。卫星分布在 6 个轨道面内，每个轨道面上分布有 4 颗卫星。卫星轨道面相对地球赤道面的倾角约为 55°，各轨道平面升交点的赤经相差 60°，在相邻轨道上，卫星的升交距角相差 30°，轨道平均高度约为 20 200 km，卫星运行周期为 11 小时 58 分。因此，在同一观测站上，每天出现的卫星分布图形相同，只是每天提前约 4

分钟。每颗卫星每天约有 5 个小时在地平线以上，同时位于地平线以上的卫星数目，随时间和地点而异，最少为 4 颗，最多可达 11 颗。2）地面监控部分主要由分布在全球的 5 个地面站所组成，其中包括卫星监测站、主控站和信息注入站。监测站是在主控站直接控制下的数据自动采集中心。现有 5 个地面站均具有监测站的功能。设在科罗拉多的主控站的任务是用配备的精密原子钟提供 GPS 系统的时间基准，并将各监测站与主控站之间的钟差编入导航电文通过注入站注入给卫星。处理各监测站送来的数据，推算编制各卫星星历、卫星钟差和大气层的修正参数，并把这些数据传送到注入站。同时，它还用来控制卫星的运行轨道，控制卫星位置和姿态。注入站主要任务是在主控站的控制下，将主控站推算和编制的卫星星历、钟差、导航电文和其他控制指令等在卫星过顶时注入到相应卫星的存储系统并监测注入信息的正确性。每颗卫星的导航数据每隔 8 小时注入一次。3）用户设备的主要任务是，接收 GPS 卫星发射的无线电信号，以获得必要的定位信息及观测量，并经数据处理而完成定位工作。

伽利略（Galileo）卫星星座由 30 颗卫星组成，这些卫星均匀分布在 3 个中高度地球轨道上，其星座构形为 Walker 27/3/1，并有 3 颗在轨备份星。卫星轨道高度为 23 616 km，轨道倾角为 56°。伽利略的导航信号即便对纬度高达 75 °乃至更高的地区也能提供良好的覆盖。

GLONASS 卫星轨道高度 19 100 km，倾角为 64.8°，周期为 11 小时 15 分钟，GLONASS 的轨道特别适合高北纬度地区应用，而这些地区要获取 GPS 信号可能存在问题。星座运行在三个轨道平面上，每个平面上有 8 颗卫星均匀分布。实现全球全覆盖需要 24 颗卫星，覆盖全俄罗斯至少需要 18 颗卫星。GLONASS 的地面控制系统全部在前苏联境内，地面控制中心及时间标准中心位于莫斯科，测控站则分别位于圣彼得堡、共青城、叶尼赛斯克及捷尔诺波尔。

北斗卫星导航系统其全球星座由 35 颗卫星构成，其中 5 颗地球静止轨道卫星，3 颗地球同步倾斜轨道卫星，还有 27 颗地球中轨道卫星，地面段包括主控站、注入站和监测站等若个地面站。

国外的运载火箭，如美国猎鹰火箭（Falcon），采用了先进的 INS/GPS 组合导航技术。目前国内的运载火箭也相继采用了此技术。

INS/GNSS 组合导航技术根据使用要求的不同，在运载火箭使用时主要有以下几种：

1）重调式 INS/GNSS 组合导航。

重调式 INS/GNSS 组合导航是利用 GNSS 的速度位置导航信息定期去修正惯性组合的速度位置导航值，以提高导航精度

$$\Delta X = X_{\mathrm{GNSS}} - X_{\mathrm{INS}}$$

式中　X——三个方向速度和三个方向位置信息。

2）最小二乘 INS/GNSS 组合导航。

最小二乘法 INS/GNSS 组合导航是利用多次的 GNSS 和惯性导航的测量信息，进行最小二乘法估计

$$\begin{cases} Z_1 = H_1 X + V_1 \\ Z_2 = H_2 X + V_2 \\ \cdots \\ Z_r = H_r X + V_r \end{cases} \tag{6-9}$$

则 r 次的量测方程

$$\boldsymbol{Z} = \boldsymbol{HX} + \boldsymbol{V} \tag{6-10}$$

最小二乘估计的指标是：使各次量测 Z_i 与由估计 $\hat{\boldsymbol{X}}$ 确定的量测的估计 $\hat{\boldsymbol{Z}}_i = H_i\hat{\boldsymbol{X}} + \boldsymbol{V}$ 之差的平方和最小，即

$$\boldsymbol{J}(\hat{X}) = (\boldsymbol{Z} - \boldsymbol{H}\hat{\boldsymbol{X}})^{\mathrm{T}}(\boldsymbol{Z} - \boldsymbol{H}\hat{\boldsymbol{X}}) = \min \tag{6-11}$$

最后得到 X 的最小二乘估计为

$$\hat{\boldsymbol{X}} = (\boldsymbol{H}^{\mathrm{T}}\boldsymbol{H})^{-1}\boldsymbol{H}^{\mathrm{T}}\boldsymbol{Z} \tag{6-12}$$

3）松耦合 INS/GNSS 卡尔曼滤波组合导航。

松耦合 INS/GNSS 卡尔曼滤波组合导航是指利用 GNSS 和惯性组合的观测信息，通过卡尔曼滤波估计，得到导航参数的估计值，只对测量结果进行修正，不对 GNSS 和惯性组合的内部参数进行修正。

卡尔曼滤波状态方程

$$\boldsymbol{X}_k = \boldsymbol{\Phi}_{k,k-1}\boldsymbol{X}_{k-1} + \boldsymbol{\Gamma}_{k-1}\boldsymbol{W}_{k-1} \tag{6-13}$$

观测方程

$$\boldsymbol{Z}_K = \boldsymbol{H}_K\hat{\boldsymbol{X}}_k + \boldsymbol{V}_k \tag{6-14}$$

卡尔曼滤波方程

$$\begin{aligned} &\boldsymbol{P}_{K/LK-1} = \boldsymbol{\Phi}_{K,K-1} \cdot \boldsymbol{P}_{K-1}(\boldsymbol{\Phi}_{K,K-1})^{\mathrm{T}} + \boldsymbol{\Gamma}_{K,K-1}\boldsymbol{Q}_{K-1}\boldsymbol{\Gamma}_{K,K-1}^{\mathrm{T}} \\ &\boldsymbol{K}_K = \boldsymbol{P}_{K/K-1} \cdot (\boldsymbol{H}_K)^{\mathrm{T}}[\boldsymbol{H}_K \cdot \boldsymbol{P}_{K/K-1} \cdot (\boldsymbol{H}_K)^{\mathrm{T}} + \boldsymbol{R}_K]^{-1} \\ &\hat{\boldsymbol{X}}_K = \hat{\boldsymbol{X}}_{K/K-1} + \boldsymbol{K}_K[\boldsymbol{Z}_K - \boldsymbol{H}_K\hat{\boldsymbol{X}}_{K/K-1}] \\ &\hat{\boldsymbol{X}}_K = \boldsymbol{\Phi}_{K/K-1} + \hat{\boldsymbol{X}}_{K-1} \\ &\boldsymbol{P}_K = (\boldsymbol{I} - \boldsymbol{K}_K\boldsymbol{H}_K)\boldsymbol{P}_{K/K-1}(\boldsymbol{I} - \boldsymbol{K}_K\boldsymbol{H}_K)^{\mathrm{T}} + \boldsymbol{K}_k\boldsymbol{R}_k\boldsymbol{K}_k^{\mathrm{T}} \end{aligned} \tag{6-15}$$

松耦合 INS/GNSS 卡尔曼滤波的优点是无须对 GNSS 和惯性组合的内部参数修正，易于实现，其缺点是组合导航的最终精度受一定的制约。

4）紧耦合 INS/GNSS 卡尔曼滤波组合导航。

所谓紧耦合 INS/GNSS 卡尔曼滤波组合导航，是指在组合导航系统中，利用 GNSS 和惯性组合的观测信息获取导航参数的卡尔曼滤波估计值，对 GNSS 的伪距伪、距率以及惯性组合的漂移值进行修正，以减小 GNSS 和惯性组合的系统误差和量测误差。

紧耦合 INS/GNSS 卡尔曼滤波的优点是可以减小 GNSS 和惯性组合的测量误差，因而可以提高组合导航系统的精度，其缺点是需要对 GNSS 和惯性组合本身的误差值进行修正，由于 GNSS 和惯性组合的机理存在一定的差异，因此其实现上较为复杂。

在运载火箭上应用较多的为前面三种形式，在工程应用时，主要有以下几个方面：

1）组合导航模型设计及算法。

组合导航滤波模型是 INS/GNSS 组合导航技术的基础，模型建立的好坏首先影响组合导航的导航精度，其次组合导航算法的计算量与组合导航滤波模型有着直接的关系，因此，模型建立的好坏还影响系统的实时性。

2）组合导航数据时间同步性。

捷联惯组数据的采样周期一般较快，200 Hz 甚至更高，而 GNSS 的采样周期一般为 1 Hz或者 10 Hz，两个测量单机时钟不统一，在将两者测量数据融合滤波时，需要解决两组数据源的时间同步问题。

3）组合导航容错性。

组合导航是融合捷联惯组和 GNSS 的测量数据，进行卡尔曼滤波计算得到修正量，然后反馈校正捷联惯组的导航误差。因此，必须考虑到 GNSS 以及卡尔曼滤波算法的容错性，确保组合导航技术的可靠性。

6.2 运载火箭的制导技术

6.2.1 概述

运载火箭制导系统的任务是使运载火箭的有效载荷（卫星或航天器）进入预定轨道，确保卫星入轨点轨道根数的精度。要完成这一使命，一方面要敏感并计算出火箭的实时飞行状态；另一方面要给出指令，操纵火箭发动机摆动以改变其推力矢量方向和按规定的要求控制发动机点火或关机。

国外运载火箭真空段制导早期采用跟踪标准飞行轨迹的制导方法，在美国阿波罗计划中，根据任务需求为土星 5 火箭研制了路线自适应制导方法，这是一种采用多项式拟合的方法，也是首次应用于运载火箭的自适应制导方法。在经过数次飞行之后，土星 5 火箭改用了更为先进的迭代制导方法（IGM），它是一种以燃料消耗最少为性能指标的最优控制方法，与多项式制导相比，迭代制导所需的飞行前计算的工作量小，能更好地适应任务和飞行器的变化。在航天飞机任务中，对迭代制导方法又进行了优化，从平面二维制导扩展为空间三维制导，同时增加了多种故障处理中断模式，发展成为动力显式制导（Powered Explicit Guidance，PEG）。闭环制导具有很强的适应性，尤其在发动机故障的情况下，制导系统能重新规划飞行轨迹。在 2012 年 10 月，美国连续发生了猎鹰 9 火箭（Falcon 9）发射龙飞船和德尔塔 4（Delta 4）发射 GPS 卫星时上面级发动机（RL－10）推力异常下降两起发动机故障，均因制导控制系统的上述能力使得任务仍能完成。

我国运载火箭制导系统的发展经历了从低级到高级的过程。随着工业水平逐步提高、新技术的采用和控制理论的不断发展，目前运载火箭能把各类卫星送入要求的轨道，显式了制导系统已达到相当高的水平。在惯性坐标系中实时解算出火箭的飞行位置和速度并用于制导方程中的制导方案称为显式制导方案，而对于制导设计初期采用的隐式设计方法，当前运载火箭已基本不再采用，取而代之的是基于显示速度、位置的显式制导方式。平台—计算机显式制导方案是将平台上的加速度计测量的视加速度 $\dot{\boldsymbol{W}}$ 与箭载计算机计算的引力加速度 $\boldsymbol{g}$ 相加，得到火箭飞行的加速度 $\dot{\boldsymbol{V}}$，积分后得到速度 $\boldsymbol{V}$，再积分得到位置 $\boldsymbol{S}$，实现显式制导，其框图见图 6－2。

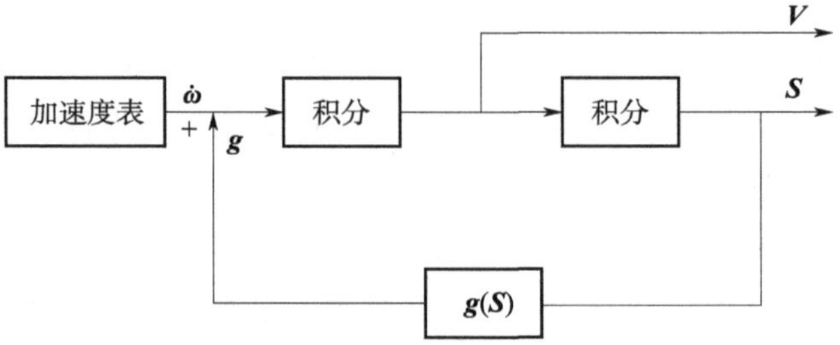

图 6－2　显式制导原理框图

运载火箭制导设计包括导引、关机以及制导精度分析。

6.2.2　导引方法

导引是解决箭体姿态如何指向的问题，即质心如何运动以将火箭导引向标准轨道或目标弹道的过程。

6.2.2.1　摄动制导

在干扰作用下，火箭会偏离标准弹道。在干扰不太大时，可以看作在标准弹道附近的摄动。因此，可以应用摄动理论来解决制导问题。

以火箭三子级半长轴为例。三级半长轴参数是三级关机点弹道参数 x_i（代表速度、位置、时间等七个弹道参数）的函数，即

$$a = f(x_i) \tag{6-16}$$

按摄动理论，在标准弹道处展开成泰勒级数

$$a = f(\bar{x}_i) + \frac{1}{1!}\left[\sum_{i=1}^{7}\Delta x_i \frac{\partial}{\partial x_i}\right]f(\bar{x}_i) + \frac{1}{2!}\left[\sum_{i=1}^{7}\Delta x_i \frac{\partial}{\partial x_i}\right]^2 f(\bar{x}_i)\cdots + \frac{1}{n!}\left[\sum_{i=1}^{7}\Delta x_i \frac{\partial}{\partial x_i}\right]^n f(\bar{x}_i) \tag{6-17}$$

式中　$\bar{x}_i$ —— x_i 的标准量或称理论值，$\Delta x_i = x_i - \bar{x}_i$ 。

由于 Δx_i 比 x_i 要小得多，级数是收敛的，通常可以不考虑高阶项。在小扰动的假设下，通常只取一阶项。

依据摄动制导理论，在小扰动情况下，导引方程形式如下

$$\begin{cases} U_j = I(t)\bar{U}_j \\ \bar{U}_j = \begin{cases} U'_j & |U'_j(t)| \leqslant U_{jm} \\ U_{jm} & U'_j > U_{jm} \\ -U_{jm} & U'_j < -U_{jm} \end{cases} \\ U'_j(t) = [K_{uj} - \bar{K}_{uj}] \end{cases} \tag{6-18}$$

$$\begin{cases} K_{uj} = K_{i1}^{j}V_x + K_{i2}^{j}V_y + K_{i3}^{j}V_z + K_{i4}^{j}x + K_{i5}^{j}y + K_{i6}^{j}z \\ \overline{K}_{uj} = K_{i1}^{j}\overline{V}_x + K_{i2}^{j}\overline{V}_y + K_{i3}^{j}\overline{V}_z + K_{i4}^{j}\overline{x} + K_{i5}^{j}\overline{y} + K_{i6}^{j}\overline{z} \end{cases} \tag{6-19}$$

式中 j ——代表 ϕ、ψ，分别表示法向、横向；

i ——代表火箭飞行期间各级、段导引分段；

$K_{i1}^{j}, K_{i2}^{j}, K_{i3}^{j}, K_{i4}^{j}, K_{i5}^{j}, K_{i6}^{j}$ ——i 段导引的导引系数；

$\overline{K}_{uj}, K_{uj}$ ——分别为标准弹道计算出的导引量和实际飞行弹道计算出的导引量；

$U'_j, \overline{U}_j, U_{jm}$ ——分别为限幅前、限幅后导引信号、导引限幅值；

$I(t)$ ——阶梯函数，避免导引对稳定通道的冲击。

下面以按半长轴关机为例，对其导引系数进行说明。

设标称轨迹上的关机点速度倾角 $\bar{\theta}(\bar{t}_k)$ 与实际飞行轨迹上的关机点速度倾角 $\theta(t_k)$ 的差为

$$\Delta\theta = \theta(t_k) - \bar{\theta}(\bar{t}_k) \tag{6-20}$$

当实际 t_k 接近 $\bar{t}_k$，且 $\dot{\theta}$ 变化不大，可得近似式

$$\theta(t_k) = \theta(\bar{t}_k) + \dot{\theta}(\bar{t}_k - t_k) = \theta(\bar{t}_k) + \dot{\theta}\Delta t \tag{6-21}$$

代入式（6-20），得到

$$\begin{cases} \Delta\theta = \theta(\bar{t}_k) - \bar{\theta}(\bar{t}_k) + \dot{\theta}\Delta t \\ \Delta\theta = \delta\theta(\bar{t}_k) + \dot{\theta}\Delta t \\ \Delta\theta(\bar{t}_k) = \theta(\bar{t}_k) - \bar{\theta}(\bar{t}_k) \end{cases} \tag{6-22}$$

$\delta\theta(\bar{t}_k)$ 称为关机点速度倾角等时偏差，物理意义是实际飞行轨迹在标准关机时刻出现的速度倾角偏差。作泰勒展开得到

$$\delta\theta(\bar{t}_k) = \sum_{i}^{x,y,z}\frac{\partial\theta}{\partial i}\Delta V_i(\bar{t}_k) + \sum_{i}^{x,y,z}\frac{\partial\theta}{\partial i}\Delta i(\bar{t}_k) \tag{6-23}$$

依 $\Delta\theta$ 同样的推导可得到

$$\Delta a = \delta a(\bar{t}_k) + \dot{a}\Delta t \tag{6-24}$$

$$\begin{cases} \Delta t = \dfrac{-\delta a(\bar{t}_k)}{\dot{a}} \\ \delta a(\bar{t}_k) = \dfrac{\partial a}{\partial V_x}\delta V_x(\bar{t}_k) + \dfrac{\partial a}{\partial V_y}\delta V_y(\bar{t}_k) + \dfrac{\partial a}{\partial V_z}\delta V_z(\bar{t}_k) + \dfrac{\partial a}{\partial x}\delta x(\bar{t}_k) + \dfrac{\partial a}{\partial y}\delta y(\bar{t}_k) + \dfrac{\partial a}{\partial z}\delta V_z(\bar{t}_k) \end{cases} \tag{6-25}$$

根据式（6-22）、式（6-23）、式（6-24）、式（6-25）得

$$\Delta\theta = \delta\theta(\bar{t}_k) - \frac{\dot{\theta}}{\dot{a}}\delta a(\bar{t}_k) \tag{6-26}$$

$$\Delta\theta = \sum_{i}^{x,y,z}\left(\frac{\partial\theta}{\partial V_i} - \frac{\dot{\theta}}{\dot{a}}\frac{\partial a}{V_i}\right)\delta V_i(\bar{t}_k) + \sum_{i}^{x,y,z}\left(\frac{\partial\theta}{\partial i} - \frac{\dot{\theta}}{\dot{a}}\frac{\partial a}{\partial i}\right)\delta i(\bar{t}_k) \tag{6-27}$$

令

$$\begin{cases} k_1^\theta = \dfrac{\partial\theta}{\partial V_x} - \dfrac{\dot{\theta}}{\dot{a}}\dfrac{\partial a}{\partial V_x} & k_4^\theta = \dfrac{\partial\theta}{\partial x} - \dfrac{\dot{\theta}}{\dot{a}}\dfrac{\partial a}{\partial x} \\ k_2^\theta = \dfrac{\partial\theta}{\partial V_y} - \dfrac{\dot{\theta}}{\dot{a}}\dfrac{\partial a}{\partial V_y} & k_5^\theta = \dfrac{\partial\theta}{\partial y} - \dfrac{\dot{\theta}}{\dot{a}}\dfrac{\partial a}{\partial y} \\ k_3^\theta = \dfrac{\partial\theta}{\partial V_z} - \dfrac{\dot{\theta}}{\dot{a}}\dfrac{\partial a}{\partial V_z} & k_6^\theta = \dfrac{\partial\theta}{\partial z} - \dfrac{\dot{\theta}}{\dot{a}}\dfrac{\partial a}{\partial z} \end{cases} \tag{6-28}$$

则得到

$$\Delta\theta = k_1^\theta \delta V_x(\bar{t}_k) + k_2^\theta \delta V_y(\bar{t}_k) + k_3^\theta \delta V_z(\bar{t}_k) + k_4^\theta \delta x(\bar{t}_k) + k_5^\theta \delta y(\bar{t}_k) + k_6^\theta \delta z(\bar{t}_k) \tag{6-29}$$

式中　$k_i^\theta (i = 1,2,3,\cdots,6)$——速度方向导引系数。

引入速度方向有关的导引指令

$$u_{\varphi 1} = \alpha_0^\theta \Delta\theta \tag{6-30}$$

仅有速度导引时，在干扰力和干扰力矩作用下，速度误差不随时间 t 增加，而是存在一静差，位置误差随时间增加速度变慢，这是速度导引的结果。仅有位置导引时，在干扰力和干扰力矩作用下，位置误差呈振荡态势，速度误差也相应振荡，说明仅有位置导引是不充分的，受扰运动在标称轨迹上来回振荡，因此需要形成速度位置混合导引指令，所以还要引入与位置 r 有关的导引指令 $u_{\varphi 2}$ ，与前面的推导过程类似

$$\begin{cases} \Delta r = r(\bar{t}_k) - \bar{r}\theta(\bar{t}_k) + \dot{r}\Delta t \\ \Delta r = \delta r(\bar{t}_k) + \dot{r}\Delta t \\ \delta r(\bar{t}_k) = r(\bar{t}_k) - \bar{r}(\bar{t}_k) \end{cases} \tag{6-31}$$

把 $\Delta t = \dfrac{-\delta a(\bar{t}_k)}{\dot{a}}$ 代入到 $\Delta r = \delta r(\bar{t}_k) + \dot{r}\Delta t$ ，同样把 $\delta r(\bar{t}_k)$ 作泰勒展开得到

$$\Delta r = k_1^r \delta V_x + k_2^r \delta V_y + k_3^r \delta V_z + k_4^r \delta x + k_5^r \delta y + k_6^r \delta z \tag{6-32}$$

式中

$$\begin{cases} k_1^r = \dfrac{\partial r}{\partial V_x} - \dfrac{\dot{\theta}}{\dot{a}}\dfrac{\partial a}{\partial V_x} & k_4^r = \dfrac{\partial r}{\partial x} - \dfrac{\dot{\theta}}{\dot{a}}\dfrac{\partial a}{\partial x} \\ k_2^r = \dfrac{\partial r}{\partial V_y} - \dfrac{\dot{\theta}}{\dot{a}}\dfrac{\partial a}{\partial V_y} & k_5^r = \dfrac{\partial r}{\partial y} - \dfrac{\dot{\theta}}{\dot{a}}\dfrac{\partial a}{\partial y} \\ k_3^r = \dfrac{\partial r}{\partial V_z} - \dfrac{\dot{\theta}}{\dot{a}}\dfrac{\partial a}{\partial V_z} & k_6^r = \dfrac{\partial r}{\partial z} - \dfrac{\dot{\theta}}{\dot{a}}\dfrac{\partial a}{\partial z} \end{cases} \tag{6-33}$$

$k_i^r (i = 1,2,3,\cdots,6)$ 称为位置导引系数。

速度位置混合导引指令

$$u_\varphi = u_{\varphi 2} + u_{\varphi 2} = a_0^\theta \Delta\theta + a_0^r \Delta r = a_0^\theta \left(\Delta\theta + \frac{a_0^r}{a_0^\theta}\Delta r\right) \tag{6-34}$$

最后

$$u_\varphi = a_0^\theta (k_1^\varphi \delta V_x + k_2^\varphi \delta V_y + k_3^\varphi \delta V_z + k_4^\varphi \delta x + k_5^\varphi \delta y + k_6^\varphi \delta z) \tag{6-35}$$

式中

$$
\begin{cases}
k_1^{\varphi}=\left(\dfrac{\partial\theta}{\partial V_x}-\dfrac{\dot{\theta}}{\dot{a}}\dfrac{\partial a}{\partial V_x}\right)+\dfrac{a_0^r}{a_0^\theta}\left(\dfrac{\partial r}{\partial V_x}-\dfrac{\dot{r}}{\dot{a}}\dfrac{\partial a}{\partial V_x}\right)\\
k_2^{\varphi}=\left(\dfrac{\partial\theta}{\partial V_y}-\dfrac{\dot{\theta}}{\dot{a}}\dfrac{\partial a}{\partial V_y}\right)+\dfrac{a_0^r}{a_0^\theta}\left(\dfrac{\partial r}{\partial V_y}-\dfrac{\dot{r}}{\dot{a}}\dfrac{\partial a}{\partial V_y}\right)\\
k_3^{\varphi}=\left(\dfrac{\partial\theta}{\partial V_z}-\dfrac{\dot{\theta}}{\dot{a}}\dfrac{\partial a}{\partial V_z}\right)+\dfrac{a_0^r}{a_0^\theta}\left(\dfrac{\partial r}{\partial V_z}-\dfrac{\dot{r}}{\dot{a}}\dfrac{\partial a}{\partial V_z}\right)\\
k_4^{\varphi}=\left(\dfrac{\partial\theta}{\partial x}-\dfrac{\dot{\theta}}{\dot{a}}\dfrac{\partial a}{\partial x}\right)+\dfrac{a_0^r}{a_0^\theta}\left(\dfrac{\partial r}{\partial x}-\dfrac{\dot{r}}{\dot{a}}\dfrac{\partial a}{\partial x}\right)\\
k_5^{\varphi}=\left(\dfrac{\partial\theta}{\partial y}-\dfrac{\dot{\theta}}{\dot{a}}\dfrac{\partial a}{\partial y}\right)+\dfrac{a_0^r}{a_0^\theta}\left(\dfrac{\partial r}{\partial y}-\dfrac{\dot{r}}{\dot{a}}\dfrac{\partial a}{\partial y}\right)\\
k_6^{\varphi}=\left(\dfrac{\partial\theta}{\partial z}-\dfrac{\dot{\theta}}{\dot{a}}\dfrac{\partial a}{\partial z}\right)+\dfrac{a_0^r}{a_0^\theta}\left(\dfrac{\partial r}{\partial z}-\dfrac{\dot{r}}{\dot{a}}\dfrac{\partial a}{\partial z}\right)
\end{cases}
\tag{6-36}
$$

可以看到，上面是针对关机点获取的，实际上对轨迹上任意时刻都成立，可见导引系数应该是变系数。但工程上为了实现方便，一般导引系数都按关机点附近的计算得到的值，取一固定值，然后再通过大量试算，凭经验进行调整，最终使在干扰的影响下，制导精度达到最高。

另外在工程上将导引信号引入稳定回路过程中，要进行限幅，以保证稳定系统的正常工作。在刚开始加入导引信号至稳定回路时，用阶梯渐进的方式加入，以防较大的导引信号对稳定回路冲击，影响稳定系统的工作。

以三级火箭为例，法向导引方程有以下特点：

1）不引入侧向视速度、视位置的交耦影响。

2）二级法向导引方程主要导引飞行高度，同时兼顾弹道倾角，保证三级起飞时弹道误差比较小。

3）三级法向导引系数一般分为两段，以避开 $\partial\theta/\partial V_x$ 变化激烈的区域。

横向导引方程有以下特点：

1）末级后段导引引入法向视速度、视位置的交耦项。

2）导引放大系数可以取得较大，以减小导引回路的静差，提高入轨精度。

摄动制导方法是一种偏差反馈控制，影响摄动制导精度提高的主要因素有以下几个方面：

1）导引量取决于导引系数，如导引系数采用某个参数的偏导数，则该参数会控制得非常好，入轨时该参数会有很高的精度，而其他参数的精度则相对差一些。因此，在导引系数设计时必须对重要参数、控制精度较为紧张的参数优先进行导引，如要精确控制多个参数难度较大。

2）摄动制导方法基于一阶泰勒展开，如考虑高阶项则复杂性明显提高，适用于高阶项可忽略的情况，所以干扰不能太大，应在线性范围内，否则导引精度下降。

3）泰勒展开点一般都选在关机点处，当弹道上不同点的一阶偏导数变化较大时不利于提高导引效果。

6.2.2.2 迭代制导

摄动制导是控制火箭在预先设计的标准弹道附近飞行，其优点是算法简单，制导计算机计算量小，但缺点是地面设计量较大，需要调整多项导引系数，且应用了小扰动假设，对大扰动干扰精度差。

迭代制导方法是一种显式制导方法，根据任务要求定义一组关机条件

$$f_i(\boldsymbol{V}_k,\boldsymbol{r}_k)=0,\quad (i=1,2,\cdots,l) \tag{6-37}$$

以该组关机条件为终端条件，对火箭进行导引控制，当

$$f_i(\boldsymbol{V},\boldsymbol{r})=0,\quad (i=1,2,\cdots,l) \tag{6-38}$$

时，则发出火箭关机指令。这属于一个多维、非线性两点边值问题，为了充分利用火箭的发射潜力，一般取最短飞行时间为性能指标，利用最优控制理论进行导引，并求出其最优的飞行轨迹。可见迭代制导方法是根据预定目标点状态和火箭的实时运动参数，按控制泛函的显函数表达式进行实时计算的制导方法，它一般以“需要速度”或“轨道要素”为控制泛函，在主动段飞行过程中连续测算火箭的速度、位置，并利用这些参数求解制导方程，形成制导信号，同时不断预测此控制指令所产生的结果，当达到一定条件时，发出关机指令。由此可见，迭代制导不依赖于预定的飞行程序，无论以预定的射程或需要速度、轨道周期等参量作为关机控制函数，迭代制导均要求根据目标函数和火箭的现时运动参数进行实时计算，实时计算最优飞行轨迹，因而具有很强的灵活性和适应能力，允许实际飞行弹道对预定标准弹道有较大的偏离，在大干扰下仍有较高的制导精度。美国土星火箭，欧洲阿里安火箭使用的都是迭代制导方法。

对于第 3 章中建立在发射惯性系的质心运动方程

$$\begin{aligned}\ddot{x}&=C_{11}\cdot f_{x1}+C_{12}\cdot f_{y1}+C_{13}\cdot f_{z1}+g_x\\ \ddot{y}&=C_{21}\cdot f_{x1}+C_{22}\cdot f_{y1}+C_{23}\cdot f_{z1}+g_y\\ \ddot{z}&=C_{31}\cdot f_{x1}+C_{32}\cdot f_{y1}+C_{33}\cdot f_{z1}+g_z\end{aligned} \tag{6-39}$$

$$\begin{aligned}\dot{x}&=V_x\\ \dot{y}&=V_y\\ \dot{z}&=V_z\end{aligned} \tag{6-40}$$

式中 $C_{ij(i,j=1、2、3)}$——箭体系到发射惯性坐标系的转换矩阵元素，视加速度为

$$\begin{bmatrix}f_{x1}\\ f_{y1}\\ f_{z1}\end{bmatrix}=\frac{1}{m}\left(\begin{bmatrix}P_{x1}\\ P_{y1}\\ P_{z1}\end{bmatrix}+\begin{bmatrix}R_{x1}\\ R_{y1}\\ R_{z1}\end{bmatrix}\right) \tag{6-41}$$

通常运载火箭一级飞行段在大气中飞行，采用固定程序角飞行。假定：

1）从第二级开始制导，第二级飞行时，飞行高度已经很高，在真空中飞行，气动力的影响可以忽略，即 $R_{x1}=R_{y1}=R_{z1}=0$。

2）控制是连续的，因此发动机的摆角不会很大，可近似认为推力总是沿着箭体纵轴方向，即

$$\begin{aligned} P_{x1} &= P \\ P_{y1} &= P_{z1} = 0 \end{aligned} \tag{6-42}$$

3）由于姿态控制回路对滚动进行控制，故在飞行过程中，滚动角 γ 是很小的，可以忽略。

这样火箭的质心运动方程在终端坐标系 $o\xi\eta\zeta$ 坐标系中，火箭在真空中飞行的简化运动方程为

$$\begin{bmatrix} \ddot{\xi} \\ \ddot{\eta} \\ \ddot{\zeta} \end{bmatrix} = \frac{P}{m}\begin{bmatrix} \cos\varphi_{\xi}\cos\psi_{\zeta} \\ \sin\varphi_{\xi}\cos\psi_{\zeta} \\ -\sin\psi_{\zeta} \end{bmatrix} + \begin{bmatrix} g_{\xi} \\ g_{\eta} \\ g_{\zeta} \end{bmatrix} \tag{6-43}$$

在以火箭的瞬时点状态 $(\dot{\xi},\dot{\eta},\dot{\zeta},\xi,\eta,\zeta)$ 为初值，目标点的状态 $(\dot{\xi}_c,\dot{\eta}_c,\dot{\zeta}_c,\xi_c,\eta_c,\zeta_c)$ 为终端值的条件下，引入状态矢量 $\boldsymbol{X}$

$$\boldsymbol{X} = \begin{bmatrix} x_1 \\ x_2 \\ x_3 \\ x_4 \\ x_5 \\ x_6 \end{bmatrix} = \begin{bmatrix} \dot{\xi} \\ \dot{\eta} \\ \dot{\zeta} \\ \xi \\ \eta \\ \zeta \end{bmatrix} \tag{6-44}$$

火箭的运动方程由定义于时间间隔 $[0,t_c]$ 上的状态方程表示为

$$\dot{\boldsymbol{X}} = \begin{bmatrix} \dot{x}_1 \\ \dot{x}_2 \\ \dot{x}_3 \\ \dot{x}_4 \\ \dot{x}_5 \\ \dot{x}_6 \end{bmatrix} = \begin{bmatrix} 0 & 0 & 0 & 0 & 0 & 0 \\ 1 & 0 & 0 & 0 & 0 & 0 \\ 0 & 0 & 0 & 0 & 0 & 0 \\ 0 & 0 & 1 & 0 & 0 & 0 \\ 0 & 0 & 0 & 0 & 0 & 0 \\ 0 & 0 & 0 & 0 & 1 & 0 \end{bmatrix}\begin{bmatrix} x_1 \\ x_2 \\ x_3 \\ x_4 \\ x_5 \\ x_6 \end{bmatrix} + \frac{F}{m}\begin{bmatrix} \cos\varphi_{\xi}\cos\psi_{\zeta} \\ 0 \\ \sin\varphi_{\xi}\cos\psi_{\zeta} \\ 0 \\ -\sin\psi_{\zeta} \\ 0 \end{bmatrix} + \begin{bmatrix} g_{\xi} \\ 0 \\ g_{\eta} \\ 0 \\ g_{\zeta} \\ 0 \end{bmatrix} \tag{6-45}$$

对于所希望的以最短飞行时间引导火箭到达目标点的问题，由于火箭单级的发动机是一个恒值推力系统，因而这个快速控制问题等价于最少燃料消耗、弹道有效载荷为最大的控制问题。其性能指标函数可表示为

$$J = \int_0^{t_c} \mathrm{d}t \tag{6-46}$$

至此，式（6-44）到式（6-46）和初始状态及终端约束就组成了一个定义在时间间隔 $[0,t_c]$ 上的火箭运动的最优控制问题。

求解这个问题，引入哈密顿函数

$$H = \lambda_1\left(\frac{P}{m}\cos\varphi_{\xi}\cos\psi_{\zeta} + g_{\xi}\right) + \lambda_2 x_1 + \lambda_3\left(\frac{P}{m}\sin\varphi_{\xi}\cos\psi_{\zeta} + g_{\eta}\right) + \lambda_4 x_3 + \lambda_5\left(-\frac{P}{m}\sin\psi_{\zeta} + g_{\zeta}\right) + \lambda_6 x_5 - 1 \tag{6-47}$$

为使哈密顿函数 H 相对控制变量 φ_ξ,ψ_ζ 达到最大，则必须满足

$$\begin{aligned}\frac{\partial H}{\partial \varphi_\xi} &= -\frac{P}{m}\cos\varphi_\xi(\lambda_1\sin\psi_\xi-\lambda_3\cos\varphi_\xi)=0\\ \frac{\partial H}{\partial \psi_\xi} &= -\frac{P}{m}(\lambda_1\cos\varphi_\xi\sin\psi_\xi+\lambda_3\sin\varphi_\xi\sin\psi_\xi+\lambda_5\cos\psi_\xi)=0\end{aligned} \tag{6-48}$$

根据式（6-48）可以求解得

$$\begin{aligned}\tan\varphi_\xi &= \frac{\lambda_3}{\lambda_1}\\ \tan\psi_\xi &= -\frac{\lambda_5}{\lambda_1}\cos\varphi_\xi\end{aligned} \tag{6-49}$$

伴随方程和横截条件

$$\dot{\boldsymbol{\lambda}} = -\frac{\partial \boldsymbol{H}}{\partial \boldsymbol{X}} \tag{6-50}$$

$$\sum_{i=1}^{6}\lambda_i\delta x_i = 0 \tag{6-51}$$

即

$$\begin{bmatrix}\dot\lambda_1\\ \dot\lambda_2\\ \dot\lambda_3\\ \dot\lambda_4\\ \dot\lambda_5\\ \dot\lambda_6\end{bmatrix} = \begin{bmatrix}-\lambda_2\\ 0\\ -\lambda_4\\ 0\\ -\lambda_6\\ 0\end{bmatrix} \tag{6-52}$$

和

$$\begin{bmatrix}\lambda_1\delta x_1\\ \lambda_2\delta x_2\\ \lambda_3\delta x_3\\ \lambda_4\delta x_4\\ \lambda_5\delta x_5\\ \lambda_6\delta x_6\end{bmatrix} = 0 \tag{6-53}$$

最后可近似解得控制角 φ_ξ,ψ_ζ 的表达式为

$$\begin{cases}\varphi_\xi = \bar{\varphi}_\xi + k_2 t - k_1\\ \psi_\zeta = \bar{\psi}_\zeta + e_2 t - e_1\end{cases} \tag{6-54}$$

式中 $\bar{\varphi}_\xi,\bar{\psi}_\zeta$ ——分别为满足目标点速度矢量产生的控制角；

k_1,k_2,e_1,e_2 ——分别为目标点位置矢量产生的附加控制角量值参数。

最优控制的解，依赖于不同的终端约束，如果六个终端约束都固定，从直观上讲，这对只能控制改变发动机的推力方向，而不能改变发动机推力大小的火箭来说是无法实现这

个最优控制的。从理论上讲，这是涉及这样一个系统的不可控性问题的研究。但从数值计算表明，为确保火箭在目标点处达到预定的速度矢量形成的控制量 $\overline{\varphi}_\xi$，$\overline{\psi}_\zeta$ 是控制角 φ_ξ，ψ_ζ 中的主要部分，而为确保位置量形成的附加控制角仅是其中的小量。因此选择符合火箭的终端条件，即三个速度矢量 $(\dot{\xi}_c, \dot{\eta}_c, \dot{\zeta}_c)$ 及二个位置分量 η_c，ζ_c 为确定，ζ_c 为不固定，可解得一套解析的制导方程，给出每一个制导周期内的最优姿态角。

迭代制导的计算过程为

$$\begin{cases} r^* = \sqrt{x_G^2 + y_G^2} \\ \beta_e = \arcsin(y_G / r^*) \\ V^* = \sqrt{V_{xG}^2 + V_{yG}^2} \\ \cos\theta_H^* = \dfrac{|x_G V_{yG} - y_G V_{xG}|}{r^* V^*} \end{cases} \tag{6-55}$$

$$\begin{cases} f^* = \sqrt{f_{xG}^2 + f_{yG}^2} \\ f^* = \sqrt{f_{xG}^2 + f_{yG}^2 + f_{zG}^2} \\ \tau = V_e / f \\ \tau_{xy} = V_e / f^* \end{cases} \tag{6-56}$$

$$\begin{cases} A_1 = V_e \ln \dfrac{\tau_{xy}}{\tau_{xy} - t_k} \\ A_2 = A_1 \tau_{xy} - V_e t_k \\ A_3 = A_1 t_k - A_2 \\ A_4 = A_3 \tau_{xy} - \dfrac{1}{2} V_e t_k^2 \end{cases} \tag{6-57}$$

$$\begin{cases} \beta_t = \dfrac{1}{y_{Tk}} (V^* t_k \cos\theta_H^* + A_3 \cos\theta_{Hk}) \\ \beta = \beta_e + \beta_t \end{cases} \tag{6-58}$$

$$\begin{cases} \begin{bmatrix} x_T \\ y_T \\ z_T \end{bmatrix} = [T] \begin{bmatrix} x_G \\ y_G \\ z_G \end{bmatrix} \\ \begin{bmatrix} V_{xT} \\ V_{yT} \\ V_{zT} \end{bmatrix} = [T] \begin{bmatrix} V_{xG} \\ V_{yG} \\ V_{zG} \end{bmatrix} \\ \begin{bmatrix} g_{xT} \\ g_{yT} \\ g_{zT} \end{bmatrix} = \dfrac{1}{2} \left([T] \begin{bmatrix} g_{xG} \\ g_{yG} \\ g_{zG} \end{bmatrix} + \begin{bmatrix} g_{xTk} \\ g_{yTk} \\ g_{zTk} \end{bmatrix} \right) \end{cases} \tag{6-59}$$

$$\begin{cases} \Delta V^2 = (V_{xTk} - V_{xT} - g_{xT} t_k)^2 + (V_{yTk} - V_{yT} - g_{yT} t_k)^2 + (V_{zTk} - V_{zT} - g_{zT} t_k)^2 \\ t_k = \tau (1 - \mathrm{e}^{-\frac{\Delta V}{V_e}}) \end{cases} \tag{6-60}$$

利用式（6－60）要求解出 t_c 是不容易的，我们采用迭代方法求解 t_k。在给定的精度 ε 条件下，先选择一个 $\bar{t}_k$ 初值，代入式（6－60）得到一个新的 t_k 记为 t'_k。当满足 $|t'_k - \bar{t}_k| < \varepsilon$ 条件时，此 t'_k 即为所求的 t_k；如果不满足条件，则迭代上述公式，直到满足给定的精度条件为止。

俯仰控制角 φ_{opt}

$$\begin{cases} \tilde{\varphi}_x = a\tan 2(V_{Tcy} - V_{Ty} - g_{Ty}t_c, V_{TcX} - V_{TX} - g_{TX}t_c) \quad \tilde{\varphi}_x \in (-\pi, \pi] \\ P = A_3 \cos\tilde{\varphi}_x \\ Q = A_4 \cos\tilde{\varphi}_x \\ R = y_{Tc} - y_T - V_{Ty}t_c - 0.5g_{Ty}t_c^2 - A_3\cos\tilde{\varphi}_x \\ \Delta k = A_1 Q - A_2 P \\ k_1 = A_2 R/\Delta k \\ k_2 = A_1 R/\Delta k \end{cases} \tag{6-61}$$

$$\begin{cases} \varphi_x = \tilde{\varphi}_x + k_2 \Delta T - k_1 \\ \varphi_{\mathrm{opt}} = \varphi_x - (90° - \beta_L) \end{cases} \tag{6-62}$$

偏航控制角 ψ_{opt}

$$\begin{cases} B_1 = V_{ex} \ln\left(\dfrac{\tau}{\tau - t_c}\right) \\ B_2 = B_1\tau - V_{ex}t_c \\ B_3 = B_1 t_c - B_2 \\ B_4 = B_3\tau - 0.5V_{ex}t_c^2 \end{cases} \tag{6-63}$$

$$\begin{cases} \tilde{\psi}_z = \arcsin\left(\dfrac{V_{Tz} - V_{Tcz} + g_{Tz}t_c}{B_1}\right) \quad \tilde{\psi_z} \in \left[-\dfrac{\pi}{2}, \dfrac{\pi}{2}\right] \\ E = B_3 \cos\tilde{\psi}_z \\ G = B_4 \cos\tilde{\psi}_z \\ H = z_{Tc} - z_T - V_{Tz}t_c - 0.5g_{Tz}t_c^2 + B_3\sin\tilde{\psi}_z \\ \Delta e = B_2 E - B_1 G \\ e_1 = B_2 H/\Delta e \\ e_2 = B_1 H/\Delta e \end{cases} \tag{6-64}$$

$$\psi_{\mathrm{opt}} = \tilde{\psi}_z + e_2 \Delta T_{\mathrm{GUI}} - e_1 \tag{6-65}$$

迭代制导规律的计算流程见图 6－3，由加速度计测得的火箭视加速度作为制导的输入，经过导航计算，求得火箭瞬时飞行速度和位置，同时求得火箭轴向力引起的加速度 f_{x1}，导航值 V_x, V_y, V_z, x, y, z 及 f_{x1} 作为最优制导率计算的输入量，按流程图计算出最优控制姿态 φ_{opt} 及 ψ_{opt}，在飞行中不断重复上述过程，直到火箭飞达终点。

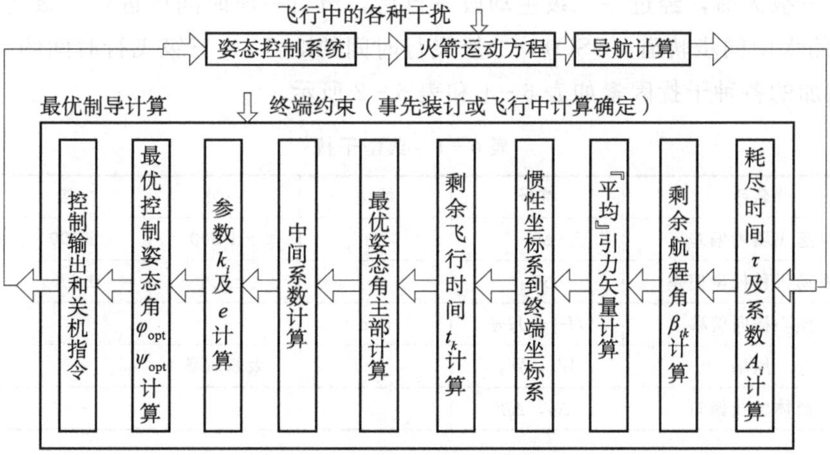

图 6－3　迭代制导计算框图

在运载火箭工程设计时，还有几点需要注意：

1）对可能产生突变的输入信息进行滤波，在迭代算法中，由惯性器件实时敏感到的视加速度作为表征火箭瞬时推重比的性能参数，用于多项参数的估算，而视加速度受到发动机推力瞬时变化和惯性组合采样等因素的影响，可能会有波动，因此，需要考虑对视加速度的滤波以提高迭代算法的平滑性。

2）为保证火箭飞行系统的稳定性和可靠性，一般都在火箭飞越大气层后加入最优制导控制，加入或停止制导的时间不能与发动机的启动或熄火同时进行，也就是说，最优制导加入于发动机点火后，停止于发动机熄火前；另一方面，制导方程中 $R = y_{Tc} - y_T - V_{Ty}t_c - 0.5g_{Ty}t_c^2 - A_3\sin\tilde{\varphi}_x$ 是体现火箭按瞬时速度以及发动机推力加速度作用下继续飞至目标点时，在 y_T 方向上的位置量估算值与预定目标的位置量两者的偏差值。此偏差值由位置差额量和为弥补这个差额由瞬时速度、发动机推力加速度以及引力加速度分量形成的位置量两部分组成。当火箭飞近目标点时，位置差额数值远远小于 R 中其余部分形成的值，此时，由 R 形成的 k_1、k_2 就会产生一个控制角中过量的附加部分 $k_2\Delta T - k_1$ 。因此为避免破坏火箭飞行系统的稳定性，又能获得足够高的制导精度，一般的处理办法是对系数分别进行提前取零处理。

3）对剩余飞行时间 t_k 的预估，主要用来计算最优姿态角，而不能用 $t_k = 0$ 来发发动机关机指令，因为 t_k 的预估是在对火箭运动方程做了许多简化假设后导出的公式，它所预估的剩余飞行时间和实际飞行时间有误差，最优姿态角的计算是按反馈原理构成的，上述误差不会给计算带来明显的误差，而发动机关机指令是一个开路断续指令，上述误差便会造成终点速度 V_k 不允许的误差，为了控制发动机关机，我们可以在计算机内事先装订要求的终点速度或轨道参数，一旦火箭在飞行中达到终点参数，便发关机指令。

4）对输出的程序角进行角速度和角度限幅，可以提高火箭飞行稳定性，并且有助于提供故障情况下的安全性。

以某型号运载火箭为例，进行模拟计算。

火箭为三级火箭，经过一二级主动段飞行后，滑行一段时间后进行三级主动段飞行达到 750 km 的太阳同步轨道（SSO），二级飞行时间约 305 s，三级飞行时间约 310 s，模拟计算中所施加的各种干扰因素如表 6-1 和表 6-2 所示。

表 6-1 典型干扰

序号	名称	符号	单位	一级	二级	三级
1	起飞质量偏差	ΔG_0	kg	±1 500	±400	±70
2	发动机秒耗量偏差	ΔG_d	—	±3%	±3%	±3%
3	质心横向偏移	H_{Ty}，H_{Tz}	mm	—	—	±28
4	风场	W_α，W_β	—	太原风场	—	—
5	箭体轴线偏斜	$\Delta\alpha$，$\Delta\beta$	′	±12	—	—

表 6-2 典型干扰下入轨及关机时间偏差

序号	干扰	Δa/km	Δe(—)	Δi/(°)	Δt_{k1}/s	Δt_{k2}/s	Δt_{k3}/s
1	ΔG_{01}	0.028	0.000 00	−0.000 02	2.897	0.285	0.014
2	ΔG_{02}	−0.009	0.000 00	−0.000 01	0.000	5.891	0.005
3	ΔG_{03}	0.002	0.000 00	−0.000 01	0.000	0.000	9.467
4	ΔG_{d1}	−0.009	0.000 00	−0.000 02	−5.437	−0.422	−0.040
5	ΔG_{d2}	0.008	0.000 00	−0.000 01	0.000	−8.696	0.031
6	ΔG_{d3}	0.008	0.000 00	−0.000 01	0.000	0.000	−7.035
7	HT_{y3}	0.036	0.000 48	0.001 69	0.000	0.000	0.062
8	HT_{z3}	0.019	0.000 00	0.038 24	0.000	0.000	0.428
9	W_α	0.024	0.000 00	−0.000 02	0.914	−0.404	−0.011
10	W_β	0.016	0.000 00	0.000 02	−0.027	0.117	−0.007
11	$\Delta\alpha$	−0.003	0.000 00	0.000 00	0.026	−0.015	−0.001
12	$\Delta\beta$	0.020	0.000 00	0.000 00	−0.001	0.001	−0.012

其中，Δa—半长轴偏差；Δe—偏心率偏差；Δi—轨道倾角偏差；Δt_{k1}，Δt_{k2}，Δt_{k3}—各级关机时间偏差。

为了进一步考核迭代制导方案的能力和精度，加入较大的干扰因素，例如三级发动机推力有较大幅度下降，下降 20%，通过模拟计算结果表明，运载火箭仍能被制导到要求的轨道上。

迭代制导在工程应用时仍存在一些问题需进一步研究。比如迭代制导入轨时其姿态是实时计算的，其与理论弹道的姿态偏差较大，最大情况下可达 25°，对于有入轨姿态要求的有效载荷来说，都是不能满足要求的。解决这个问题一种有效的方法是在火箭入轨时具备火箭调姿系统，在不影响火箭质心运动时，将姿态调整为要求的入轨姿态，但对于不具备调姿系统情况下，则需要研究带姿态约束的迭代制导方法。

6.2.2.3 动力显式制导

在航天飞机任务中，制导方法从以往的平面二维制导扩展为空间三维制导，发展成为动力显式制导（Powered Explicit Guidance，PEG），其也是一种最优制导方法，下面介绍一下动力显式制导方法。

(1) 运动模型

不考虑空气阻力和太阳光压等摄动力，火箭或飞行器只受控制力和地心引力作用，以惯性坐标系为参考系，则运动方程为

$$\begin{aligned}\dot{\boldsymbol{r}} &= \boldsymbol{V} \\ \dot{\boldsymbol{V}} &= \boldsymbol{g}(\boldsymbol{r}) + \frac{T}{m}\boldsymbol{u} \\ \dot{m} &= -\frac{P}{V_{ex}}\end{aligned} \tag{6-66}$$

式中　V_{ex} ——发动机排气速度，即比冲；

$\boldsymbol{u}(t)$ ——控制推力方向矢量，对质心控制来说，沿推力 T 的作用方向，通常有等式约束。

$$u_x^2 + u_y^2 + u_z^2 = 1$$

式中　u_x, u_y, u_z ——分别为控制推力方向 $\boldsymbol{u}(t)$ 在地心赤道惯性坐标系上的分量。

$$\begin{bmatrix} u_x \\ u_y \\ u_z \end{bmatrix} = \begin{bmatrix} \cos\varphi_{\text{cmd}}\cos\psi_{\text{cmd}} \\ \sin\varphi_{\text{cmd}}\cos\psi_{\text{cmd}} \\ -\sin\psi_{\text{cmd}} \end{bmatrix} \tag{6-67}$$

式中　$\varphi_{\text{cmd}}, \psi_{\text{cmd}}$ ——姿态指令角。

(2) 性能指标

在大多数的轨道优化问题和制导控制中，性能指标多为终端状态 $x(t_f)$ 和终端时刻 t_f 的表达式，常见为燃料消耗最少或转移时间最短。因此设性能指标的一般形式为梅耶型

$$J = \phi[x(t_f), t_f] \rightarrow \min \tag{6-68}$$

式中

$$\phi[x(t_f), t_f] = -m_{t_f} + K(t_f - t_0) \tag{6-69}$$

式中　K——比例常数。此处仅考虑能量最优的情况，即：$K = 0$ 。

(3) 终端条件

终端条件是要求轨道入轨点的位置、速度满足入轨条件，即终端位置、速度满足约束方程

$$G_i(\boldsymbol{r}_k, \boldsymbol{V}_k, t_k) = 0 \quad (i = 1, 2, \cdots, l) \tag{6-70}$$

(4) 正则方程

构建系统的哈密顿函数为

$$H = \boldsymbol{\lambda}_r \cdot \boldsymbol{V} + \boldsymbol{\lambda}_V \cdot \left[\boldsymbol{g}(\boldsymbol{r}) + \frac{T}{m}\boldsymbol{u})\right] - \lambda_m \frac{T}{I_{sp} g_0} \tag{6-71}$$

式中　$\boldsymbol{\lambda}_r = (\lambda_x, \lambda_y, \lambda_z)$ ——对应于各个位置分量的协状态；

$\boldsymbol{\lambda}_V = (\lambda_{Vx}, \lambda_{Vy}, \lambda_{Vz})$ ——对应于各个速度分量的协状态；

λ_m ——对应于质量的协状态。

这是一个无中间约束、可变端点、时间自由的非自治系统，根据 Ponytriyagin 极大值

原理，要使哈密顿函数取得极大值，最优推力方向矢量应取如下形式

$$\boldsymbol{u} = \frac{\boldsymbol{\lambda}_V}{\|\boldsymbol{\lambda}_V\|} \tag{6-72}$$

协状态的变化方程为

$$\dot{\boldsymbol{\lambda}}_r = -\frac{\partial H}{\partial \boldsymbol{r}} = -\boldsymbol{\lambda}_V \cdot \frac{\partial \boldsymbol{g}(\boldsymbol{r})}{\partial \boldsymbol{r}} \tag{6-73}$$

$$\dot{\boldsymbol{\lambda}}_V = -\frac{\partial H}{\partial \boldsymbol{V}} = -\boldsymbol{\lambda}_r \tag{6-74}$$

$$\dot{\lambda}_m = -\frac{\partial H}{\partial m} = -\boldsymbol{\lambda}_V \cdot \frac{T}{m^2}\boldsymbol{u} = -\|\boldsymbol{\lambda}_V\|\frac{T}{m^2} \tag{6-75}$$

式中 $\frac{\partial \boldsymbol{g}(\boldsymbol{r})}{\partial \boldsymbol{r}}$——表示引力对位置分量的偏导数。

由式（6－73）、式（6－74）可得

$$\ddot{\boldsymbol{\lambda}}_V = -\dot{\boldsymbol{\lambda}}_r = \boldsymbol{\lambda}_V \cdot \frac{\partial \boldsymbol{g}(\boldsymbol{r})}{\partial \boldsymbol{r}} = \frac{\mu}{r^3}\left[-\boldsymbol{\lambda}_V + 3\left(\boldsymbol{\lambda}_V \cdot \frac{\boldsymbol{r}}{r}\right)\frac{\boldsymbol{r}}{r}\right] \tag{6-76}$$

横截条件是

$$\ddot{\boldsymbol{\lambda}}_V(t_k) = -\sum_{j=1}^{l} v_j \frac{\partial G_j}{\partial \boldsymbol{V}}\bigg|_{t=t_k} \tag{6-77}$$

$$\ddot{\boldsymbol{\lambda}}_r(t_k) = -\sum_{j=1}^{l} v_j \frac{\partial G_j}{\partial \boldsymbol{r}}\bigg|_{t=t_k} \tag{6-78}$$

式中 v_j——拉格朗日乘子。

一旦确定了 $\boldsymbol{\lambda}_V(t),\boldsymbol{\lambda}_r(t)$，最优推力矢量的方向 $\boldsymbol{u}$ 就确定了。结合关机时间 t_k，使得飞行器到达关机条件时，轨道状态满足约束条件，这构成了一个典型的两点边值问题。由于飞行器的空间运动方程其边值问题较复杂，通常不可能有解析解，其精确求解是非常困难的，需要利用数值解法。

如何确定共轭乘子向量函数 $\boldsymbol{\lambda}_V(t),\boldsymbol{\lambda}_r(t)$，就成为该问题求解与工程应用的关键。考虑到箭载计算机的实际运算能力，下面对绝对运动模型进行适当的简化，提供了一套火箭或飞行器上迭代求解算法。在每个制导周期，以火箭当前的位置、速度状态为起始条件，进行迭代计算，预估出一条满足终端条件的飞行轨迹，求出控制规律和关机时间，对火箭的推力矢量进行控制。

（5）协状态微分方程化简

式（6－76）可以写成

$$\ddot{\boldsymbol{\lambda}}_V = -\omega^2\boldsymbol{\lambda}_V + 3\omega^2(\boldsymbol{\lambda}_V \cdot \boldsymbol{R})\boldsymbol{R} \tag{6-79}$$

其中

$$\boldsymbol{R} = \mathrm{uint}(\boldsymbol{r})$$

$$\omega = \sqrt{\frac{\mu}{r^3}} \tag{6-80}$$

引入如下假设

$$\begin{aligned} &\boldsymbol{r}_m = \frac{1}{2}(\boldsymbol{r} + \boldsymbol{r}_k) \\ &\boldsymbol{\lambda}_V \cdot \boldsymbol{R} \approx \sin\theta = \text{const} \\ &\boldsymbol{R} \approx \boldsymbol{R}_m = \text{uint}(\boldsymbol{r}_m) \\ &\omega \approx \omega_m = \sqrt{\frac{\mu}{r^3}} \\ &t_m = \frac{t_k}{2} \end{aligned} \tag{6-81}$$

上式用常值矢量 $\boldsymbol{r}_m$ 代表当前时刻和关机时刻之间的平均矢径，这样相当于用常值的“平均引力”去代替真实引力，会带来一定的误差。但由于制导方法在每个制导周期都是以火箭当前的位置、速度状态为起始条件的，因此可以消除前一周期的累积误差，而且随着飞行器越接近终端点，平均假设的模型真实度也越来越高。

根据上述假设，式（6－77）可写成

$$\ddot{\boldsymbol{\lambda}}_V = -\omega^2 \boldsymbol{\lambda}_V + 3\omega_m^2 \sin\theta \cos\omega_m (t - t_m) \boldsymbol{R}_m \tag{6-82}$$

式（6－82）中增加的 $\cos\omega_m(t-t_m)$ 是为了补偿不采用上述常值假设给推力方向变化造成的影响。其解为

$$\boldsymbol{\lambda}_V = \boldsymbol{\lambda}_{Vm}\cos\omega_m(t-t_m) + \frac{\boldsymbol{\lambda}_{rm}}{\omega_m}\sin\omega_m(t-t_m) + \frac{3}{2}(\sin\theta)\omega_m(t-t_m)\cos\omega_m(t-t_m)\boldsymbol{R}_m \tag{6-83}$$

式中　$\boldsymbol{\lambda}_{Vm}, \boldsymbol{\lambda}_{rm}$ ——积分常数。

从 θ 的定义可见，θ 代表飞行过程中推力方向和当地水平方向夹角的平均值。在实际飞行中，为了获得最大的效率，θ 的值通常都较小。如果忽略 θ，则得到

$$\boldsymbol{\lambda}_V = \boldsymbol{\lambda}_{Vm}\cos\omega_m(t-t_m) + \frac{\boldsymbol{\lambda}_{rm}}{\omega_m}\sin\omega_m(t-t_m) \tag{6-84}$$

$\boldsymbol{\lambda}_V$ 通常称为主矢量，且 $\boldsymbol{\lambda}_V$ 的模值近似等于 1，即 $\boldsymbol{\lambda}_V$ 近似为一个单位矢量。

在第 i 个制导或采样周期内，$\boldsymbol{\lambda}_{Vm}$ 是定常单位向量，$\boldsymbol{\lambda}_{rm}$ 是定常速率向量，在制导的迭代过程中，需要不断更新 $\boldsymbol{\lambda}_{Vm}, \boldsymbol{\lambda}_{rm}, t_m$ 。

（6）推力方向

将式（6－84）代入式（6－71）中，可以得到最优推力方向的表达式

$$\begin{aligned} \boldsymbol{u} &= \frac{\boldsymbol{\lambda}_{Vm}\cos\omega_m(t-t_m) + \dfrac{\boldsymbol{\lambda}_{rm}}{\omega_m}\sin\omega_m(t-t_m)}{\left\| \boldsymbol{\lambda}_{Vm}\cos\omega_m(t-t_m) + \dfrac{\boldsymbol{\lambda}_{rm}}{\omega_m}\sin\omega_m(t-t_m) \right\|} \\ &= \frac{\boldsymbol{\lambda}_{Vm}\cos\omega_m(t-t_m) + \dfrac{\boldsymbol{\lambda}_{rm}}{\omega_m}\sin\omega_m(t-t_m)}{\sqrt{\boldsymbol{\lambda}_{Vm}\cdot\boldsymbol{\lambda}_{Vm}\cos^2\omega_m(t-t_m) + \dfrac{\boldsymbol{\lambda}_{rm}\cdot\boldsymbol{\lambda}_{rm}}{\omega_m^2}\sin^2\omega_m(t-t_m) + 2\dfrac{\boldsymbol{\lambda}_{Vm}\cdot\boldsymbol{\lambda}_{rm}}{\omega_m}\sin\omega_m(t-t_m)\cos\omega_m(t-t_m)}} \end{aligned} \tag{6-85}$$

将正弦函数、余弦函数用级数展开及开根号函数用二项式定理展开，并略去 3 阶以上

的高阶项，得到最优推力方向的近似表达式

$$\boldsymbol{u}=\boldsymbol{\lambda}_{Vm}\left[1-T'(t-t_m)-\frac{1}{2}\omega_1^2(t-t_m)^2\right]+\boldsymbol{\lambda}_{rm}\left[(t-t_m)-T(t-t_m)^2-\frac{1}{6}\omega_2^2(t-t_m)^3\right] \tag{6-86}$$

式中

$$\begin{aligned} T &= \boldsymbol{\lambda}_{Vm}\cdot\boldsymbol{\lambda}_{rm} \\ T' &= T\left[1-\frac{7}{6}\omega_m^2(t-t_m)^2\right] \\ \omega_1^2 &= \boldsymbol{\lambda}_{rm}\cdot\boldsymbol{\lambda}_{rm} \\ \omega_2^2 &= 3\omega_1^2-\omega_m^2 \end{aligned} \tag{6-87}$$

（7）推力积分项

设当前制导时刻为 $t=0$，令 t_k 为关机时间，$\boldsymbol{V}_{th}$ 和 $\boldsymbol{r}_{th}$ 分别表示发动机推力产生的速度增量项和位置增量项

$$V_{th}=\int_0^{t_k}\frac{T}{m}\boldsymbol{u}\,\mathrm{d}t=\int_0^{t_k}\frac{V_{ex}}{\tau-t}\boldsymbol{u}\,\mathrm{d}t \tag{6-88}$$

$$r_{th}=\int_0^{t_k}\int_0^{t}\frac{V_{ex}}{\tau-s}\boldsymbol{u}\,\mathrm{d}s\mathrm{d}t \tag{6-89}$$

式中

$$\tau=\frac{m}{\dot{m}} \tag{6-90}$$

表示从当前时刻算起的耗尽飞行时间，V_{ex} 表示发动机的排气速度。

把式（6-84）代入式（6-88）、式（6-89）中会产生诸如下面形式的积分项

$$J_n=\int_0^{t_k}\frac{V_{ex}}{\tau-t}(t-t_m)^n\mathrm{d}t\quad n=0,1,2,3 \tag{6-91}$$

$$Q_n=\int_0^{t_k}\int_0^{t}\frac{V_{ex}}{\tau-s}(s-t_m)^n\mathrm{d}s\mathrm{d}t\quad n=0,1,2,3 \tag{6-92}$$

式（6-91）和式（6-92）可以用递归形式的算法进行计算

$$\int_0^{t_k}\frac{V_{ex}}{\tau-t}(t-t_m)^n\mathrm{d}t=(t-t_m)\int_0^{t_k}\frac{V_{ex}}{\tau-t}(t-t_m)^{n-1}\mathrm{d}t-\left[\frac{V_{ex}(t-t_m)}{n}\right]_0^{t_k} \tag{6-93}$$

因此

$$J_n=(\tau-t_m)J_{n-1}-V_{ex}\left[\frac{(t_k-t_m)^n-(-t_m)^n}{n}\right] \tag{6-94}$$

$$Q_n=(\tau-t_m)Q_{n-1}-\frac{V_{ex}}{n}\left[\frac{(t_k-t_m)^{n+1}-(-t_m)^{n+1}}{n+1}-(-t_m)^n t_k\right] \tag{6-95}$$

且

$$J_0=\int_0^{t_k}\frac{V_{ex}}{\tau-t}\mathrm{d}t=V_{ex}\,\mathrm{In}\,\frac{\tau}{\tau-t_k} \tag{6-96}$$

$$Q_0=\int_0^{t_k}\int_0^{t}\frac{V_{ex}}{\tau-s}\mathrm{d}s\mathrm{d}t=(t_k-\tau)V_{ex}\,\mathrm{In}\,\frac{\tau}{\tau-t_k}+V_{ex}t_k \tag{6-97}$$

把上面计算公式代入到式（6－88)、式（6－89）中，经过整理得到

$$\boldsymbol{V}_{th}=L_p\boldsymbol{\lambda}_{Vm}+J_p\boldsymbol{\lambda}_{rm} \tag{6-98}$$

$$\boldsymbol{r}_{th}=S_p\boldsymbol{\lambda}_{Vm}+Q_p\boldsymbol{\lambda}_{rm} \tag{6-99}$$

式中

$$\begin{aligned}L_p&=J_0-T\left(J_1-\frac{7}{6}\omega_m^2J_3\right)-\frac{1}{2}\omega_1^2J_2\\S_p&=Q_0-T\left(Q_1-\frac{7}{6}\omega_m^2Q_3\right)-\frac{1}{2}\omega_1^2Q_2\\J_p&=J_1-TJ_2-\frac{1}{6}\omega_2^2J_3\\Q_p&=Q_1-TQ_2-\frac{1}{6}\omega_2^2Q_3\end{aligned} \tag{6-100}$$

（8）引力积分项

令引力产生的速度增量项 $\boldsymbol{V}_{\text{grav}}$ 和位置增量项 $\boldsymbol{r}_{\text{grav}}$ 称为引力积分项。

$$\boldsymbol{V}_{\text{grav}}=\int_0^{t_k}\boldsymbol{g}(\boldsymbol{r})\mathrm{d}t \tag{6-101}$$

$$\boldsymbol{r}_{\text{grav}}=\int_0^{t_k}\int_0^{t}\boldsymbol{g}(\boldsymbol{r})\mathrm{d}s\mathrm{d}t \tag{6-102}$$

假设从当前时刻到关机点的飞行过程中的地心引力可用一个随时间变化的 3 阶多项式来表示

$$\boldsymbol{g}(t)=\boldsymbol{G}_0+\boldsymbol{G}_1(t-t_0)+\boldsymbol{G}_2\frac{(t-t_0)^2}{2}+\boldsymbol{G}_3\frac{(t-t_0)^3}{6} \tag{6-103}$$

$$\boldsymbol{g}(t)=\boldsymbol{G}_1+\boldsymbol{G}_2(t-t_0)+\boldsymbol{G}_3\frac{(t-t_0)^2}{2} \tag{6-104}$$

在平方反比假设下，地心引力及对时间的导数按下式计算

$$\boldsymbol{g}(\boldsymbol{r})=-\frac{\mu}{\|\boldsymbol{r}\|^3}\boldsymbol{r} \tag{6-105}$$

$$\dot{\boldsymbol{g}}(\boldsymbol{r})=-\frac{\mu}{\|\boldsymbol{r}\|^3}\boldsymbol{V}+\frac{3\mu}{\|\boldsymbol{r}\|^3}\boldsymbol{V}(\boldsymbol{r}\cdot\boldsymbol{V})\boldsymbol{r} \tag{6-106}$$

已知火箭当前的位置速度矢量和预测关机点的位置速度矢量 $\boldsymbol{r}$、$\boldsymbol{V}$ 及 $\boldsymbol{r}_k$ 、$\boldsymbol{V}_k$ ，可以计算这两点对应 $\boldsymbol{g}(t_0)=\boldsymbol{g}(\boldsymbol{r})$ 、$\dot{\boldsymbol{g}}(t_0)=\dot{\boldsymbol{g}}(\boldsymbol{r})$ 和 $\boldsymbol{g}(t_k)=\boldsymbol{g}(\boldsymbol{r}_k)$ 、$\dot{\boldsymbol{g}}(t_k)=\dot{\boldsymbol{g}}(\boldsymbol{r}_k)$ 。

经过整理，有

$$\boldsymbol{V}_{\text{grav}}=\frac{t_k}{2}[\boldsymbol{g}(\boldsymbol{r})+\boldsymbol{g}(\boldsymbol{r}_k)]+\frac{t_k^2}{12}[\dot{\boldsymbol{g}}(\boldsymbol{r})=\dot{\boldsymbol{g}}(\boldsymbol{r}_k)] \tag{6-107}$$

$$\boldsymbol{r}_{\text{grav}}=\frac{t_k^2}{2}[3\boldsymbol{g}(\boldsymbol{r}_k)+7\boldsymbol{g}(\boldsymbol{r})]+\frac{t_k^3}{10}\left[\frac{\dot{\boldsymbol{g}}(\boldsymbol{r})}{2}-\frac{\dot{\boldsymbol{g}}(\boldsymbol{r}_k)}{3}\right] \tag{6-108}$$

通过上面的公式，将引力积分近似转换成了初、终端值的函数。在点火弧段不是太长时，上面的公式能保证制导过程可靠收敛，随着火箭接近终端点，计算精度也越来越高。

(9) 协状态变量更新

从式

$$V_{th} = L_p \boldsymbol{\lambda}_{Vm} + J_p \boldsymbol{\lambda}_{rm} \tag{6-109}$$

$$r_{th} = S_p \boldsymbol{\lambda}_{Vm} + Q_p \boldsymbol{\lambda}_{rm} \tag{6-110}$$

可以看出，推力积分是协状态变量 $\boldsymbol{\lambda}_{rm}$ 和 $\boldsymbol{\lambda}_{Vm}$ 的线性组合函数。当已经知道 V_{th} 和 r_{th} 的情况下，可按下面过程对上一轮迭代计算得到的协状态变量 $\boldsymbol{\lambda}_{rm}$ 和 $\boldsymbol{\lambda}_{Vm}$ 进行更新修正。

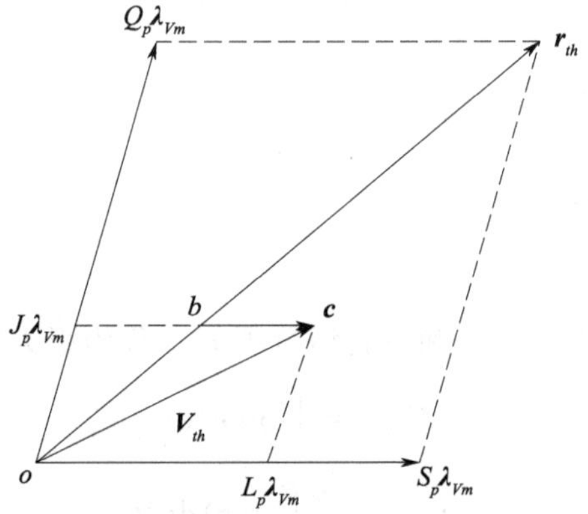

图 6-4　向量几何关系图

从图 6-4 的向量几何关系图，可见

$$\boldsymbol{ob} = \frac{J_p}{Q_p} \boldsymbol{r}_{th} \tag{6-111}$$

$$\boldsymbol{bc} = \boldsymbol{V}_{th} - \boldsymbol{ob} = \boldsymbol{V}_{th} - \frac{J_p}{Q_p} \boldsymbol{r}_{th} \tag{6-112}$$

$$\boldsymbol{\lambda}_{Vh} // \boldsymbol{bc} \tag{6-113}$$

在 $\boldsymbol{\lambda}_V$ 近似为单位矢量的假设下，从式 (6-82) 可知道，当 $t - t_m = 0$ 时，$\boldsymbol{\lambda}_V = \boldsymbol{\lambda}_{Vm}$，所以积分常数 $\boldsymbol{\lambda}_{Vm}$ 也近似为单位矢量，因此有

$$\boldsymbol{\lambda}_{Vm} = \mathrm{uint}\left(\boldsymbol{V}_{th} - \frac{J_p}{Q_p} \boldsymbol{r}_{th}\right) \tag{6-114}$$

式 (6-110) 点乘 $\boldsymbol{\lambda}_{Vm}$ 得到

$$\boldsymbol{\lambda}_{Vm} \cdot \boldsymbol{r}_{th} = S_p + TQ_p \tag{6-115}$$

定义

$$r_{th} = \left[\frac{S_p + TQ_p}{\boldsymbol{\lambda}_{Vm} \cdot \boldsymbol{r}_{th}}\right] \boldsymbol{r}_{th} \tag{6-116}$$

把式 (6-116) 的右边项代入到式 (6-110) 中，得到

$$r_{rm} = \frac{S_p}{Q_p}\left(\frac{\boldsymbol{r}_{th}}{\boldsymbol{\lambda}_{Vm} \cdot \boldsymbol{r}_{th}} - \boldsymbol{\lambda}_{Vm}\right) + \frac{T}{\boldsymbol{\lambda}_{Vm} \cdot \boldsymbol{r}_{th}} \boldsymbol{r}_{th} \tag{6-117}$$

(10) 关机点时间计算

在获得了新一轮 $\boldsymbol{\lambda}_{Vm}$ 和 $\boldsymbol{\lambda}_{rm}$ 后，可以为下一轮迭代计算出沿 $\boldsymbol{\lambda}_{Vm}$ 飞行的视速度增量 $\boldsymbol{V}_{go}$

$$\boldsymbol{V}_{go} = \boldsymbol{V}th - J_p \lambda_{rm} + (J_0 - L_p)\lambda_{Vm} \tag{6-118}$$

关机时间由下式确定

$$J_0 = \|\boldsymbol{V}_{go}\| \tag{6-119}$$

(11) 关机点状态预测

火箭有限推力轨道机动的显式制导算法属于复杂的多变量两点边值问题，具有相当的难度，还有一重要之处在于如何根据当前所选择的控制律，准确预估出火箭熄火时刻的位置和速度。预估公式的精度关系到数值迭代求解的精度、稳定性和鲁棒性，而且应该是火箭上容易实时实现的代数公式。

在 $\boldsymbol{\lambda}_{Vm}$，$\boldsymbol{\lambda}_{rm}$，$\boldsymbol{V}_{grav}$，$\boldsymbol{r}_{grav}$ 和 t_k 作为已知输入的情况下，可以预测关机点的轨道参数

$$\boldsymbol{V}_{pred} = L_p \boldsymbol{\lambda}_{Vm} + J_p \boldsymbol{\lambda}_{rm} + \boldsymbol{V}_{grav} + \boldsymbol{V} \tag{6-120}$$

$$\boldsymbol{r}_{pred} = S_p \boldsymbol{\lambda}_{Vm} + Q_p \boldsymbol{\lambda}_{rm} + \boldsymbol{V}t_k + \boldsymbol{r}_{grav} + \boldsymbol{r} \tag{6-121}$$

式中　$\boldsymbol{V}_{pred}$，$\boldsymbol{r}_{pred}$——分别为火箭熄火点（末端）的速度与位置向量的预估值；

$\boldsymbol{V}$，$\boldsymbol{r}$——分别为火箭当前时刻的速度与位置向量；

t_k——剩余段的飞行时间，即当前时刻到熄火点的时间。

(12) 终端状态计算

假设期望的终端状态为速度大小 V_k、轨道地心距离 R_k 和飞行路径角 γ_k 和轨道倾角 i_k。运用式（6-120）、式（6-121），利用预测的关机点参数，在关机点建立轨道坐标系

$$\begin{cases} \boldsymbol{V} = V_D \mathrm{uint}(\boldsymbol{V}_{pred}) \\ \boldsymbol{R} = R_D \mathrm{uint}(\boldsymbol{r}_{pred}) \\ \boldsymbol{I}_{xp} = \mathrm{uint}(\boldsymbol{R}) \\ \boldsymbol{I}_{zp} = \mathrm{uint}(\boldsymbol{I}_{xp} \times \boldsymbol{V}) \\ \boldsymbol{I}_{yp} = \boldsymbol{I}_{xp} \times \boldsymbol{I}_{zp} \\ \sin u = -\dfrac{\boldsymbol{\omega}_e \cdot \boldsymbol{I}_{yp}}{\sqrt{(\boldsymbol{\omega}_e \cdot \boldsymbol{I}_{xp})^2 + (\boldsymbol{\omega}_e \cdot \boldsymbol{I}_{yp})^2}} \\ \cos u = -\dfrac{\boldsymbol{\omega}_e \cdot \boldsymbol{I}_{xp}}{\sqrt{(\boldsymbol{\omega}_e \cdot \boldsymbol{I}_{xp})^2 + (\boldsymbol{\omega}_e \cdot \boldsymbol{I}_{yp})^2}} \\ \cos i_p = \boldsymbol{\omega}_e \cdot \boldsymbol{I}_{zp} \end{cases} \tag{6-122}$$

满足终端条件的轨道坐标系为

$$\begin{bmatrix} \boldsymbol{I}_x \\ \boldsymbol{I}_y \\ \boldsymbol{I}_z \end{bmatrix} = \begin{bmatrix} \cos u \sin i_k & \cos u \sin i_k & -\sin u \\ -\cos i_k & \sin i_k & 0 \\ \sin u \sin i_k & \sin u \sin i_k & \cos u \end{bmatrix} \begin{bmatrix} \cos u \sin i_p & \cos u \cos i_p & -\sin u \\ -\cos i_p & \sin i_p & 0 \\ \sin u \sin i_p & \sin u \cos i_p & \cos u \end{bmatrix}^{\mathrm{T}} \begin{bmatrix} \boldsymbol{I}_{xp} \\ \boldsymbol{I}_{yp} \\ \boldsymbol{I}_{zp} \end{bmatrix} \tag{6-123}$$

则求得的终端值为

$$\boldsymbol{V}_k = V_k(\boldsymbol{I}_x \sin\gamma_k + \boldsymbol{I}_y \cos\gamma_k) \tag{6-124}$$

$$\boldsymbol{r}_k = R_k \boldsymbol{I}_k \tag{6-125}$$

(13) 校正

采用线性校正方法

$$\begin{cases}\boldsymbol{V}_{\text{th}}(n)=\boldsymbol{V}_{\text{th}}(n-1)+(\boldsymbol{V}_k-\boldsymbol{V}_{\text{pred}})\\ \boldsymbol{r}_{\text{th}}(n)=\boldsymbol{r}_{\text{th}}(n-1)+(\boldsymbol{r}_k-\boldsymbol{r}_{\text{pred}})\end{cases}\tag{6-126}$$

利用 $\boldsymbol{V}_{\text{th}}$，$\boldsymbol{r}_{\text{th}}$ 重新进行下一轮迭代，预测 $\boldsymbol{V}_{\text{pred}}$，$\boldsymbol{r}_{\text{pred}}$，然后再校正、再预测，直到最后当收敛条件满足

$$\begin{cases}\|\boldsymbol{V}_k-\boldsymbol{V}_{\text{pred}}\|<\varepsilon_V\\ \|\boldsymbol{r}_k-\boldsymbol{r}_{\text{pred}}\|<\varepsilon_r\end{cases}\tag{6-127}$$

停止本制导周期内的迭代计算，输出协状态矢量 $\boldsymbol{\lambda}_{Vm}$，$\boldsymbol{\lambda}_{rm}$，并求出指令姿态角。

6.2.3 关机控制

导引解决的是箭体姿态如何指向的问题，即质心如何运动以将火箭“导引”向标准轨道或目标弹道的过程，关机则是解决发动机何时切断的问题。对于运载火箭的不同需求，其各级的关机方程形式也不一致，一般有射程关机、速度关机、半长轴或轨道周期关机等。

(1) 一级关机方程

受子级落区的限制，火箭一级关机一般为射程关机，即利用射程对关机点的速度、位置偏导数做为关机方程系数，当实测关机特征（射程）与理论弹道值一致时，发出一级关机指令（预令），使得实际落点与期望值一致。在考虑扁率后地球为椭球形，一子级落点射程没有解析表达式，只能通过弹道法数值仿真计算求得。从摄动理论知道，在偏差量不大的情况下，可以只取一阶项，射程偏差的一阶偏导数表达式为

$$\Delta L=L-\overline{L}=\frac{\partial L}{\partial V_x}\Delta V_x+\frac{\partial L}{\partial V_y}\Delta V_y+\frac{\partial L}{\partial V_z}\Delta V_z+\frac{\partial L}{\partial x}\Delta x+\frac{\partial L}{\partial y}\Delta y+\frac{\partial L}{\partial z}\Delta z+f_1(\Delta t)\tag{6-128}$$

式中 $L=\dfrac{1}{2}(R+R_0)f_\beta$；

$f_\beta=\arccos\left(\dfrac{R_{0x}\cdot x^x+R_{0y}\cdot y^x+R_{0z}\cdot z^x}{r\cdot R_0}\right)$——发射点与一子级落点的地心夹角；

$R_0, R_{0x}, R_{0y}, R_{0z}$——分别为发射点矢径的矢径长及其在发射点相对坐标系中的分量；

R, x^x, y^x, z^x——分别为一子级落点矢径的矢径长及其在发射点相对坐标系中的分量。

把其他高阶项用 $f_1(\Delta t)$ 来近似代替，当 $\Delta L=0$ 时就发出关机（预令）指令。

通过整理，其关机方程形式如下

$$\begin{cases}\Delta W_1=W_1-\overline{W}_1\\ \overline{W}_1=K_{11}\overline{V}_x+K_{12}\overline{V}_y+K_{13}\overline{V}_z+K_{14}\overline{x}+K_{15}\overline{y}+K_{16}\overline{z}\\ W_1=K_{11}V_x+K_{12}V_y+K_{13}V_z+K_{14}x+K_{15}y+K_{16}z+f_1(\Delta t)\\ f_1(\Delta t)=\begin{cases}0 & t<\bar{t}_{k1y}-t_b\\ a_1(t-\bar{t}_{k1y}) & \bar{t}_{k1y}-t_b\leqslant t<\bar{t}_{k1y}\\ b_1(t-\bar{t}_{k1y}) & \bar{t}_{k1y}\leqslant t\end{cases}\end{cases}\tag{6-129}$$

式中　$W_1, \overline{W}_1, \Delta W_1$ ——分别为关机特征量、标准关机特征量、关机余量；

$\bar{t}_{k1y}, f_1(\Delta t)$ ——分别为一级标准预令关机时间、与时间有关的补偿函数；

a_1, b_1 ——分别为补偿函数系数，通过加一级秒耗量偏差使射程与标准射程偏差最小调算而来；

$k_{11} = \dfrac{\partial L}{\partial V_x}\bigg/\dfrac{\partial L}{\partial V_x} = 1, k_{12} = \dfrac{\partial L}{\partial V_y}\bigg/\dfrac{\partial L}{\partial V_x}, k_{13} = \dfrac{\partial L}{\partial V_z}\bigg/\dfrac{\partial L}{\partial V_x}$

$k_{14} = \dfrac{\partial L}{\partial x}\bigg/\dfrac{\partial L}{\partial V_x}, k_{15} = \dfrac{\partial L}{\partial y}\bigg/\dfrac{\partial L}{\partial V_x}, k_{16} = \dfrac{\partial L}{\partial z}\bigg/\dfrac{\partial L}{\partial V_x}$ ——分别为一级关机方程系数；

$\dfrac{\partial L}{\partial V_x}, \dfrac{\partial L}{\partial V_y}, \dfrac{\partial L}{\partial V_z}, \dfrac{\partial L}{\partial x}, \dfrac{\partial L}{\partial y}, \dfrac{\partial L}{\partial z}$ ——分别为一级射程对速度、位置的偏导数。

可通过弹道数值仿真法求解，通过改变关机点速度、位置分量的偏差，计算得到十二条一子级落点射程，与标准射程相减所得到的射程偏差，同时利用最小二乘算法进行拟合，最终得到一级关机方程系数。速度偏差采用了±1 m/s、位置偏差采用±1 000 m，见表 6 - 3，计算射程偏差进而获取关机系数。

表 6 - 3　计算一子级射程偏导数用速度、位置偏差值

序号	ΔV_x^a/(m/s)	ΔV_x^y/(m/s)	ΔV_x^z/(m/s)	Δx^a/m	Δy^a/m	Δz^a/m
1	1	0	0	0	0	0
2	0	1	0	0	0	0
3	0	0	1	0	0	0
4	−1	0	0	0	0	0
5	0	−1	0	0	0	0
6	0	0	−1	0	0	0
7	0	0	0	1 000	0	0
8	0	0	0	0	1 000	0
9	0	0	0	0	0	1 000
10	0	0	0	−1 000	0	0
11	0	0	0	0	−1 000	0
12	0	0	0	0	0	−1 000

（2）二级关机方程

二级为充分利用火箭推进剂，一般采用能量关机，又称速度关机，即当二级实测速度达到理论值时关闭主发动机。二级关机方程形式如下

$$\begin{cases} \Delta W_2 = W_2 - \overline{W}_2 \\ W_2 = V = \sqrt{V_x^2 + V_y^2 + V_z^2} \\ \overline{W}_2 = \sqrt{\overline{V}_x^2 + \overline{V}_y^2 + \overline{V}_z^2} \end{cases} \tag{6-130}$$

式中　$W_2, \overline{W}_2, \Delta W_2$ ——分别为二级关机特征量、标准关机特征量、关机余量。

当关机余量为 0 时，二级关机。

（3）三级（末级）关机

对于火箭的末级飞行段，由于即将入轨，一般将火箭的半长轴（轨道周期）作为控制条件来进行关机判别，以此提高火箭半长轴（周期）的控制精度。由于火箭实际的速度、位置可以算出，则轨道的半长轴也可以计算出来，因此三级（末级）关机方程采用了半长轴全量关机方程，其形式如下

$$\begin{cases}\Delta W_3 = W_3 - \overline{W}_3 \\ W_3 = a = r/(2 - V^2 r/GM) \\ \overline{W}_3 = \bar{a} = \bar{r}/(2 - \overline{V}^2 \bar{r}/GM)\end{cases} \tag{6-131}$$

式中 $W_3, \overline{W}_3, \Delta W_3$ ——分别为三级关机特征量、标准关机特征量、关机余量；

$a, \bar{a}$ ——分别为实际轨道半长轴、标准弹道三级关机点轨道半长轴；

$V, \overline{V}$ ——分别为实际飞行速度、标准弹道三级关机点速度；

$r, \bar{r}$ ——分别实际矢径、标准弹道三级关机点矢径。

当关机余量为 0 时，三级关机。

对于末级发动机有两次启动的火箭，则三级发动机第二次关机方程形式同上。

（4）末速修正关机

末级发动机关机后，发动机推力相对理论值会出现一定的波动，其对入轨的影响称为发动机后效推力偏差，后效推力的大小一般与末级发动机推力大小正相关。因此为修正末级发动机推力后效的影响，一般增加一小推力系统对其后效偏差进行修正。其关机方程一般采用视速度增量偏差方式进行关机控制。关机方程一般形式如下

$$\begin{cases}W_4 - \overline{W}_4 = 0 \\ W_4 = [W_x(t) - W_x(t_{k3})] + k_{42}[W_y(t) - W_y(t_{k3})] + k_{43}[W_z(t) - W_z(t_{k3})] \\ \overline{W}_4 = [\overline{W}_x(\bar{t}_{k4}) - \overline{W}_x(\bar{t}_{k3})] + k_{42}[\overline{W}_y(\bar{t}_{k4}) - \overline{W}_y(\bar{t}_{k3})] + k_{43}[\overline{W}_z(\bar{t}_{k4}) - \overline{W}_z(\bar{t}_{k3})]\end{cases} \tag{6-132}$$

通过各级关机方程的设计，保证了子级落点的控制和火箭能量的充分利用，同时又能保证轨道半长轴的精度。

6.2.4 制导精度分析

运载火箭的入轨精度一般分为制导方法误差、制导工具误差和非制导误差。制导方法误差是指由于制导方法不完善、箭机飞行软件计算误差产生的；制导工具误差主要是导航器件误差产生的；非制导误差是由制导系统外部因素决定的，主要包括后效推力偏差、初始对准误差等。

为了能够准确地计算各项误差引起的入轨偏差，需要建立制导误差模型，包括制导方法误差模型和工具误差模型。

（1）制导方法误差

制导方法误差主要干扰项一般包括发动机性能参数偏差、箭体质量偏差、箭体结构偏差、气动力参数偏差等。

表 6-4　制导方法误差干扰项

序号	干扰名称	类别
1	发动机秒耗量偏差	发动机性能参数偏差
2	发动机比冲偏差	
3	发动机推力偏差	
4	发动机安装角偏差	
5	发动机推力线偏斜	
6	发动机推力线横移	
7	箭体结构质量偏差	箭体质量偏差
8	燃料加注质量偏差	
9	有效载荷质量偏差	
10	箭体纵向质心位移偏差	箭体结构偏差
11	箭体横法向质心位移偏差	
12	轴向转动惯量偏差	
13	轴向偏斜	
14	气动力系数偏差	气动力参数偏差
15	大气模型偏差	
16	风场	

(2) 制导工具误差

惯性导航系统的主要缺点是定位误差随时间积累，长时间工作会产生很大的积累误差。本书只对平台导航工具误差进行分析，捷联导航的工具误差原理与其类似。

依据平台惯导工作原理，误差源可以分为器件安装误差、伺服回路误差、陀螺漂移误差、加表漂移误差等。其误差模型一般形式如下。

加表输出总误差

$$\begin{bmatrix} \dot{W}_x^M \\ \dot{W}_y^M \\ \dot{W}_z^M \end{bmatrix} = \begin{bmatrix} \dot{W}_x^P \\ \dot{W}_y^P \\ \dot{W}_z^P \end{bmatrix} + \begin{bmatrix} \Delta\dot{W}_x^a \\ \Delta\dot{W}_y^a \\ \Delta\dot{W}_z^a \end{bmatrix} + \begin{bmatrix} \Delta\dot{W}_x^c \\ \Delta\dot{W}_y^c \\ \Delta\dot{W}_z^c \end{bmatrix} \tag{6-133}$$

加表安装误差

$$\begin{bmatrix} \dot{W}_x^P \\ \dot{W}_y^P \\ \dot{W}_z^P \end{bmatrix} = \begin{bmatrix} 1 & e_{xy} & e_{xz} \\ e_{yx} & 1 & e_{yz} \\ e_{zx} & e_{zy} & 1 \end{bmatrix} \begin{bmatrix} \dot{W}_x^{P1} \\ \dot{W}_y^{P1} \\ \dot{W}_z^{P1} \end{bmatrix} \tag{6-134}$$

加表表头误差

$$\begin{bmatrix}\Delta\dot{W}_x^a\\\Delta\dot{W}_y^a\\\Delta\dot{W}_z^a\end{bmatrix}=\begin{bmatrix}k_{0x}\\k_{0y}\\k_{0z}\end{bmatrix}+\begin{bmatrix}k_{1x}\dot{W}_x^P\\k_{1y}\dot{W}_y^P\\k_{1z}\dot{W}_z^P\end{bmatrix}\tag{6-135}$$

加表表头伺服误差

$$\begin{aligned}\Delta\dot{W}_x^c&=\beta_x\dot{W}_y^P\\\Delta\dot{W}_y^c&=\beta_y\dot{W}_x^P\\\Delta\dot{W}_z^c&=\beta_{zx}\dot{W}_x^P+\beta_{zy}\dot{W}_y^P\end{aligned}\tag{6-136}$$

平台漂移角总误差

$$\begin{bmatrix}\alpha_x\\\alpha_y\\\alpha_z\end{bmatrix}=\begin{bmatrix}\alpha_{xg}\\\alpha_{yg}\\\alpha_{zg}\end{bmatrix}+\begin{bmatrix}\alpha_{xs}\\\alpha_{ys}\\\alpha_{zs}\end{bmatrix}+\begin{bmatrix}\alpha_{xd}\\\alpha_{yd}\\\alpha_{zd}\end{bmatrix}\tag{6-137}$$

陀螺漂移角误差

$$\begin{bmatrix}\dot{\alpha}_{xg}\\\dot{\alpha}_{yg}\\\dot{\alpha}_{zg}\end{bmatrix}=\begin{bmatrix}D_{(x)F}\\D_{(y)F}\\D_{(z)F}\end{bmatrix}+\begin{bmatrix}D_{(x)x}\\D_{(y)x}\\D_{(z)x}\end{bmatrix}\dot{W}_x^P+\begin{bmatrix}D_{(x)y}\\D_{(y)y}\\D_{(z)y}\end{bmatrix}\dot{W}_y^P+\begin{bmatrix}D_{(x)z}\\D_{(y)z}\\D_{(z)z}\end{bmatrix}\dot{W}_z^P+\begin{bmatrix}D_{(x)xz}\dot{W}_x^P\\D_{(y)yz}\dot{W}_y^P\\D_{(z)xz}\dot{W}_x^P\end{bmatrix}\dot{W}_z^P\tag{6-138}$$

平台伺服回路误差

$$\begin{bmatrix}\alpha_{xs}\\\alpha_{ys}\\\alpha_{zs}\end{bmatrix}=\begin{bmatrix}\alpha_{0x}\\\alpha_{0y}\\\alpha_{0z}\end{bmatrix}+\begin{bmatrix}k_{xy}\dot{W}_y^P\\k_{yx}\dot{W}_x^P\\k_{zx}\dot{W}_x^P\end{bmatrix}+\begin{bmatrix}k_{xz}\dot{W}_z^P\\k_{yz}\dot{W}_z^P\\k_{zy}\dot{W}_y^P\end{bmatrix}+\begin{bmatrix}k_x\dot{W}_y^P\dot{W}_z^P\\k_y\dot{W}_x^P\dot{W}_z^P\\k_z\dot{W}_y^P\dot{W}_x^P\end{bmatrix}\tag{6-139}$$

摇摆振动项角误差

$$\begin{bmatrix}\dot{\alpha}_{xd}\\\dot{\alpha}_{yd}\\\dot{\alpha}_{zd}\end{bmatrix}=\begin{bmatrix}\dot{\alpha}_{jx}\\\dot{\alpha}_{jy}\\\dot{\alpha}_{jz}\end{bmatrix}+\begin{bmatrix}\dot{\alpha}_{vx}\\\dot{\alpha}_{vy}\\\dot{\alpha}_{vz}\end{bmatrix}\tag{6-140}$$

$$\begin{bmatrix}\dot{\alpha}_{jx}\\\dot{\alpha}_{jy}\\\dot{\alpha}_{jz}\end{bmatrix}=\begin{bmatrix}\omega_{jx}\\\omega_{jy}\\\omega_{jz}\end{bmatrix}\tag{6-141}$$

$$\begin{bmatrix}\dot{\alpha}_{vx}\\\dot{\alpha}_{vy}\\\dot{\alpha}_{vz}\end{bmatrix}=\begin{bmatrix}\omega_{vx}\\\omega_{vy}\\\omega_{vz}\end{bmatrix}\tag{6-142}$$

运载火箭工程实践表明，平台工具误差占据了制导入轨总误差的 60%甚至更多，表 6－5为典型火箭轨道半长轴制导各项误差占比情况。对工具误差的影响，工程上常采用补偿的方法加以克服。

表 6－5　制导各项半长轴仿真误差对比（单位：km）

项目	工具误差	非制导误差	方法误差
单项	3.169	0.944	0.118
占比	75%	22%	3%

对于惯导平台工具误差，依据其属性可以分为三类，一类是可以进行标定、测试的参数，称为确定项，如陀螺各项漂移系数；另一类其具体数值不可测试，但可通过设计方法来保证，如加表安装误差等；还有一类虽可进行测试，但受限于测试条件及测试设备等，不便进行大量重复性测试，如摇摆、振动系数、伺服回路误差等。工程及飞行试验结果分析均表明，陀螺的漂移引起的工具误差在总工具误差中占有较大比重，而其系数可以利用地面设备进行便利的标定，因此可以对其带来的误差采取相应的补偿措施。运载火箭工具误差补偿方法可以分为硬件补偿方法和软件补偿（实时补偿）两种。

平台工具误差硬件补偿方法即利用陀螺零次项误差数值可在地面调整的有利因素，通过改变陀螺零次项系数的大小，使得 12 项陀螺系数组合在飞行弹道上对入轨精度的影响最小。

通过硬件补偿，组合系数在飞行弹道上对火箭入轨半长轴及倾角偏差均大大降低，实现了补偿的作用。硬件补偿有如下优点：

1）补偿实施简便，效果良好。

2）不改变飞行软件代码，可靠性较高。

其不足之处如下：

1）补偿效果取决于具体平台系数组合及弹道特性，应用不具有通用性。

2）不具备所有入轨参数精度均同时提高的能力，当入轨约束较多时，方法的应用可能顾此失彼，无法满足所有指标的精度要求。

3）受制于补偿工具，当前无法在靶场实施硬件补偿操作，对飞行前模飞观测到的惯导漂移规律无法再采取进一步的补偿措施。

4）硬件调整增加了平台系统的操作及稳定性观察工作。

从补偿原理上，软件补偿相对硬件补偿具有更好的补偿效果，在不考虑标定系数偏差及模型误差前提下，其对陀螺、加表的确定性误差基本能够完全消除。工具误差软件补偿也已在型号中广泛使用，其只需对软件补偿用模型、飞行软件代码实现确认后，通过地面测试试验验证，能有效提高地面试验效率。

运载火箭设计中，软件补偿（实时补偿）方法对陀螺漂移模型、加速度表表头误差模型等进行离散化处理，得到适用于实时运算的离散化模型。

$$\begin{aligned}\delta W_{px} = & [D(z)_F \cdot t + D(z)_x \cdot W_x^m + D(z)_y \cdot W_y^m + D(z)_z \cdot W_z^m]\Delta W_{yn} - \\ & [D(y)_F \cdot t + D(y)_x \cdot W_x^m + D(y)_y \cdot W_y^m + D(y)_z \cdot W_z^m]\Delta W_{zn}\end{aligned} \tag{6-143}$$

$$\delta W_{py} = -[D(z)_F \cdot t + D(z)_x \cdot W_x^m + D(z)_y \cdot W_y^m + D(z)_z \cdot W_z^m]\Delta W_{yn} + [D(x)_F \cdot t + D(x)_x \cdot W_x^m + D(x)_y \cdot W_y^m + D(x)_z \cdot W_z^m]\Delta W_{zn} \tag{6-144}$$

$$\delta W_{pz} = [D(y)_F \cdot t + D(y)_x \cdot W_x^m + D(y)_y \cdot W_y^m + D(y)_z \cdot W_z^m]\Delta W_{xn} - [D(x)_F \cdot t + D(x)_x \cdot W_x^m + D(x)_y \cdot W_y^m + D(x)_z \cdot W_z^m]\Delta W_{yn} \tag{6-145}$$

$$\begin{bmatrix} \delta W_x^a \\ \delta W_y^a \\ \delta W_z^a \end{bmatrix} = \begin{bmatrix} k_{0x} \cdot \Delta t + k_{1x} \cdot \Delta W_{xn} \\ k_{0y} \cdot \Delta t + k_{1y} \cdot \Delta W_{yn} \\ k_{0z} \cdot \Delta t + k_{1z} \cdot \Delta W_{zn} \end{bmatrix} \tag{6-146}$$

式中　Δt ——箭上计算机软件计算周期；

t——火箭飞行的当前时间；

$\Delta W_{xn}, \Delta W_{yn}, \Delta W_{zn}$ ——分别为一个计算周期中视速度增量测量值；

W_x^m, W_y^m, W_z^m ——分别为火箭当前的视速度测量值。

上式中，在采样周期内对陀螺和加表对视速度的误差进行计算，并在导航方程中对其进行修正，从而克服陀螺、加表漂移带来的导航偏差。软件补偿方法的优点如下。

1）理论补偿精度高，既可补偿陀螺项一次、零次误差，亦可补偿加表项误差。

2）补偿的实施具有灵活性，在射前均可实现补偿，可充分利用地面测试结果对各误差系数进行预估、预补，进一步提高补偿效果。

3）减少了针对惯导平台实施的硬件操作。

4）在平台稳定的前提下，可适当放宽对平台参数的技术指标要求，一定程度上降低平台组件的加工精度要求，提高平台组装合格率。

其缺点如下：

1）其算法通过飞行控制软件实现，增加了飞行控制软件的复杂性，且数据装订量增大。

2）增加了飞行控制软件验收用例及软件验收时间。

（3）非制导误差

运载火箭有制导段外，还有非制导段，非制导段的干扰产生的误差称为非制导误差。同时发射时刻的初始条件误差，制导系统也无法解决，亦属于非制导误差。一般来说包括发动机后效推力偏差、初始对准误差以及重力异常误差等。在纯惯性制导时，非制导误差一般不能通过制导系统来减小或者消除，但在采用组合导航技术后，某些非制导误差也可以进行修正，比如初始对准的水平角对准偏差和方位瞄准的偏差的影响能够一定程度上减小。

在确定好制导误差模型后，通过计算机计算在所有偏差情况下的入轨精度，常用的计算方法有两种。

1）基于蒙特卡洛打靶计算的方法。

蒙特卡洛打靶法，其亦称为随机模拟方法或统计试验方法，是以概率统计理论为基础的一种方法。它的基本原理是首先建立概率模型或随机过程，使它的参数等于问题的解；然后通过对模型或过程的观察或抽样试验来计算所求参数的特征，最后给出所求解的近似值，而解的精确度可用估计标准误差来表示。蒙特卡洛打靶仿真的步骤如下：

a）选择干扰项并确定其概率分布；

b）产生符合干扰概率分布规律的抽样值；

c）将抽样值送入制导数学模型进行仿真飞行多次；

d）对仿真结果进行统计。

统计按下式计算

均值

$$\overline{x} = \frac{1}{N}\sum_{i=1}^{N} x_i$$

方差

$$\sigma = \sqrt{\frac{1}{N-1}\sum_{i=1}^{N}(x_i - \overline{x})^2}$$

2）基于单项干扰误差计算的方法。

单项干扰误差计算的方法是基于各干扰相互独立，干扰的分布符合正态分布。其计算方法是先算出标准弹道，然后加入关机方程及导引方程，在不加任何干扰时求出制导系统零干扰弹道，并求出标准落点位置及入轨参数；再分别加入干扰的正、负偏差计算各项偏差的入轨精度。制导误差统计值按以下的公式计算

$$\sigma = \sqrt{\sum_{i=1}^{N}\{\max[(x_{i+} - x_0),(x_{i-} - x_0)]\}^2} \tag{6-147}$$

6.3　运载火箭的初始对准

6.3.1　概述

初始对准是火箭发射控制系统中的重要组成部分之一。初始对准的方案与火箭的制导方案、姿控方案密切相关，而且影响着运载火箭发射控制操作的使用性能。

初始对准的主要功能是在火箭发射前，实施箭体坐标系相对于发射惯性坐标系的粗对准和火箭惯性仪表坐标系相对于发射惯性坐标系的精对准。

初始对准一般由水平对准和方位对准组成。对于运载火箭而言，箭体坐标系和惯性仪表坐标系相对于发射惯性坐标系的对准可以划分为物理对准（即实际对准）和解析对准（即测量出不水平度和方位偏差）两大类。

初始对准采用物理还是解析对准方案，主要取决于运载火箭制导系统采用何种惯性器件（如稳定平台、捷联惯组）和姿控系统采用何种控制方案（模拟量控制方案和数字量控制方案）。稳定平台有框架和伺服回路，一般采用物理对准方式，而捷联惯组固连于箭体，无框架和伺服回路，一般采用解析对准方式。

按方位对准系统所采用的技术，可划分为依赖于外部方位基准的光学方位对准技术和不依赖于外部方位基准的自主式方位对准技术。

早期的运载火箭制导系统多采用稳定平台作为惯性器件，目前随着激光和光纤陀螺的技术发展，激光和光纤捷联惯组正在逐步取代稳定平台作为惯性器件应用于运载火箭中。

6.3.2　平台式惯导的初始对准

稳定平台的调平对准系统，利用安装在稳定平台台体上的水平检测器敏感的不水平度信号，通过平台伺服回路使平台台体水平对准。平台台体上的水平检测器可能是专用的或者直接利用平台台体上的加速度计。根据不同的使用条件所选用的水平检测器和调平伺服回路的结构和性能也有很大的差别。

稳定平台的方位对准技术也可分为光电方位对准和自主式方位对准两大类。光电方位对准技术由于其方位对准精度高、适应性强，广泛应用于运载火箭的方位对准系统中。

本文以动力调谐陀螺平台为例，介绍应用于运载火箭的平台式惯导初始对准。

动力调谐陀螺平台框架系统由台体、内框架、外框架、基座及减振器等组成。它为动力调谐陀螺仪以及挠性加速度计提供一个万向支承结构，与伺服电子线路构成平台伺服系统，达到隔离运载火箭角运动和线振动的目的。台体上安装有 2 个动力调谐陀螺仪和 3 个挠性摆式加速度计。

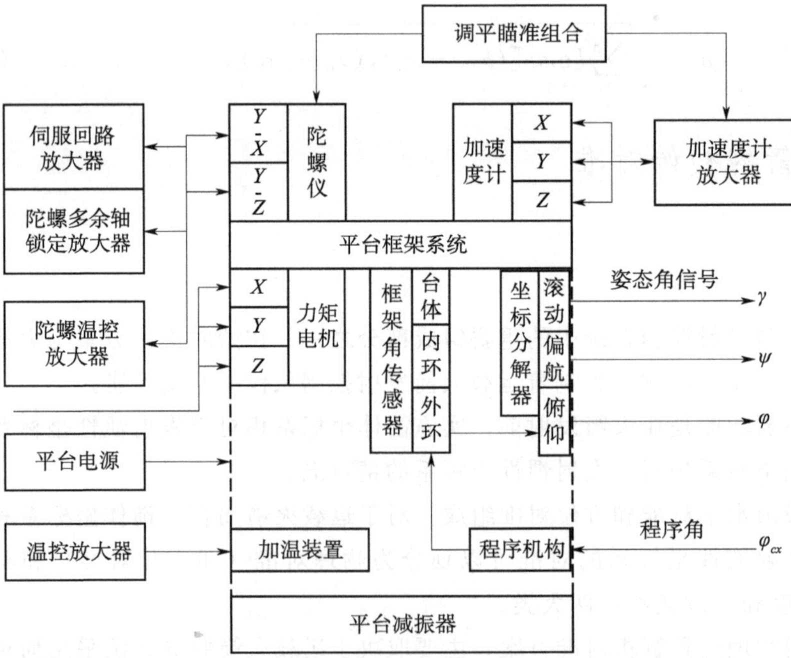

图 6-5　动力调谐陀螺平台系统组成

在平台台体上，建立一个平台坐标系 $OX_PY_PZ_P$ ，经平移后与箭体坐标系重合。它是平台组合的安装测量基准，同时又是陀螺仪和加速度计的安装基座。选用两个动力调谐陀螺仪 $Gy-x$，$Gy-z$ 正交安置，作为运载器姿态角速率的敏感器件，承担纵向程序控制、滚动稳定控制和航向稳定控制，以消除滚动角和偏航角，保证运载器按预定轨道飞行，并将 $Gy-z$ 陀螺多余的敏感轴 Y_i 锁定。选用 A_x，A_y，A_z 三个金属挠性加速度计，A_x，A_y，A_z 三表正交安置，分别测量沿组合 OX_P，OY_P，OZ_P 轴向的视加速度，横、法向加速度计在运载火箭起飞前还作初始对准用。

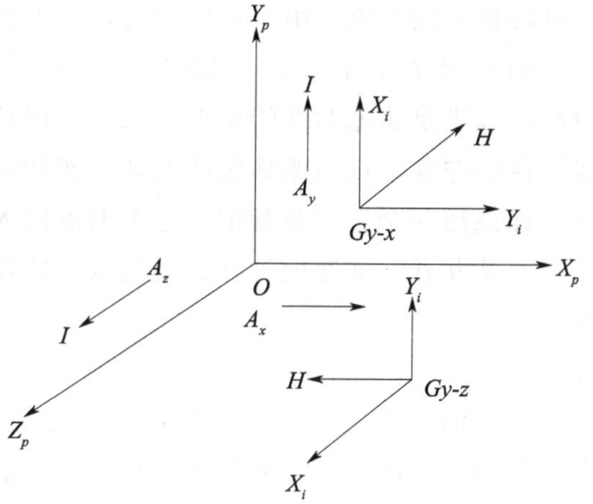

图 6－6　平台惯性仪表定向图

平台初始对准系统包括初始扶正、调平、方位瞄准及方位锁定系统。

6.3.2.1　*初始扶正*

初始扶正的作用是使处于任意位置的三个平衡环迅速归零，以缩短发射前的地面准备时间。初始对准前，平台各轴处于任意状态。因此，首先进行快速扶正，把平台坐标系粗略对准给定坐标系。平台的快速扶正是利用平台的姿态角传感器作为敏感元件，测出平台与箭体的夹角（在实验室状态是与水平位置的夹角），经过选频放大、校正、功率放大，再送给平台的力矩电机，使平台台体与箭体的相对位置发生变化，直到一致，从而起到快速扶正的作用。利用姿态角传感器作为敏感元件进行快速扶正后，平台坐标系的两个水平轴就基本上处于水平。

快速归零装置就是用姿态角传感器作为快速扶正的敏感元件，将测量到的姿态误差信号送到由放大器、校正网络、力矩电机和台体所组成的回路中，三个通道的快速扶正回路完全相同。

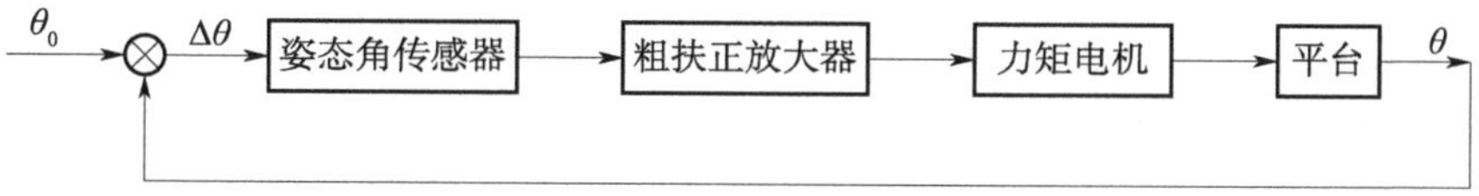

图 6－7　快速扶正回路原理方框图

当平台处于任意位置时，平台各轴的角度传感器均有信号输出，这些信号送入相应的伺服放大器，经交流放大、带通、解调、滤波、校正、直流放大和功率放大，输出一定电流，驱动力矩电机，使平台各轴迅速归零。

快速扶正回路只起一个平衡环锁定的作用，对快速扶正的精度要求不高。

6.3.2.2　调平

平台的模拟调平是在平台快速扶正的基础上进行的。快速扶正之后，平台的两个水平轴所组成的平面，基本上与当地的水平面一致；调平过程达到稳定后，必须给陀螺施矩，补偿由于陀螺漂移和地球自转造成的影响。由于地球的自转，平台两个水平轴敏感到地球的自转角速度分别为 $\Omega\cos\Phi\sin\alpha_0$ 及 $\Omega\cos\Phi\cos\alpha_0$ ，其中 α_0 是平台的方位角。可以采用电流补偿的方式来进行水平对准，以满足快速对准的要求。在调平回路工作稳定之后，调平放大器的输出电流可折算成平台的漂移，这项漂移包括地球自转和陀螺漂移，而陀螺漂移又包括常值漂移和随机漂移。如果用一个记忆装置记住这个电流的大小，便可对这项漂移进行补偿。当调平结束，调平回路断开，加速度计开始测量载体的加速度时，平台就可以起到跟踪当地水平面的作用。

(1) 调平系统的组成

平台调平的目的是使平台中的 OX_P 、OZ_P 轴同时处于当地地理水平面内。平台系统调平共有两条回路，由平台上的 X、Z 向挠性加速度计、前置放大器，装在调瞄组合中的回路放大器及平台 X、Z 向伺服回路组成。

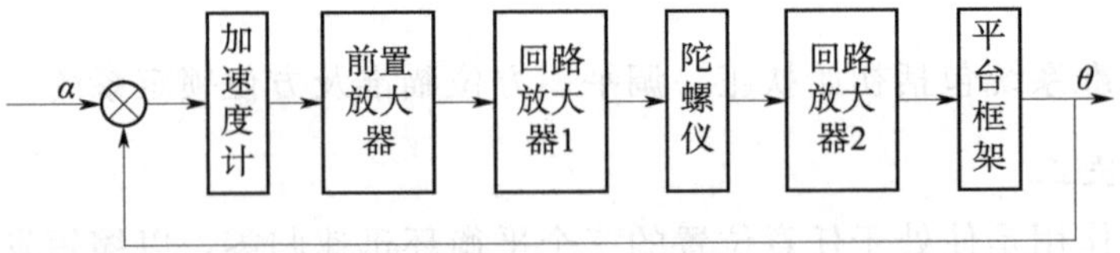

图 6-8　调平伺服回路组成框图

图中，α 为加速度计初始重力偏差角；θ 为平台台体坐标偏差角。

(2) 调平回路工作原理

X、Z 向加速度计感受到地球重力偏差信号，经前放、回路放大器处理后，馈送到平台上相应的陀螺仪力矩器上，再经平台伺服回路，使平台的 X 向、Z 向产生相应的转角，最终消除平台台体坐标系中的 OX_P、OZ_P 轴与发射点地理坐标系中的重力场水平面间的偏差角，使平台 OX_P、OZ_P 轴与发射点的地理坐标系水平面重合，这个过程称为调平。

加速度计是调平回路中的重力偏差信号的敏感元件，它的工作原理前面已经分析过，在此不再重复。但从前面分析得到，当加速度计感受到重力偏差信号后，经前置放大器输出的调平信号正比于它所感受到的重力偏差信号。回路放大器在调平方位锁定回路中起着放大、变换、校正、指示等作用。

6.3.2.3　方位瞄准

方位瞄准系统借助大地测量基准和地面辅助光学瞄准设备，将平台台体转至发射方位上。方位瞄准采用半自动激光光电远距离斜瞄方案，通过大地测量建立瞄准点、基准点，利用光电经纬仪、标杆仪标定射向。在平台电气锁定的情况下，回转发射台，使光电经纬仪射出的平行调制光束的光轴与平台棱镜反射的光轴重合，进行粗瞄。平台回路通电，通过控制中心指挥室内的瞄准控制器使平台方位轴转动，直至光电经纬仪的光轴与平台棱镜的反射光轴重合，完成精瞄。

发射点到瞄准点距离的选择需要综合考虑以下几个方面的因素：

1）经纬仪仰角的大小；

2）经纬仪光学信号的穿雾能力；

3）发射阵地可选择性。

从方位对准精度来说，经纬仪的仰角越小越好，即瞄准点距发射点距离越远越好，因为经纬仪的仰角越大则直角棱镜棱线不平度引起的方位对准误差越大。

直角棱镜棱线不平度引起的方位误差可用下式描述

$$\Delta A = \beta \cdot \tan\theta \tag{6-148}$$

式中　β——直角棱镜棱线不平度；

θ——经纬仪仰角；

ΔA——由 β 引起的方位对准误差。

因此当 θ 越大，则由 β 引起的方位对准误差越大。仅从此点看，加大瞄准点的距离对提高方位对准精度是有利的。

但是，当光信号通过大气时，由于大气中的固体和液体微粒的吸收和散射作用，光信号被衰减，其光通量可以描述为

$$\phi = \phi_0 \cdot e^{-\alpha L} \tag{6-149}$$

式中　ϕ_0——光通量的初始值；

ϕ——通过厚度为 L 的大气层后的光通量值；

α——厚度为 1 km 时光通量衰减系数。

以浓雾为例，当瞄准点距离为 50 m 时光信号从经纬仪发出经直角棱镜反射返回到经纬仪时，光通量被衰减到光通量初值的 0.2‰左右。由此可见，瞄准点的距离加大时，对光学经纬仪的光源及其光信号的穿雾性能要求越高。

本书介绍一种方位远距离斜瞄的工程应用实例。

方位远距离斜瞄由 CCD 激光自准直经纬仪全套地面设备、发射台控制盒、调瞄组合、带棱镜的动力调谐陀螺平台组成。

方位瞄准系统工作原理包括射向标定、粗瞄、精瞄。

1）射向标定。在瞄准点上架设光电经纬仪，在基准点上架设标杆仪。将光电经纬仪的光电轴准确对准标杆仪，使准直光管打仰角 15°，直至平台棱镜对准直光管视场中心。

2）粗瞄。粗瞄实现箭体坐标系与发射点惯性坐标系的重合。

平台处于机械锁定状态。用光电经纬仪对准平台棱镜。当平台棱镜方位与射向不一致时，操纵发射台控制盒，转动发射台，使平台棱镜方位与射向基本一致。

3）精瞄。精瞄实现平台惯性坐标系与发射点惯性坐标系的精确重合。

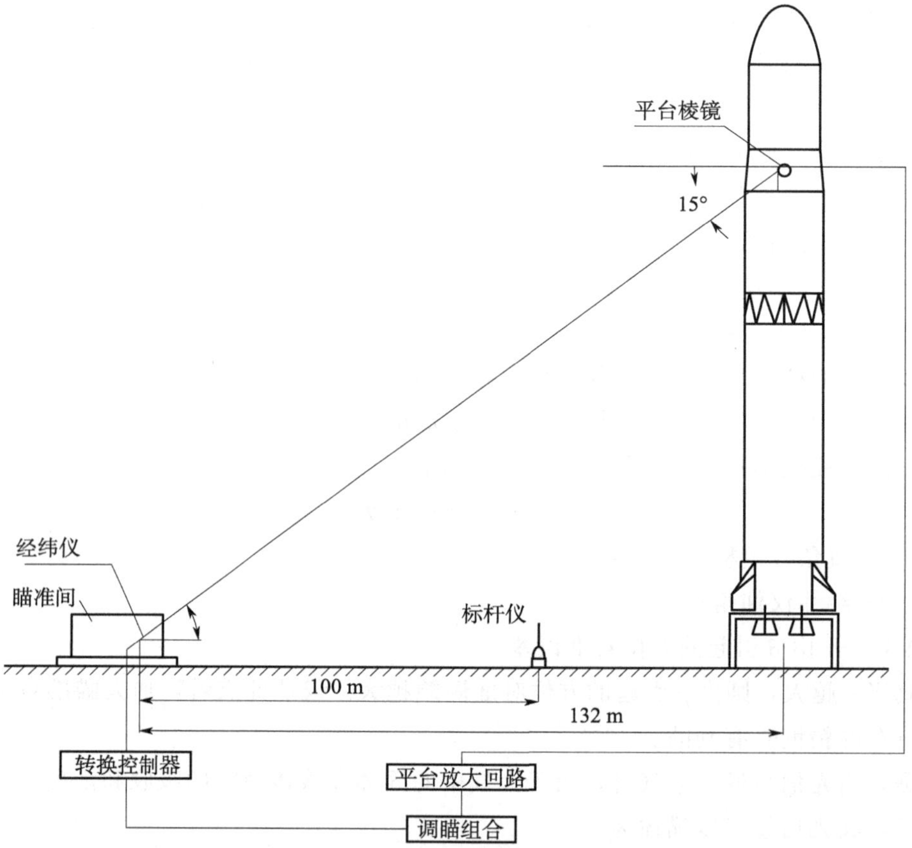

图 6－9　方位瞄准系统设备配置图

当光电经纬仪发出的调制光束与平台棱镜准直时，信号变换装置电表指示为零，表示平台坐标系方位与射向一致。当调制光束与平台棱镜不准直时，信号变换装置电表指示不为零，手动操作控制器的输出电压 U_1 加到方位锁定放大器上放大，变换成电流加到平台 Y 陀螺受感器，Y 陀螺输出电压信号给平台伺服回路，由平台台体轴力矩马达产生力矩使台体轴转动。台体轴上的方位传感器输出与台体轴转角成比例的电压 U_2，直至平台棱镜与调制光束准直时，电压 U_1 和 U_2 大小相等，相位差 180°，即 ΔU 为零，使平台坐标系与发射坐标系在方位上一致。

平台坐标系方位调整原理如图 6－10 所示。

目前工程应用时要求运载火箭方位瞄准精度不低于 1.5′，其中包括：地面成套设备方位误差不大于 1′（含标杆仪对心误差、光电经纬仪基准光束定向误差等）；平台系统误差不大于 1′（含平台棱镜制造误差、安装误差、透明窗平行差等）。

方位瞄准适应环境为地面风速不大于 13 m/s。

未加注竖立状态：频率 $\omega = 5.0$ rad/s，$\Delta\bar{\omega} = \pm 10\%$，振幅 $l = 114$ mm，转角 $\alpha = 0.269\,6°$；

满加注竖立状态：频率 $\omega = 2.05$ rad/s，$\Delta\bar{\omega} = \pm 10\%$，振幅 $l = 111$ mm，转角 $\alpha = 0.224°$；温度：－20～＋40℃；昼、夜、雨、薄雾天气均能正常工作。

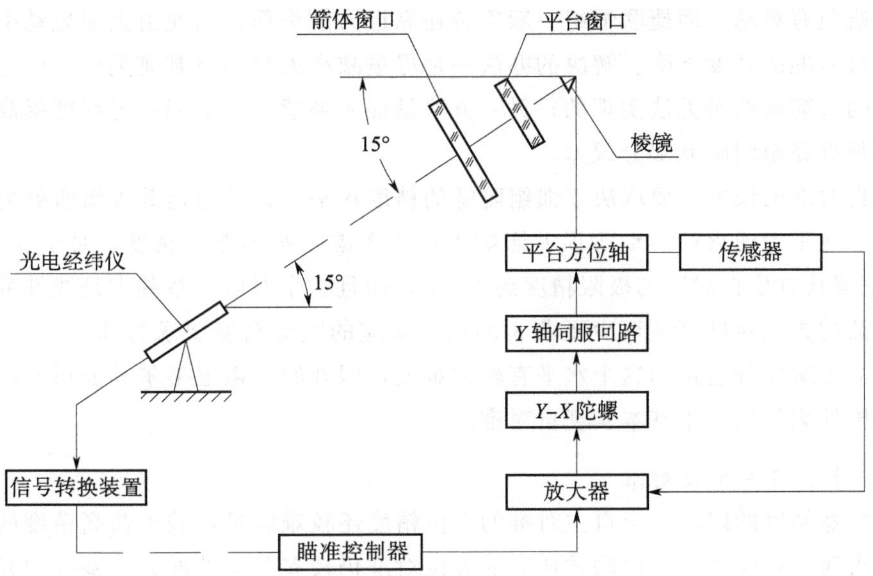

图 6－10　平台坐标系方位调整原理图

6.3.2.4　方位锁定

方位锁定系统通过平台台体上方位传感器，检测出平台台体的方位变化，并将方位误差信号送入方位锁定放大器，然后输出跟踪电流至相应的陀螺力矩器，从而强迫平台台体转动，消除方位误差，并将这种方位锁定状态一直保持到火箭起飞。

6.3.3　捷联式惯导的初始对准

平台式惯导初始对准利用水平加速度计实现调平，方位依赖于外部的光学瞄准设备完成，通过陀螺控制平台旋转消除失准角。而捷联式惯导没有实体的物理平台，其固连于运载火箭箭体上，运载体的晃动干扰直接被陀螺和加速度计敏感。它是通过对陀螺和加速度计的测量值解析处理，解算出姿态阵误差和速度误差，进而从速度误差中估计出失准角，待失准值稳定解算后，也即完成了捷联惯组的初始对准。

捷联初始对准按其实现方式可以分为全自主初始对准和非全自主初始对准。

6.3.3.1　全自主初始对准

捷联惯组的全自主初始对准，实际是利用加速度计和陀螺敏感地球引力加速度矢量和地球自转角速度矢量，通过比较得到捷联与惯性空间的相对关系，获取捷联惯组的水平和方位信息，确定捷联惯组的初始姿态，完成捷联惯组的初始对准。由于不需要任何外部设备和信息，全自主对准是最理想的实现方案，目前对其研究的比较多，如卡尔曼滤波全自主对准技术、参数辨识法精对准和凝固解析法对准等，但是其精度同样也只取决于惯组的器件精度。

水平自对准的精度主要由加速度计的精度决定，在静态情况下，目前的加速度精度能达到约 30″内的水平精度，可满足使用条件。但是火箭在起飞前都是垂直竖立在风环境下的，不可避免有晃动，而捷联惯组一般安装在靠近火箭头部，因此由火箭晃动引起的误差将使水平自对准的精度下降。解决的办法一是尽量减小火箭的绕基座晃动，但是对于简易快速发射的火箭显然是无法实现的；另一方法是加入补偿，补偿能一定程度提高水平对准精度，但很难完全消除此部分误差。

方位自对准的误差主要取决于惯组陀螺的精度水平，并且与运载火箭所处的纬度有一定的关系，在不考虑火箭晃动等误差影响下，只考虑陀螺的漂移精度，对于 0.15 (°) /h (3σ) 的陀螺其方位自对准的极限精度约为 $45'$，而且这个对应关系基本是线性的。因此如果运载火箭的方位对准精度至少要求 $3'$的话，对应的陀螺精度要求为 0.01 (°) /h (3σ)，目前国内的陀螺要普遍达到这个水平有较大难度，国外的如霍尼韦尔等公司的产品已能达到，因此国外火箭的惯组基本实现自对准。

6.3.3.2 非全自主初始对准

基于陀螺精度的限制，全自主对准的方位精度还较难满足运载火箭高精度的要求，因此在运载火箭工程应用中，捷联式惯导的方位对准仍较多采用外部方位基准的光学方位对准技术实现，而水平对准采用自主对准的方式实现。

(1) 水平对准

捷联水平自对准是以重力加速度矢量和地球自转角速度矢量作为基准，利用捷联惯组敏感的重力加速度和地球自转角速度，通过水平角的耦合关系解析获取相对于当地水平坐标系的水平角 $\Delta\varphi,\Delta\psi$。

运载火箭竖立于发射台时，水平角 $\Delta\varphi,\Delta\psi$ 均为小角，根据捷联惯性系统误差方程，忽略速度误差间的交叉耦合，俯仰通道误差方程为

$$\begin{aligned}\delta\dot{V}_y &= \Delta\varphi\cdot g_0+\nabla_y\\ \Delta\dot{\varphi} &= -k_M\cdot\delta V_y-\Delta\psi\cdot\omega_{e0}\sin B_0+\varepsilon_z\end{aligned}\tag{6-150}$$

偏航通道误差方程为

$$\begin{aligned}\delta\dot{V}_z &= -\Delta\psi\cdot g_0+\nabla_z\\ \Delta\dot{\psi} &= k_N\cdot\delta V_z+\Delta\varphi\cdot\omega_{e0}\sin B_0+\varepsilon_y\end{aligned}\tag{6-151}$$

根据式 (6-150) 和式 (6-151)，设计三阶水平对准回路，利用速度误差 δV_y，δV_z 控制俯仰和偏航水平角误差 $\Delta\varphi,\Delta\psi$ 的衰减，原理框图如图 6-11 和图 6-12 所示。

$\Delta\varphi$ 为了消除 ε_z 和 $\Delta\psi$ 的影响，引入 k_1，k_2 和 k_3/s 的顺馈回路，计算 $\Delta\varphi$ 的稳态值，即对准精度为

$$\Delta\varphi_\infty=\lim_{s\to 0}s\Delta\varphi=-\nabla_y/g$$

同理 $\Delta\psi$ 的对准精度为

$$\Delta\psi_\infty=\lim_{s\to 0}s\Delta\psi=-\nabla_z/g$$

可以看到水平对准的精度取决于捷联惯组加表的测量误差，不受 k_1，k_2 和 k_3 的影响。k_1，k_2 及 k_3 系数根据对准的收敛速度选取

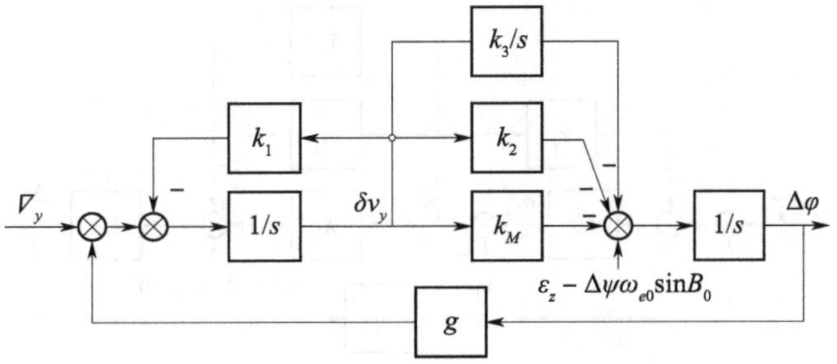

图 6-11　俯仰角误差控制原理框图

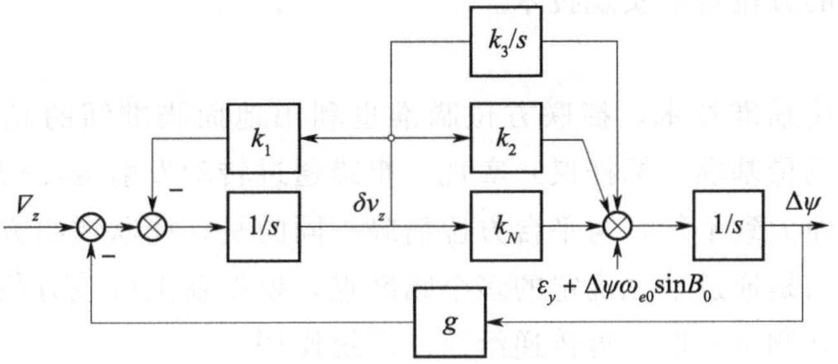

图 6-12　偏航角误差控制原理框图

$$k_1 = 3\sigma$$

$$k_2 = \frac{\sigma^2}{\omega_s^2}\left(2+\frac{1}{\xi^2}\right)-1$$

$$k_3 = \frac{\sigma^2}{g\xi^2}$$

式中　σ——衰减系数；

ω_s——自振频率；

ξ——阻尼比。

由于捷联惯组安装于三级圆盘上，且非中心位置，当火箭受风干扰处于摇摆状态时，需要计算捷联惯组的杆臂线速度。运载火箭可认为是细长刚体，摇摆晃动是以箭体底部的支撑点为支点，晃动杆臂在箭体系为 r_b，则杆臂线速度可表示为

$$v_L = \omega_{ib} \times r_b$$

误差控制速率补偿为

$$\delta V_{y\_gb} = \delta V_y - v_L$$

俯仰水平角的获取框图如图 6-13 所示，只需选择合理的离散化策略和初值，不断迭代计算即可获取俯仰水平角，偏航水平角获取与俯仰水平角同理，本书不再说明。

(2) 方位对准

与平台式惯导相比，捷联惯组没有了机械框架和物理平台，也没有了调瞄组合回路，因此上述介绍的平台式惯导的方位瞄准技术不能完全适用于捷联惯组的方位对准。下面介

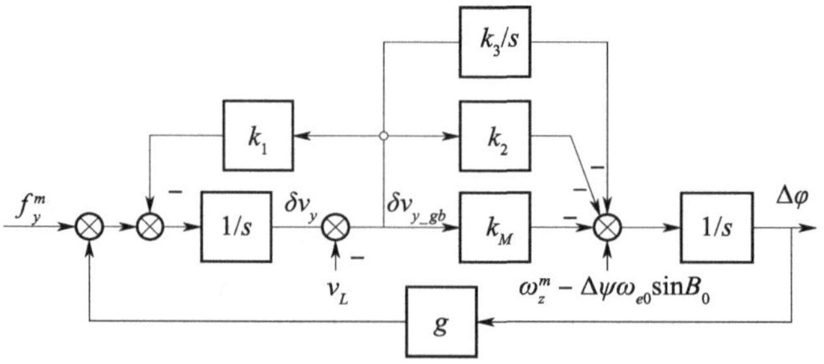

图 6－13　俯仰水平角获取原理框图

绍几种捷联式惯导的方位对准实现技术。

①远距离斜瞄

借鉴平台式方位瞄准技术，捷联方位瞄准也利用地面瞄准间的光电经纬仪远距离斜瞄，同时借助大地测量基准（标杆仪）实现。粗瞄通过转动发射台，使火箭箭体坐标系的对称基面与发射平面大致平行，与平台方位精瞄不同的是，捷联惯组方位精瞄不是通过调瞄回路调整平台，而是通过事先确定的多个瞄准点，根据箭上棱镜方位，将瞄准设备放置于其中一个点上精确测量获取，再传递给控制系统使用。

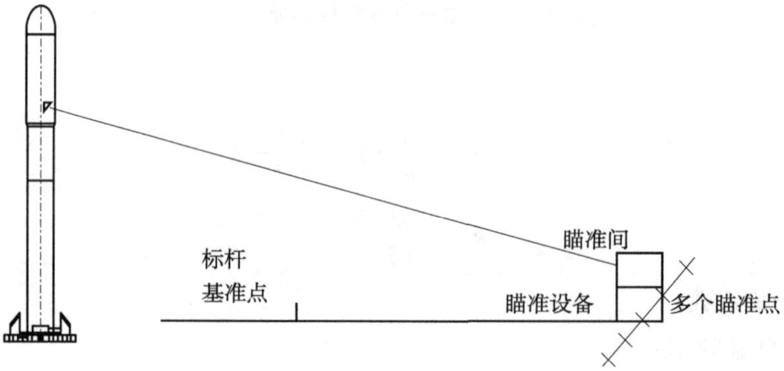

图 6－14　捷联惯组方位远距离斜瞄示意图

这种瞄准方式显然较多地继承了平台式远距离斜瞄的方式，但其要求发射台必须具备回转的功能，且需在地面确定多个瞄准点。

随着目前运载火箭技术快速发展，总体的需求也有所不同，如运载火箭采取捆绑技术或采用简易发射塔快速发射技术，发射台较难实现回转功能或者简化地面发射装置，无单独的瞄准间，因此远距离斜瞄的方位对准技术越来越难以满足总体的使用需求。

②近距离平瞄

近距离平瞄的技术是指利用自准直仪近距离平瞄火箭上的惯组棱镜，这种方式相比于远距离平瞄，有更大的视场角，且其为平瞄而非仰瞄，可尽量减小棱镜侧倾带来的误差。

本书介绍一种近距离平瞄、方位垂直传递的方位瞄准技术。

方位瞄准组成如图 6－15 所示，包括上仪器、下仪器和控制器三部分，上仪器利用火箭的发射架，在安装上保证与捷联惯组棱镜在同一视线上，对捷联惯组棱镜进行近距离平瞄。上仪器测量捷联惯组棱镜相对于上仪器基准的倾斜角，并将此倾斜角传输给瞄准控制器。

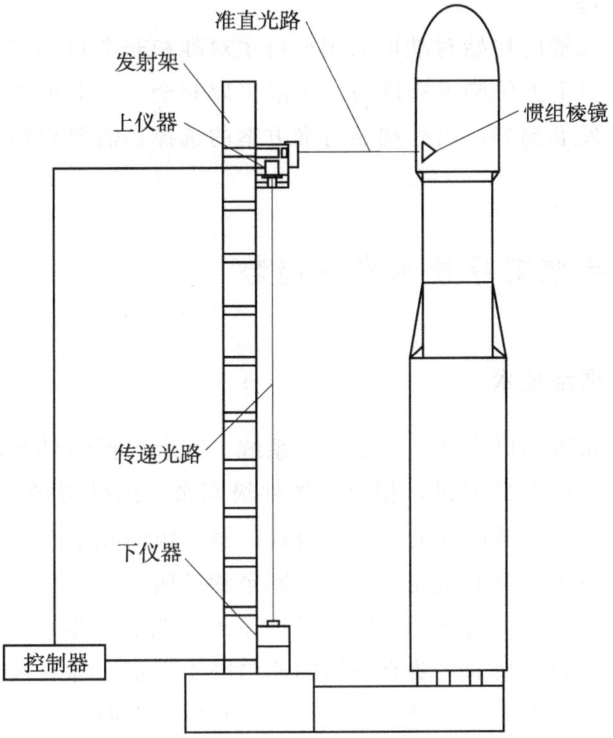

图 6－15　近距离平瞄方位对准组成示意图

上仪器基准是一个空间基准，无法通过数据线传输，需要通过方位垂直传递技术实现。方位垂直传递技术是基于法拉第旋光效应，通过研究光的偏振态在均匀介质中传播的规律实现在两台不存在刚性连接的仪器之间进行方位基准高精度垂直传递，并通过磁光调制技术实现角秒级精度的方位传递，并可在原理上消除噪声以及杂散光的影响。上仪器通过垂直传递技术将方位基准传递至下仪器。

下仪器位于上仪器正下方，接收上仪器的偏振光并还原为上仪器的方位基准。同时下仪器与陀螺寻北仪相连，通过标定的安装位置关系最终获得上仪器基准相对于北向基准的关系，并将此关系传输至控制器。

控制器得到上下仪器的数据可最终解算惯组棱镜相对北向的方位，并通过测发控系统传递至箭载计算机，与捷联自对准的水平角进行综合后得到三个姿态角。

这种近距离平瞄，方位垂直传递的方位瞄准技术只需在发射架上安装上仪器，而下仪器可随地架设，极大降低了对发射场的要求，可满足简易、快速的对准要求。

这种方位瞄准方式的关键技术是方位的垂直传递技术，需要适应火箭的晃动及雨、雪、雾等天气的环境，并保证较高的精度。该方案具有较好的适应性和自动化程度，可满足各类相似捷联系统的初始对准要求，满足火箭对准精度要求。

另外，当有发射塔架时，也可将陀螺寻北仪放置于与上仪器等高的塔架上，利用自准直仪瞄准箭上惯组棱镜方位和陀螺寻北仪的棱镜方位，即可实现方位近距离平瞄，此种方式则无须方位垂直传递。

综上而言，运载火箭的初始对准可采用全自主对准和非全自主对准两种方式，在目前陀螺精度还不能满足火箭方位瞄准精度时，一般采取非全自主对准方式，但全自主对准技术是初始对准技术的发展趋势，另外初始对准方案的选择还需要根据运载火箭总体方案的需求进行确定。

6.4 运载火箭导航制导技术发展趋势

6.4.1 高精度冗余惯组技术

冗余是为了提高系统的可靠性，对于惯导系统，冗余包括组件级的冗余和器件级的冗余，组件级的冗余即采用多套惯组，相对于器件级冗余，组件级的成本、重量等代价大、集成度低，因而未来将会被器件级的冗余所替代。器件级的冗余与元器件小型化和集成化的发展密不可分，最终由一套惯组完成所有的冗余和导航工作。

当前采用组件级冗余的火箭包括中国的长征系列火箭、日本的 H-2A/B 和欧洲的阿里安 5 系列，采用器件级冗余的主要有美国的德尔塔 4 和宇宙神 5 火箭，这两型火箭的高精度冗余惯组代表了当前火箭惯组导航的最高水平和发展方向。

德尔塔 4 火箭使用由 L-3 通信、空间与导航公司（L-3 Communicationgs Space & Navigation）研制的冗余惯性飞行控制组件（Redundant Inertial Flight Control Assembly, RIFCA），该惯组共有 6 个激光陀螺和 6 个加速度计，保证三度的故障冗余，即 12 个惯性器件中任何 3 个失效都可以保证正常输出，惯组的相关参数见表 6-6。

表 6-6 RIFCA 参数

可靠性	0.999 99
随机游走	0.007 (°) $/\sqrt{h}$
陀螺零偏	0.08 (°) /h
对准精度	±0.5°
角速率范围	±30 (°) /s
标度因数误差	±25 ppm
功耗	75 W
重量	33 kg
大小	432 mm×355 mm×242 mm

宇宙神 5 火箭采用的一套容错惯性导航装置（Fault Tolerant Inertial Navigation Unit, FTINU），由霍尼韦尔公司研制，各有 5 个激光陀螺和 5 个加速度计共 10 表设计，

最多两度冗余。该惯组主要部件均采用冗余设计，除包含惯导功能外，还有一个双通路的飞行控制功能。

6.4.2 最优自适应制导技术

运载火箭最优制导虽然已被广泛使用，仍然有一定的研究和优化空间，主要包括以下几个方面。

6.4.2.1 基于动力冗余的最优制导技术

动力冗余技术最早在美国的土星 1 和土星 1B 火箭上应用，当时其一级安装 8 台发动机，但是按 7 台可达到任务要求进行设计。当前空间探索公司的猎鹰 9 火箭的一级 9 台发动机也具备相同的能力，甚至最新改进的 v1.1 型号可在两台发动机故障情况下完成任务。

动力冗余技术广义上讲指动力系统出现故障后按计划完成任务的能力，对于制导系统而言，相当于具备飞行推力在较大范围内变化而不影响任务完成的能力，如土星 1 相当于推力损失 12.5%情况。

制导系统首先应保证导引不会出现异常从而导致火箭控制失稳，类似摄动制导等非最优制导方式无法再适用；其次，当出现动力系统异常，制导系统应能相应感知并采取措施，对于运载火箭的一级飞行，目前普遍采用按预定程序角飞行的制导方案，如果动力系统出现故障，则程序角应进行相应调整。最后，制导系统必须保证制导过程时能量最小，因为出现动力系统异常时，需要额外消耗推进剂以达到原来的目标，所以推进剂的消耗量控制是至关重要的。

6.4.2.2 最小能量消耗的全程最优制导技术

为了克服飞行过程中的各种干扰，制导系统需要消耗一定的推进剂，也即火箭设计时需要给制导系统预留一定的运载能力，这个预留的运载能力大小与全箭的制导系统设计直接相关，如长征三号甲为 100 kg，而宇宙神 5 约为 190 kg，因此从提高运载能力和降低发射成本方面考虑研究最小能量消耗的全程最优制导技术有积极的意义。

运载火箭的制导设计，往往各级根据不同的指标要求进行控制，如助推和一级关注子级落点，二级强调飞行过程，末级才进行最优制导，由于制导全过程的约束和优化指标较多，很难做到全过程最优。随着火箭箭载计算机能力的提高及姿态控制适应性变强，一定程度上可实现全程的最优制导控制。

6.4.2.3 动态干扰在线辨识与补偿适应技术

运载火箭飞行中的各类干扰对制导的影响各不相同，如果能有效辨识误差类型和大小，并进行相应补偿控制，可大幅提高火箭入轨精度和任务适应性。如末级的质心横移偏差，可引起较大的倾角精度误差，但如果能实时掌握质心横移量并进行相应的发动机摆角补偿，质心横移所带来的影响几乎可以不计。

6.4.3 全自主初始对准技术

从提高运载火箭任务适应性、简化发射场设施、增加快速性等方面考虑，捷联的全自主初始对准技术是未来的发展方向。

6.4.3.1 高精度陀螺技术

要实现捷联系统的全自主对准，高精度陀螺是必不可少的条件。如果运载火箭的方位对准精度要求为3′，则对应的陀螺精度要求至少为0.01（°）/h（3σ），目前只有国际上高精度的陀螺能达到此水平，主流使用的还未全面达到，而我国目前还有较大差距。

6.4.3.2 自对准方法及算法

运载火箭在发射前的竖立状态，由于受到风干扰等影响，捷联的全自主对准在此环境下，精度会有所降低，因此还需要一些特定的方法和算法。为了提高全自主对准，一种可行的方法是“两位置法”，即惯组在两个不同方位（最好相差90°）均进行一次自主对准，可以较大程度消除陀螺误差带来的自对准偏差。

在算法上，一般较多采用卡尔曼滤波方法，滤波方法可以较好解决外部如风干扰等引起的误差。

6.4.3.3 辅助技术

辅助技术在自主对准上主要起到三点作用，一是快速粗对准，如果单纯依赖捷联惯组进行自对准，其收敛速度相对较慢；二是提高精度，如引入天文星光导航或卫星姿态导航进行组合，可提高初始对准的精度；三是提高任务的适应性，由于其他干扰如加注过程、连接器脱落等引起的偶发干扰可能会对对准的稳定性和精度产生影响，而在多模状态下，系统可以有效抑制或较快恢复，从而有较好的任务适应性。

第 7 章　运载火箭姿态控制

7.1　非捆绑运载火箭的姿态控制原理与方法

运载火箭通过摆动发动机、喷管等方式，使火箭在受到干扰的情况下，能够保证姿态的稳定。根据不同情况，可以选择不同的控制方案。按照火箭选用的敏感装置，有速率陀螺控制方案、攻角表控制方案、加速度表控制方案。按照执行机构的方式有线性连续控制方案和非线性断续控制方案。控制方法也可以细分为常规控制和先进控制方法。

非捆绑运载火箭可以根据自身特点，采用上面所述的控制方法。如常规控制方法采用速率陀螺敏感箭体的角速度，通过惯组解算箭体的姿态，并通过设计好的控制规律进行解算。对于采用主动减载技术的非捆绑运载火箭，可以采用攻角表直接解算，或者采用加速度计进行间接解算。

非捆绑运载火箭发动机配置和布局对控制方案是有影响的。根据不同的需求，发动机进行不同的配置方案。

7.1.1　非捆绑运载火箭的控制原理

运载火箭姿态控制系统主要完成的任务是箭体在干扰作用下能够保证姿态的稳定，并使偏差衰减在一定的范围内。姿态控制系统根据制导系统提供的程序角和导航系统提供的姿态角进行控制，使箭体姿态角跟踪制导系统提供的程序角。由于火箭为细长体的飞行器，因此除了刚体稳定外，还有弹性振动稳定和液体晃动稳定。

（1）刚体的稳定方法

就箭体全部姿态运动而言，刚性箭体的姿态运动是基础，而箭体的弹性振动和推进剂晃动都可以看作相对于刚性箭体的运动。下面首先研究箭体姿态运动的刚体稳定性，在研究刚体稳定性时，以大风区气动力矩系数最大时刻为例进行研究。

俯仰通道的姿态运动方程包括箭体质心的方向运动和箭体俯仰姿态运动。箭体质心运动的周期比俯仰姿态角运动的周期要长得多，因此当只考虑箭体姿态角运动时可以忽略箭体质心的运动，姿态运动方程可简化为

$$\begin{gathered}\Delta\ddot{\varphi}+b_1\Delta\dot{\varphi}+b_2\,\Delta a=-b_3\delta_\varphi-b_2\alpha_\omega+\overline{M}b_{Z_1}\\ \Delta\varphi=\Delta a\end{gathered}\tag{7-1}$$

当只考虑箭体质心法向运动时可以忽略俯仰姿态角运动的动态过程，可简化为

$$\begin{aligned}&\Delta\dot{\theta}=c_1\Delta a+c_2\Delta\theta+c_3\delta_\varphi+c'_1\alpha_w+\overline{F}b_{yc}\\ &b_2\Delta a=-b_3\delta_\varphi-b_2a_w+\overline{M}b_{Z_1}\\ &\Delta\theta=\Delta\varphi-\Delta a\end{aligned}\tag{7-2}$$

在大风区时，气动力矩系数 $|b_2|$ 最大，而由于 V 值已经很大，故质心运动方程的系数很小，于是

$$
\begin{aligned}
W_{\delta}^{\varphi}(s) &= \frac{\Delta\varphi(s)}{\delta_{\varphi}(s)} \\
&= \frac{-[b_3 s + b_3(c_1 - c_2) - b_2 c_3]}{s^3 + (b_1 + c_1 - c_2)s^2 + [b_2 + b_1(c_1 - c_2)]s - b_2 c_2} \\
&\approx \frac{-[b_3 s + b_3(c_1 - c_2) - b_2 c_3]}{(s - c_2)[s^2 + b_1 s + b_2]}
\end{aligned}
\tag{7-3}
$$

系统的特征方程为

$$
D(s) \approx (s - c_2)[s^2 + b_1 s + b_2] \tag{7-4}
$$

从上式可看出此时至少有一个实根在 S 平面的右半平面，是否还有特征根分布在 S 平面的右半平面，取决于 b_2 的符号。

以某运载火箭为例，其在气动力矩最大时刻 $b_2 < 0$，具体为 $b_1 = 0.023\ 583, b_2 = -0.023\ 627, b_3 = 1.221$，箭体传递函数为

$$
G(s) = -\frac{0.001\ 202\ 2s^3 + 4.21e - 005s^2 + 1.221s + 0.050\ 61}{s^3 + 0.061\ 45s^2 - 0.235\ 4s + 0.003\ 017}
$$

零极点分布图如图 7-1 所示，由图可知在右半平面有两个实极点分布，系统不稳定，验证了结论的正确性。

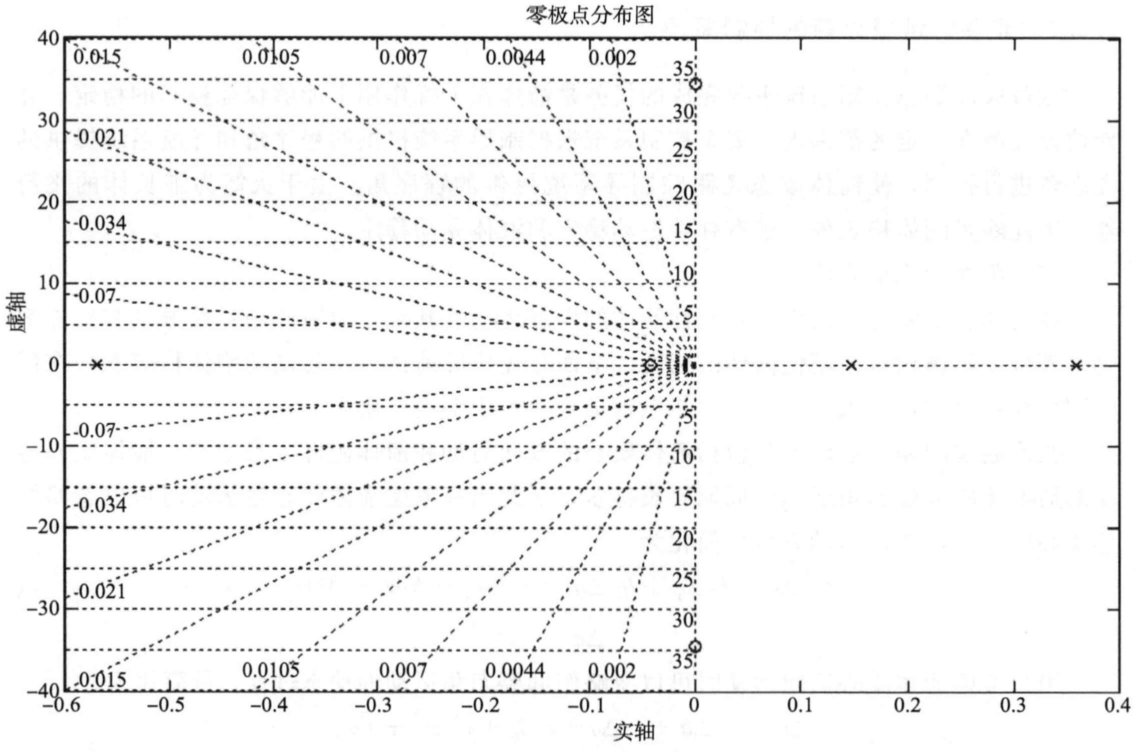

图 7-1　气动力矩最大时刻俯仰通道箭体传函零极点分布图

火箭的控制方程为

$$\delta_{\varphi}=a_0^{\varphi}\Delta\varphi+a_1^{\varphi}\Delta\dot{\varphi} \tag{7-5}$$

此时姿态控制系统框图如图 7-2 所示。

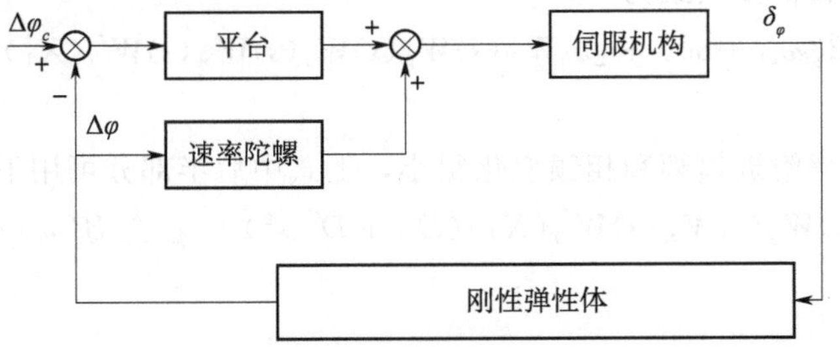

图 7-2　姿态控制系统框图

先考虑气动力矩最大时的稳定性，把控制方程（7-5）代入动力学方程，得

$$\Delta\ddot{\varphi}+(a_1^{\varphi}b_3+b_1)\Delta\dot{\varphi}+(b_2+a_0^{\varphi}b_3)\Delta\varphi=-b_2\alpha_{\omega}+\overline{M}b_{Z_1} \tag{7-6}$$

此时闭环特征方程为

$$D(s)=s^2+(a_1^{\varphi}b_3+b_1)s+b_2+a_0^{\varphi}b_3 \tag{7-7}$$

特征根在 S 平面左半平面的条件为

$$\begin{aligned}&a_1^{\varphi}b_3+b_1\approx a_0^{\varphi}b_3>0\\&a_1^{\varphi}b_3+b_2>0\end{aligned} \tag{7-8}$$

对控制方程进行拉氏变换后写成

$$\delta_{\varphi}=a_0^{\varphi}\left(\frac{a_1^{\varphi}}{a_0^{\varphi}s}+1\right)\Delta\varphi=a_0^{\varphi}(T_1s+1)\Delta\varphi \tag{7-9}$$

式中

$$T_1=\frac{a_1^{\varphi}}{a_0^{\varphi}} \tag{7-10}$$

这相当于在系统中引入了一个零点。

（2）液体晃动、弹性振动的稳定方法

全箭的频率分布为刚体控制频率，一般为 2～3 rad/s，液体晃动频率，一般为 5～6 rad/s，弹性振动频率较高，一般非捆绑运载火箭，一阶频率大于 10 rad/s。对于这样的频率分布特点，设计校正网络，对液体晃动和弹性振动采用幅值稳定或相位稳定。对于液体晃动，如果箭体的转动惯量较小或者液体晃动质量较大，则液体晃动的法向或轴向惯性力比较大，一般采用相位稳定，否则采用幅值稳定。对于弹性振动，如果一阶或者二阶频率比较低，则采用相位稳定，而高阶频率则可以采用幅值稳定。

分析弹性振动稳定性时，常常利用奈奎斯特稳定判据。由于弹性振动所引起的开环传递函数的极点分布在 S 平面的左半平面，所以闭环弹性振动的稳定条件是在弹性振动频率附近，系统开环相频特性 $\gamma_s(\omega)$ 穿越 $-(2n+1)\pi$ 时，系统开环对数幅频特性 $L_m(\omega)<0$；或系统开环对数幅频特性 $L_m(\omega)>0$ 时，系统的相频特性 $\gamma_s(\omega)$ 不穿越 $-(2n+1)\pi$。

在分析第 i 次振型的稳定方法时，系统开环传递函数可记为

$$G(s)=\frac{[a_0W_T(s)W_g(s)W_y(s)W_{cn}(s)W'_i(X_T)(D_{3i}+D''_{3i}s^2)]}{(s^2+2\zeta_i\omega_is+\omega_i^2)} \tag{7-11}$$

由此得闭环的特征多项式为

$$D(s)=(s^2+2\zeta_i\omega_is+\omega_i^2)+[a_0W_T(s)W_g(s)W_y(s)W_{cn}(s)W'_i(X_T)(D_{3i}+D''_{3i}s^2)] \tag{7-12}$$

在弹性振型频率附近幅频和相频变化很小，上式中后半部分可用下式表示

$$a_0W_T(s)W_g(s)W_y(s)W_{cn}(s)W'_i(X_T)(D_{3i}+D''_{3i}s^2)\big|_{s=j\omega}\triangleq B(\omega_i)e^{j\gamma_s(\omega_i)}=ja+b \tag{7-13}$$

式中

$$\begin{aligned}a&=B(\omega_i)\sin\gamma_s(\omega_i)\\ b&=B(\omega_i)\cos\gamma_s(\omega_i)\end{aligned} \tag{7-14}$$

由于只是在 $\omega=\omega_i\pm\Delta\omega$ 范围内讨论弹性运动的稳定性，且 $\Delta\omega$ 很小，故上式又可近似地写为

$$a_0W_T(s)W_g(s)W_y(s)W_{cn}(s)W'_i(X_T)(D_{3i}+D''_{3i}s^2)\approx\frac{a}{\omega_i}s+b \tag{7-15}$$

此时系统闭环特征多项式可近似写为

$$\begin{aligned}D(s)&=s^2+2\zeta_i\omega_is+\omega_i^2+a_0W_T(s)W_g(s)W_y(s)W_{cn}(s)W'_i(X_T)(D_{3i}+D''_{3i}s^2)\\ &\approx s^2+\left(2\zeta_i\omega_i+\frac{a}{\omega_i}\right)s+\omega_i^2+b\end{aligned} \tag{7-16}$$

下面利用式（7－16）来讨论弹性振动幅值稳定和相位稳定的条件。

1）幅值稳定。

当 $-2n\pi>\gamma_s(\omega_i)>-(2n+1)\pi$ 时

$$a=B(\omega_i)\sin\gamma_s(\omega_i)<0 \tag{7-17}$$

由式（7－16）可知，要使弹性振动稳定则要求

$$2\zeta_i\omega_i-\frac{|a|}{\omega_i}>0 \tag{7-18}$$

当 $\gamma_s(\omega_i)=-\left(2n\pm\frac{1}{2}\right)\pi$ 时，$|a|$ 最大，其数值等于 $B(\omega_i)$。此时弹性振动的稳定条件可表示为

$$2\zeta_i\omega_i-\frac{B(\omega_i)}{\omega_i}>0 \tag{7-19}$$

如记

$$\frac{B(\omega_i)}{2\zeta_i\omega_i^2}=A(\omega_i) \tag{7-20}$$

而 $A(\omega_i)$ 正是系统开环传递函数在 $\omega=\omega_i$ 处的幅频特性，由式（7－19）和式（7－20）可知系统开环对数幅频特性

$$L_m(\omega_i) = 20\lg A(\omega_i) < 0 \tag{7-21}$$

上式即是系统弹性振动幅值稳定的条件。

2）相位稳定。

$\gamma_s(\omega_i)$ 在下式的范围内

$$-(2n+1)\pi > \gamma_s(\omega_i) > -(2n+2)\pi \tag{7-22}$$

则

$$a = B(\omega_i)\sin\gamma_s(\omega_i) > 0 \tag{7-23}$$

由此得

$$2\zeta_i\omega_i + \frac{a}{\omega_i} > 0 \tag{7-24}$$

因此，当 $\gamma_s(\omega_i)$ 满足式（7－22）时，不管 $B(\omega_i)$ 大小如何，第 i 次弹性振动都是稳定的。式（7－22）即是弹性振动相位稳定的条件。

7.1.2　非捆绑运载火箭姿态控制典型方法

前面已经介绍了非捆绑运载火箭的刚体、晃动和弹性的稳定方法。在对运载火箭姿控系统进行设计时，一般先采用频域分析的方法，然后用时域仿真进行验证。进行频域分析时，将箭体频率特性与校正网络频率特性画在同一张图上，以便裕度比较，其中箭体频率特性包括：姿态动力学模型所描述箭体频率特性，控制系统前向通路除箭机中校正网络及静、动态放大系数外所有单机环节频率特性（前置滤波器、计算延迟环节、D/A 输出零阶保持、伺服系统）；校正网络频率特性仅为箭机中装订可调参数频率特性，即静、动态放大系数及网络参数频率特性。

（1）俯仰、偏航通道的频域分析方法

箭体横向动力学方程为

$$\begin{aligned}
&\dot{\theta} = c_1\Delta\alpha + c_2\Delta\theta + c_3\delta_\varphi + c_{30}\ddot{\delta}_\varphi + c_{10}(\alpha+\alpha_w) + \sum_{i=1}^{n} c_{2i}q_{yi} + \sum_{i=1}^{n} c_{1i}\dot{q}_{yi} - \sum_{p=1}^{m} c_4\ddot{p}_p - \overline{F}_{yc}\\
&\ddot{\varphi} + b_1\dot{\varphi} + b_2(\alpha+\alpha_w) + b_3\delta_\varphi + b_{30}\ddot{\delta}_\varphi + \sum_{i=1}^{n} b_{1i}\dot{q}_{yi} + \sum_{i=1}^{n} b_{2i}q_{yi} + \sum_{p=1}^{m} b_{4p}\ddot{y}_p - \sum_{p=1}^{m} b_{5p}y_q = \overline{M}_z\\
&\ddot{y}_p + 2\zeta_p\Omega_p\dot{y}_p + \Omega_p^2 y_p = -V\dot{\theta} + E_1\Delta\varphi + \dot{V}\Delta\alpha - \ddot{\varphi}(x_Z - x_p) + \sum_{i=1}^{n} E_{(i+n)p}q_{yi} + \sum_{i=1}^{n} E_{ip}\ddot{q}_{yi}\\
&\ddot{q}_{yi} + 2\xi_{yi}\omega_{yi}\dot{q}_{yi} + \omega_{yi}^2 q_{yi} = D_{1i}\omega_z + D_{2i}(\alpha+\alpha_w) + D_{3i}\delta_\varphi + D''_{3i}\ddot{\delta}_p + \sum_{p=1}^{m} K_{ip}\ddot{y}_p + \sum_{p=1}^{m} K_{(i+n)p}y_p - Q_{iy}\\
&\Delta\varphi = \Delta\theta + \Delta a
\end{aligned} \tag{7-25}$$

其控制方程为

$$\delta_c(s) = a_0^\varphi\left[\Delta\varphi_{PT}\cdot W_{PT}(s) + \frac{a_1}{a_0}\Delta\dot{\varphi}_{ST}\cdot W_{ST}(s)\right]W_x^\varphi(s)W_{SF}(s)W_{JL1}(s) \tag{7-26}$$

其开环传递函数为

$$K_0^{\varphi}W_0^{\varphi}(s)=\frac{\Delta\varphi_{PT}}{\Delta\delta_{\varphi}}W_{PT}^{\varphi}(s)+\frac{a_1^{\varphi}\dot{\varphi}_{ST}}{a_0^{\varphi}\Delta\delta_{\varphi}}W_{ST}^{\varphi}(s) \tag{7-27}$$

令

$$\delta_c=\Delta\varphi_{PT}W_{PT}^{\varphi}(s)+\frac{a_1^{\varphi}}{a_0^{\varphi}}\dot{\varphi}_{ST}W_{ST}^{\varphi}(s) \tag{7-28}$$

则

$$K_0^{\varphi}W_0^{\varphi}(s)=\frac{\delta_c}{\Delta\delta_{\varphi}} \tag{7-29}$$

下面求解箭体开环传递函数。对以上方程进行拉普拉斯变换，将微分方程组变为线性方程组。

令

$$\boldsymbol{X}=[\delta_C,\Delta\theta,\Delta\varphi,\Delta\alpha,y_1,\cdots,y_p,q_1,\cdots,q_n]^{\mathrm{T}}$$

$$\boldsymbol{u}=\Delta\delta_{\varphi}$$

$$\begin{aligned}\boldsymbol{b}=[&c_{30}s^2+c_3,-b_3-b_{30}s^2,0,0,0,0,0,0,0,0,0,D_{31}+D''_{31}s^2,D_{32}+D''_{32}s^2,D_{33}+\\&D''_{33}s^2,D_{34}+D''_{34}s^2,D_{35}+D''_{35}s^2,D_{36}+D''_{36}s^2,D_{37}+D''_{37}s^2,0,0]'\end{aligned} \tag{7-30}$$

将变换后的线性方程组写为矩阵形式：$\boldsymbol{A}\times\boldsymbol{x}=\boldsymbol{b}\times\boldsymbol{u}$，其中 $\boldsymbol{A}$ 为 19×19 方阵，$\boldsymbol{x}$ 为状态列向量，$\boldsymbol{b}$ 为输入系数列向量，$\boldsymbol{u}$ 为输入量

由 Cramer 法则解线性方程组，可得

$$\frac{\delta_c}{\Delta\delta_{\varphi}}=\frac{|\Delta_1|}{|\Delta|}=K_0^{\varphi}W_0^{\varphi}(s) \tag{7-31}$$

(2) 滚动通道的频域分析方法

箭体动力学方程

$$\begin{aligned}&\ddot{\gamma}+d_1\dot{\gamma}+d_3\delta_{\gamma}+d_{30}\ddot{\delta}_{\gamma}=\overline{M}_{bx}\\&\ddot{q}_{\gamma1}+2\xi_{\gamma1}\omega_{\gamma1}\dot{q}_{\gamma1}+\omega_{\gamma1}^2q_{\gamma1}=d_{31}\delta_{\gamma}+d''_{31}\ddot{\delta}_{\gamma}\\&\ddot{q}_{\gamma2}+2\xi_{\gamma2}\omega_{\gamma2}\dot{q}_{\gamma2}+\omega_{\gamma2}^2q_{\gamma2}=d_{32}\delta_{\gamma}+d''_{32}\ddot{\delta}_{\gamma}\\&\gamma_{PT}=\gamma+\theta_1(X_{PT})q_{\gamma1}+\theta_2(X_{PT})q_{\gamma2}\\&\dot{\gamma}_{ST}=\dot{\gamma}+\theta_1(X_{PT})\dot{q}_{\gamma1}+\theta_2(X_{PT})\dot{q}_{\gamma2}\end{aligned} \tag{7-32}$$

一般扭转最高考虑 2 阶，考虑一阶时可将 $\theta_2(X_{PT})$，$\theta_2(X_{ST})$ 置零，二阶弹性响应即不再进入平台和速率陀螺中，即 $\gamma_{PT}=\gamma+\theta_1(X_{PT})q_{\gamma1}$ 。三级无速率陀螺，将 $\theta_i(X_{ST})$ 全部置零，即 $\dot{\gamma}_{ST}=\dot{\gamma}$。其控制方程为

$$\delta_{\gamma c}=\gamma_{PT}\cdot W(X_{PT})+\frac{a_{1\gamma}}{a_{0\gamma}}\cdot\dot{\gamma}_{ST}\cdot W'(X_{ST}) \tag{7-33}$$

选择状态变量 $\boldsymbol{X}=[\delta_{\gamma c},\gamma,q_{\gamma1},q_{\gamma2}]'$，$\boldsymbol{U}=\delta_{\gamma}$，写为：$\boldsymbol{AX}=\boldsymbol{bU}$ 形式，则箭体开环传递函数为

$$b=[-d_3-d_{30}s^2,d_{31}+d''_{31}s^2,d_{32}+d''_{32}s^2,0]' \tag{7-34}$$

$$\mathbf{A}=\begin{bmatrix} 0 & s^2+d_1 s & 0 & 0 \\ 0 & 0 & s^2+2\xi_1\omega_1 s+\omega_1^2 & 0 \\ 0 & 0 & 0 & s^2+2\xi_2\omega_2 s+\omega_2^2 \\ \dfrac{1}{W(X_{PT})\cdot W'(X_{ST})} & \dfrac{-1}{W_{ST}}-\dfrac{a_1 s}{a_0\cdot W(X_{PT})} & \dfrac{-\theta_1(X_{PT})}{W'(X_{ST})}-\dfrac{a_1 s\cdot\theta_1(X_{ST})}{a_0 W(X_{PT})} & \dfrac{-\theta_2(X_{PT})}{W'(X_{ST})}-\dfrac{a_1 s\cdot\theta_2(X_{ST})}{a_0 W(X_{PT})} \end{bmatrix} \tag{7-35}$$

根据克莱姆法则即可求解传递函数

$$K_0^\gamma W_0^\gamma(s)=\frac{\Delta\gamma_{PT}}{\Delta\delta_\gamma}W_{PT}^\gamma(s)+\frac{a_1^\gamma\dot{\gamma}_{ST}}{a_0\Delta\delta_\gamma}W_{ST}^\gamma(s)=\frac{\delta_{\gamma c}(s)}{\delta_r(s)} \tag{7-36}$$

7.2　捆绑运载火箭的姿态控制原理与方法

7.2.1　助推布局对姿控的影响

运载火箭助推的布局一般是对称布置，尤其是大型捆绑运载火箭，助推都是对称安装的。对于捆绑四个助推器的情况，四个助推器安装在各个基准上，对于捆绑两个助推器的情况，两个助推器安装在对称的基准上，而另外两个基准一般安装尾翼，以使气动平衡。

对于捆绑四个助推器的情况，有四个助推器双摆、单摆、两个双摆等几种情况。这些情况对姿控的控制能力来讲，是显而易见的。下面分析四个助推，其中两个双摆，两个不摆。两个助推摆动、两个助推不摆动，可以有两种模式，模式 1 是对称基准上的助推摆动，如图 7－3 所示，Ⅰ、Ⅲ基准上的助推摆动，Ⅱ、Ⅳ基准上的助推不摆动；模式 2 是不对称基准上的助推摆动，如图 7－4 所示，Ⅰ、Ⅱ基准上的助推摆动，Ⅲ、Ⅳ基准上的助推不摆动。下面对模式 1 和模式 2 进行比较。

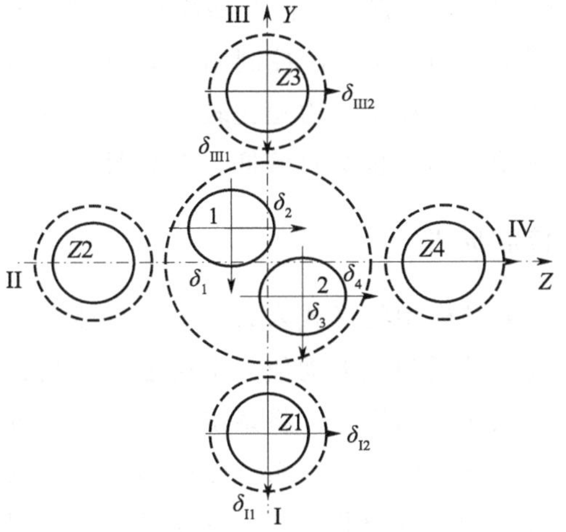

图 7－3　助推Ⅰ，Ⅲ摆动、助推Ⅱ、Ⅳ不摆动

对于模式 1，其优点是一个通道控制时，不对其他通道产生额外干扰。由图 7－3 可

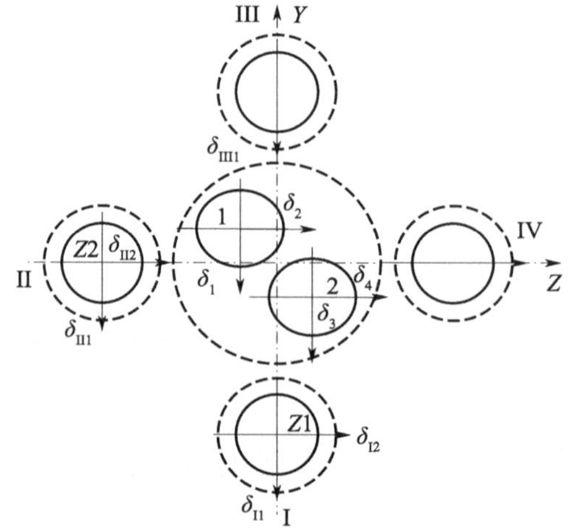

图 7－4　助推Ⅰ、Ⅱ摆动，助推Ⅲ、Ⅳ不摆动

见，各个通道的控制相对独立，当控制俯仰通道时，摆动 $\delta_{Ⅰ1}$，$\delta_{Ⅲ1}$，δ_1 和 δ_3；控制偏航通道时，摆动 $\delta_{Ⅰ2}$，$\delta_{Ⅲ2}$，δ_2 和 δ_4；控制滚动通道时，摆动 δ_1，δ_3，δ_2 和 δ_4。

对于模式 1，其缺点是可能存在助推关机段推力偏差由芯级来控制的情况。由图 7－3 可见，在关机段，当助推Ⅰ和助推Ⅲ已经无推力、但是助推Ⅱ和助推Ⅳ存在推力，且两者之间存在推力偏差，则该推力偏差造成的姿态偏差只能由芯级的两台发动机进行控制。

对于模式 2，其优点是助推关机段推力偏差不只是由芯级来控制。由图 7－4 可见，在关机段，无论是助推Ⅰ、助推Ⅲ还是助推Ⅱ、助推Ⅳ存在推力偏差，都会有一个助推器与芯级的两台发动机进行联合控制，以抵消掉助推推力偏差产生的干扰。

对于模式 2，其缺点是一个通道控制时，会对其他通道产生额外干扰。由图 7－4 可见，当控制俯仰通道时，摆动 $\delta_{Ⅰ1}$、摆动 $\delta_{Ⅲ1}$、摆动 δ_1 和摆动 δ_3；摆动 δ_1 和摆动 δ_3 同时产生滚动干扰，但能相互抵消，但摆动 $\delta_{Ⅲ1}$ 控制俯仰通道时，同时也产生了滚动干扰，由于助推推力比较大，因此产生的滚动干扰力矩比较大；同样控制偏航通道也会对滚动通道产生干扰；如果助推参与滚动控制，也会对俯仰、偏航通道产生影响。

7.2.2　捆绑运载火箭的控制原理

从捆绑运载火箭姿态动力学模型的形式来看，由于弹性振动方程涉及俯仰、偏航、滚动三个通道的运动参量，换句话说弹性振动使三个通道产生交联耦合。因此，在进行姿控系统设计时，需要同时考虑三通道的耦合，将系统视为多输入多输出系统进行设计。如果弹性振动导致的三通道间交联耦合比较弱，系统传递函数矩阵在设计频段内仍然是对角占优的，因此在进行频域分析和校正网络设计时，为方便应用，仍然按照单通道进行设计，从姿态动力学模型的角度来看，可将本通道动力学方程中涉及其他通道的运动参数项视为外干扰即可。这里需要注意的是，上述做法只是针对频域分析及校正网络设计，控制器设计是否合理及性能如何，还需要通过全通道仿真才能进行验证。

7.2.3 捆绑运载火箭姿态控制典型方法

(1) 俯仰通道的状态空间模型

绕质心运动方程为

$$\Delta\ddot{\varphi}+b''^{\varphi}_{3x}\Delta\ddot{\delta}_{\varphi xj}+b''^{\varphi}_{3z}\Delta\ddot{\delta}_{\varphi zt}+\sum_{p=1}^{4}b^{\varphi}_{4p}\Delta\ddot{y}_p=-b^{\varphi}_1\Delta\dot{\varphi}-b^{\varphi}_2\Delta\varphi+b^{\varphi}_2\Delta\theta-b^{\varphi}_{3x}\Delta\delta_{\varphi xj}-b^{\varphi}_{3z}\Delta\delta_{\varphi zt}-\sum_{i=1}^{n}(b^{\varphi}_{1i}\dot{q}_i+b^{\varphi}_{2i}q_i)+\sum_{p=1}^{4}b^{\varphi}_{5p}\Delta y_p-b^{\varphi}_2(\alpha_{wp}+\alpha_{wq})+\overline{M}_{BZ_1} \tag{7-37}$$

质心运动方程为

$$\Delta\dot{\theta}-c''^{\varphi}_{3x}\Delta\ddot{\delta}_{\varphi xj}-c''^{\varphi}_{3z}\Delta\ddot{\delta}_{\varphi zt}+\sum_{p=1}^{4}c^{\varphi}_{4p}\Delta\ddot{y}_p=c^{\varphi}_4\Delta\dot{\varphi}+c^{\varphi}_1\Delta\varphi+(c^{\varphi}_2-c^{\varphi}_1)\Delta\theta+c^{\varphi}_{3x}\Delta\delta_{\varphi xj}+c^{\varphi}_{3z}\Delta\delta_{\varphi zt}+\sum_{i=1}^{n}(c^{\varphi}_{1i}\dot{q}_i+c^{\varphi}_{2i}q_i)+c'^{\varphi}_1(\alpha_{wp}+\alpha_{wq})+\overline{F}_{BY} \tag{7-38}$$

发动机振动方程可写为

$$\begin{aligned}&(a^{\varphi}_{1xj1}+a^{\varphi}_{1xj3})\Delta\ddot{\varphi}+(a^{\theta}_{2xj1}+a^{\theta}_{2xj3})\Delta\dot{\theta}+2J_{Rxj}\Delta\ddot{\delta}_{\varphi xj}+\sum_{i=1}^{n}(a''_{3ixy1}+a''_{3ixj3})\ddot{q}_i\\&=-(a^{\varphi}_{2xj1}+a^{\varphi}_{2xj3}+a^{\alpha}_{2xj1}+a^{\alpha}_{2xj3})\Delta\varphi+(a^{\alpha}_{2xj1}+a^{\alpha}_{2xj3})\Delta\theta-4J_{Rxj}\xi_{Rxj}\omega_{Rxj}\Delta\dot{\delta}_{\varphi xj}-\\&\quad 2(J_{Rxj}\omega^2_{Rxj}+m_{Rxj}l_{Rxj}\dot{W}_{X_1})\Delta\delta_{\varphi xj}-\sum_{i=1}^{n}(a_{3ixj1}+a_{3ixj3})q_i+\frac{J_{Rxj}\omega^2_{Rxj}}{l_{\delta_{xj}}}(X_1-X_3)-(a^{\gamma}_{1xj1}+a^{\gamma}_{1xj3})\ddot{\gamma}\end{aligned} \tag{7-39}$$

$$\begin{aligned}&(a^{\varphi}_{1zt\mathrm{I}1}+a^{\varphi}_{1zt\mathrm{II}1}+a^{\varphi}_{1zt\mathrm{III}1}+a^{\varphi}_{1zt\mathrm{IV}1})\Delta\ddot{\varphi}+(a^{\theta}_{2zt\mathrm{I}1}+a^{\theta}_{2zt\mathrm{II}1}+a^{\theta}_{2zt\mathrm{III}1}+a^{\theta}_{2zt\mathrm{IV}1})\Delta\dot{\theta}+4J_{Rzt}\Delta\ddot{\delta}_{\varphi zt}+\\&\sum_{i=1}^{n}(a''_{3izt\mathrm{I}1}+a''_{3izt\mathrm{II}1}+a''_{3izt\mathrm{III}1}+a''_{3izt\mathrm{IV}1})\ddot{q}_i=-(a^{\varphi}_{2zt\mathrm{I}1}+a^{\varphi}_{2zt\mathrm{II}1}+a^{\varphi}_{2zt\mathrm{III}1}+a^{\varphi}_{2zt\mathrm{IV}1})\Delta\varphi-\\&(a^{\alpha}_{2zt\mathrm{I}1}+a^{\alpha}_{2zt\mathrm{II}1}+a^{\alpha}_{2zt\mathrm{III}1}+a^{\alpha}_{2zt\mathrm{IV}1})\Delta\varphi+(a^{\alpha}_{2zt\mathrm{I}1}+a^{\alpha}_{2zt\mathrm{II}1}+a^{\alpha}_{2zt\mathrm{III}1}+a^{\alpha}_{2zt\mathrm{IV}1})\Delta\theta-\\&8J_{Rzt}\xi_{Rzt}\omega_{Rzt}\Delta\dot{\delta}_{\varphi zt}-4(J_{Rzt}\omega^2_{Rzt}+m_{Rzt}l_{Rzt}\dot{W}_{X_1})\Delta\delta_{\varphi zt}-\sum_{i=1}^{n}(a_{3izt\mathrm{I}1}+a_{3izt\mathrm{II}1}+a_{3izt\mathrm{III}1}+a_{3izt\mathrm{IV}1})q_i+\\&\frac{J_{Rzt}\omega^2_{Rzt}}{l_{\delta_{zt}}}(X_{\mathrm{I}1}+X_{\mathrm{II}1}-X_{\mathrm{III}1}-X_{\mathrm{IV}1})-(a^{\gamma}_{1zt\mathrm{I}1}+a^{\gamma}_{1zt\mathrm{II}1}+a^{\gamma}_{1zt\mathrm{III}1}+a^{\gamma}_{1zt\mathrm{IV}1})\ddot{\gamma}\end{aligned} \tag{7-40}$$

弹性振动方程可写为

$$\begin{aligned}&-D''^{\varphi}_{3xi1}\Delta\ddot{\delta}_{\varphi xj}-D''^{\varphi}_{3zi1}\Delta\ddot{\delta}_{\varphi zt}+\ddot{q}_i-\sum_{p=1}^{4}G''^{\varphi}_{ip}\Delta\ddot{y}_p=D^{\varphi}_{1i}\Delta\dot{\varphi}+D^{\varphi}_{2i}\Delta\varphi-D^{\varphi}_{2i}\Delta\theta+D^{\varphi}_{3xi}\Delta\delta_{\varphi xj}+D^{\varphi}_{3zi}\Delta\delta_{\varphi zt}+\\&\sum_{j=1}^{n}R'_{ij}\dot{q}_j-2\xi_i\omega_i\dot{q}_j+\sum_{j=1}^{n}R_{ij}q_j-\omega_i^2q_i+\sum_{p=1}^{4}G^{\varphi}_{ip}\Delta y_p+D^{\varphi}_{2i}(\alpha_{wp}+\alpha_{wq})+D^{\psi}_{1i}\dot{\psi}+D^{\psi}_{2i}\beta+\\&D^{\psi}_{2i}(\beta_{wp}+\beta_{wq})+D^{\psi}_{3xi}\delta_{\psi xj}+D''^{\psi}_{3xi}\ddot{\delta}_{\varphi zt}+D^{\psi}_{3zi}\delta_{\psi zt}+D''^{\psi}_{3zi}\ddot{\delta}_{\varphi zt}+\sum_{p=1}^{4}(G''^{\psi}_{ip}\Delta\ddot{z}_p+G^{\psi}_{ip}\Delta z_p)+\\&D_{4i}\dot{\gamma}+d_{3xi}\delta_{\gamma xj}+d''_{3xi}\ddot{\delta}_{\gamma xj}+d_{3zi}\delta_{\gamma zt}+d''_{3zi}\ddot{\delta}_{\gamma zt}+\overline{Q}_{ix}+\overline{Q}_{iy}+\overline{Q}_{iz}+\overline{Q}_{in}\end{aligned} \tag{7-41}$$

液体晃动方程为

$$E_{pz}\Delta\ddot{\varphi}+E_1^{\varphi}\Delta\dot{\theta}-\sum_{i=1}^{n}E''^{\varphi}_{ip}\ddot{q}_i+\Delta\ddot{y}_p=(E_2^{\varphi}+E_3^{\varphi})\Delta\varphi-E_3^{\varphi}\Delta\theta+\sum_{i=1}^{n}E_{ip}^{\varphi}q_i-2\zeta_p\Omega_p\Delta\dot{y}_p-\Omega_p^2\Delta y_p \tag{7-42}$$

令

$$\boldsymbol{X}_{\varphi}=[\Delta\dot{\varphi}\quad\Delta\varphi\quad\Delta\theta\quad\Delta\dot{\delta}_{\varphi xj}\quad\Delta\delta_{\varphi xj}\quad\Delta\dot{\delta}_{\varphi zt}\quad\Delta\delta_{\varphi zt}\quad\dot{q}_1\quad\cdots\quad\dot{q}_n\quad q_1\quad\cdots\quad q_n\quad\Delta\dot{y}_1\quad\cdots\quad\Delta\dot{y}_p\quad\Delta y_1\quad\cdots\quad\Delta y_p]^{\mathrm{T}} \tag{7-43}$$

$$\boldsymbol{U}_{\varphi}=[X_1\quad X_3\quad X_{\mathrm{I}1}\quad X_{\mathrm{II}1}\quad X_{\mathrm{III}1}\quad X_{\mathrm{IV}1}]^{\mathrm{T}} \tag{7-44}$$

$$\boldsymbol{Y}_{\varphi}=[\Delta\dot{\varphi}\quad\Delta\varphi\quad\dot{q}_1\quad\cdots\quad\dot{q}_n\quad q_1\quad\cdots\quad q_n]^{\mathrm{T}} \tag{7-45}$$

则式（7-37）～式（7-42）可写成如下形式的状态空间模型

$$\begin{aligned}\boldsymbol{T}_{\varphi}\dot{\boldsymbol{X}}_{\varphi}&=\boldsymbol{A}_{\varphi}\boldsymbol{X}_{\varphi}+\boldsymbol{B}_{\varphi}\boldsymbol{U}_{\varphi}+\boldsymbol{W}_{\varphi}\\\boldsymbol{Y}_{\varphi}&=\boldsymbol{C}_{\varphi}\boldsymbol{X}_{\varphi}\end{aligned} \tag{7-46}$$

式中　$\boldsymbol{T}_{\varphi},\boldsymbol{A}_{\varphi},\boldsymbol{B}_{\varphi},\boldsymbol{C}_{\varphi}$——分别为相应的系数组成的矩阵；

$\boldsymbol{W}_{\varphi}$——其他通道和外干扰组成的列向量，对频域分析不影响。

（2）偏航通道的状态空间模型

偏航通道和俯仰通道的模型对称，偏航通道的动力学微分方程可写成如下形式的状态空间模型

$$\begin{aligned}\boldsymbol{T}_{\psi}\dot{\boldsymbol{X}}_{\psi}&=\boldsymbol{A}_{\psi}\boldsymbol{X}_{\psi}+\boldsymbol{B}_{\psi}\boldsymbol{U}_{\psi}+\boldsymbol{W}_{\psi}\\\boldsymbol{Y}_{\psi}&=\boldsymbol{C}_{\psi}\boldsymbol{X}_{\psi}\end{aligned} \tag{7-47}$$

式中　$\boldsymbol{T}_{\psi},\boldsymbol{A}_{\psi},\boldsymbol{B}_{\psi},\boldsymbol{C}_{\psi}$——分别为相应的系数组成的矩阵；

$\boldsymbol{W}_{\psi}$——其他通道和外干扰组成的列向量，对频域分析不影响。

（3）滚动通道的状态空间模型

滚动通道绕质心运动方程为

$$\begin{aligned}&\ddot{\gamma}+d''_{3x}\ddot{\delta}_{\gamma xj}+d''_{3z}\ddot{\delta}_{\gamma zt}-\sum_{p=1}^{4}d''^{\varphi}_{hyp}\Delta\ddot{y}_p-\sum_{p=1}^{4}d''_{hzp}\Delta\ddot{z}_p=-d_1\dot{\gamma}-d_{3x}\delta_{\gamma xj}-d_{3z}\delta_{\gamma zt}-\\&\sum_{i=1}^{n}(d_{1i}\dot{q}+d_{2i}q_i)-\sum_{p=1}^{4}d_{hyp}\Delta y_p-\sum_{p=1}^{4}d_{hzp}\Delta z_p-d_{3z}^{\varphi}\Delta\delta_{\varphi xj}-d_{3z}^{\varphi}\Delta\delta_{\varphi zt}-d_{3z}^{\psi}\delta_{\psi xj}-d_{3z}^{\psi}\delta_{\psi zt}+\overline{M}_{BX_1}\end{aligned} \tag{7-48}$$

弹性振动、液体晃动方程、发动机振动方程可以参考俯仰通道相应的方程。其状态变量为

$$\begin{aligned}\boldsymbol{X}_{\gamma}=[&\dot{\gamma}\quad\gamma\quad\dot{\delta}_{\gamma xj}\quad\delta_{\gamma xj}\quad\dot{\delta}_{\gamma zt}\quad\delta_{\gamma zt}\quad\dot{q}_1\quad\cdots\quad\dot{q}_n\quad q_1\quad\cdots\quad q_n\\&\Delta\dot{y}_1\quad\cdots\quad\Delta\dot{y}_p\quad\Delta y_1\quad\cdots\quad\Delta y_p\quad\Delta\dot{z}_1\quad\cdots\quad\Delta\dot{z}_p\quad\Delta z_1\quad\cdots\quad\Delta z_p\quad]^{\mathrm{T}}\end{aligned} \tag{7-49}$$

$$\boldsymbol{U}_{\gamma}=[X_1\quad X_2\quad X_3\quad X_4\quad X_{\mathrm{I}2}\quad X_{\mathrm{II}1}\quad X_{\mathrm{III}2}\quad X_{\mathrm{IV}1}]^{\mathrm{T}} \tag{7-50}$$

$$\boldsymbol{Y}_{\gamma}=[\dot{\gamma}\quad\gamma\quad\dot{q}_1\quad\cdots\quad\dot{q}_n\quad q_1\quad\cdots\quad q_n]^{\mathrm{T}} \tag{7-51}$$

和俯仰通道一样，上述滚动通道的动力学微分方程可写成如下形式的状态空间模型

$$\begin{aligned}\boldsymbol{T}_{\gamma}\dot{\boldsymbol{X}}_{\gamma}&=\boldsymbol{A}_{\gamma}\boldsymbol{X}_{\gamma}+\boldsymbol{B}_{\gamma}\boldsymbol{U}_{\gamma}+\boldsymbol{W}_{\gamma}\\\boldsymbol{Y}_{\gamma}&=\boldsymbol{C}_{\gamma}\boldsymbol{X}_{\gamma}\end{aligned} \tag{7-52}$$

式中　$\boldsymbol{T}_{\gamma},\boldsymbol{A}_{\gamma},\boldsymbol{B}_{\gamma},\boldsymbol{C}_{\gamma}$——分别为相应的系数组成的矩阵；

$\boldsymbol{W}_\gamma$ ——其他通道和外干扰组成的列向量，对频域分析不影响。

考虑发动机振动方程后的系统控制结构如图 7 - 5 所示，限于篇幅，图中只考虑了助推的振动。

图 7 - 5 中可将发动机振动特性看做是火箭整体动力学特性的一部分，也即图中虚线框包含的模块。

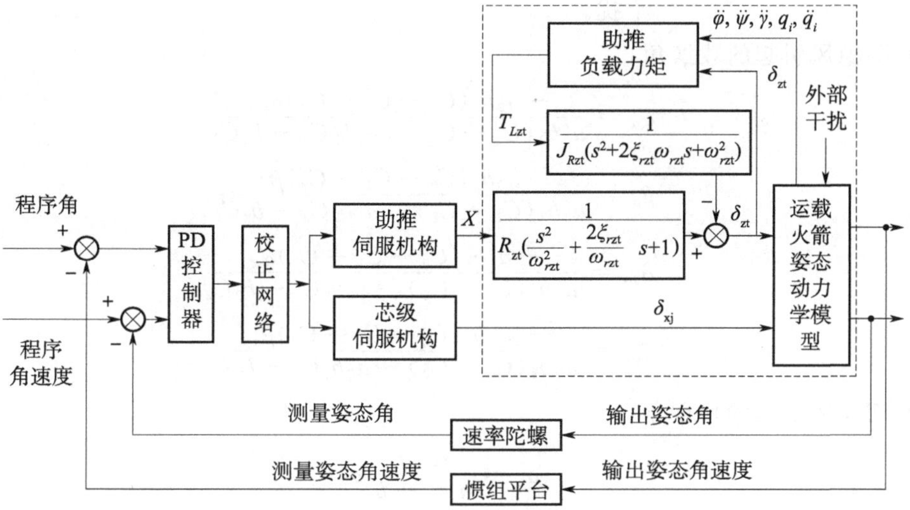

图 7 - 5 捆绑运载火箭控制原理图

7.3 运载火箭姿态控制能力分析

7.3.1 俯仰、偏航通道的控制能力分析

运载火箭研制过程中，需要对控制能力进行分析。采用发动机进行俯仰和偏航控制时，主要考核的指标有攻角和发动机摆角。

运载火箭攻角、发动机摆角为载荷计算输入，采用静态算法。根据飞行时间火箭受力情况不同，一般需计算的特征点有起飞段（一般选取 2 s）、抖振秒、最大法向力秒、最大速压秒、关机秒和分离秒。对于攻角和摆角的计算主要分为起飞段、有气动力飞行段和无气动力飞行段。主要计算方法如下。

（1）起飞段

$$\alpha = a\tan\left(\frac{W}{V}\right)$$

$$\delta = \frac{-b_2}{|b_2|}\{|\delta_{\varphi p}|+|\delta_{\psi p}|+|\delta_{\delta 0}|+|\delta_J|\}$$

（2）有气动力飞行段

$$\alpha = \sqrt{(0.8|\alpha_p|+|\alpha_q|)^2+(0.8|\beta_p|+|\beta_q|)^2}$$

$$\delta = \frac{-b_2}{|b_2|}\{|\delta_{\varphi p}|+|\delta_{\psi p}|+|\delta_{\varphi p}|+|\delta_{\psi p}|+|\delta_{\delta 0}|+|\delta_J|\}$$

(3) 无气动力飞行段

$$\alpha = |\alpha_0| + \sqrt{|\alpha_{\delta 0}^2| + |\alpha_J^2|}$$

$$\delta = \frac{-b_2}{|b_2|}(|\delta_{\delta 0}| + |\delta_J|)$$

式中 下标 p，q，J，δ_0——分别代表了平稳风、切变风、结构干扰和发动机零位引起的干扰。

(4) 平稳风引起的攻摆角

$$\alpha_p = \frac{-a_0 b_3 (C_0 - C_1 + C_2)\alpha_{wp}}{a_0 b_3 (C_1 - C_2) - a_0 b_2 C_3 - b_2 C_2}$$

$$\beta_p = \frac{-a_0 b_3 (C_0 - C_1 + C_2)\beta_{wp}}{a_0 b_3 (C_1 - C_2) - a_0 b_2 C_3 - b_2 C_2}$$

$$\delta_{\varphi p} = \frac{-a_0 b_2 (C_0 - C_1 + C_2)\alpha_{wp}}{a_0 b_3 (C_1 - C_2) - a_0 b_2 C_3 - b_2 C_2}$$

$$\delta_{\psi p} = \frac{-a_0 b_2 (C_0 - C_1 + C_2)\beta_{wp}}{a_0 b_3 (C_1 - C_2) - a_0 b_2 C_3 - b_2 C_2}$$

(5) 切变风引起的攻摆角

$$\alpha_q = \frac{\sigma a_0 b_3}{a_0 b_3 + b_2}\alpha_w q$$

$$\beta_q = \frac{\sigma a_0 b_3}{a_0 b_3 + b_2}\beta_w q$$

$$\delta_{\varphi q} = \frac{-\sigma a_0 b_2}{a_0 b_3 + b_2}\alpha_w q$$

$$\delta_{\psi q} = \frac{-\sigma a_0 b_2}{a_0 b_3 + b_2}\beta_w q$$

(6) 结构干扰引起的攻摆角

$$\alpha_J = \frac{2a_0 b_3 C_3 + b_3 C_2}{a_0 b_3 (C_1 - C_2) - a_0 b_2 C_3 - b_2 C_2}\delta_{\overline{M}_{zc}}$$

$$\delta_J = \frac{-a_0 b_2 C_3 - a_0 b_3 (C_1 - C_2)}{a_0 b_3 (C_1 - C_2) - a_0 b_2 C_3 - b_2 C_2}\delta_{\overline{M}_{zc}}$$

(7) 发动机零位引起的攻摆角

$$\alpha_{\delta 0} = \frac{b_3 C_2}{a_0 b_3 (C_1 - C_2) - a_0 b_2 C_3 - b_2 C_2}\delta_0$$

7.3.2 滚动通道的控制能力分析

对于采用多台发动机进行控制时，滚动通道的控制能力是很强的，一般俯仰、偏航通道的控制能力满足即可。当只采用一台发动机进行俯仰和偏航控制时，滚动通道采用非线性喷管控制时，滚动通道的控制能力就显得尤为重要。下面对这种方式的控制能力进行分析。

火箭控制能力的大小主要体现在大风区。当火箭飞行在大风区时，由于风干扰较大，可能出现滚动角较大的情况，如果控制器不具备解耦功能，可能导致姿态发散。如果采用滚动角解耦，可以实现大风区出现较大滚动角的情况。图 7－6 给出一个典型的风场示意图。

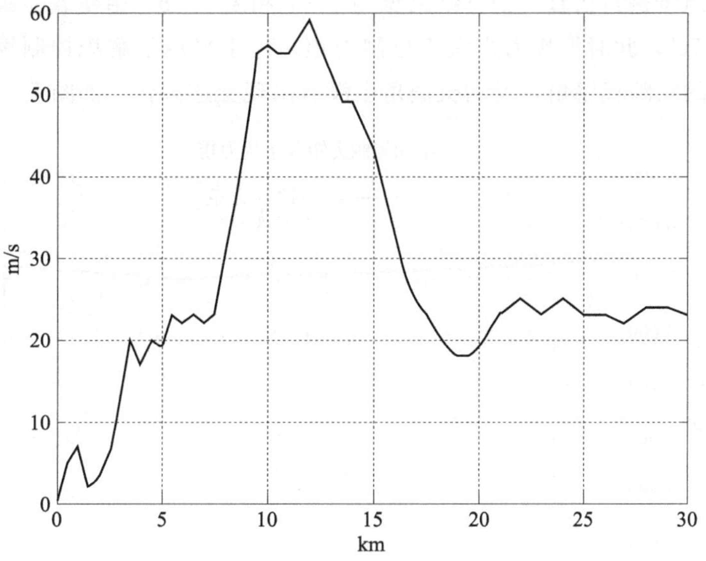

图 7－6　风场示意图

考虑到大风区干扰力大于控制力，出现较大滚动角的情况，出现俯仰和偏航通道的耦合。因此可以考虑采用解耦技术，解耦算法为

$$\begin{aligned}\Delta\varphi &= \cos\gamma(\varphi - \varphi_{cx}) - \sin\gamma(\psi - \psi_{cx}) \\ \Delta\psi &= \cos\gamma(\psi - \psi_{cx}) - \sin\gamma(\varphi - \varphi_{cx})\end{aligned} \tag{7-53}$$

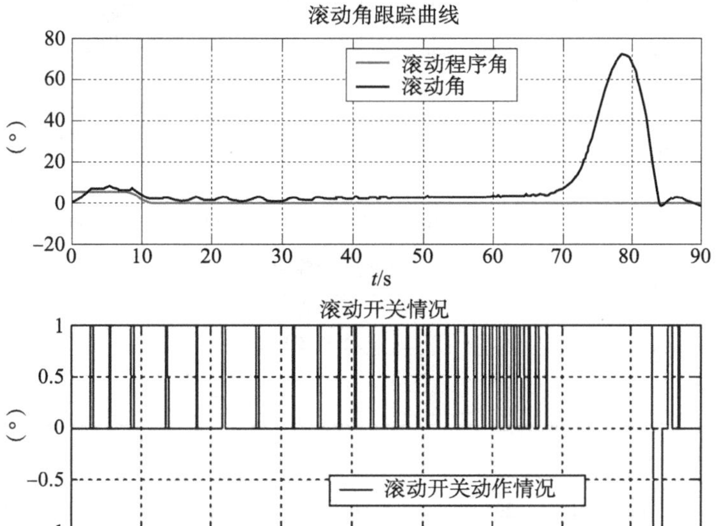

图 7－7　滚动姿态角和滚动开关动作曲线

在大风区能实现解耦，即火箭飞行在大风区时，由于风很大，导致火箭滚转较大角度，俯仰和偏航出现耦合，但由于采用滚动角进行实时解耦，保证了三通道姿态角不发散。

根据某天的风场进行仿真，仿真结果见图 7－7 和图 7－8。由仿真结果可见，在大风区滚动角最大达到 70°，此时干扰力矩大于控制力矩。由于采用了解耦控制算法，俯仰和偏航姿态角能够很好的跟踪程序角，发动机摆角也没有出现交连耦合，如图 7－9 和 7－10 所示。

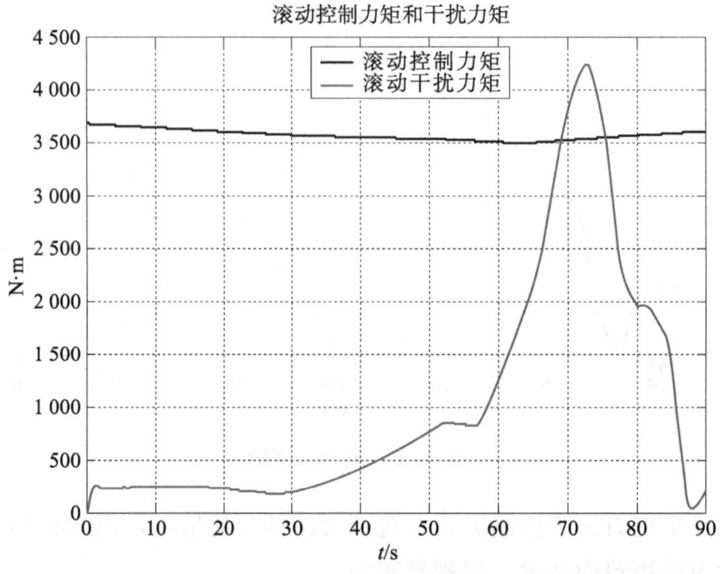

图 7－8　滚动干扰力矩和控制力矩的关系

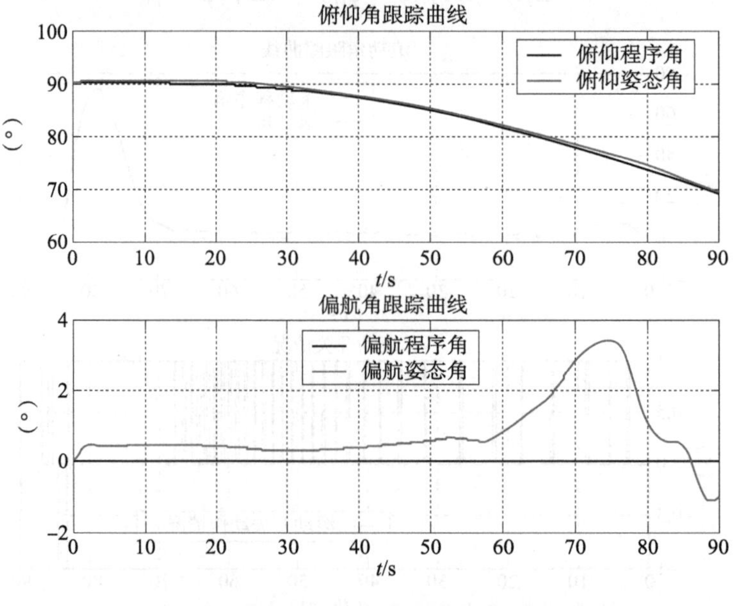

图 7－9　俯仰姿态角和偏航姿态角的跟踪关系

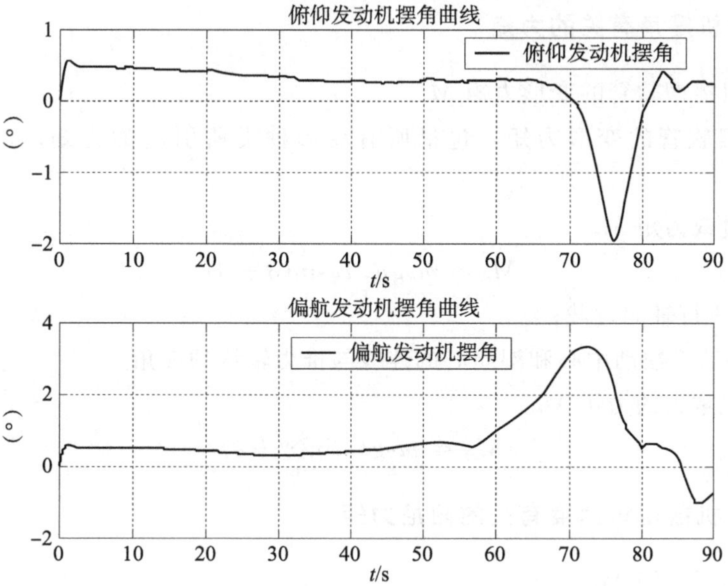

图 7-10　发动机在俯仰、偏航方向的摆角

7.4　运载火箭发动机摆动力矩计算方法

伺服作动器摆动发动机所需的最大作动力，决定于发动机摇摆时作用于常平座摆轴上的最大铰链力矩，由以下几部分组成。

7.4.1　与发动机摆角无关的力矩

（1）常平座的库仑摩擦力矩 M_{f_1}

$$M_{f_1}=[F-(n_x+1)m_R g]f_1 r$$

式中　F——发动机推力；

n_x——飞行时的轴向过载系数；

m_R——发动机的湿质量；

r——常平座轴承摩擦表面半径；

f_1——常平座轴承库仑摩擦系数。

（2）发动机推力偏心力矩 M_e

$$M_e=F_{\max}e$$

式中　e——推力对摆动中心的偏心距。

（3）发动机进口管路的分离力矩 M_i

发动机进口管路分离力矩包括发动机推进剂进口压力力矩和摇摆软管分离力矩。

7.4.2 与发动机摆角有关的力矩

（1）发动机摇摆软管的变形力矩 M_b

发动机摇摆软管的变形力矩，包括所有变形种类所引起的力矩。由发动机方提供数据。

（2）轴向过载力矩 M_n

$$M_n = m_R g n_{x1} l_R \sin(\delta + \vartheta)$$

式中 n_{x1} ——飞行轴向过载；

ϑ ——发动机摆动中心和湿质心的连线与推力轴线的夹角。

（3）发动机重力的力矩 M_m

$$M_m = m_R g l_R \sin(\vartheta + \delta)$$

7.4.3 与发动机摇摆角速度有关的阻尼力矩

（1）燃气哥氏力矩 M_c

发动机喷管中高速流动的燃气，在发动机摇摆时，产生哥氏力矩

$$M_c = q_m L^2 \dot{\delta}$$

式中 q_m ——发动机燃气的质量流量；

L ——发动机摆动中心到喷口端面的距离。

（2）涡轮泵的陀螺力矩 M_t

涡轮泵中的高速转动的结构质量惯性，在随发动机摇摆时，产生陀螺力矩

$$M_t = J_t \omega_t \dot{\delta}$$

式中 J_t ——涡轮泵中转动部分的转动惯量；

ω_t ——涡轮泵的转动角速度。

（3）常平座轴承的黏滞摩擦阻尼力矩 M_{f_2}

$$M_{f_2} = f_2 \dot{\delta}$$

式中 f_2 ——常平座轴承黏滞摩擦系数。

（4）发动机摆动质量的惯性力矩 $M(\ddot{\delta})$

$$M(\ddot{\delta}) = J_R \ddot{\delta}$$

式中 J_R ——发动机的摆动部分对常平座摆轴的转动惯量。

7.4.4 其他力矩项

（1）气动铰链力矩 M_{a_1}

裸露在尾段外面的喷管，在发动机摆动一定角度时，由于空气动力的作用而产生的力矩。

（2）气动阻尼力矩 M_a

由气动专业计算提供力矩值。

（3）防热结构力矩 M_h

由防热结构力矩测量试验可测。

7.5　运载火箭姿态控制对制导的适应性研究

传统运载火箭采用基于标准弹道的摄动制导方法。火箭沿着标准弹道飞行，姿控系统的任务是跟踪标准弹道给出的程序角。因此，火箭姿态运动可以看做标准弹道附近的小扰动运动。这样处理的好处是将火箭质心运动与绕质心运动分开进行研究，姿态的小扰动运动的稳定性就代表了火箭的稳定性，但摄动制导对大干扰的适应性较差，因此火箭采用适应性更好的迭代制导是制导技术发展的一种趋势。

阿里安等典型的运载火箭采用的都是迭代制导，我国新一代快速发射运载火箭研制以来，逐渐采用了迭代制导技术。迭代制导是全量的，而姿控模型是偏量的，两者很难结合起来。针对这种情况，可以采用两种方法，一种方式是将迭代制导线性化，并与姿控模型联系，进行频域分析；另一种方法是给出姿控全量模型，并与迭代制导联立，进行全量仿真。

本节分析姿控对迭代制导的适应性，首先给出姿控全量模型，该模型中考虑弹性、液体晃动。在此基础上，加入迭代制导，以考核迭代制导、姿态控制和箭体姿态动力学之间耦合性，分析姿控对迭代制导的适应性。

7.5.1　迭代制导方法

由于程序角是火箭飞行过程中，根据与目标点的相对关系实时确定的，因此程序角有可能变化较大，如在起导段，程序角可能出现较大的跳变。对于这种程序角的不确定性，一般处理方法是对程序角速度进行限幅，如 3（°）/s；同时要求姿控系统具有较强的跟踪能力，即要求姿控系统设计时不仅要考虑稳定性，也要考虑快速性。

定义目标轨道坐标系：原点在地心，X_G 在轨道面内，指向轨道近地点方向（对于圆轨道，可任意，一般指向目标或分离点），Z_G 轴垂直轨道面，指向动量矩方向，Y_G 轴与 X_G 轴，Z_G 轴构成右手坐标系。

以目标轨道的三个速度矢量和两个位置矢量为目标量，可以求得轨道坐标系下最优姿态程序角为

$$\varphi_x = \tilde{\varphi}_x + k_2 \Delta T_{\mathrm{GUI}} - k_1$$

$$\psi_G = \tilde{\psi}_z + e_2 \Delta T_{\mathrm{GUI}} - e_1$$

式中　$\tilde{\varphi}_x, \tilde{\psi}_z$ ——分别为满足目标点速度约束产生的最优程序角，占整个最优程序角的大部分；

$k_2 \Delta T_{\mathrm{GUI}} - k_1, e_2 \Delta T_{\mathrm{GUI}} - e_1$ ——分别为满足目标点位置约束产生的最优程序角，占整个最优程序角的小部分。

式中

$$\tilde{\varphi}_x = a\tan 2(V_{Tcv} - V_{Tv} - g_{Tv}t_c, V_{Tcx} - V_{Tx} - g_{Tx}t_c)1$$

$$\tilde{\psi}_z = a\sin(V_{Tz} - V_{Tcz} + g_{Tz}t_c, B_1)$$

$$k_1 = A_2 R/\Delta k$$

$$k_2 = A_1 R/\Delta k$$

$$e_1 = B_2 H/\Delta e$$

$$e_2 = B_1 H/\Delta e$$

式中 B_1, B_2, A_1, A_2, R, H ——分别为标准积分项及其相关表达式；

$V_{Tcx}, V_{Tcy}, V_{Tcz}$ ——分别为目标点的速度；

t_c ——迭代制导剩余关机时间。

火箭根据飞行过程中，根据目标点的三个速度、二个位置约束，求出最优程序角 φ_x 和 ψ_G，并通过坐标转换，转换到发惯系下的最优程序角 φ_c 和 ψ_c，姿控系统跟踪该程序角，以使姿态稳定，并保证火箭飞向目标点。

7.5.2 姿态动力学全量模型

运载火箭弹道计算中，经常采用瞬时平衡假设，来忽略姿控动态特性。迭代制导计算时，在弹道计算的基础上，一般考虑刚体的姿态动力学方程。但实际上，火箭不但要考虑刚体运动，还要考虑箭体的弹性振动、液体晃动对姿控的影响。本文在分析姿控对迭代制导的影响时，考虑了箭体的弹性振动和液体晃动的影响。

迭代制导一般在火箭飞行的末级采用，此时一般不考虑大气的影响。当忽略大气的影响时，姿态动力学全量方程如下。

(1) 角加速度方程

$$\begin{aligned}
&\dot{\omega}_z + I_{\alpha}\omega_x\omega_y + b_3\delta_\varphi + b_{30}\ddot{\delta}_\varphi + \sum_{i=1}^{n} b_{1i}\dot{q}_{yi} + \sum_{i=1}^{n} b_{2i}q_{yi} + \sum_{p=1}^{m}\sum_{j=1}^{l} b_{4pj}\ddot{y}_{pj} - \sum_{p=1}^{m}\sum_{j=1}^{l} b_{5pj}y_{pj} = \overline{M}_{zB} \\
&\dot{\omega}_y + I_{bb}\omega_x\omega_z + b_3\delta_\varphi + b_{30}\ddot{\delta}_\psi + \sum_{i=1}^{n} b_{1i}\dot{q}_{zi} + \sum_{i=1}^{n} b_{2i}q_{zi} + \sum_{p=1}^{m}\sum_{j=1}^{l} b_{4pj}\ddot{Z}_{pj} - \sum_{p=1}^{m}\sum_{j=1}^{l} b_{5pj}Z_{pj} = \overline{M}_{yB}
\end{aligned} \tag{7-54}$$

(2) 弹性振动方程

$$\begin{aligned}
&\ddot{q}_{yi} + 2\xi_i\omega_i\dot{q}_{yi} + \omega_i^2 q_{yi} = D_{3i}\delta_\varphi + D''_{3i}\ddot{\delta}_\varphi + \sum_{p=1}^{m}\sum_{j=1}^{l} K_{ipj}\ddot{y}_{pj} + \sum_{p=1}^{m}\sum_{j=1}^{l} K_{(i+n)pj}y_{pj} - \overline{Q}_{iy} \\
&\ddot{q}_{zi} + 2\xi_i\omega_i\dot{q}_{zi} + \omega_i^2 q_{zi} = D_{3i}\delta_\psi + D''_{3i}\ddot{\delta}_\psi + \sum_{p=1}^{m}\sum_{j=1}^{l} K_{ipj}\ddot{Z}_{pj} + \sum_{p=1}^{m}\sum_{j=1}^{l} K_{(i+n)pj}Z_{pj} - \overline{Q}_{iz}
\end{aligned} \tag{7-55}$$

(3) 液体晃动方程

$$\ddot{y}_{pj}+2\zeta_{pj}\Omega_{pj}\dot{y}_{pj}+\Omega_{pj}^2 y_{pj}=\dot{V}\sin\alpha-V\dot{\theta}\cos\sigma\cos\alpha\cos\gamma_V-\dot{\omega}_z X_{zpj}-g\cos\varphi\cos\gamma+\sum_{i=1}^{n}E_{(i+n)pj}q_{yi}+\sum_{i=1}^{n}E_{ipj}\ddot{q}_{yi}$$

$$\ddot{Z}_{pj}+2\zeta_{pj}\Omega_{pj}\dot{Z}_{pj}+\Omega_{pj}^2 Z_{pj}=\dot{V}\cos\alpha\sin\beta+V\dot{\theta}\cos\sigma\sin\alpha\sin\beta-V\dot{\sigma}\cos\beta-\dot{\omega}_y X_{zpj}+g\sin\varphi\sin\psi\cos\gamma+\sum_{i=1}^{n}E_{(i+n)pj}q_{zi}+\sum_{i=1}^{n}E_{ipj}\ddot{q}_{zi}$$

(7－56)

根据式（7－54），箭体的角加速度同时受到弹性振动和液体晃动的影响，因此本书在研究姿控对迭代制导的适应性时，考虑箭体的弹性振动和液体晃动的影响。对式（7－54）积分后，进行欧拉角转换，便可以求出火箭的俯仰姿态角 φ 和偏航姿态角 ψ。姿控系统的任务是令姿态角跟踪程序角。

7.5.3 迭代制导与姿态控制的相互作用关系

制导与姿控的相互作用关系需要纳入到火箭 GNC 系统的相互关系中，见图 7－11。首先，通过火箭的六自由度动力学模块进行解算，可以获得火箭的角速度和视加速度，通过惯组模拟输出，进入导航模块进行解算。导航模块解算出速度、位置、视加速度和重力加速度，提供给制导模块进行运算，制导运算的结果为程序角和程序角速度，并将该结果提供给姿态控制模块，同时，导航模块解算出姿态角，也提供给姿态控制模块。姿态控制模块根据程序角和姿态角，解算出发动机摆角，该发动机摆角进入姿态动力学模块，形成新的角速度和视加速度，进而形成闭环。

由图 7－11 可见，通过迭代，制导系统计算出最优程序角，同时导航系统计算出姿态角，形成角度偏差，姿控系统为了修正该角度偏差，需要发动机摆动一定的角度，发动机摆角会激励液体晃动、箭体弹性振动和姿态的扰动，这些运动共同合成火箭的视加速度，其中，考虑了发动机摆动产生的视加速度项 G_3，G_{30}，弹性振动产生的视加速度项 G_{1i}，G_{2i}，液体晃动产生的视加速度项 G_{4p} 和结构干扰产生的视加速度项 G_{rx}，G_{ry}，G_{rz}。由于视加速度、角速度存在变化，进而通过导航、制导影响姿态角和程序角

$$\dot{W}_{X1}=G_1+g_{rx}$$

$$\dot{W}_{Y1}=G_1\omega_z+G_3\delta_\varphi+G_{30}\ddot{\delta}_\varphi+\sum_{i=1}^{n}G_{2i}q_{yi}+\sum_{i=1}^{n}G_{1i}\dot{q}_{yi}-\sum_{p=1}^{m}\sum_{j=1}^{l}G_{4pj}\ddot{y}_{yi}+G_{ry}$$

$$\dot{W}_{Z1}=-G_1\omega_y-G_3\delta_\psi-G_{30}\ddot{\delta}_\psi-\sum_{i=1}^{n}G_{2i}q_{zi}-\sum_{i=1}^{n}G_{1i}\dot{q}_{zi}+\sum_{p=1}^{m}\sum_{j=1}^{l}G_{4pj}\ddot{Z}_{pj}+G_{rz}$$

由上面的分析可见，制导和姿控是相互耦合的，制导子系统通过程序角，对姿控产生影响，而姿控子系统通过发动机摆角，对制导产生的影响。同时，制导周期与姿控的周期不同，制导为长周期运动，而姿控为短周期运动，因此制导和姿控为两种不同周期，同时又有相互耦合作用关系。因此，需要分析姿控系统对迭代制导的适应性；此外，由于火箭

的长细比较大，同时悬挂液体贮箱，因此在姿控系统设计时需要考虑箭体的弹性振动和液体晃动。为了更全面地考核火箭姿控系统设计对迭代制导的适应性，在仿真时需考虑弹性和晃动的影响。

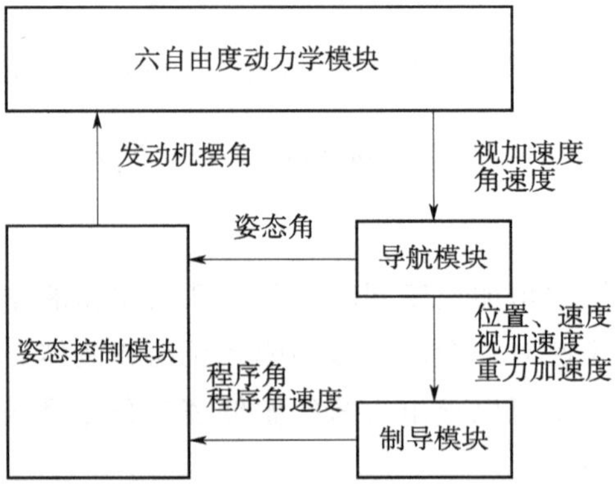

图 7-11　火箭控制系统关系图

7.5.4　姿态控制对迭代制导适应性仿真分析

采用上面介绍的迭代制导和姿态动力学全量模型，对某运载火箭二级飞行进行六自由度仿真分析。其中，迭代制导中的速度、位置积分采用改进欧拉法，程序角为每 100 ms 周期进行输出。姿控采用考虑刚、弹、晃的姿态动力学全量模型，姿控设计采用 PD 控制加校正网络的方法。

仿真时，首先进行制导系统的仿真，然后根据姿控系统设计结果，进行姿控系统的仿真，最后进行制导与姿控的六自由度联合仿真。仿真结果见图 7-12。

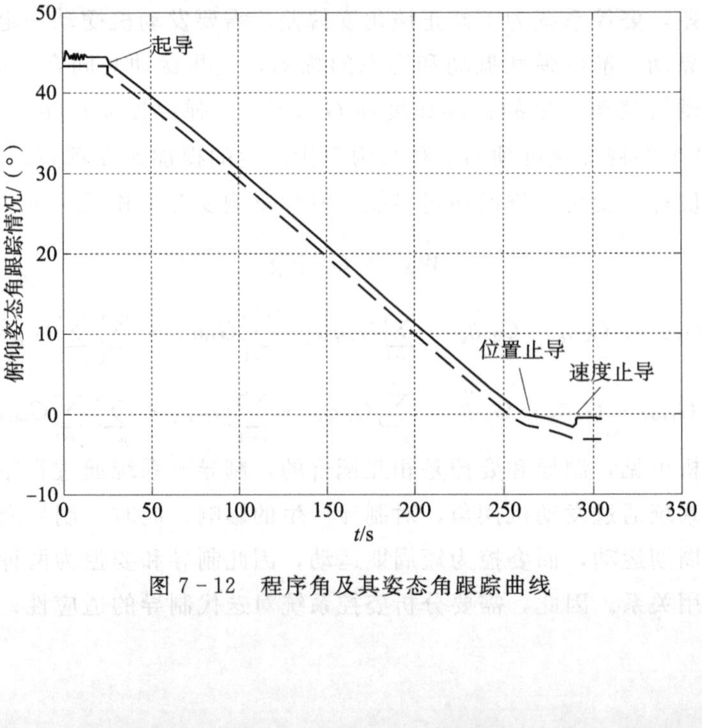

图 7-12　程序角及其姿态角跟踪曲线

图 7－12 中，虚线为迭代制导实时优化出的程序角，实线为考虑弹性振动和液体晃动后，姿态角跟踪曲线。由图 7－12 可见，姿态角很好地跟踪了程序角，由于采用 PD 控制，跟踪会有一定的稳态误差。在起导时刻、位置止导和速度止导时刻，姿态角跟踪效果都很好。尤其是在起导时刻，由于与期望的关机速度、位置相差较大，迭代制导优化的程序角会有较大的突跳，但通过程序角速度限幅，姿控系统也能进行较好的跟踪。

图 7－13 给出了姿控系统跟踪迭代制导优化出的程序角后，发动机摆角曲线和视加速度曲线。由图 7－13 可以看出，发动机摆动角度稳定。由于存在一定的发动机摆角变化，箭体受到的视加速度也在变化，进而影响箭体的速度、位置和程序角。通过图 7－12 和图 7－13 可见，在姿控子系统与制导子系统闭环后，整个回路姿态稳定，程序角收敛。

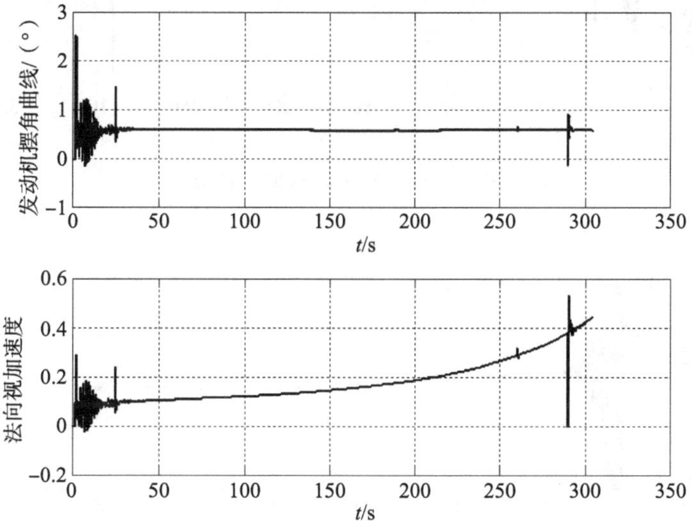

图 7－13　发动机摆角和法向视加速度曲线

图 7－14 和图 7－15 给出的是姿控子系统和制导子系统闭环后，箭体的弹性振动信号和液体晃动信号。由仿真结果可见，考虑了刚、弹、晃后，姿控系统能够适应迭代制导，弹性振动信号衰减，晃动幅值稳定。在校正网络选择适当的情况下，不会对制导程序角和姿态跟踪效果产生较大的影响。

7.6　大质心偏移上面级的姿态控制原理与方法

7.6.1　大质心偏移上面级的特点

火箭上面级与火箭的下面级分离后，通常要完成一定时间的在轨飞行任务，在任务期间可能需要进行多次变轨，与多颗载荷卫星分离，实现卫星组网。

一般的，这种携带多星的上面级的飞行任务与几何结构具有以下特点：

1）发动机摇摆角度较大（$-25°\sim25°$）；

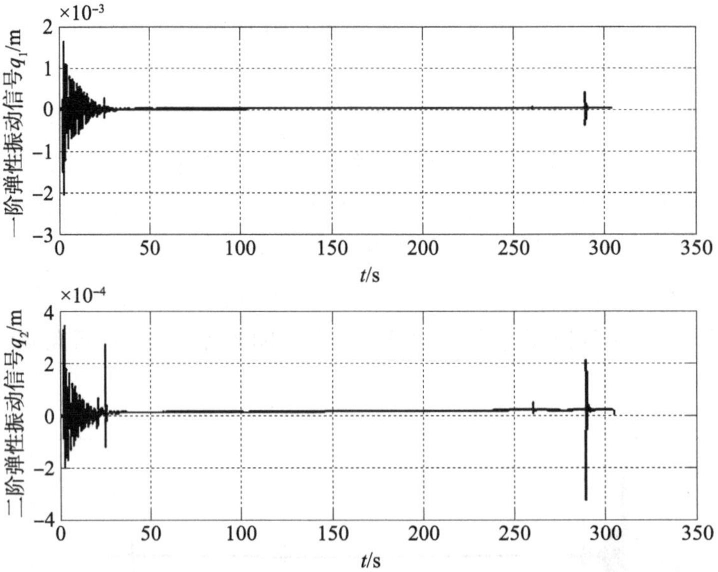

图 7－14　箭体弹性振动信号

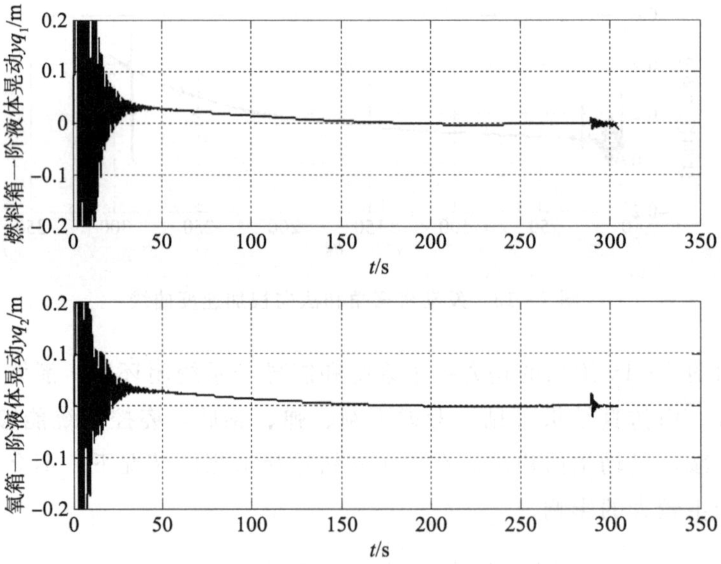

图 7－15　液体晃动曲线

2）部分载荷卫星分离后上面级质心横移量较大，惯量积较大；

3）俯仰调姿角度较大（相对发射惯性系－180°～180°）；

4）载荷卫星分离后上面级姿态初值较大。

上面级姿控系统须完成以下几种任务：

1）主动段姿态跟踪导引信号，保持飞行稳定；

2）大角度俯仰调姿；

3）载荷卫星分离后控制姿态稳定；

4）滑行段上面级姿态相对惯性空间保持稳定。

由于上面级的弹性频率较高，因此，其姿态控制的难点不是针对弹性的网络滤波设计，而是针对上面级的质心横移量大、惯量积大的特点进行控制方法研究。

7.6.2　大质心偏移上面级的控制原理

（1）运动学方程

设 $\boldsymbol{\omega} = [\omega_x \quad \omega_y \quad \omega_z]^{\mathrm{T}}$ 表示上面级转动角速度在体轴系的分量，根据矢量合成法则和 3—2—1 旋转顺序得

$$\begin{bmatrix}\omega_x\\ \omega_y\\ \omega_z\end{bmatrix} = A_x(\gamma)\begin{bmatrix}\dot{\gamma}\\ 0\\ 0\end{bmatrix} + A_x(\gamma)\begin{bmatrix}0\\ \dot{\psi}\\ 0\end{bmatrix} + A_x(\gamma)A_y(\psi)\begin{bmatrix}0\\ 0\\ \dot{\varphi}\end{bmatrix} = \begin{bmatrix}1 & 0 & -\sin\psi\\ 0 & \cos\psi & \cos\psi\sin\gamma\\ 0 & -\sin\gamma & -\cos\psi\cos\gamma\end{bmatrix}\begin{bmatrix}\dot{\gamma}\\ \dot{\psi}\\ \dot{\varphi}\end{bmatrix} \tag{7-57}$$

（2）动力学方程

设上面级在质心体系中的转动惯量矩阵为

$$\boldsymbol{I} = \begin{bmatrix}I_x & -I_{xy} & -I_{xz}\\ -I_{xy} & I_y & -I_{yz}\\ -I_{xz} & -I_{yz} & I_z\end{bmatrix} \tag{7-58}$$

转动角速度在箭体系的分量为 $\boldsymbol{\omega} = [\omega_x \quad \omega_y \quad \omega_z]^{\mathrm{T}}$，则上面级旋转时对质心 O 的动量矩 H_c 在箭体系中的分量为 $\boldsymbol{H}_c = \boldsymbol{I\omega}$。设合外力矩为在体轴系中的投影为 $\boldsymbol{T} = [T_x \quad T_y \quad T_z]^{\mathrm{T}}$，根据动量定理有 $\frac{\mathrm{d}}{\mathrm{d}t}\boldsymbol{H}_c = \boldsymbol{T}$，记 $\boldsymbol{H}_c$ 在体轴系中的相对微商为 $\dot{\boldsymbol{H}}_c$，则有

$$\dot{\boldsymbol{H}}_c + \boldsymbol{\omega} \times \boldsymbol{H}_c = \boldsymbol{T} \tag{7-59}$$

在较短时间内，认为 $\boldsymbol{I}$ 在体轴系中是不变的，则有

$$\boldsymbol{I}\dot{\boldsymbol{\omega}} + \boldsymbol{\omega} \times (\boldsymbol{I\omega}) = \boldsymbol{T} \tag{7-60}$$

写成分量形式为

$$\begin{aligned}
&I_x\dot{\omega}_x - I_{xy}\dot{\omega}_y - I_{xz}\dot{\omega}_z - (I_y - I_z)\omega_y\omega_z - I_{yz}(\omega_y^2 - \omega_z^2) - I_{xz}\omega_x\omega_y + I_{xy}\omega_x\omega_z = T_x\\
&-I_{xy}\dot{\omega}_x + I_y\dot{\omega}_y - I_{yz}\dot{\omega}_z - (I_z - I_x)\omega_z\omega_z - I_{xz}(\omega_z^2 - \omega_x^2) - I_{xy}\omega_y\omega_z + I_{yz}\omega_y\omega_x = T_y\\
&-I_{xz}\dot{\omega}_x - I_{yz}\dot{\omega}_y + I_z\dot{\omega}_z - (I_x - I_y)\omega_x\omega_y - I_{xy}(\omega_x^2 - \omega_y^2) - I_{yz}\omega_z\omega_x + I_{xz}\omega_z\omega_y = T_z
\end{aligned} \tag{7-61}$$

（3）力矩模型

设主机推力为 P，俯仰转角为 δ_{I}，偏航转角为，$-25^\circ \leqslant \delta_{\mathrm{I}}, \delta_{\mathrm{II}} \leqslant 25^\circ$。则主机推力在上面级基准系分量为

$$\boldsymbol{P} = \begin{bmatrix}P\cos\delta_{\mathrm{II}}\cos\delta_{\mathrm{I}}\\ P\cos\delta_{\mathrm{II}}\sin\delta_{\mathrm{I}}\\ -P\sin\delta_{\mathrm{II}}\end{bmatrix} \tag{7-62}$$

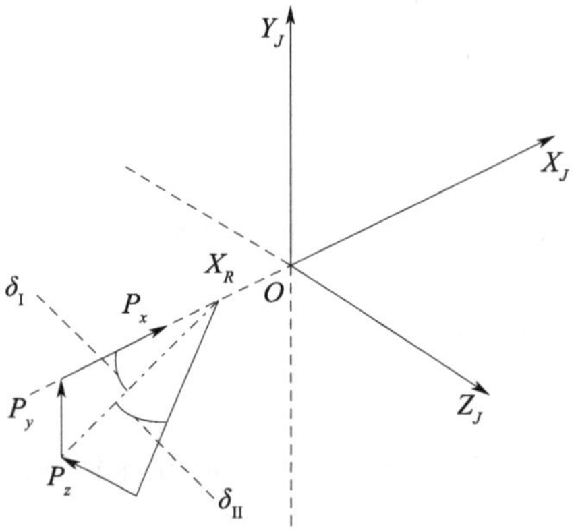

图 7-16 主机摆动角定义

设发动机摇摆点在结构基准坐标系 X_J 轴的纵向坐标为 x_R，设质心位置为 $[x_c, y_c, z_c]^{\mathrm{T}}$，摇摆时推力产生的作用力矩

$$\boldsymbol{T}_p = \begin{bmatrix} P\cos\delta_{\mathrm{II}}\, z_c & P y_c \\ 0 & -P(x_c - x_R) \\ -P\cos\delta_{\mathrm{II}}(x_c - x_R) & 0 \end{bmatrix} \begin{bmatrix} \sin\delta_{\mathrm{I}} \\ \sin\delta_{\mathrm{II}} \end{bmatrix} + \begin{bmatrix} 0 \\ -P\cos\delta_{\mathrm{II}}\cos\delta_{\mathrm{I}}\, z_c \\ P\cos\delta_{\mathrm{II}}\cos\delta_{\mathrm{I}}\, y_c \end{bmatrix} \tag{7-63}$$

摇摆时产生惯性力矩为

$$\boldsymbol{T}_{\ddot{\delta}} = \begin{bmatrix} -J_{R\mathrm{II}}\sin\delta_{\mathrm{I}}\,\ddot{\delta}_{\mathrm{II}} + J_{R\mathrm{II}}\sin\delta_{\mathrm{II}}\,\ddot{\delta}_{\mathrm{I}} \\ -J_{R\mathrm{II}}\cos\delta_{\mathrm{I}}\,\ddot{\delta}_{\mathrm{II}} - m_{R\mathrm{II}}\, l_{R\mathrm{II}}\,\dfrac{(x_c - x_R)}{\cos\delta_{\mathrm{I}}}\ddot{\delta}_{\mathrm{II}} - m_{R\mathrm{II}}\, g n_x l_{R\mathrm{II}}\,\Delta\delta_{\mathrm{II}} \\ -J_{R\mathrm{I}}\cos\delta_{\mathrm{II}}\,\ddot{\delta}_{\mathrm{I}} - m_{R\mathrm{I}}\, l_{R\mathrm{I}}\,\dfrac{(x_c - x_R)}{\cos\delta_{\mathrm{II}}\cos\delta_{\mathrm{I}}}\ddot{\delta}_{\mathrm{I}} - m_{R\mathrm{I}}\, g n_x l_{R\mathrm{I}}\,\Delta\delta_{\mathrm{I}} \end{bmatrix} \tag{7-64}$$

式中 $\Delta\delta_{\mathrm{I}}, \Delta\delta_{\mathrm{II}}$ ——分别为发动机摆角相对平衡摆角的增量；

$J_{R\mathrm{I}}, J_{R\mathrm{II}}$ ——分别为两个方向绕摆动点转动惯量；

$m_{R\mathrm{I}}, m_{R\mathrm{II}}$ ——分别为摇摆部分质量；

g ——当地重力加速度；

n_x ——纵向过载。

7.6.3 大质心偏移上面级姿态控制典型方法

7.6.3.1 发动机预摆与姿态预调

非对称结构使上面级惯量积较大，约为主惯量的 20%～40%，质心横向（或法向）位置为 0～30 mm。主发动机开机时，产生较大作用力矩（最大 150 N·m）。为避免开机时姿态失稳，采用发动机开机前根据质心位置预先摆动策略。

预摆后推力线偏斜较大，直接开机产生法向力或者横向力，为避免这种干扰力，开机前需调姿。预摆角度和姿态预调角度为

$$\delta_{\mathrm{I}0}=\arctan[y_c/(x_c-X_R)] \tag{7-65}$$

$$\delta_{\mathrm{II}0}=-\arctan[z_c/\sqrt{(x_c-X_R)^2+y_c^2}] \tag{7-66}$$

$$\varphi_{z0}=-\arctan[y_c/(x_c-X_R)] \tag{7-67}$$

$$\psi_{z0}=\arctan[z_c/\sqrt{(x_c-X_R)^2+y_c^2}] \tag{7-68}$$

主发动机预摆与姿态预调避免了干扰力和干扰力矩，还有效降低了三通道之间的耦合。

由于系统输入是箭体系的最优姿态角或飞行程序角，所以在控制回路上，输入端应加入姿态预调角补偿，主发动机摆角应加入预摆角补偿。

主动飞行段质心位置为缓变量，根据理论质心改变补偿量，不会产生输入突变，可保证运动平稳（图 7－17）。

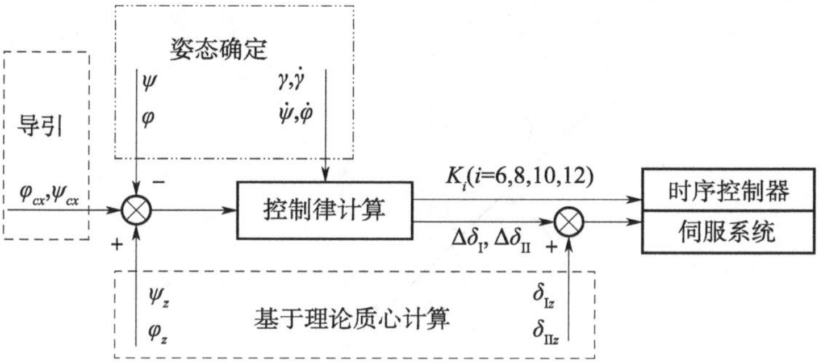

图 7－17　主动段控制策略

补偿量依据理论质心位置计算，作为数据装订到计算机，每次主动段开始时读入。由于燃料消耗，每次主动段过程中质心位置发生慢变，相应的理论补偿量变化较小。若把这种变化当作干扰处理，则每次主动段补偿量可设为常值。

7.6.3.2　上面级变结构解耦控制律设计

根据前面的论述，上面级三通道角运动存在耦合的对象，可以采用完全解耦控制律，也可采用主发动机预摆的半解耦控制律，或主发动机预摆的完全解耦控制律。

解耦方法有滑模变结构解耦控制律、预测解耦控制律、状态反馈极点配置解耦控制律等。以上方法各有特点，应用对象各不相同。如滑模变结构控制律鲁棒性强，适用于高动态特性控制对象，预测解耦控制律、状态反馈极点配置解耦控制律具有一定鲁棒性，适用于复杂程度高的大系统解耦控制。

（1）变结构控制及其趋近律

所谓的变结构控制系统，即存在一个（或几个）切换函数，当系统的状态达到切换函数值时，系统从一个结构自动转换成另一个确定的结构，则称为变结构控制系统。对于一个非线性系统

$$\dot{\boldsymbol{x}}=f(\boldsymbol{x},\boldsymbol{u},t)\quad \boldsymbol{x}\in\mathbf{R}^n,\boldsymbol{u}\in\mathbf{R}^m,t\in\mathbf{R} \tag{7-69}$$

需要确定切换函数向量 $\boldsymbol{s}(\boldsymbol{x}),\boldsymbol{s}\in\mathbf{R}^m$ ，寻求变结构控制

$$u_i(\boldsymbol{x}) = \begin{cases} u_i^+(\boldsymbol{x}) & \text{当 } s_i(\boldsymbol{x}) > 0 \text{ 时；} \\ u_i^-(\boldsymbol{x}) & \text{当 } s_i(\boldsymbol{x}) < 0 \text{ 时。} \end{cases} \tag{7-70}$$

使得

1）满足到达条件，即切换面以外的相轨线将于有限时间内到达切换面；

2）切换面是滑动模态区，且滑动模态渐进稳定，动态品质良好。

系统能够到达切换面的条件是 $s\dot{s}<0$ ，常用的几种趋近律可以使系统到达切换面，如等速趋近律、指数趋近律、幂次趋近律等。考虑到趋近律不要太复杂、又具有良好的趋近特性，便于工程应用，一般选择指数趋近律。其表示形式为

$$\dot{s} = -\varepsilon \operatorname{sgn}(s) - ks \quad \varepsilon > 0 \quad k > 0 \tag{7-71}$$

式中　sgn(•)——符号函数。

趋近的过程见图 7-18。

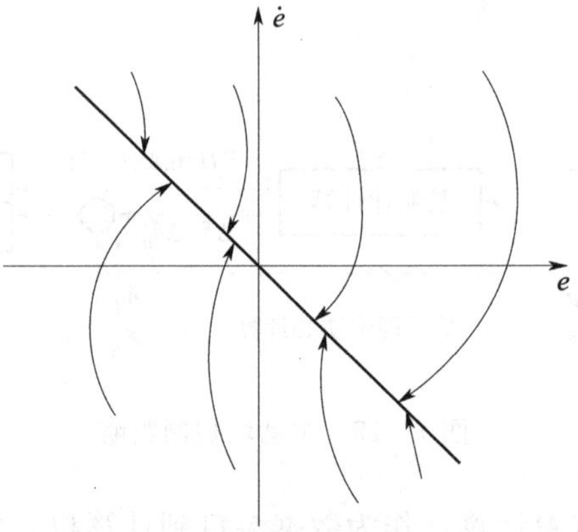

图 7-18　趋近滑模过程

式（7-71）中，将 ε 取一个小的数值，k 取一个适当的数值。当相轨线离滑模面较远时，ks 较大，使相轨线快速趋近滑模，当接近滑模面时，s 接近于 0，$\varepsilon\operatorname{sgn}(s)$ 起主要作用，当 ε 选择较小时，可以使抖振变小。

变结构控制的突出优点是滑动模态与摄动完全无关，使系统的这一模态具有完全的抗摄动性或者说具有对摄动的完全自适应性。

对于线性系统

$$\dot{\boldsymbol{x}} = \boldsymbol{Ax} + \boldsymbol{Bu} + \boldsymbol{Df} \tag{7-72}$$

切换函数为 $\boldsymbol{s} = \boldsymbol{Cx}$ ，则

$$\dot{\boldsymbol{s}} = C\dot{\boldsymbol{x}} = \boldsymbol{CAx} + \boldsymbol{CBu} + \boldsymbol{CDf} = 0 \tag{7-73}$$

在矩阵 $\boldsymbol{CB}$ 非奇异的情况下，可以解得等效控制为

$$\boldsymbol{u} = -(\boldsymbol{CB})^{-1}[\boldsymbol{CAx} + \boldsymbol{CDf}] \tag{7-74}$$

代入原系统，便可得到描述滑动模态的运动微分方程

$$\dot{\boldsymbol{x}} = [\boldsymbol{I} - \boldsymbol{B}(\boldsymbol{CB})^{-1}C]\boldsymbol{Ax} + [\boldsymbol{I} - \boldsymbol{B}(\boldsymbol{CB})^{-1}C]\boldsymbol{Df} \tag{7-75}$$

在式（7-75）中，如果干扰对滑动模态运动不产生影响，则有

$$[\boldsymbol{I}-\boldsymbol{B}(\boldsymbol{CB})^{-1}\boldsymbol{C}]\boldsymbol{Df}=0 \tag{7-76}$$

因此，有下面的定理。

对于系统式（7-72），滑动模态不受干扰 $\boldsymbol{f}$ 影响的充分必要条件为

$$\mathrm{rank}[\boldsymbol{B},\boldsymbol{D}]=\mathrm{rank}[\boldsymbol{B}] \tag{7-77}$$

同样，对于一般的系统

$$\dot{\boldsymbol{x}}=\boldsymbol{Ax}+\Delta\boldsymbol{Ax}+\boldsymbol{Bu}+\Delta\boldsymbol{Bu}+\boldsymbol{Df} \tag{7-78}$$

则在参数摄动的情况下，保持滑模不变性的条件是

$$\mathrm{rank}[\boldsymbol{B},\Delta\boldsymbol{A}]=\mathrm{rank}[\boldsymbol{B}] \tag{7-79}$$

$$\mathrm{rank}[\boldsymbol{B},\Delta\boldsymbol{B}]=\mathrm{rank}[\boldsymbol{B}] \tag{7-80}$$

下面对 $\boldsymbol{R}_s$ 空间趋近模态的不变性进行讨论。

$$\dot{\boldsymbol{s}}=\frac{\partial s}{\partial x}(\boldsymbol{Ax}+\Delta\boldsymbol{Ax}+\boldsymbol{Bu}+\Delta\boldsymbol{Bu}+\boldsymbol{Df}) \tag{7-81}$$

趋近律采用指数趋近律

$$\dot{\boldsymbol{s}}=-\boldsymbol{\varepsilon}\mathrm{sgn}(\boldsymbol{s})-\boldsymbol{ks} \tag{7-82}$$

可得变结构控制律为

$$\dot{\boldsymbol{u}}=\left[\frac{\partial s}{\partial x}(\boldsymbol{B}+\Delta\boldsymbol{B})\right]^{-1}\left[\frac{\partial s}{\partial x}(\boldsymbol{Ax}+\Delta\boldsymbol{Ax})+\frac{\partial s}{\partial x}\boldsymbol{Df}+\boldsymbol{\varepsilon}\mathrm{sgn}(\boldsymbol{s})+\boldsymbol{ks}\right] \tag{7-83}$$

代入式（7-78），便可得变结构控制系统的运动微分方程。容易看出，该趋近律方程依赖于 $\Delta\boldsymbol{A}$、$\Delta\boldsymbol{B}$ 和外干扰 $\boldsymbol{f}$。

当考虑一个趋近空间

$$\boldsymbol{R}_s=\{\boldsymbol{s}\}=\{s_1,s_2,\cdots,s_m\} \tag{7-84}$$

这是一个 m 维的欧氏空间，坐标系为 $\{s_1,s_2,\cdots,s_m\}$。

趋近律式（7-82）中，$\boldsymbol{\varepsilon}$ 和 $\boldsymbol{k}$ 确定后，则在 $\boldsymbol{R}_s$ 空间中就有一个确定的、与系统方程完全无关的方程，因此，在 $\boldsymbol{R}_s$ 空间中，趋近过程对系统本身、摄动和外干扰，都具有不变性。

$\boldsymbol{R}_s$ 空间的趋近过程的性质能够辅助给出 $\boldsymbol{R}^n$ 空间趋近模态的某些定性的结论，却不能定性地表述它的全部性质，因此 $\boldsymbol{R}_s$ 空间的不变性的意义是有限的。

（2）上面级变结构控制律

上面级的一个显著特点是当卫星分离后，惯量积较大，出现系统通道间的耦合。但是将这种耦合当成干扰，仍然可以进行有效的控制。下面根据上面级的特点，进行变结构控制律的设计。根据主动段的数学模型

$$\ddot{\gamma}+nd_3K_\gamma+a_{12}\Delta\delta_\psi+a_{13}\Delta\delta_\varphi=0 \tag{7-85}$$

$$\Delta\ddot{\psi}+b_{3\psi}\Delta\delta_\psi+a_{21}K_\gamma+a_{23}\Delta\delta_\varphi=\overline{M}_{yp} \tag{7-86}$$

$$\Delta\ddot{\varphi}+b_{3\varphi}\Delta\delta_\varphi+a_{31}K_\gamma+a_{32}\Delta\delta_\psi=\overline{M}_{zp} \tag{7-87}$$

式中　$\gamma,\Delta\psi,\Delta\varphi$——分别为滚动角、偏航角增量和俯仰角增量；

K_γ——表示滚动喷管的正开、负开和关，取值为+1，−1 和 0；

$\Delta\delta_\varphi,\Delta\delta_\psi$ ——分别为发动机的俯仰舵偏角和偏航舵偏角；

$\overline{M}_{yp},\overline{M}_{zp}$ ——系统受到的干扰。

其余符号为系数。

由式（7－85）～式（7－87）可见，上面级三个通道存在耦合。本文设计方法是将这些耦合当作干扰进行处理。由于变结构控制在系统进入滑模后，对干扰具有不变性。因此，对于系统表达式（7－85）～式（7－87），采用单通道进行控制，将另外两个通道耦合和自身通道的干扰都认为是这个通道的干扰。以俯仰通道表达式（7－87）为例，设 $x_1 = \Delta\varphi, x_2 = \Delta\dot{\varphi}, u = \Delta\delta_\varphi$ ，将其写成状态空间形式为

$$\begin{bmatrix}\dot{x}_1\\ \dot{x}_2\end{bmatrix}=\begin{bmatrix}0 & 1\\ 0 & 0\end{bmatrix}\begin{bmatrix}x_1\\ x_2\end{bmatrix}+\begin{bmatrix}0\\ -b_{3\varphi}\end{bmatrix}u+\begin{bmatrix}0\\ \overline{M}_z\end{bmatrix} \tag{7-88}$$

式中　$\overline{M}_z = \overline{M}_{zp} - a_{31}K_\gamma - a_{32}\Delta\delta_\psi$ 。

设滑模为

$$s = k_1 e + \dot{e} \tag{7-89}$$

式中　$k_1 > 0$ ；

$e = r - x_1$ ；

r ——期望输入。

则上式的导数为

$$\dot{s} = k_1(\dot{r} - x_2) + \ddot{r} + b_{3\varphi}u - \overline{M}_z \tag{7-90}$$

根据指数趋近律，有

$$u = b_{3\varphi}^{-1}[-\varepsilon\mathrm{sgn}(s) - k_2 s - k_1(\dot{r} - x_2) - \ddot{r} + \overline{M}_z] \tag{7-91}$$

由此，便可求得上面级俯仰通道的变结构控制律。由该控制律可以看出，采用指数趋近律的变结构控制律只有三个参数 ε，k_1 和 k_2 需要调节，其中，ε 为很小的量，因此主要调节 k_1 和 k_2 两个参数。偏航和滚动通道采用的方法类似于俯仰通道的控制方法。

当干扰 $\overline{M}_z$ 未知时，控制律 u 中不应该再含有干扰，则上式改写为

$$u = b_{3\varphi}^{-1}[-\varepsilon\mathrm{sgn}(s) - k_2 s - k_1(\dot{r} - x_2) - \ddot{r}] \tag{7-92}$$

为了趋近滑模面，控制律能够满足 $s\dot{s} < 0$ ，则

$$s\dot{s} = s(k_1\dot{e} + \ddot{r} + b_{3\varphi}u - \overline{M}_z) \tag{7-93}$$

将控制律 u 代入到式（7－93），得

$$\begin{aligned}s\dot{s} &= s[k_1\dot{e} + \ddot{r} - \varepsilon\mathrm{sgn}(s) - k_2 s - k_1\dot{e} - \ddot{r} - \overline{M}_z]\\ &= s[-\varepsilon\mathrm{sgn}(s) - k_2 s - \overline{M}_z] \leqslant -\varepsilon\,|\,s\,| - k_2 s^2 + |\,\overline{M}_z\,||\,s\,|\end{aligned} \tag{7-94}$$

当 $\varepsilon > |\,\overline{M}_z\,|$ 时，满足 $s\dot{s} < 0$ 。

根据控制律表达式（7－91）进行设计仿真，仿真结果见图 7－19～图 7－25。

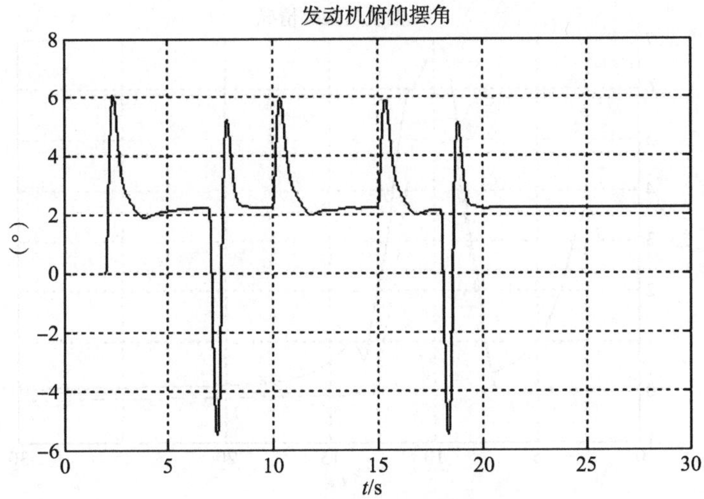

图 7-19　发动机俯仰摆角曲线

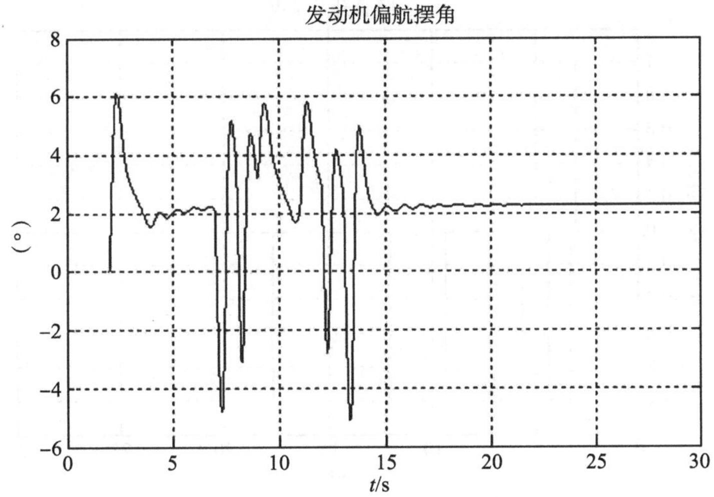

图 7-20　发动机偏航摆角曲线

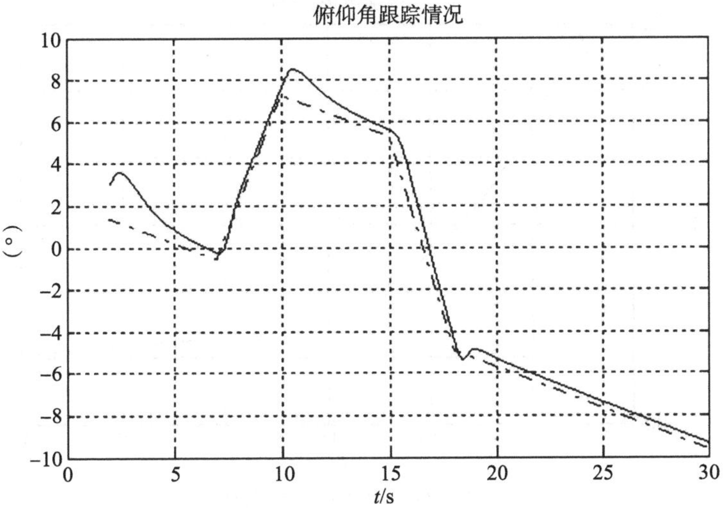

图 7-21　俯仰角跟踪曲线

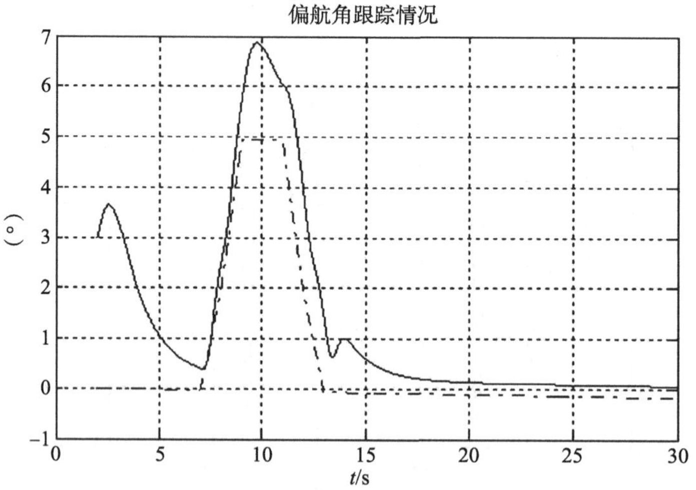

图 7 - 22　偏航角跟踪曲线

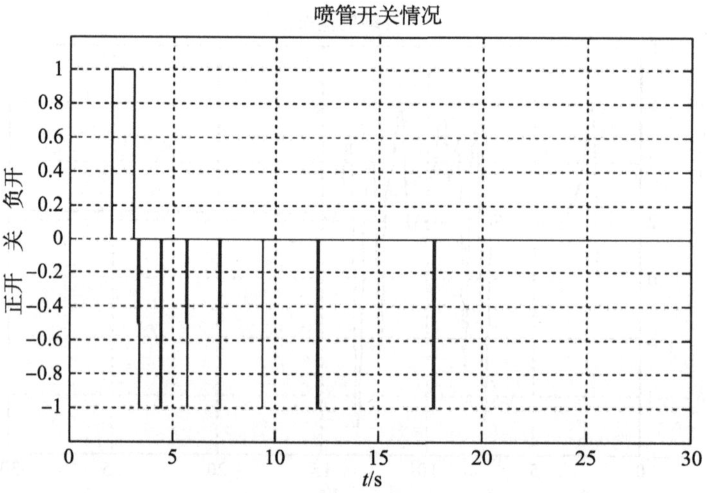

图 7 - 23　滚控喷管动作曲线

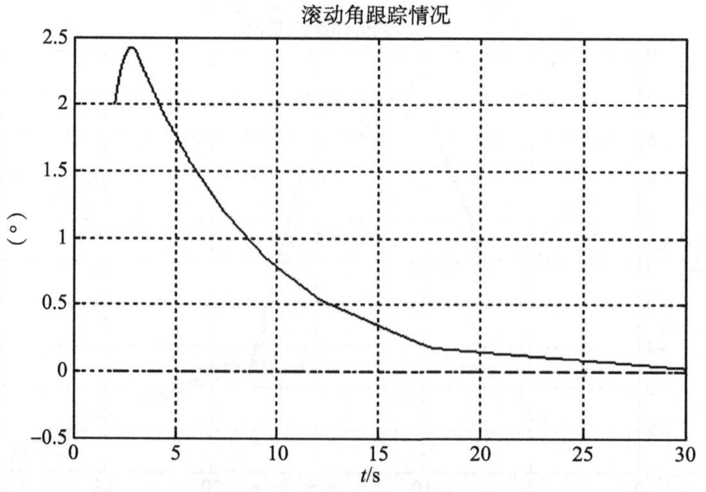

图 7 - 24　滚动角跟踪曲线

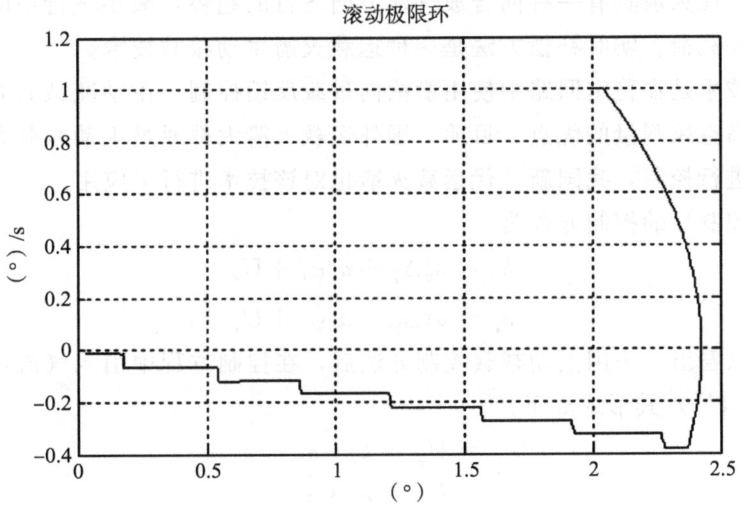

图 7-25 滚动极限环曲线

7.7 运载火箭姿态控制方法的应用

未来运载火箭发展的趋势是系列化和模块化，以基本型为起点，捆绑多个液体或固体助推，形成轴对称或面对称运载火箭。由于火箭的发展趋势及其自身的特点，对姿控系统提出更高的要求。火箭捆绑大型助推器后，弹性模态变得复杂，助推和芯级、通道与通道之间都存在弹性模态耦合。此外，火箭引用全向发射技术后，火箭的各个通道之间也会存在交连耦合，因此，运载火箭的解耦控制和弹性自适应控制是姿态控制系统必须加以研究的课题之一。

运载火箭减载控制可以减轻运载火箭的结构质量，提高运载能力，降低发射成本，是运载火箭应用的一项重要技术。减载控制就是采用一定的技术手段，降低高空风对运载火箭飞行的影响，从而减小运载火箭的气动载荷，保证其在高空风区域飞行的安全可靠。

目前，运载火箭姿控设计采用的方法仍是经典的频域分析方法，并进行时域仿真，以验证姿控参数设计的合理性。随着先进控制理论的发展，一些先进控制理论已经在很多领域得以应用，在运载火箭的姿态控制系统设计上也进行了一定程度的探索，本节将对这些问题进行探讨。

7.7.1 运载火箭的减载控制

运载火箭减载控制方法主要有两种。一种是事先补偿方法。即根据历年高空风测量数据规律，确定数条针对不同高空风情况补偿的标准弹道，根据高空风观测资料及发射前的高空风预报，选定和装订相应标准弹道的发射诸元。该方法的补偿效果取决于对高空风规律判断的准确性。我国 CZ-3A、CZ-2E 火箭均采用过此种技术，获得了一定的减载效果。另一种是实时补偿方法，即在姿态控制方程中加入测得或实时计算的火箭相对气流的攻角、侧滑角，使火箭具有一种向合成气流方向飞行的趋势，减小飞行中的气流攻角和侧滑角，降低气动载荷。实时补偿方法是一种运载火箭主动减载技术。

主动减载技术是在稳定回路中使用横法向过载反馈控制。主动减载具有实时性强，不需要射前进行高空风测量的优点。目前，国外运载火箭大都通过主动减载方法对高空风产生的气动载荷进行控制，我国新一代运载火箭也对该技术进行了应用。

引入减载控制后的控制方程为

$$\delta_\varphi = a_0^\varphi \Delta\varphi + a_1^\varphi \dot{\varphi}_T + U_\varphi \tag{7-95}$$

$$\delta_\psi = a_0^\psi \Delta\varphi + a_1^\psi \dot{\psi}_T + U_\psi \tag{7-96}$$

由上式可以看出。采用主动减载控制方法后，在控制方程中引入气流攻角、侧滑角的反馈控制项 U_ϕ,U_ψ，其形式如下

$$U_\varphi = k_\varphi * \alpha' \tag{7-97}$$

$$U_\psi = k_\psi * \beta' \tag{7-98}$$

式中 α',β' ——合成气流攻角、侧滑角；

k_φ,k_ψ ——分别为气流攻角、气流侧滑角的待定系数。

攻角和侧滑角的反馈控制项在跨声速段和最大动压段加入，以补偿风的影响。

根据式（7-95）和式（7-96）可见，主动减载是在发动机摆角中引入气流攻角、侧滑角的反馈控制，以达到较好的减载效果。如果运载火箭上能使用攻角传感器测量气流攻角与侧滑角，只要姿态控制系统的软件部分作相应改动，就能很好地实现气流攻角与侧滑角反馈，从而达到理想的减载控制目的。

但是攻角传感器在安装和使用方面还存在一些困难，目前运载火箭上一般不采用攻角传感器，因此实际应用中需要探索使用其他的方法来获得气流攻角、侧滑角。

实际应用大多采用实时视加速度与姿态角偏差来近似获得实时攻角、侧滑角，以实现减载的目的。通过推导，合成气流攻角 α'、气流侧滑角 β' 表示为

$$\alpha' = k_\alpha * m(-\dot{W}_x \sin\varphi + \dot{W}_y \cos\varphi)/q \tag{7-99}$$

$$\beta' = -k_\beta * m(\dot{W}_x \cos\varphi \sin\psi + \dot{W}_y \sin\varphi \sin\psi + \dot{W}_z \cos\psi)/q \tag{7-100}$$

式中 m,q ——分别为标准弹道的质量和动压；

k_α,k_β ——分别为俯仰、侧滑方向修正系数。

在工程实现上，由捷联惯组的加速度计可得到视加速度，通过导航解算获得箭体姿态角，并根据制导提供的程序角，获得姿态偏差。再事先装订标准弹道的火箭质量、动压等数据，就可由箭上计算机根据上两式实时计算气流攻角、侧滑角，从而实现减载控制。

引入减载后的控制框图见图 7-26，仿真表明，火箭控制系统引入减载控制后，通过适当调整系数，可以减小风引起的姿态角偏差，攻角和侧滑角，同时也会引入系统超调。因此在引入减载控制后，需要进行大量姿控系统仿真和频域分析工作。

7.7.2 运载火箭的弹性自适应控制

运载火箭的弹性稳定主要有幅值稳定和相位稳定两种。这两种方法都要求姿态测量元

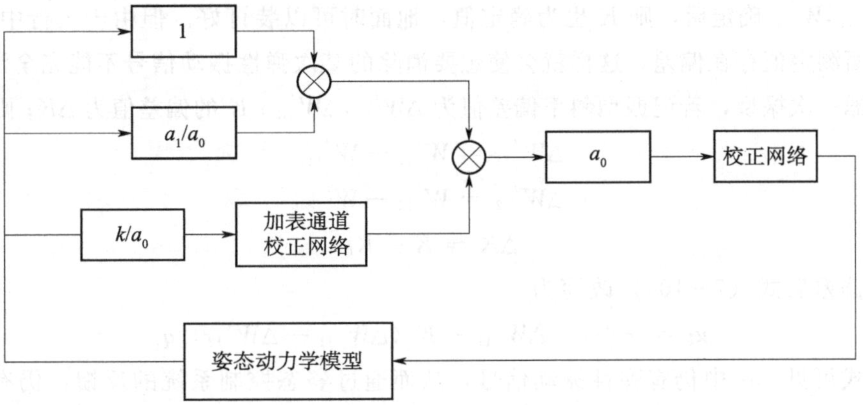

图 7－26　运载火箭引入减载控制后姿态动力学控制框图

件的安装位置能够选择，但作为姿态角测量元件的平台或惯组，放置的位置是不能任意选择的，一般是在火箭的最末一级上，因此想要通过选择姿态角测量元件的安装位置来改变振型斜率 $W'(X_{GZ})$ 是不可能的。但速率陀螺安装比较灵活，全箭可选的位置也比较多，因此可以根据对振型斜率 $W'(X_{gT})$ 的要求选择安装位置。还可以根据需要，利用两个或多个速率陀螺安装在不同位置，改变两次或多次振型的等效斜率 $\overline{W}'_i(X_{gT})$ 以满足弹性振动稳定的要求。

如果采用两个速率陀螺，安装在不同位置上，使其感受到该次弹性振型的信号相位相反。这样，将两个速率陀螺的信号按着合适的比例进行叠加后，就会使该次弹性振动信号相互抵消。此时，第一个速率陀螺和第二个速率陀螺的测量到的信号分别为

$$\dot{\varphi}_{gT_1} = \dot{\varphi} - \sum_{i=1}^{n} W'_{i1}\dot{q}_i \tag{7-101}$$

$$\dot{\varphi}_{gT_2} = \dot{\varphi} - \sum_{i=1}^{n} W'_{i2}\dot{q}_i \tag{7-102}$$

式中　W'_{i1}, W'_{i2} ——分别为速率陀螺 1 和 2 的 i 阶振型。

两个速率陀螺叠加后的信号为

$$u_{\dot{\varphi}} = K_1\dot{\varphi}_{gT_1} + K_2\dot{\varphi}_{gT_2} = (K_1 + K_2)\Delta\dot{\varphi} - \sum_{i=1}^{n}[K_1 W'_{i1} + K_2 W'_{i2}]\dot{q}_i \tag{7-103}$$

式中　K_1，K_2——分别为可调系数。

在实际应用上，往往把两个速率陀螺分别放在二次振型的二个波腹附近。这时 $W'_{11} > 0, W'_{12} < 0$，可以通过改变 K_1 和 K_2 使弹性振动信号相抵消。令 $K_1 + K_2 = 1$，且认为 $\dot{\varphi}_{gT_1}$ 和 $\dot{\varphi}_{gT_2}$ 只包括一次振型的弹性振动信号，则上式变为

$$u_{\dot{\varphi}} = \dot{\varphi} - W'_{11}\dot{q}_1 - K(W'_{12} - W'_{11})\dot{q}_1 \tag{7-104}$$

当 K 满足

$$K = \frac{W'_{11}}{W'_{11} - W'_{12}} \tag{7-105}$$

时，式（7－104）中不含 $\dot{q}_1$。

当 W'_{11}, W'_{12} 确定后，则 K 也为确定值，地面时可以装订好。但由于飞行中 W'_{11}, W'_{12} 可能与地面测定值存在偏差，这样就会使想要消除的某次弹性振动信号不能完全消除。这里还是只考虑一次振型，若记振型斜率偏差值为 $\Delta W'_{11}, \Delta W'_{12}$；$K$ 的偏差值为 ΔK；则

$$\Delta W'_{11} = W'_{11} - W'_{11,0}$$
$$\Delta W'_{12} = W'_{12} - W'_{12,0}$$
$$\Delta K = K - K_0$$

考虑偏差后式（7－104）改写为

$$u_{\dot{\varphi}} = \dot{\varphi} + [-\Delta W'_{11} + K_0(\Delta W'_{11} - \Delta W'_{12})]\dot{q}_1 \tag{7-106}$$

由上式可见，$u_{\dot{\varphi}}$ 中仍有弹性振动信号，从而通过姿态控制系统的反馈，仍有导致一次弹性振动不稳定的可能。从上面的分析可以看到，当存在偏差时，之所以未能完全消除弹性振动信号，是因为式（7－105）中的 K 值用了预先装订的 K_0。如果在出现斜率偏差的情况下，同时对 K 进行适当的修正，使其接近 K 的实际值，这需要在飞行过程中自动地调整 K 值，弹性自适应控制就能满足这个需要。

根据式（7－101）和式（7－102），有

$$\dot{\varphi}_{gT_1} - \dot{\varphi}_{gT_2} = -(W'_{11} - W'_{12})\dot{q}_1 \tag{7-107}$$

令

$$\Delta K = a\int_0^t (\dot{\varphi}_{gT_1} - \dot{\varphi}_{gT_2})u_{\dot{\varphi}}\mathrm{d}t \tag{7-108}$$

将式（7－104）和式（7－107）代入式（7－108）中，有

$$\Delta K = a\int_t^{t+\Delta t} -\dot{\varphi}(W'_{11} - W'_{12})\dot{q}_1\mathrm{d}t + a\int_t^{t+\Delta t}[W'_{11} - K(W'_{11} - W'_{12})](W'_{11} - W'_{12})\dot{q}_1^2\mathrm{d}t \tag{7-109}$$

式中 $\dot{\varphi}$——刚性箭体缓变信号；

$\dot{q}_1$——一次振型的弹性振动信号，其一般形式为 $\dot{q}_1 = |q_1|\sin(\omega_1 t + \theta)$；

$|q_1|$——振动的幅值；

ω_1——振动的圆频率，$\omega_1 = 2\pi/\tau_1$；

τ_1——振动周期；

θ——初相位。

为讨论简单起见，取 $\Delta t = \tau_1$，在弹性振动周期内，可近似认为式（7－109）中的 $\dot{\varphi}$，K，$|q_1|$ 不变而固定在 t 时刻。此时式（7－109）右端的第一项积分为零，故有

$$\Delta K = a[W'_{11} - K(W'_{11} - W'_{12})](W'_{11} - W'_{12})\int_t^{t+\tau_1}\dot{q}_1^2\mathrm{d}t \tag{7-110}$$

式中 $\int_t^{t+\tau_1}\dot{q}_1^2\mathrm{d}t \geqslant 0$

则当 $W'_{11} - K(W'_{11} - W'_{12}) \neq 0, \dot{q}_1 \neq 0$ 时，$\Delta K \neq 0$；当 $W'_{11} - K(W'_{11} - W'_{12}) = 0$，或 $\dot{q}_1 = 0$ 时，$\Delta K = 0$。

因 $W'_{11} - W'_{12}$ 与 W'_{11} 同号，故当 $K(W'_{11} - W'_{12}) < W'_{11}$ 时，$\Delta K > 0$；当 $K(W'_{11} -$

$W'_{12}) > W'_{11}$ 时，$\Delta K < 0$ 。

由此得到了一个可正可负的调整信号 ΔK ，ΔK 的正、负决定于 $K(W'_{11} - W'_{12})$ 相对于 W'_{11} 的大小，即决定于 $u_{\dot{\varphi}}$ 中弹性振动的符号，当满足 $K(W'_{11} - W'_{12}) \neq W'_{11}$ 而 $\dot{q}_1 = 0$ 或 $K(W'_{11} - W'_{12}) = W'_{11}$ 而 $\dot{q}_1 \neq 0$ 或 $\dot{q}_1 = 0$ 时，调整终止。

显然，这两个条件都使式（7－104）中的弹性振动信号为零，故调整结束后 $u_{\dot{\varphi}}$ 中不包含弹性振动信号。这样，就做到了飞行过程中自动地调整 K 值使 $u_{\dot{\varphi}}$ 信号不含一次弹性振动信号。

7.7.3　运载火箭的解耦控制

运载火箭的姿态控制系统设计时，一般是按照单通道进行设计的，随着火箭技术的发展，这种单通道设计已经不能满足要求。运载火箭采用全向发射技术后，由于火箭起飞后火箭滚转，导致俯仰和偏航通道存在耦合。此外，对于大型捆绑运载火箭，由于助推的局部模态对全箭的模态影响非常明显，因此需要考虑空间模态，这样的弹性模态是三通道耦合的。在这种情况下，需要考虑三通道解耦控制技术。

(1) 全向发射运载火箭的姿态解耦控制技术

对于多通道耦合的运载火箭的姿态解耦控制技术，一般采用逆奈奎斯特阵列方法，其基本设计思想是先在被控对象前面或后面（或者同时在其前面和后面）加入一个预补偿器（通常可以用一个常数矩阵来描述），来减弱而不是完全消除各回路间的相互关联，使系统的开环传递函数或前向传递函数矩阵成为对角优势阵。这样，系统的设计就可以简化为一组单变量系统的补偿设计问题。这种方法的关键是对被控对象进行预补偿，使其传递函数矩阵具有对角优势的性质。这种方法应用于系统的传递函数矩阵的逆尤为有效。

在图 7－27 中，$G(s)$ 为被控对象，$K(s)$ ，$L(s)$ 为预补偿器。它一般用来削弱控制对象各回路之间的交连，从而使系统的传递函数矩阵变为对角矩阵或对角优势矩阵，$\boldsymbol{F}$ 是代表传感器的反馈增益矩阵，通常为常数对角矩阵，$\boldsymbol{C}(s)$ 是分别对各回路进行动态优势校正的补偿器，它也是对角矩阵

$$\boldsymbol{C}(s) = \mathrm{diag}[C_{11}(s) \quad C_{12}(s) \quad \cdots \quad C_{mn}(s)] \tag{7-111}$$

在实际物理系统中，静态比例系数在 $\boldsymbol{F}$ 和 $\boldsymbol{C}(s)$ 之间统筹分配，以保证总增益达到要求。

多变量系统结构如图 7－27 所示。

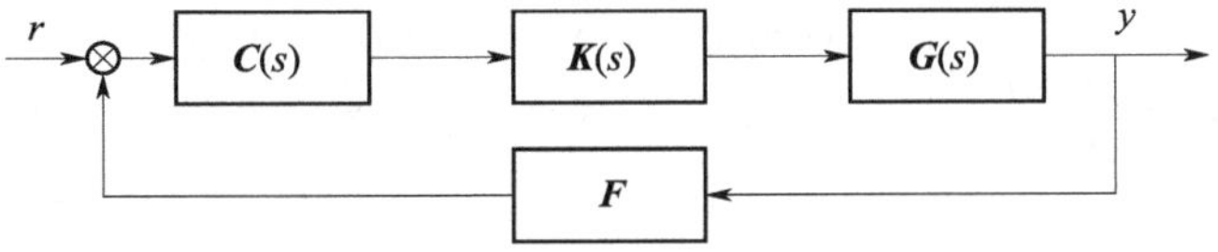

图 7－27　多变量系统结构

由逆奈奎斯特阵列法的基本思想可知，采取这一方法设计多变量系统的主要任务是

1）设计预补偿器 $\boldsymbol{K}(s)$ ，使 $\boldsymbol{G}(s)\boldsymbol{K}(s)$ 为对角优势矩阵。

2）确定反馈增益阵 $\boldsymbol{F}$。

3）对各补偿后的 $\boldsymbol{G}(s)\boldsymbol{K}(s)$ 各对角元分别单独设计动态补偿器 $\boldsymbol{C}(s)$，以满足系统的动态性能要求。

全向发射偏量姿态动力学模型如下

$$\Delta\dot{\theta} = C_2\Delta\theta + [\cos\gamma_{cx}](C_1\Delta\alpha + C_{10}\alpha_w + C_3\Delta\delta_\varphi + C_{30}\Delta\ddot{\delta}_\varphi - \overline{F}_{yc}) + [\sin\gamma_{cx}](C_1\Delta\beta + C_{10}\beta_w + C_3\Delta\delta_\psi + C_{30}\Delta\ddot{\delta}_\psi + \overline{F}_{zc} \tag{7-112}$$

$$\Delta\dot{\sigma} = C_2\Delta\sigma + [\cos\gamma_{cx}](C_1\Delta\beta + C_{10}\beta_w + C_3\Delta\delta_\psi + C_{30}\Delta\ddot{\delta}_\psi + \overline{F}_{zc}) - [\sin\gamma_{cx}](C_1\Delta\alpha + C_{10}\alpha_w + C_3\Delta\delta_\varphi + C_{30}\Delta\ddot{\delta}_\varphi - \overline{F}_{yc} \tag{7-113}$$

$$\Delta\dot{\omega}_{x1} + d_3\Delta\delta_\gamma + d_{30}\Delta\ddot{\delta}_\gamma = \overline{M}_{bx} \tag{7-114}$$

$$\Delta\dot{\omega}_{y1} + b_1\Delta\omega_{y1} + b_2\Delta\beta + b_3\Delta\delta_\psi + b_{30}\Delta\ddot{\delta}_\psi = \overline{M}_{yc} - b_2\beta_w \tag{7-115}$$

$$\Delta\dot{\omega}_{z1} + b_1\Delta\omega_{z1} + b_2\Delta\alpha + b_3\Delta\delta_\varphi + b_{30}\Delta\ddot{\delta}_\varphi = \overline{M}_{zc} - b_2\alpha_w \tag{7-116}$$

$$\Delta\dot{\varphi} = [\sin\gamma_{cx}]\Delta\omega_{y1} + [\cos\gamma_{cx}]\Delta\omega_{z1} \tag{7-117}$$

$$\Delta\dot{\psi} = [\cos\gamma_{cx}]\Delta\omega_{y1} - [\sin\gamma_{cx}]\Delta\omega_{z1} \tag{7-118}$$

$$\Delta\dot{\gamma} = \Delta\omega_{x1} \tag{7-119}$$

$$\Delta\alpha = [\cos\gamma_{cx}](\Delta\varphi - \Delta\theta) - [\sin\gamma_{cx}](\Delta\psi - \Delta\sigma) \tag{7-120}$$

$$\Delta\beta = [\cos\gamma_{cx}](\Delta\psi - \Delta\sigma) + [\sin\gamma_{cx}](\Delta\varphi - \Delta\theta) \tag{7-121}$$

首先求取箭体模型的传递函数。以 $\Delta\overline{\varphi},\Delta\overline{\psi},\Delta\overline{\gamma}$ 作为箭体模型的输出，进行分析，记

$$\overline{\boldsymbol{y}}(s) = [\Delta\overline{\varphi}(s) \quad \Delta\overline{\psi}(s) \quad \Delta\overline{\gamma}(s)]^{\mathrm{T}} \tag{1.122}$$

$$\overline{\boldsymbol{u}}(s) = [\overline{\delta}_\varphi(s) \quad \overline{\delta}_\psi(s) \quad \overline{\delta}_\gamma(s)]^{\mathrm{T}} \tag{1.123}$$

$$\boldsymbol{u}(s) = [\delta_\varphi(s) \quad \delta_\psi(s) \quad \delta_\gamma(s)]^{\mathrm{T}} \tag{1.124}$$

姿控控制系统框图，简化成图 7－28。

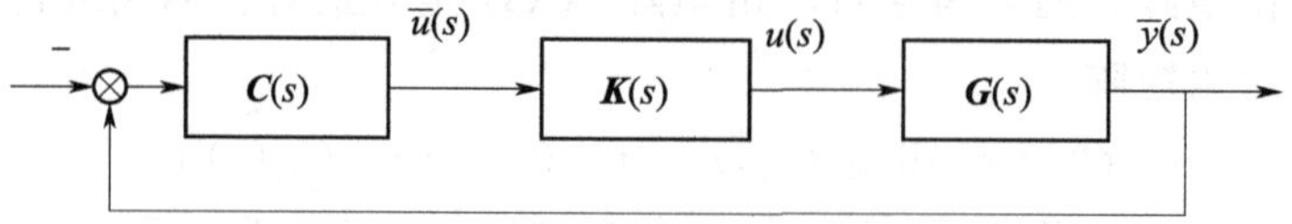

图 7－28　偏量模型控制系统简化框图

对刚性箭体线性化方程组进行拉式变换，并计算求得箭体的传递函数为

$$\boldsymbol{G}(s) = \frac{\overline{\boldsymbol{y}}(s)}{\boldsymbol{u}(s)} = \begin{bmatrix} [\cos\gamma_{cx}]m_1(s) & [\sin\gamma_{cx}]m_2(s) & 0 \\ -[\sin\gamma_{cx}]m_1(s) & [\cos\gamma_{cx}]m_2(s) & 0 \\ 0 & 0 & m_3(s) \end{bmatrix} \tag{7-125}$$

式中

$$m_1(s) = -\frac{b_{30}s^3 + [b_{30}(C_1 - C_2) - b_2C_{30}]s^2 + b_3s + [b_3(C_1 - C_2) - b_2C_3]}{s^3 + (b_1 + C_1 - C_2)s^2 + [b_1(C_1 - C_2) + b_2]s - b_2C_2}(a_0 + a_1s) \tag{7-126}$$

$$m_2(s) = -\frac{b_{30}s^3 + [b_{30}(C_1 - C_2) - b_2C_{30}]s^2 + b_3s + [b_3(C_1 - C_2) - b_2C_3]}{s^3 + (b_1 + C_1 - C_2)s^2 + [b_1(C_1 - C_2) + b_2]s - b_2C_2}(a_0 + a_1s) \tag{7-127}$$

$$m_3(s) = -\frac{d_{30}s^2 + d_3}{s^2}(a_{0x} + a_{1x}s) \tag{7-128}$$

预补偿器 $\boldsymbol{K}(s)$ 为

$$\boldsymbol{K}(s) = \begin{bmatrix} \cos\gamma_D & -\sin\gamma_D & 0 \\ \sin\gamma_D & \cos\gamma_D & 0 \\ 0 & 0 & 1 \end{bmatrix} \tag{7-129}$$

经过预补偿器后的箭体模型 $\boldsymbol{G}(s)\boldsymbol{K}(s)$ 为

$$\boldsymbol{G}(s)\boldsymbol{K}(s) = \begin{bmatrix} \cos(\gamma_{cx} - \gamma_D)m_1(s) & \sin(\gamma_{cx} - \gamma_D)m_2(s) & 0 \\ -\sin(\gamma_{cx} - \gamma_D)m_1(s) & \cos(\gamma_{cx} - \gamma_D)m_2(s) & 0 \\ 0 & 0 & m_3(s) \end{bmatrix} \tag{7-130}$$

从上式可知，当 $\gamma_D = \gamma_{cx}$ ，$\boldsymbol{G}(s)\boldsymbol{K}(s)$ 为对角阵，即

$$\boldsymbol{G}(s)\boldsymbol{K}(s) = \begin{bmatrix} m_1(s) & 0 & 0 \\ 0 & m_2(s) & 0 \\ 0 & 0 & m_3(s) \end{bmatrix} \tag{7-131}$$

从而实现单通道控制。

(2) 弹性振动三通道解耦技术

大型捆绑运载火箭，由于空间模态复杂，已不能简单地将空间弹性模态独立为三个通道的模态。弹性振动方程统一为俯仰、偏航、滚动 3 个通道耦合的弹性振动方程。此时，弹性运动的控制不能够再按照 3 个通道单独设计，传统三通道完全独立的计算与分析模式是否成立需要分析。可以采用多变量频域控制理论，选取状态变量

$$\boldsymbol{X} = [\Delta\dot{\varphi} \quad \Delta\varphi \quad \Delta\theta \quad \dot{\psi} \quad \psi \quad \sigma \quad \dot{\gamma} \quad \gamma \quad \dot{q}_i \quad q_i \quad \Delta\dot{y}_p \quad \Delta y_p \quad \Delta\dot{z}_p \quad \Delta z_p]^{\mathrm{T}} \tag{7-132}$$

选取输入变量为

$$\boldsymbol{U} = [\delta_{\varphi_{xj}} \quad \ddot{\delta}_{\varphi_{xj}} \quad \delta_{\varphi_{zt}} \quad \ddot{\delta}_{\varphi_{zt}} \quad \delta_{\psi_{xj}} \quad \ddot{\delta}_{\psi_{xj}} \quad \delta_{\psi_{zt}} \quad \ddot{\delta}_{\psi_{zt}} \quad \delta_{\gamma_{xj}} \quad \ddot{\delta}_{\gamma_{xj}} \quad \delta_{\gamma_{zt}} \quad \ddot{\delta}_{\gamma_{zt}}]^{\mathrm{T}} \tag{7-133}$$

选取输出变量为

$$\boldsymbol{Y} = [\Delta\varphi_{GZ} \quad \Delta\dot{\varphi}_{gT} \quad \Delta\psi_{GZ} \quad \Delta\dot{\psi}_{gT} \quad \Delta\gamma_{GZ} \quad \Delta\dot{\gamma}_{gT}]^{\mathrm{T}} \tag{7-134}$$

通过化简，可以得出输入与输出的关系为

$$\begin{bmatrix} \Delta\varphi \\ \Delta\psi \\ \Delta\gamma \end{bmatrix} = \begin{bmatrix} G_{11}(s) & G_{12}(s) & G_{13}(s) \\ G_{21}(s) & G_{22}(s) & G_{23}(s) \\ G_{31}(s) & G_{32}(s) & G_{33}(s) \end{bmatrix} \begin{bmatrix} \delta_\varphi \\ \delta_\psi \\ \delta_\gamma \end{bmatrix} \tag{7-135}$$

通过上式可以看出，由于弹性模态的耦合，单个通道的控制摆角对 3 个通道的姿态均有影响，而传统模型单个通道的摆角与姿态角是一一对应的。即式 (7-135) 中，$G_{ij}(s) = 0, i \neq j$ 。根据经典的多变量频域设计思想，可以根据不同情况进行设计，当耦合矩阵本身是对角占优势时，则忽略耦合项，将 3 个通道分开进行频域设计。对角占优的判断可

以通过画盖尔圆的方法确定。如果没有对角占优势的特点，则乘以合适的前置或后置矩阵，构成对角占优的形式，然后进行单通道设计。

7.8 运载火箭姿态控制技术发展趋势

随着运载火箭总体技术的发展，姿态控制技术也随之发展。由于经典的设计理论和设计方法无法通过参数的局部调整使整个系统性能达到最优，一些先进的控制理论和方法将逐步应用在运载火箭的姿态控制上。在国外，现代控制理论早已应用到航天飞行器中，如美国的阿波罗飞船上的喷管控制系统即采用了最优控制技术，实现了快速收敛且燃料消耗最省。因此，姿控系统在方案选择上应具有创新意识。

（1） 最优控制技术

最优控制是现代控制理论发展和应用较为深入的一个分支，其一般提法是对于一个控制对象，能够找到满足控制约束的容许控制，在给定时间区间内，将系统状态从初始状态转移到终值状态，并使某一性能指标达到最小。对于运载火箭而言，主要可以在下面几个方向上加以研究：

1） 燃料最省控制技术；

2） 最优调姿技术；

3） 快速射向变换技术。

最优控制体现在火箭的制导和姿控设计中。其中迭代制导便是一种自适应最优制导技术。迭代制导是直接终端制导，是运载火箭路线自适应制导方法的一种。它的主要特点是制导精度高、任务适应性强、箭上飞行软件简单、对地面诸元准备要求相对较低。迭代制导基于火箭自适应制导的基本原理是对于确定的目标轨道，最优飞行程序是瞬时飞行状态和瞬时视加速度的复杂函数，利用简化形式下最优控制求解的必要条件，对火箭末级的关机时间进行迭代，可以得到一套解析制导方程。

运载火箭姿态控制系统的最优控制问题是，对于由动态方程所描述的运载火箭姿态控制系统，在某些初始和终端状态条件下，从系统所允许的某控制系统集合中寻找一个控制量，使得火箭姿控系统的性能目标函数达到最优。最优控制方法在很多经典书籍都有介绍，这里不再详细地阐述。

（2） 变结构自适应控制技术

运载火箭有以下几种因素对姿态控制系统设计造成较大的影响：

1） 火箭存在弹性振动、参数摄动及外部扰动等影响；

2） 火箭飞行过程中，实际动力学参数与地面计算存在一定的误差。

火箭弹性振动的抑制对于姿控系统设计至关重要，尤其是大型运载火箭向多级、捆绑型发展，箭体长细比越来越大，箭体弹性振动对稳定系统的影响也更加明显。如何抑制弹性振动的影响，是所有大型运载器所面临的一个重要课题。目前国内主要是进行 1∶1 的模态试验，随着运载火箭向多级化、捆绑式的方向发展，结构越来越复杂，这种 1∶1 的模态试验对试样场地和设备的要求越来越高，而国外已经利用缩比试验代替 1∶1 的振动试验，这主要是基于通过精确的计算手段得到准确的弹性振动模型，缩比试验只是对它的进一步修正，但是要做到这一点，除了结构动力学要解决方法的问题外，没有大量的试验数据作为分析的基础是难以做到的。从另一个角度讲，古典频域设计法无法满足通过稳定系统性能的改进而不依靠硬件手段进行补偿，来克服弹性振动的不利影响，这就需要对新的控制理论和方法进行尝试。

火箭姿态控制系统的作用是在火箭的内、外部干扰的影响下保持姿态稳定。干扰主要包括风干扰、产品结构干扰和发动机推力的干扰。火箭实际飞行过程中的特性与地面计算的动力学特性不一致，这种天地之间的差异有可能会超过姿控设计时的上下限，因此依赖于传统的姿控设计方法很难克服这种可能的误差。对于运载火箭存在的参数不确定性，可以采用变结构控制的方法。变结构控制最突出的优点是系统的滑模运动对系统不确定性具有很强的鲁棒性。对于变结构控制系统的设计，主要有切换函数的设计和变结构控制律的确定。最终使整个闭环系统存在滑动模态且有足够大的范围，使相平面上（或相空间）任意初始状态都能以较快速度到达滑模，到达滑模上能够渐近稳定，并具有良好的品质性能。变结构自适应理论设计出的控制器具有对外部干扰的鲁棒性，因此尝试用变结构自适应理论进行运载火箭姿态稳定和控制系统设计对解决这一问题是有现实意义的。

变结构自适应控制系统具有的主要优势有：

1）对于内部和外部不确定性的强鲁棒性。变结构控制系统设计的基本思路决定了系统在被控制进入滑动模态之后，将显示出与原系统无关的等价系统的特性，产生对参数摄动和外界干扰的不变性。所以它对于大范围的参数摄动、不可测有界干扰以及未建模态有很好的抑制作用。

2）容易满足系统的瞬态响应指标。变结构控制系统的设计方法使得设计者可以人为地确定系统的瞬态过程，从而保证系统具有较好的动态和静态性能。

3）设计过程简单。与其他控制系统设计方法相比，变结构控制系统的设计相对简单，参数选择有明确的物理意义，减小了调参的盲目性，且算法简单，便于工程实现。

总之，基于变结构自适应理论的特点，采用该理论设计运载火箭的姿态稳定和控制系统，对于解决上面所举出的设计问题将是有益的。当然，如何解决其固有缺陷，发挥其优势，以及伴随采用其他方法带来的新情况是具体研究工作中将要解决的问题。

（3）先进非线性控制方法

运载火箭属于非线性控制系统，但在工程设计时，为了方便设计与分析，忽略次要因素，将姿态动力学模型简化为线性系统，进行单通道的频域分析和时域仿真。当运载火箭较快速度滚转、较大攻角飞行时，再将姿态动力学模型进行线性化设计，就会出现较大误差。完整真实的设计方法是采用非线性控制方法进行设计。非线性设计方法主要有动态逆和微分几何的方法。动态逆方法比较简单，便于工程应用，也便于工程技术人员理解；微分几何方法数学上比较严谨，但不便于工程理解。无论采用动态逆还是微分几何方法，由于火箭飞行过程中受到的干扰和参数不确定性，在采用非线性控制方法后，都需要与鲁棒性很强，或能较好地克服参数不确定性的控制方法结合使用。

下面举例说明采用动态逆的方法进行火箭的姿控设计的一般思路。将火箭的控制回路分成内外两个回路。内回路为角速度回路，外回路为质心回路。对两个回路分别用动态逆的方法进行设计。

设 $\boldsymbol{x}_s = [x_{s1} \quad x_{s2} \quad x_{s3}]^{\mathrm{T}} = [\alpha \quad \beta \quad \gamma_v]^{\mathrm{T}}$ 表示外回路状态，$\boldsymbol{u}_s = [u_{s1} \quad u_{s2} \quad u_{s3}]^{\mathrm{T}} = [\omega_x \quad \omega_y \quad \omega_z]^{\mathrm{T}}$ 表示外回路输入，则外回路可表示为

$$\dot{\boldsymbol{x}}_s = \boldsymbol{f}(\boldsymbol{x}_s) + \boldsymbol{g}(\boldsymbol{x}_s)\boldsymbol{u}_s \tag{7-136}$$

同理，用 $\boldsymbol{x}_f = [x_{f1} \quad x_{f2} \quad x_{f3}]^{\mathrm{T}} = [\omega_x \quad \omega_y \quad \omega_z]^{\mathrm{T}}$ 表示内回路状态，$\boldsymbol{u}_f = [u_{f1} \quad u_{f2} \quad u_{f3}]^{\mathrm{T}} = [\delta_x \quad \delta_y \quad \delta_z]^{\mathrm{T}}$ 表示内回路输入，则内回路可表示为

$$\dot{\boldsymbol{x}}_f = \boldsymbol{f}(\boldsymbol{x}_f) + \boldsymbol{g}(\boldsymbol{x}_f)\boldsymbol{u}_f \tag{7-137}$$

设外回路期望状态表示为 $\boldsymbol{x}_s^* = [x_{s1}^* \quad x_{s2}^* \quad x_{s3}^*]^{\mathrm{T}} = [\alpha^* \quad \beta^* \quad \gamma_v^*]^{\mathrm{T}}$。根据式（7－136）可以求出外回路期望输入

$$\boldsymbol{u}_s^* = \boldsymbol{g}^{-1}(x_s)[\dot{\boldsymbol{x}}_s^* - \boldsymbol{f}(\boldsymbol{x}_s)]$$

式中　$\boldsymbol{u}_s^* = [u_{s1}^* \quad u_{s2}^* \quad u_{s3}^*]^{\mathrm{T}} = [\omega_x^* \quad \omega_y^* \quad \omega_z^*]^{\mathrm{T}}$

$\omega_x^*, \omega_y^*, \omega_z^*$ ——分别为期望的角速度；

$\boldsymbol{u}_s^*$ ——外回路的期望输入，也为内回路的期望输出 $\boldsymbol{x}_f^*$

$$\boldsymbol{x}_f^* = [x_{f1}^* \quad x_{f2}^* \quad x_{f3}^*]^{\mathrm{T}} = [\omega_x^* \quad \omega_y^* \quad \omega_z^*]^{\mathrm{T}}$$

则根据式（7－137），可以求出内回路的期望输入

$$\boldsymbol{u}_f^* = \boldsymbol{g}^{-1}(x_f)[\dot{\boldsymbol{x}}_f^* - \boldsymbol{f}(\boldsymbol{x}_f)] = \boldsymbol{g}^{-1}(\boldsymbol{x}_f)[\dot{\boldsymbol{u}}_s^* - \boldsymbol{f}(\boldsymbol{x}_f)]$$

式中　$\boldsymbol{u}_f^* = [u_{f1}^* \quad u_{f2}^* \quad u_{f3}^*]^{\mathrm{T}} = [\delta_x^* \quad \delta_y^* \quad \delta_z^*]^{\mathrm{T}}$；

$\delta_x^*, \delta_y^*, \delta_z^*$ ——分别为我们所期望的舵偏角。

求解时首先求出外回路的期望输入，即为内回路的期望输出，根据内回路的期望输出，确定系统的输入量。这样处理物理概念明确，方法清晰，利于姿控系统的设计。

参考文献

［1］ 龙乐豪．液体弹道导弹与运载火箭系列——总体设计（上）［M］．北京：宇航出版社，1989.

［2］ 龙乐豪．液体弹道导弹与运载火箭系列——总体设计（中）［M］．北京：宇航出版社，1989.

［3］ 龙乐豪．液体弹道导弹与运载火箭系列——总体设计（下）［M］．北京：宇航出版社，1989.

［4］ 徐延万．液体弹道导弹与运载火箭系列——控制系统（上）［M］．北京：宇航出版社，1989.

［5］ 朱宁昌．液体弹道导弹与运载火箭系列——液体火箭发动机设计（上）［M］．北京：宇航出版社，1989.

［6］ 李新国，唐硕，陈士橹．挠性捆绑液体火箭动力学与仿真［J］．导弹与航天运载技术，2002（4）：39－43.

［7］ 杨云飞，李家文，陈宇，等．大型捆绑火箭姿态动力学模型研究［J］．中国科学 E 辑：技术科学，2009，39（3）：490－499.

［8］ 李家文，李恩奇，李道奎，等．两种捆绑火箭弹性振动建模方法对比分析及其对姿控系统的影响［J］．国防科技大学学报，2010，32（4）：42－48.

［9］ TOBBE PATRICK A.，MATRAS ALEX L.，WILSON HEATH E. Modeling and Simulation of Variable Mass［J］. Flexible Structures，2009. NASA paper 20090036305.

［10］ BRANDON JAY M.，DERRY STEPHEN D.，HEIM EUGENE H.，HUESCHEN RICHARD M.，BACON BARTON J. Ares－I－X stability and control flight test：analysis and plans［J］. AIAA paper 2008－7807：1－17.

［11］ FEZANS NICOLAS，ALAZARD DANIEL，IMBERT NICOLE，CARPENTIER BENJAMIN. H（infinity）control design for multivariable mechanical systems－Application to RLV reentry［C］. AIAA Guidance，Navigation，and Control Conference Proceedings. 2007；AIAA paper 2007－6349：1－13.

［12］ M. X. ZHU，T. J. LI. Variable structure control of atmospheric disturbances in a nonlinear spacecraft system［C］. AIAA Aerospace Sciences Meeting and Exhibit，2000；AIAA paper，2000－0639：1－6.

［13］ A. A. MIAN，D. B. WANG. Modeling and backstepping－based nonlinear control strategy for a 6 DOF quadrotor helicopter［J］. Chinese Journal of Aeronautics，2008，21（3）：261－268.

［14］ CHENGSHUN YANG，ZHONG YANG，XIAONING HUANG，SHAOBIN LI，QIANG ZHANG. Modeling and robust trajectory tracking control for a novel six－rotor unmanned aerial vehicle［J］. Mathematical Problems in Engineering，2013，2013－673525：1－13.

［15］ 杨泽生，徐延万．变结构自适应控制理论在运载火箭姿控系统设计中的应用［J］．航天控制，1997（4）：9－16.

［16］ 王晓东．导弹和运载火箭姿态稳定与控制技术发展的回顾和展望［J］．导弹与航天运载技术，2003（3）：25－30.

［17］ 郑友胜，王良明．基于火箭弹非线性动力学系统的解耦控制［J］．上海航天，2009（2）：31－34.

［18］ 陈新民，余梦伦．迭代制导在运载火箭上的应用研究［J］．宇航学报，2003，24（5）：484－489.

［19］ 王辉，张宇．迭代制导情况下姿态控制系统稳定性分析方法研究［J］．航天控制，2012，30（3）：7－11.

[20] DORIS C, CHANDLER ISAAC E. SMITH. Development of the Iterative Guidance Mode with Its Application to Various Vehicles and Missions [J]. Journal of Spacecraft and Rockets, 1967, 4 (7): 898 - 903.

[21] 刘国荣．多变量系统模糊解耦自适应控制 [J]．控制理论与应用，1997，14 (2)：152 - 156.

[22] 古孝鸿，周立峰．线性多变量系统频域法 [M]．上海：上海交通大学出版社，1990.

[23] 王启志．工程解耦控制系统的研究 [D]．华侨大学博士学位论文，2002.

[24] 程鹏．多变量线性控制系统 [M]．北京：北京航空航天大学出版社，1990.

[25] 蒋慰孙，叶银忠．多变量控制系统分析与设计 [M]．北京：中国石化出版社，1997.4.

[26] ROSENBROCK H H. The stability of multivariable systems [J]. IEEE Trans., 1972, AC - 17: 105 -107.

[27] MACFARLAN A J G, POSTLETHWAITE I. The generalized Nyquist criterion and multivariable root location [J]. International Journal of Control, 1977, 25 (1): 81 - 127.

[28] ISTEPANIAN R, WHIDBORNE J F. Digital controller implementation and fragility: a modern perspective [J]. London: Springer Verlag, 2001.

[29] DORATO P. Non - fragile controller design: an overview [C]. Proceedings of the American Control Conference, Philadelphia, Pennsylvania, 1998. 6: 2829 - 2831.

[30] YASUHIKO MUTOH. Adaptive decoupling control of nonlinear multivariable systems with unknown parameters [J]. PhysCon., St. Petersburg, Russia, 2005: 453 - 458.

[31] HENG YUE, TIANYOU CHAI. Adaptive decoupling control of multivariable nonlinear non - minimum phase system using neural networks [C]. Proceedings of the American Control Conference, Philadelphia, Pennsylvania, 1998. 6: 513 - 514.

[32] WEI WANG, GONG - YOU TANG. Output sliding mode decoupling control for a class of nonlinear multi - delay systems [C]. Proceedings of the 5th World Congress on Intelligent Control and Automation, Hangzhou, China, 2004. 6: 1159 - 1162.

[33] 吴斌，程鹏．多变量飞控系统的稳定裕度分析 [J]．航空学报，1998，19 (6)：657 - 661.

[34] 阙志宏．线性系统理论 [M]．西安：西北工业大学出版社，1995.

[35] 胡寿松．自动控制原理（第三版）[M]．北京：国防工业出版社，1994.

[36] 袁天保，刘新建，秦子增．自旋弹道导弹动力学与控制 [J]．宇航学报，2006，27 (2)：217 -221.

[37] 陈新海，李言俊，周军．自适应控制及应用 [M]．西安：西北工业大学出版社，1998.

[38] 高为炳．变结构控制的理论及设计方法 [M]．北京：科学出版社，1998.

[39] 高为炳，程勉．变结构控制的品质控制 [J]．控制与决策，Vol. 4，No. 4，1989.

[40] 郑兆昌．机械振动（上）[M]．北京：机械工业出版社，1980.

[41] 谢贻权，何福保．弹性和塑性力学中的有限单元法 [M]．北京：机械工业出版社，1981.

[42] RAY W. CLOUGH, JOSEPH PENZIEN. Dynamics of Structures [M]. Computers & Structures, Inc.

[43] PADDOCK G. B. Dynamic stability of space vehicles [J]. Vol. I, Lateral Vibration Modes. NASA CR - 935.

[44] R. GIESEKE, R. SCHUETT, D. LUKENS. Dynamic stability of space vehicles [J]. Vol. III, Torsional Vibration Modes. NASA CR - 937.

[45] ABRAMSON H. N. The dynamic behavior of liquids in moving containers [J]. NASA SP 106, 1966.

[46] 黄怀德，方良玉．液体弹道导弹与运载火箭——振动工程（下）[M]．1987.

[47] ABRAMSON H. N. Slosh Suppression [J] . NASA SP - 8031. 1969.

[48] BAUER. H. F. Theory of the fluid oscillations in a circular cylindrical ring tank partially filled with liquid [J] . NASA TN D - 557.

[49] 王其政．结构耦合动力学 [M] ．北京：宇航出版社，1997.

[50] 邢理想，等．液氧/煤油补燃火箭发动机氧路低频动特性分析 [J] ．航空动力学报．

[51] 李斌，等．液氧/煤油补燃发动机低频频率特性研究 [J] ．航空动力学报．

[52] 格列克曼．液体火箭发动机自动调节 [M] ．北京：宇航出版社，1995.

[53] 秦永元．惯性导航 [M] ．北京：科学出版社，2006.

[54] 张国良，曾静，著．组合导航原理与技术 [M] ．西安：西安交通大学出版社，2008.

[55] 秦永元，张洪钺，汪叔华．卡尔曼滤波与组合导航原理 [M] ．西安：西北工业大学出版社，2007.

[56] R. F. JAGGERS. A symmetrical booster ascent guidance and control system design study (volume V)：space shuttle powered explicit guidance [J] . 1974.

[57] 宋征宇．从准确、精确到精益求精——载人航天推动运载火箭制导方法的发展 [J] ．航天控制，2013，(31) 1.

[58] 韩祝斋．用于大型运载火箭的迭代制导方法 [J] ．北京：宇航学报，1983 (1) ．

[59] 宋征宇．高可靠运载火箭控制系统设计 [M] ．北京：中国宇航出版社，2014.

[60] 吕新广，宋征宇．载人运载火箭迭代制导方法应用研究 [J] ．载人航天，2009.

[61] 陈新民，谢全根．可应用于运载火箭上的组合制导方法研究 [J] ．宇航学报，2004.

[62] WALTER HAEUSSERMANN GEORGE C. Description and Performance of the Saturn Launch Vehicle's Navigation，Guidance，and Control System [J] . NASA TN D - 5869，1970.

[63] 王丹晔．载人运载火箭干扰在线补偿制导方法研究 [J] ．载人航天，2012.

[64] 李华滨，李伶．小型固体运载火箭迭代制导方法研究 [J] ．航天控制，2002.

[65] 张守信．GPS 卫星测量定位理论与应用 [M] ．北京：国防科技大学出版社，1996.

[66] B. D. STAUNTON，D. L. MINGORI. Attitude dynamics of spinning rockets in space with internal fluid motion. AIAA paper 93 - 3758：507 - 516.

[67] 李家文．大型捆绑火箭姿态控制系统的建模、设计与分析 [D] ．国防科技大学，2011.

[68] R. PITT，H. ROGALL. Design development and evolution of the Ariane 5 attitude control system [J]. AIAA 95 - 2808：1 - 14.

[69] RUDRA KANTA DAS，SIDDHARTHA SEN，SANTANU DASGUPTA. Fault tolerant control for attitude control of satellite launch vehicle via LMI approach [C] . IEEE India annual conference 2004，Indicon 2004.

[70] SHERMAN M. SELTZER. Nonlinear analysis of a launch vehicle attitude control system [J] . Engineering Notes 1970. 3：366 - 368.

[71] JAMES E. STOTT. Launch vehicle attitude control using higher order sliding modes [J] . AIAA 2010 - 7724：1 - 14.

[72] 李家文，李道奎，周建平．发动机谐振与箭体模态耦合稳定性及机理研究 [J] ．航空学报，2011，32 (5)：822 - 832.

[73] 王毅，朱礼文．大型运载火箭动力学关键技术及其进展综述 [J] ．导弹与航天运载技术，2000 (1)：29 - 37.